企业级应用落地实践系列

Cloud2.0 时代

容器技术一本通

企业级落地实践

秦小康　主编◎

U0299466

电子工业出版社

Publishing House of Electronics Industry

北京·BEIJING

内 容 简 介

本书将以企业落地实践为切入点，分享作为终端用户的企业在关键业务环境中落地使用 Docker 及 Kubernetes 技术的经验和心得。内容既有扎实的技术实现的方式和方法，又有各行业容器技术企业级落地实践的深度解读。

本书内容将包含以行业领域为划分的企业级容器技术落地典型案例，以场景为出发点的容器落地常用场景，并列举企业容器落地应该关注的几大技术点。本书对数十家企业一线架构师和工程技术人员对容器技术的使用实践做了整理和分析，同时也详细列举了具体的生产环境技术栈和配置参数，供相关企业技术人员进行复盘和参照。

未经许可，不得以任何方式复制或抄袭本书之部分或全部内容。

版权所有，侵权必究。

图书在版编目（CIP）数据

Cloud2.0 时代容器技术一本通：企业级落地实践 / 秦小康主编. —北京：电子工业出版社，2019.7
（企业级应用落地实践系列）

ISBN 978-7-121-36569-0

Ⅰ．①C… Ⅱ．①秦… Ⅲ．①云计算—研究 Ⅳ.①TP393.027

中国版本图书馆 CIP 数据核字（2019）第 092765 号

策划编辑：刘志红（lzhmails@phei.com.cn）
责任编辑：刘志红　　　特约编辑：李　姣
印　　刷：涿州市般润文化传播有限公司
装　　订：涿州市般润文化传播有限公司
出版发行：电子工业出版社
　　　　　北京市海淀区万寿路 173 信箱　邮编　100036
开　　本：787×1 092　1/16　印张：25.5　字数：652.8 千字
版　　次：2019 年 7 月第 1 版
印　　次：2024 年 3 月第 3 次印刷
定　　价：108.00 元

凡所购买电子工业出版社图书有缺损问题，请向购买书店调换。若书店售缺，请与本社发行部联系，联系及邮购电话：(010) 88254888，88258888。

质量投诉请发邮件至 zlts@phei.com.cn，盗版侵权举报请发邮件至 dbqq@phei.com.cn。

本书咨询联系方式：(010) 88254479，lzhmails@phei.com.cn。

编　委　会

主　编: 秦小康

副主编: 黄　绪

编辑委员会委员:

张新峰　蔡云飞　赵安家　郭　拓　刘晓明

阿尔曼·阿卜杜赛麦提　姜　江　郑伟漪　洪晓露　张智博

序

若你是一个容器技术初学者，你会不可避免地连续听到容器（Container）、Docker、Kubernetes、Mesos、CaaS、编排（Orchestration）、调度（Schedule）、微服务、DevOps、CI/CD（持续集成/持续交付）、Containerd、RunC 等名词。而且在被这些名词和概念不断冲击的同时，会有另外的信息从另外的角度传递进来："Docker 有 xxxx 缺点和问题！""容器技术之后的下一代技术 ServerLess 更厉害！""函数服务才是未来！"，等等，不一而足。

但事实上，容器技术本身只是一种 IT 技术，它属于工程科学的范畴。和 IT 历史上诸多的技术一样，都是从计算机技术实践中大量的工程经验积累到一定程度从而总结优化而来的产品，而不是依据某种理论和规划，先形成产品，然后被广泛使用的。

在和团队筹划这本书的时候，我一直在想，我们究竟该传递什么知识和信息、用什么方式来传递这些知识和信息，才能对本书的读者有更大的帮助。我给自己和团体提出这个问题的原因是目前技术阅读领域和几年前相比，正在发生天翻地覆的变化。说起我们当下的时代，我认为用知识爆炸这个词比较合适。同时，当前也是互联网发展到顶峰的时代。这个时代给阅读方式带来的改变是十分巨大的，一方面在搜索引擎的帮助下，需要的信息唾手可得；而另一方面，由于传播的便捷性，我们很难分辨各个渠道获取的信息是否就是正确信息。因此，读书则逐渐转变成为一种为了追寻更高境界和跟进最新技术动向的行为。

在我们所处的 IT 领域，纸质的书籍阅读被网络信息和电子读物大规模替代，平时查找行业相关资料，获得疑难问题知识点、获知行业动态等基本都是通过网络获得的。当我们需要在某个领域深入研究、查阅经典的时候，我们很容易发现这样的书籍名称《xx 权威指南》《xx 宝典》《xx 大全》，而事实上，我们极少真正得到及时的"权威指南"，也很少真正从"宝典"和"大全"里及时获得系统的知识。究其原因，主要是因为技术知识迭代的速度大大提高，而讲求精确的传统书籍出版进程则相对滞后。如果我们把目光聚焦到本书要谈及的容器（Container）技术领域，情况就更加极端。容器技术领域是 IT 领域有史以来更新迭代最为频繁，新技术和新工具颠覆频率最高，而且对原有被颠覆技术抛弃最为彻底的领域。原来以几年为单位的更新周期，在容器领域则变为不足一个月。如此高频率的技术创新和技术更迭，一方面是对工业界生产力的大幅革新和升级，另一方面，对于非相关专业和领域技术人员也带来了极大的挑战，尤其是刚刚接触容器领域的技术人员，会感到十分困扰。

因此，我们确定本书的第一个目标就是，为容器技术的初学者明确学习和提高的方向，这个方向就是通过不断的实践操作，然后在实践过程中不断加深和扩展对上述提到的各种技术产品和概念的理解。

本书的第二个目标是为企业的 IT 人员提供一种新的思路，引导传统企业的研发和运维人员主动参与技术革新，从自身朴素和重复但最具有意义的开发、测试、运维工作实践中，不断提炼和推进一个非常伟大的进程——实践技术化和技术民主化进程。

一直以来，IT 技术的使用实践都是被引导的行为，很多研发、测试和运维工程师是不断被动地从网络媒介和各种推广渠道接受某种技术和某种产品，进而应用到自己的生产实践环境中，然后不断地试错、调优、解决问题、问题累积、寻找下一种产品，进而再重复这个循环过程。而事实上，因为时间和精力的限制，企业技术人员很难有精力对需要使用的技术进行全面的掌握和测评，甚至很难完成对所用产品的高质量的 PoC（Proven of Concept）。

在这种情况下，参考同行业的使用经验和方法，参考不同行业对同一个技术或产品的使用实践及分析，学习交叉行业的使用场景就成为一种有效的参考手段，而本书对容器技术的分享和引导，主要专注于早期的成熟用户、创新用户对容器在各种行业、各种生产系统、各种细分领域的使用实践的分享。

事实上，在每个企业生产环节，因为政策、环境、资源、技术栈等各方面的不同，很小的差异都有可能会带来十分巨大的差别，所以，完全照搬技术应用实践的方法也不可行。我们想展现给读者的是从众多 Rancher 用户多样的容器技术实践中，基于一线技术人员的实践经验，从中提炼出利用容器技术解决生产环节实际问题的方法论，然后根据自己企业实际情况，形成理性和最优的方案。

从内容的选择上，本书对数十家企业一线架构师和工程技术人员对容器技术的使用实践做了整理和分析，同时也详细列举了具体的生产环境技术栈和配置参数，可以供相关企业技术人员进行复盘和参照。

和 Rancher 一直秉承的一线技术人员技术民主化和技术创新理念一样，本书也邀请这些一线技术人员作为编辑，对相关的技术实践部分做了严格的实验验证和校对，也希望广大的读者以本书为起点，从众多一线技术人员的智慧结晶中提取对自己有用和宝贵的方法，把容器技术优化地应用到自己的生产和实验环境中，为企业生产力的提高提供原动力。

随着更多技术人员的参与，本书也是作为丛书的第一本面市。正如前文提到的，容器技术本身的发展日新月异，我们也会紧跟技术发展的步伐，持续编辑和总结，不断把最新的技术、最佳的方法、最优的实践推广和分享给广大技术读者。

在此特别感谢美丽的 Shirley Huang（黄绪）女士为本书面市所做的大量整理和编辑工作。这其中包括和 40 多位技术人员的反复对接和确认、对内容上下衔接的编排、对实践环境的确认，以及对内容合规性的各种检查等。Shirley 的辛勤工作是本书如期面市的最大保障，希望广大读者朋友和我一样，为优秀而努力的 Shirley 点赞！

2019 年 3 月 于深圳
秦小康

目录

第 一 章
容器技术的典型行业落地案例

1.1 通联数据如何使用 Docker+Rancher 构建自动发布管道

蔡云飞

本文分享了通联数据使用 Docker 和 Rancher 构建自动化发布管道的经验。文章介绍了通联数据自动化发布的流程及方案设计，从踩过的一些坑中总结出来的经验，并分析了自动化发布管道的系统运行现状。

一、通联数据的需求及选择 Rancher 的原因

通联数据是一家近几年新崛起的金融科技公司，主要目标是致力于将大数据、云计算、人工智能等技术和专业投资理念相结合，打造国际一流的、具有革命性意义的金融服务平台。这里面涉及几个关键词：大数据、云计算、人工智能，这些热词已经有很多企业提及过，因此我也不赘述了。

通联数据作为一家创业公司，也会遇到很多创业公司都会遇到的问题，比如产品太多，而且每年很多产品都会被推翻重来，会遇到各种各样的问题。比如，应用在开发时，涉及需要多少 CPU、需要用什么语言去编程等问题，开发人员不会与后台人员事先沟通，出来一个产品，直接让运维人员上线。

基于这样一个背景，我们迫切需要打通上线这条管道，因为在可预见的将来，通联数据每年将会有大量的新应用出现，如何打通上线管道问题亟待解决。

我们做的第一件事，就是**持续集成**。由于我们公司每年会有上百个新的项目产生，每个项目的语言、框架、部署方法都不尽相同，发布流程也是比较冗长和低效的，部署应用占用了运维人员大量时间。

我们决定用容器解决这个问题，评估了多家供应商后选择了 Rancher，主要原因在于：首先，**Rancher** 的操作界面非常简单，相信用过 Rancher 的人都会有这种感受，它不需要太多专业的知识，很容易上手；其次，Rancher 在部署时也非常简单，可以**一键部署**，Rancher 还提供了良好的 **API** 支持，方便集成。

二、自动化发布的流程

随后，我们开始搭建自己的 CI/CD。当时我们在流程方面遇到了很多困境，图 1-1 所示已经是简化制作后的流程，实际上还有更多的分叉和分支。

图 1-1　流程图

　　就我们原来的流程来说，流程最开始的部分是研发，随后进入 QA 环境部署，这时候就需要人去部署，通常是运维人员，但是运维一般不愿意做这件事情。部署完成后，进入 QA 环境测试阶段，通知开发和测试人员进行测试，过程中可能会出现延迟，因为测试人员可能正忙于其他事情，不能马上进行测试。QA 环境测试通过后，进入 STG 环境部署，随后再进入 STG 环境测试阶段，这几个过程可能会循环很多次。之后进入安全测试阶段，测试通过后，还有一个正式包准备过程，最后才是生产部署。这个简化后的流程是非常复杂的，而且其中涉及很多线下的沟通，效率不可能高得起来。

　　在使用 Rancher 之后，原本的流程大大简化了，改进后的简化流程如图 1-2 所示。

图 1-2　使用 Rancher 的流程图

　　流程的第一步即持续集成，意味着开发人员写好代码后可以直接通过 CI，CI 触发自动编译，随后自动部署脚本，测试环境已经就绪。简单来说，每次开发人员提交代码之后，测试环境就始终处于一个就绪的状态，这时候就可以直接进入测试阶段了，整个过程都处于线下，不需要走任何流程，全部实现自动化了。

　　测试人员完成测试后，再进行 STG 环境测试，因为后台已经跟 Rancher 完成对接并实现自动化了，这赋予了 QA 环境测试从未有过的强大的自动化能力，意味着 QA 环境测试可以自动对接到 STG 环境测试。测试通过后，进入安全测试阶段，这个阶段是公司要求的，无法避免，安全测试通过后就进入到生产部署。以前绕不开的线下沟通那些步骤和一些部署就可以省去了，整个流程优化并且简洁，提升了效率。

　　CI/CD 说起来很简单，比如推送代码、QA 环境自动整备，但是实际操作起来并非如此，仍然存在很多需要解决的问题。例如开发的分支模型涉及开发代码的时候，是要求 PUSH 的什么分支才能部署，还是 PUSH 所有分支都能部署？

三、开发分支模型

　　我们曾设想，最好就是 PUSH 的任意分支都能部署，这样就非常方便了。但随后就发现这种方法行不通，会造成混乱，而且难以管理。此前我们 Git 上保管的一个 The Successful Branch Modeling 分支模型就类似于此，如图 1-3 所示，此模型规定了一个 develop 分支、一个 feature 分支、一个 release 分支、一个 hotfixes 分支和一个 master 分支。

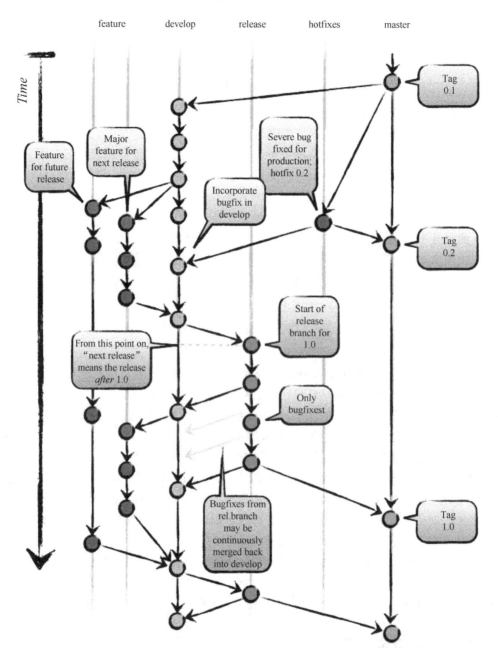

图 1-3　分支模型

　　在平时开发时，开发人员常常会在 develop 分支上切出一个 feature 的分支，比如，开发一个包含很多功能的 story，那么所有人切一个 story，这边 story 就有自己的 ID，然后再去开发，把 story 开发完之后，再把它合并过来。最终，我们只选择了一条线做 CI，当代码推送或者合并到 develop 分支时，我们帮你去做这项工作，而这个 feature 分支则另作处理。

　　feature 分支意味着当用户提交一个 feature 分支之后，我们会另外帮你部署一套环境，每一个 feature 分支部署一套环境，相当于每一个 story 都可以分开独立去测试，最后把它合并到 develop 分支。那么测试的时候，测试人员可以根据自己的需求来决定它到底在哪一条分支线上去测试。

比如, A 测试中如果用户只关心 story A, 那就在 story A 这个分支测试环境去测, 这些 story 全部合并进来之后, 再进行一次集中测试, 测试通过后, 在发布时把这个分支切到 release 的一个分支上来, 然后, 在 release 上发布正式包, 让 QA 在 STG 环境继续进行测试, 就如前面看的那个流程图。分支模型非常混乱, 为了做 CI, 我们会跟开发人员定义好每一个分支, 同时定义好每个分支对应的不同行为, 这在混乱的分支模型下非常有用。

四、版本号规则

为了做 CI, **版本号的规则必须一致**, 如果每个团队版本号命名不一样的话, 匹配规则就会非常麻烦。后来, 我们选择了 Semantic Versioning 的一个版本号规则, 就是几点几点 X, 这是一种常见的版本号命名方法, 版本号包含一个标准文档, 文档描述了此版本号的具体定义, 第一个叫 MAJOR, 第二个叫 MINOR, 第三个叫 PATCH, 后面还可以加各种自己的版本号, 如图 1-4 所示。

Semantic Versioning

MAJOR.MINOR.PATCH

2.3.4

图 1-4　版本号命名规则示意图

五、CI 触发路径

下面将介绍我们的 CI 触发路径——Git push, push 到 develop 分支, Git push 就会 push 到 GitLab 的 server 上, 随后通过 webhook 去调用 Jenkins, Jenkins 会把这个包编译出来。原本我们想通过 Jenkins 调用 Rancher 的 API, 后来发现直接调用 Rancher 有困难, 过程进行得也不那么顺利, 为了解决 Jenkins 和 Rancher 之间的间隙(gap)这一问题, 我们在它们之间装了一个 Ponyes 软件。CI 触发路径流程如图 1-5 所示。

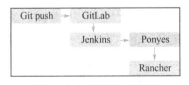

图 1-5　CI 触发路径流程

为什么需要 Ponyes 这一中间层? 它到底提供了哪些作用?

1. 动态修改版本号。

首先, 它可以解决动态修改版本号的问题, 大家用 Rancher 的时候, 发现 Rancher 的商店非常好用, 我们可以在商店里把一些东西定义好, 接着 QA 只要填几个参数, 就可以把一个应用部署起来了, 在没有 Ponyes 这一中间层之前, 这部分必须找运维人员去做, 过程也比较复杂。

为了使用 Rancher 应用商店, 我们还定义了一个应用商店的模板, 这样我们就可以在每次推送代码的时候，用这个模板生成一个真正可以部署的应用。但是，版本号还是存在一些问题的，我们每次推送代码的时候，到 Jenkins，我们会根据阅览数给 Jenkins 升级一次版本号，比如说 1.0.1.0-1，第一次阅览是-1，第二次阅览即-2，Jenkins 的版本号根据阅览次数相应变化。这时候应用商店也要随之而变。

因此，我们做了这样一个模板，通过这样一种方式，在 Ponyes 中，每个 Jenkins 可以获得对应的版本号，然后把这个版本号通过变量注入进去：

```
sample:
    image:    {{ REGISTRY }}/automation/auto-sample:{{ m['auto-sample'] }}
```

这一过程还涉及注册，因为 QA 环境和 STG 环境是完全分开的，在进行模板渲染时，我们需要知道到底是发到 QA 环境还是 STG 环境，从而对注册的地址做出相应改变，这样做的话，上面说的修改版本号的问题就解决了。

2. 多 service 管理。

还有一个比较棘手的问题，即一个 stack 中有多个服务怎么办？比如，一个比较小的团队可能总共就几个人，每个人负责好几个项目，与微服务的关系有些相似，那么一个 stack 可能有好几个服务，最典型的就是前端、后端，或者是其他的一些中间件，每一项是一个服务。

开始部署时，Rancher 里面的这些服务也要用一个 stack 来管理，有多个服务就会面临怎样管理的问题。比如，一个 stack 有 A、B、C 三个服务，服务 C 更新时，整个 stack 也应该更新版本号，因为在 Rancher 里，stack 被部署出来之后，有个 update available 的黄色按钮，如果有新版本，点这个按钮，就可以升级这个 stack。注意：是必须升级整个 stack，而不是只升级某个服务，这时候就需要管理多个服务。Ponyes 记录了服务和 stack 之间的关系，任意一个服务更新，都会触发 stack 的更新，更新的方法就是每个服务每次更新，stack 的版本号+1。

3. 多版本并行发布。

接下来还有一个更严重的问题，如果多版本并行发布，我们应该怎么去处理？比如，现有 A、B、C 三个模块，A 发布过 1.0 和 2.0，B 发布过 3.0 和 4.0，C 发布过 5.0 和 6.0。如果发布一个 C 应用的 5.0.2，那么对应的 A 和 B 模块的版本号应该选什么，这个问题困扰了我们很久。

这个问题有好几种方法可以解决，比如用某个东西记录 C5.0 和 A、B 的一个版本号之间的关系，这表示用户可以自定义。但也存在一个问题，用户需要自己去管理它们之间的版本号关系，时间长了，可能会弄乱或弄错版本号，或者弄错版本号之间的关系，随后上线到生产环境，后果更严重。还有一种方法，就是将用户的 C 版本号最后一次发布到 5.0 时 A、B 是什么版本静态地记录下来。但这样的话系统会变得相当复杂，很容易出错。

最后，我们选择去除多版本并行发布的能力，只支持单个版本的发布，这意味着如果要发布，必须是最新版本，历史版本可以用另外的方法进行人工处理。这样的话，系统会更简单，而且不容易出错，也不需要用户去维护版本号之间的关系。以上这些功能都是借助我们自己写的 Ponyes 解决的。

Rancher 2.0 也提到了 CI/CD 这样一个功能，在实际过程中，会遇到一个非常现实的问题，从代码研发到整个生产环境部署有许多环节，具体情况也非常复杂，而 CI 的作用可能仅止于 QA，后面的环节还会有新的难题，这时就需要一个体系把整个生命周期贯穿起来管理，Rancher 承担的作用就在于此。

六、总结的三条经验

1. 部署几套 Rancher 环境。

这问题看似很小，但在我们内部也引发过不少讨论。最初我们只部署了一套 Rancher，在 Rancher 里面用环境去区分 QA 或 production。部署一套 Rancher 的方式最简单，但是存在一个严重的问题：遇到 Rancher 升级的情况怎么办？这套 Rancher 既管了 QA，又管了 production，升级的时候需要把生产环境也升级，此刻如果出现 bug，问题将非常严重。

后来我们把它**拆成四套**，Rancher 平台本身也需要有一个升级的环境。建议大家在前期部署 Rancher 的时候要部署多套环境（至少两套），我们实际上是 dev、QA、staging、production 每个环境都有一套，总共四套。

2. 配置项爆炸。

我们最开始是使用 Rancher compose 的，它非常简单且功能强大，我们在 Rancher Catalog 里点一下"部署"，配置选项会被全部弹出来，我们只需要点选一些东西，就可以部署一个很复杂的应用。后来我们却发现，应用的配置项越来越多（甚至多达上百个），这导致它们难以在一个页面里展现。同时，上百项的配置让我们无从填写，运维也无法成功部署，从而面临了配置项爆炸的问题。

我们的解决经验是，在容器平台里面，**配置项一定要集中管理**。我们把配置项全部采用 consul 管理，每次容器启动时到 consul 里把配置拉到对应的容器里来。如此一来，容器就可以在任意平台漂移。另外，配置项本身在原 server 存有副本，我们复制原配置项加以修改，就可以部署另一个实例了。所以说，配置项一定要全部集中起来管理。

3. 泛域名+Rancher LB。

我们每一个业务都有一个 Web 服务，要申请自己的域名。每年我们有上百个项目上线，这意味着有上百个域名要申请。加上这些域名都分别需要在开发、测试、生产环境中使用，所以我们每年要申请将近 500 个域名。这是一件"恐怖"的事情。后来我们就用了泛域名的方法。比如用 *.sub.example.com 的域名，直接 CNM 到 Rancher 环境中的其中一台主机上。然后在 Rancher 上设置它的 LB，LB 就可以分布在所有的主机上，每个主机上都会有同样的 LB。这个域名任意指向一台主机，它都可以工作。

比如说，在 QA 环境，LB 上服务了如下域名，若主机坏掉了，容器本身会启动，入口问题则可以很简单地通过修改 * 量来搞定。如果是生产环境则可以在上面再加层 nginx，配三个 upstream，任意一台出现问题，还可以通过另外两个入口进来。

使用泛域名的方法，即在配置好泛域名之后，在 Rancher LB 上再加任意域名都不用再去申请新的域名，而是可以直接写 123.sub.example.com，然后直接在 LB 上配置，配完之后域名即可用，无须再走申请的流程了。

1.2 移动医疗公司顺能网络基于 Spring Cloud 的微服务实践

赵安家

一、相关趋势图

首先给大家看一张百度指数上关于微服务、Spring Boot、Spring Cloud、Dubbo 的趋势图，如图 1-6 所示。

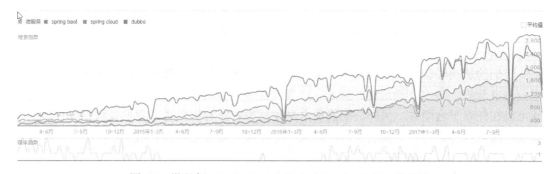

图 1-6　微服务、Spring Boot、Spring Cloud、Dubbo 趋势图

从图 1-6 可见，Dubbo 的搜索量增势放缓，Spring Boot 从 2016 年中下旬开始发力，一路高涨。学习了 Spring Boot 再学习 Spring Cloud 几乎顺理成章。

Spring Boot 旨在解决 Spring 越来越臃肿的全家桶方案的配置问题（具有讽刺意义的是，Spring 刚出道时高举轻量化解决方案大旗一路冲杀，现在自己也开始慢慢"胖"起来了），提供了很多简单易用的 Starter。特点是预定大于配置。

Dubbo 放缓是由于阿里巴巴中间断更近三年（dubbo-2.4.11 2014-10-30，dubbo-2.5.4 2017-09-07），很多框架和技术都较为陈旧，也不接纳社区的更新（当然，最近开始恢复更新，后面会有说到），导致当当另起炉灶，更新了：https://github.com/ dangdangdotcom/ dubbox（现在已断更）。而且 Dubbo 仅相当于 Spring Cloud 的一个子集，可参考文章《微服务架构的基础框架选择：Spring Cloud 还是 Dubbo？》（文章可参考链接：http://blog.csdn.net/ kobejayandy/ article/details/52078275）。

另外，我们可以看看 K8s（Kubernetes 的简称）、Kubernetes、Docker 的搜索趋势，如图 1-7 所示。

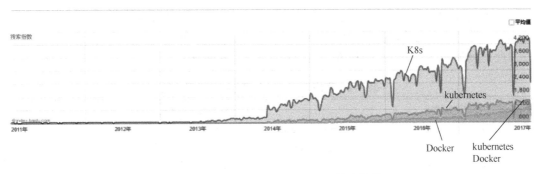

图 1-7　K8s、Kubernetes、Docker 搜索趋势

上面两图意在说明，微服务相关和容器相关越来越流行了，不再是一个特别新的、不成熟的技术。那单体服务和微服务的对比如何呢？

二、单体应用与微服务的对比

单体应用与微服务的对比参见表 1-1。

表 1-1　单体应用与微服务对比

单体应用		微服务	
优点	缺点	优点	缺点
1. 开发简单 2. 容易测试 3. 易于部署 4. 事务回滚容易 5. 无分布式管理，调用开销小 6. 重复功能代码较少	1. 迭代缓慢 2. 维护困难 3. 持续部署困难：微小改动，必须重启，不相干功能无法提供服务 4. 牵一发而动全身：依赖项冲突，变更后，需要大量测试，防止影响其他功能 5. 基础语言、框架升级缓慢 6. 框架语言单一，无法灵活选用	1. 敏捷性：按功能拆分，快速迭代 2. 自主性：团队技术选型灵活（PHP、python、Java、C#、Node.js、Golang），设计自主 3. 可靠性：微服务故障只影响此服务的消费者，而单体式应用会导致整个服务不可用 4. 持续集成、持续交付 5. 可扩展性：热点功能容易扩展	1. 性能降低：服务间通过网络调用 2. 管理难度增大：增加了项目的复杂性 3. 事务一致性

三、框架选型

下面分享一下我们公司在落地微服务时框架选型方面的一些经验。

我们公司主要使用 Java，所以决定使用 Spring 框架中的 Spring Cloud 作为微服务基础框架，但是原生 Spring Cloud 学习曲线比较陡峭，需要学习 feign、zuul、eureka、hystrix、zipkin、ribbon 等，还需要经验丰富的技术人员进行指导，不然在学习时容易遇到困难。

最后考虑团队的技术水平和学习成本，经过多方面考察，我们最后采用了国外的开源框架 JHipster。其实国内用 Dubbo 的较多，用 JHipster 的较少。我们不用 Dubbo 的原因，前面提到过，一个是因为中间断更，还有比较重要的一点，即 Dubbo 从功能来说只是 Spring Cloud 的一个子集。

从 JHipster 官方资料看，登记在册的使用 JHipster 的企业有 224 家，其中不乏 Google、Adobe 一类的大型企业，参见 http://www.jhipster.tech/companies-using-jhipster/。

此处列举一下 JHipster 的技术栈（开箱即用），参见表 1-2。

表 1-2　客户端技术栈和服务端技术栈比较

客户端技术栈	服务端技术栈
<ul><li>angular4,5 或 angularv1.x</li><li>Bootstrap</li><li>HTML5 Boilerplate</li><li>兼容 IE11+和多种浏览器</li><li>支持国际化</li><li>支持 Sass</li><li>支持 spring websocket</li><li>支持 yarn、bower 管理 js 库</li><li>支持 webpack、gulp.js 构建、优化和应用</li><li>支持 Karma、Headless Chrome 和 Protractor 进行前端单元开发</li><li>支持 Thymeleaf 模板引擎，从服务端渲染页面</li></ul>	<ul><li>支持 spring boot 简化 spring 配置</li><li>支持 maven、gradle 构建、测试和运行程序</li><li>支持多配置文件（默认为 dev 和 prod）</li><li>spring security</li><li>spring mvc REST + Jackson</li><li>spring websocket</li><li>spring data jpa + Bean Validation</li><li>使用 liquibase 管理数据库表结构变更版本</li><li>支持 Elasticsearch，进行应用内搜索</li><li>支持 mongoDB、Couchbase、Cassandra 等 NoSQL</li><li>支持 h2db、pgsql、mysql、meriadb、sqlserver、oracle 等关系型 sql</li><li>支持 kafka mq</li><li>使用 zuul 或者 traefik 作为 http 理由</li><li>使用 eureka 或 consul 进行服务发现</li><li>支持 ehcache、hazelcast、infinispan 等缓存框架</li><li>支持基于 hazelcast 的 httpsession 集群</li><li>数据源使用 HikariCP 连接池</li><li>生成 Dockerfile、docker-compose.yml</li><li>支持云服务商 AWS、Cloud Foundry、Heroku、Kubernetes、OpenShift、Docker 等</li><li>支持统一配置中心</li></ul>

不过真正用了后才会发现，这个列表不全，JHipster 支持的不止列表中描述的这些，大家也可以参考《JHipster 开发笔记》（文章见链接 https://jh.jiankangsn.com/）。

JHipster 是基于 yoman 的一个快速开发的脚手架（国内前几年流行的名字叫代码生成器），需要 node.js 环境，并且使用 yarn 搭建环境。当然不会这些也没事，JHipster 非常简单，如果实在想用，可以用 JHipster Online，详见链接 https://start.jhipster.tech/。类似 Spring 的可见链接 http://start.spring.io/，其界面如图 1-8 所示。

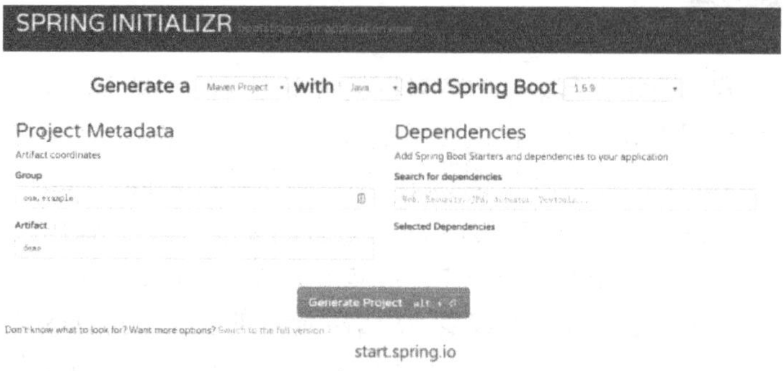

图 1-8　start.spring.io 界面

值得一提的是，JHipster 也支持通过 JHipster rancher-compose 命令来生成 rancher-compose.yml 和 docker-compose.yml，具体可参考[BETA] Deploying to Rancher，链接参见 http://www.jhipster.tech/rancher/。

对于小团队落地微服务，可以考虑使用 JHipster 来生成项目，能够极大地提高效率。基本上可以认为 JHipster 是一套基于 Spring Boot 的最佳实践（不仅支持微服务，也支持单体式应用）。对于想学习 Spring Boot 或者 Spring Cloud 的也建议了解一下 JHipster，好过独自摸索。

JHipster 依赖的技术框架版本都是最新的稳定版，版本更新比较及时，基本上一月一个版本，对 GitHub 上的 issues 和 PR 响应比较及时（一般会在 24 小时内响应）。

四、10 分钟搭建微服务

下面我将分享如何 10 分钟搭建一套微服务（不含下载 node.js、安装 maven 等准备环境的时间）。安装 node.js、yarn 的指南可参考《JHipster 开发笔记》一文中的【安装】篇，文章参见链接 https://jh.jiankangsn.com/install.html。

需要注意的是，如果是 Windows node.js，需要安装 v7.x，因为注册中心和网关需要用到 node-sass@4.5.0，但是 GitHub 上的 node-sass 的 rebuild 只有 v7.x（process 51）版本的。如果是 Linux，可以尝试高版本的，建议装 node.js v7.x。若你想试一下挑战自己，可尝试自己编译构建一个 node-sass。

为了加速下载，建议用 npm 的淘宝镜像，如图 1-9 所示。

```
yarn config set sass_binary_site=https://npm.taobao.org/mirrors/node-sass/
yarn config set phantomjs_cdnurl=https://npm.taobao.org/mirrors/phantomjs/
yarn config set registry=https://registry.npm.taobao.org
```

图 1-9　npm 的淘宝镜像

安装 jdk8、maven、maven 加速这些就不介绍了，可自行百度查一下。主要操作如下。

1. 下载注册中心。

JHipster-registry GitHub 地址可参见链接 https://github.com/jhipster/jhipster-registry，如图 1-10 所示。

```
$ git clone https://github.com/jhipster/jhipster-registry.git
$ cd jhipster-registry
$ yarn install
$ mvnw
##....

Application 'jhipster-registry' is running! Access URLs:
Local:          http://localhost:8761
External:       http://xx.xx.xx.xx:8761
Profile(s):     [swagger, dev, native]
```

图 1-10　下载注册中心

浏览器访问链接 http://localhost:8761，初始用户名密码均为 admin，注册中心的页面如图 1-11 所示。

图 1-11　注册中心的页面

Spring Config Server，统一配置中心，可以统一管理不同环境的数据库地址、用户名、密码等敏感数据，如图 1-12 所示。

图 1-12　Spring Config Server 统一配置中心

JHipster Registry 对应 SC（Spring Cloud）的 eurake+spring config server。

2. 创建网关。

创建 api 网关（如图 1-13 所示）。

【Creating an application】参见链接 http://www.jhipster.tech/creating-an-app/。

【The JHipster API Gateway】参见链接 http://www.jhipster.tech/api-gateway/。

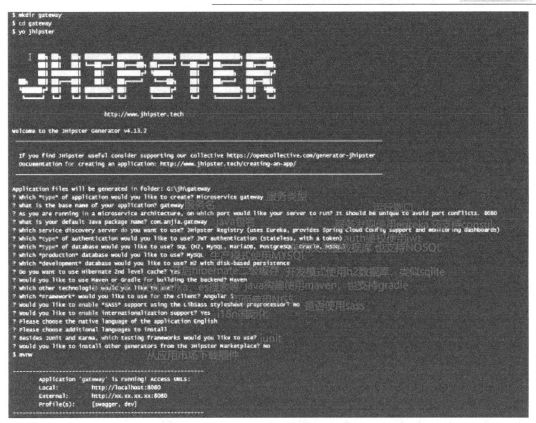

图 1-13 创建 api 网关

访问链接 http://localhost:8080/，默认用户名和密码均为 admin，如图 1-14 所示。

图 1-14 访问链接 http://localhost:8080/

3. 创建服务。

创建服务可参考链接 http://www.jhipster.tech/creating-an-app/，如图 1-15 所示。

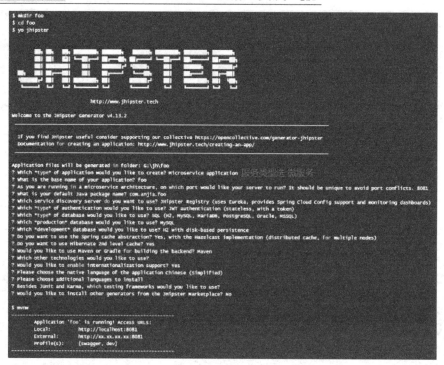

图 1-15　创建服务

访问链接 http://localhost:8080/#/docs，默认用户名和密码均为 admin，使用 swagger 管理 api 文档，开发时，仅需要添加对应的注解，即可自动生成文档，解决了传统通过 Word、PDF 等管理接口时文档更新不及时等问题，并且可以通过 try it 直接调用接口，避免了接口调试时使用 curl、postman 等工具，如图 1-16 所示。

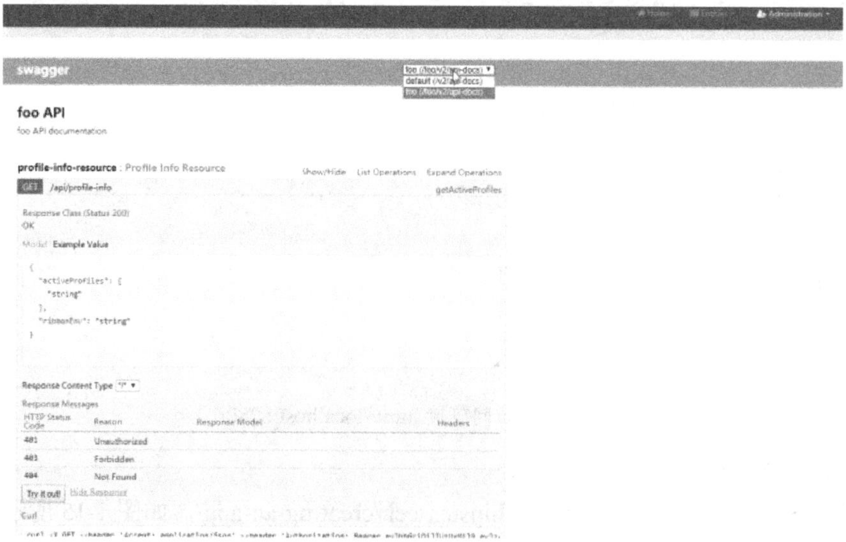

图 1-16　访问链接 http://localhost:8080/#/docs

至此，已经创建了一个简单的微服务（JHipster-registry 是注册中心，gateway 是网关，foo 是具体的功能模块）。

4. 创建实体。

JHipster 支持通过命令行创建实体，也支持 uml 或 jdl 生成实体，如图 1-17、图 1-18、图 1-19 和图 1-20 所示，此处使用官方 jdl-studio 的默认 jdl 文件，参见链接 https://start.jhipster.tech/jdl-studio/。

图 1-17　JHipster 支持通过命令行创建实体图一

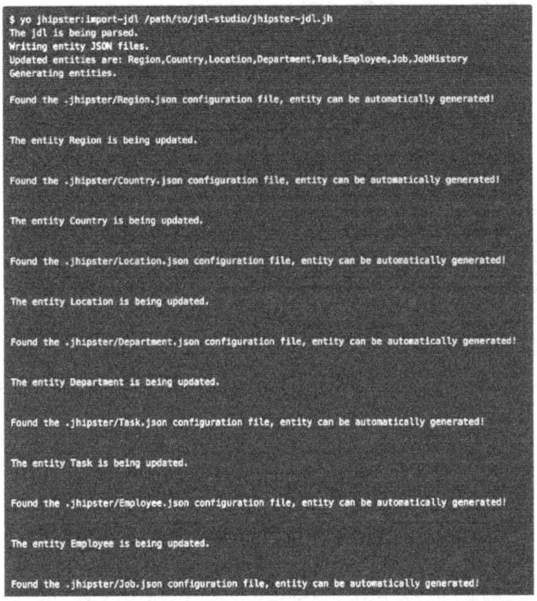

```
$ yo jhipster:import-jdl /path/to/jdl-studio/jhipster-jdl.jh
The jdl is being parsed.
Writing entity JSON files.
Updated entities are: Region,Country,Location,Department,Task,Employee,Job,JobHistory
Generating entities.

Found the .jhipster/Region.json configuration file, entity can be automatically generated!

The entity Region is being updated.

Found the .jhipster/Country.json configuration file, entity can be automatically generated!

The entity Country is being updated.

Found the .jhipster/Location.json configuration file, entity can be automatically generated!

The entity Location is being updated.

Found the .jhipster/Department.json configuration file, entity can be automatically generated!

The entity Department is being updated.

Found the .jhipster/Task.json configuration file, entity can be automatically generated!

The entity Task is being updated.

Found the .jhipster/Employee.json configuration file, entity can be automatically generated!

The entity Employee is being updated.

Found the .jhipster/Job.json configuration file, entity can be automatically generated!
```

图 1-18　JHipster 支持通过命令行创建实体图二

```
    create src/test/java/com/anjia/foo/web/rest/LocationResourceIntTest.java
    create src/main/resources/config/liquibase/changelog/20180107064937_added_entity_Department.xml
    create
src/main/resources/config/liquibase/changelog/20180107064937_added_entity_constraints_Department.
    create src/main/java/com/anjia/foo/domain/Department.java
    create src/main/java/com/anjia/foo/repository/DepartmentRepository.java
    create src/main/java/com/anjia/foo/web/rest/DepartmentResource.java
    create src/main/java/com/anjia/foo/service/DepartmentService.java
    create src/main/java/com/anjia/foo/service/impl/DepartmentServiceImpl.java
    create src/main/java/com/anjia/foo/service/dto/DepartmentDTO.java
    create src/main/java/com/anjia/foo/service/mapper/DepartmentMapper.java
    create src/test/java/com/anjia/foo/web/rest/DepartmentResourceIntTest.java
    create src/main/resources/config/liquibase/changelog/20180107064938_added_entity_Task.xml
    create src/main/java/com/anjia/foo/domain/Task.java
    create src/main/java/com/anjia/foo/repository/TaskRepository.java
    create src/main/java/com/anjia/foo/web/rest/TaskResource.java
    create src/main/java/com/anjia/foo/service/TaskService.java
    create src/main/java/com/anjia/foo/service/impl/TaskServiceImpl.java
    create src/main/java/com/anjia/foo/service/dto/TaskDTO.java
    create src/main/java/com/anjia/foo/service/mapper/TaskMapper.java
    create src/test/java/com/anjia/foo/web/rest/TaskResourceIntTest.java
    create src/main/resources/config/liquibase/changelog/20180107064939_added_entity_Employee.xml
    create
src/main/resources/config/liquibase/changelog/20180107064939_added_entity_constraints_Employee.xml
    create src/main/java/com/anjia/foo/domain/Employee.java
    create src/main/java/com/anjia/foo/repository/EmployeeRepository.java
    create src/main/java/com/anjia/foo/web/rest/EmployeeResource.java
    create src/main/java/com/anjia/foo/service/dto/EmployeeDTO.java
    create src/main/java/com/anjia/foo/service/mapper/EmployeeMapper.java
    create src/test/java/com/anjia/foo/web/rest/EmployeeResourceIntTest.java
    create src/main/resources/config/liquibase/changelog/20180107064940_added_entity_Job.xml
    create
src/main/resources/config/liquibase/changelog/20180107064940_added_entity_constraints_Job.xml
    create src/main/java/com/anjia/foo/domain/Job.java
    create src/main/java/com/anjia/foo/repository/JobRepository.java
    create src/main/java/com/anjia/foo/web/rest/JobResource.java
    create src/main/java/com/anjia/foo/service/dto/JobDTO.java
    create src/main/java/com/anjia/foo/service/mapper/JobMapper.java
    create src/test/java/com/anjia/foo/web/rest/JobResourceIntTest.java
    create src/main/resources/config/liquibase/changelog/20180107064941_added_entity_JobHistory.xml
    create
src/main/resources/config/liquibase/changelog/20180107064941_added_entity_constraints_JobHistory.
    create src/main/java/com/anjia/foo/domain/JobHistory.java
    create src/main/java/com/anjia/foo/repository/JobHistoryRepository.java
```

图 1-19　JHipster 支持通过命令行创建实体图三

图 1-20　JHipster 支持通过命令行创建实体图四

重启 foo 服务，再次访问链接 http://localhost:8080/#/docs，发现了很多接口，如图 1-21 所示。

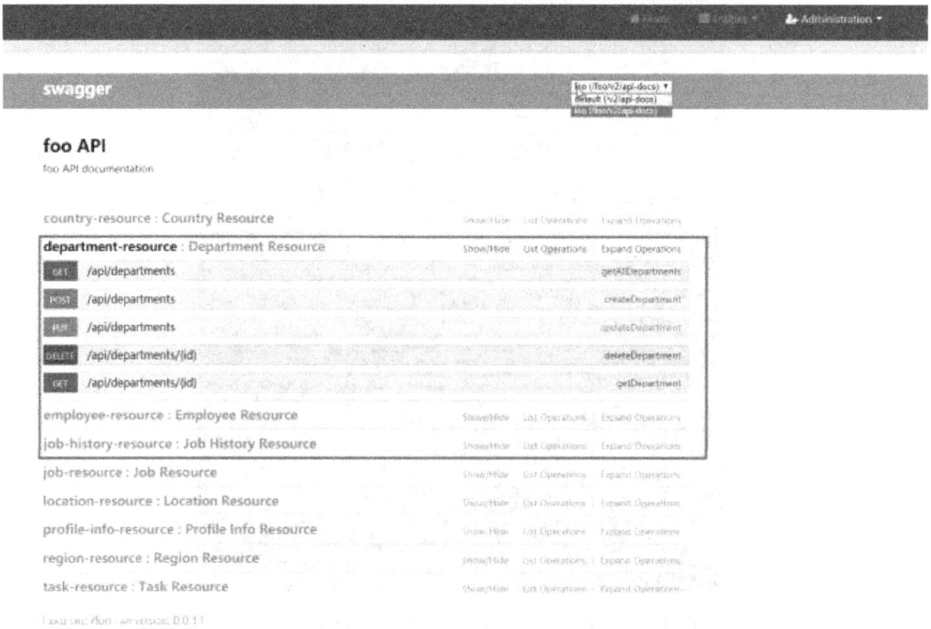

图 1-21　重启 foo 服务，再次访问链接 http://localhost:8080/#/docs

通过 swagger ui，找到 region-resource，POST /api/regions，创建一个名为 test 的 regison，如图 1-22 所示。

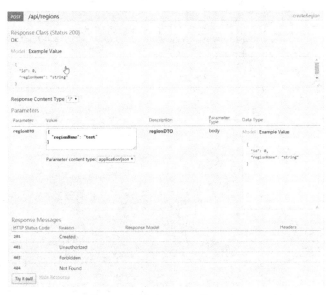

图 1-22　创建名为 test 的 regison

单击【Try it out!】按钮，然后浏览器打开 h2 数据库，参见链接 http://localhost:8081/h2-console，如图 1-23 和图 1-24 所示。

图 1-23　单击【Try it out!】按钮图例　　　　图 1-24　浏览器打开 h2 数据库图例

查询 REGION 表，数据已经插入成功。

至此，一个虽然简单但是可用的微服务已经弄好。

五、将服务发布到 Rancher

JHipster 支持发布到 Cloud Foundry、Heroku、Kubernetes、Openshift、Rancher、AWS、Boxfuse 中使用。

我们建议使用 Rancher，因为 Cloud Foundry、Heroku、AWS、Boxfuse 都是云环境，但 Kubernetes 和 openshift origin 太复杂了，而 Rancher 则很容易上手，功能完备，也是完全开源，其联合创始人还是 CNCF 的理事会成员。

服务发布可以参见链接 http://www.jhipster.tech/rancher/，如图 1-25 所示。

图 1-25　服务发布图例

rancher-compose.yml 如图 1-26 所示。

图 1-26　rancher-compose.yml 图例

docker-compose.yml 如图 1-27 所示。

```yaml
version: '2'
services:
  lb:
    image: rancher/load-balancer-service
    ports:
      # Listen on public port 80 and direct traffic to private port 8080 of the service
      - 80:8080
    links:
      # Target services in the same stack will be listed as a link
      - gateway-app:gateway-app
  foo-app:
    image: foo
    environment:
      - SPRING_PROFILES_ACTIVE=prod,swagger
      - EUREKA_CLIENT_SERVICE_URL_DEFAULTZONE=http://admin:$${jhipster.registry.password}@jhipster-registry:8761/eureka
      - SPRING_CLOUD_CONFIG_URI=http://admin:$${jhipster.registry.password}@jhipster-registry:8761/config
      - SPRING_DATASOURCE_URL=jdbc:mysql://foo-mysql:3306/foo?useUnicode=true&characterEncoding=utf8&useSSL=false
      - JHIPSTER_SLEEP=30
      - JHIPSTER_LOGGING_LOGSTASH_ENABLED=true
      - JHIPSTER_LOGGING_LOGSTASH_HOST=jhipster-logstash
      - JHIPSTER_METRICS_LOGS_ENABLED=true
      - JHIPSTER_METRICS_LOGS_REPORT_FREQUENCY=60
      - JHIPSTER_REGISTRY_PASSWORD=admin
  foo-mysql:
    image: mysql:5.7.20
    environment:
      - MYSQL_USER=root
      - MYSQL_ALLOW_EMPTY_PASSWORD=yes
      - MYSQL_DATABASE=foo
    command: >-
      mysqld --lower_case_table_names=1 --skip-ssl --character_set_server=utf8
      --explicit_defaults_for_timestamp

  gateway-app:
    image: gateway
    environment:
      - SPRING_PROFILES_ACTIVE=prod,swagger
      - EUREKA_CLIENT_SERVICE_URL_DEFAULTZONE=http://admin:$${jhipster.registry.password}@jhipster-registry:8761/eureka
      - SPRING_CLOUD_CONFIG_URI=http://admin:$${jhipster.registry.password}@jhipster-registry:8761/config
      - SPRING_DATASOURCE_URL=jdbc:mysql://gateway-mysql:3306/gateway?useUnicode=true&characterEncoding=utf8&useSSL=false
      - JHIPSTER_SLEEP=30
      - JHIPSTER_LOGGING_LOGSTASH_ENABLED=true
      - JHIPSTER_LOGGING_LOGSTASH_HOST=jhipster-logstash
      - JHIPSTER_METRICS_LOGS_ENABLED=true
      - JHIPSTER_METRICS_LOGS_REPORT_FREQUENCY=60
      - JHIPSTER_REGISTRY_PASSWORD=admin
    ports:
      - 8080:8080
  gateway-mysql:
    image: mysql:5.7.20
    environment:
      - MYSQL_USER=root
      - MYSQL_ALLOW_EMPTY_PASSWORD=yes
      - MYSQL_DATABASE=gateway
    command: >-
      mysqld --lower_case_table_names=1 --skip-ssl --character_set_server=utf8
      --explicit_defaults_for_timestamp

  jhipster-registry:
    image: jhipster/jhipster-registry:v3.2.4
    #volumes:
    #  - ./central-server-config:central-config
    # By default the JHipster Registry runs with the "dev" and "native"
    # Spring profiles.
    # "native" profile means the filesystem is used to store data, see
    # http://cloud.spring.io/spring-cloud-config/spring-cloud-config.html
    environment:
      - SPRING_PROFILES_ACTIVE=dev,native
      - SECURITY_USER_PASSWORD=admin
      - JHIPSTER_LOGGING_LOGSTASH_ENABLED=true
      - JHIPSTER_LOGGING_LOGSTASH_HOST=jhipster-logstash
      - JHIPSTER_METRICS_LOGS_ENABLED=true
      - JHIPSTER_METRICS_LOGS_REPORTFREQUENCY=60
      - SPRING_CLOUD_CONFIG_SERVER_NATIVE_SEARCH_LOCATIONS=file:./config/
      # Uncomment to use a Git configuration source instead of the local filesystem
      # mounted from the registry-config-sidekick volume
      #  - GIT_URI=https://github.com/jhipster/jhipster-registry/
      #  - GIT_SEARCH_PATHS=central-config
    ports:
      - 8761:8761
    volumes:
      - /config
    volumes_from:
      - registry-config-sidekick
    labels:
      io.rancher.sidekicks: registry-config-sidekick
  registry-config-sidekick:
    # this docker image must be built with:
    # docker build -t registry-config-sidekick registry-config-sidekick
    image: registry-config-sidekick
    tty: true
    stdin_open: true
    command:
      - cat
    volumes:
      - config:/config
  jhipster-elasticsearch:
    image: jhipster/jhipster-elasticsearch:v2.2.1
    ports:
      - 9200:9200
      - 9300:9300
    # Uncomment this section to have elasticsearch data persisted to a volume
    #volumes:
    #  - ./log-data:/usr/share/elasticsearch/data
  jhipster-logstash:
    image: jhipster/jhipster-logstash:v2.2.1
    command: logstash -f /conf/logstash.conf
    ports:
      - 5000:5000/udp
    # Uncomment this section to have logstash config loaded from a volume
    #volumes:
    #  - ./log-conf/:/conf
  jhipster-console:
    image: jhipster/jhipster-console:v2.2.1
    ports:
      - 5601:5601
# Uncomment this section to enable Zipkin
#jhipster-zipkin:
#  image: jhipster/jhipster-zipkin:v2.2.1
#  ports:
#    - 9411:9411
#  environment:
#    - ES_HOSTS=http://jhipster-elasticsearch:9200
```

图 1-27　docker-compose.yml 图例

docker-compose.yml 中给的 JHipster-registry 是本地模式的，可以根据注释部分内容，改成从 Git 中选择。这样做的好处是维护方便，坏处是容易造成单点故障。使用 Git 模式，就可以将 registry-config-sidekick 部分去掉。

JHipster 使用 liquibase 进行数据库版本管理，便于数据库版本变更记录管理和迁移。（rancher server 也是用的 liquibase 进行数据库版本管理）

把 docker-compose.yml 和 rancher-compose.yml 贴到 Rancher 上，就能创建一个应用 stack 了。

不过，好像漏了点啥？少了 CI/CD。Rancher 和 Docker 的 compsoe.yml 有了，但是，还没构建镜像呢，镜像也还没推送到 registry 呢？

六、CI/CD

1. 自建 GitLab。

如果用 GitLab 管理源码，在 Docker Hub 上发布一个汉化的 GitLab，可参见网址 https://hub.docker.com/r/gitlab/gitlab-ce/tags/，如图 1-28 所示。如果要用官方镜像，参见网址 https://hub.docker.com/r/gitlab/gitlab-ce/tags/。

```
version: '2'
services:
  gitlab:
    mem_limit: 5368709120 #限制内存最大  5G = 5*1024*1024*1024
    image: anjia0532/gitlab-ce-zh:10.3.3-ce.0
    volumes:
      - /data/gitlab/config:/etc/gitlab
      - /data/gitlab/data:/var/opt/gitlab
      - /data/gitlab/log:/var/log/gitlab
    ports:
      - 80:80/tcp
      - 443:443/tcp
```

图 1-28　自检 GitLab 图例

2. GitLab CI。

我们的 CI 用的是 GitLab-CI，参见【GitLab Continuous Integration (GitLab CI)】：https://docs.gitlab.com/ce/ci/README.html。

为啥不用 Jenkins？这既出于个人的喜好选择，也出于压缩技术栈的考虑：

（1）GitLab-CI 够简单，也够用。

（2）它和 GitLab 配套，不用多学习 Jenkins，毕竟多一套，就多一套的学习成本。

3. 搭建镜像伺服。

老牌 sonatype nexus oss 可以管理 Bower、Docker、Git LFS、Maven、npm、NuGet、PyPI、Ruby Gems、Yum Proxy，功能丰富，参见网址 https://www.sonatype.com/download-oss-sonatype。

GitLab Container Registry administration，GitLab Registry 跟 GitLab 集成，不需要额外的安装服务，参见网址 https://docs.gitlab.com/ce/administration/container_registry.html#gitlab-container-registry-administration。

而 Harbor 应用商店具有安装方便，号称企业级 registry，功能强大等优点，参见网址 http://vmware.github.io/harbor/rancher。

如何选择？还是那句话，看需求。我们公司有部署 maven 和 npm 的需要，所以用了 nexus oss，顺便管理 Docker registry。

七、Service Mesh——下一代微服务

我所在的公司是从 2016 年八九月份开始拆分单体服务的，彼时国内关于 Spring Cloud、微服务等相关资料较少，国内流行 Dubbo（那会已经断更 1 年多了，虽然现在复更，但是对其前景不太看好）。从 2017 年开始，圈内讨论 Spring Cloud 的渐渐多起来了，同时市面上也有了介绍 Spring Cloud 的书籍，比如周立的《Spring Cloud 与 Docker 微服务架构实战》，翟永超的《Spring Cloud 微服务实战》等。

但是用了 Spring Cloud 后，感觉 Spring Cloud 太复杂了（如果用了 JHipster 情况会好点），并没有实现微服务的初衷，还存在以下缺点。

（1）跟语言、框架无关：局限于 Java。

（2）隐藏底层细节，需要学习 zuul 路由、eureka 注册中心、configserver 配置中心，需要熔断，降级，需要实现分布式跟踪等。

在这种情况下，2016 年，国外 buoyant 公司提出 Service Mesh 概念，基于 scala 创建了 linkerd 项目。Service Mesh 的设想就是，让开发人员专注于业务，不再分心于基础设施。

目前主流框架如下。

- istio：背靠 google、IBM，后台硬，前景广阔。
- conduit：跟 linkerd 是一个公司的，使用 Rust 语言开发，proxy 消耗不到 10MB 内存，p99 控制在毫秒内。
- linkerd：商用企业较多，国内我知道的有豆瓣。
- envoy：国内腾讯在用。

其中 istio 和 conduit 都不太成熟，而 linkerd 和 envoy 都有商用案例，较为成熟。从长远来看，我更看好 istio 和 conduit。

对 Dubbo 的老用户来说也有个好消息，据说 Dubbo3 将兼容 2，并且支持 Service Mesh，支持反应式编程。

八、结语

建议大家根据公司、团队实际情况理性选择框架。目前 Service Mesh 还处于垦荒阶段，而 Spring Cloud 或者 Dubbo 还没到彻底过时的程度，建议持续关注。

如果已经落地了相关的微服务技术，不要盲目跟风，在可接受学习成本和开发成本的情况下，可以考虑研究一下 Service Mesh。

如果使用的是 Spring 框架的话，建议抛开 Spring Cloud，直接用 Spring Boot + Service Mesh，这样研发更清爽一些。

1.3 iHealth 基于 Docker 的 DevOps CI/CD 实践

郭 拓

iHealth 致力于用全新的移动互联体验整合传统的个人健康管理方式，公司业务范围包含移动医疗、慢病护理及健康与医疗硬件研发。本文分享了 iHealth 从最初的服务器端直接部署，到现在实现全自动 CI/CD 的实践经验。iHealth 结合自身状况，构建了一套自己的 DevOps CI/CD 流程，更轻，更小。

一、合适的才是最好的（Node.js & Docker）

如果世界只有 FLAG、BAT，那就太无趣了。iHealth 是一家初创型公司，我所在的部门大概有 10 名研发人员，担负着三端研发工作的同时，所有围绕服务的交付和运维工作也都是我们来做的。

技术的选型上，服务端、Web 端和移动端（Android、iOS）都要上，工作任务重，工作配备的人员少。所以部门研发员工对外宣称的职位都是全栈工程师。能一门语言通吃三端，群众基础广泛，恐怕没有比 JavaScript/Typescript（Node.js）更合适了。

服务端有 Express、Koa、Feather、Nest、Meteor 等各有其长的框架，前端有大而火的 React.js、Vue.js 和 Angular，不管是 Server Render 还是前后端分离，研发员工都可以得心应手。因为公司的健康设备（血糖仪、血压计、体温计、血氧、体脂秤，等等）会有专门的部门研发设计及提供 SDK，所以移动端的研发工作更多是在设计实现和性能优化上，React Native 是一枚大杀器。虽然现在公司并没有桌面端的需求，但不能否认的是 Electron 是一个很有趣的项目，如图 1-29 所示，为"全栈"这个词增加了更多解释。

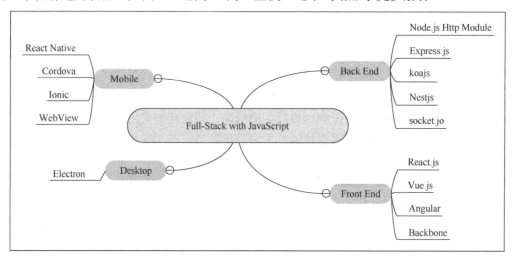

图 1-29 Electron 项目

另外，选择使用 Node.js+Ts 作为全栈的基础会附带有 RPC 的好处。无须集成传统意义上的 RPC 框架（如 gRPC），只需要在编写远程（微）服务方法时，编写相应的 npm package，可以达到相同的目的，并且成本更低，更易理解。

运维环境的选型上，所有的业务都运行在云端，省去了机房维护和服务器运维的成本。其实在盘古开荒时，我们也是编写了 Node 程序后使用 PM2 部署在服务器上的，并没有使用 Docker。当然也没有遇到使用 Docker 所带来的问题，如三端不同步、环境无法隔离等。而 Docker 带给我们最大的惊喜在于：除了超强的可移植性，更在于研发人员可以非常容易对程序的顶级架构进行推理。

事实上，我们直接使用 docker-compose 做容器编排有一段时间，在一次大规模的服务器迁移中，发现需要重新思考越来越多的容器管理和更完善的编排方案。Rancher（Cattle）就是在这时被应用到技术栈中的。

二、一切从 GitHub 开始

在运维环境一波三折的同时，DevOps 的征程也是亦步亦趋，步步惊心。幸运的是，我们知道自己缺乏什么，想要什么，所以能比较容易地做到"哪里不会点哪里"。如同之前所述，合适的才是最好的。持续集成（CI）与持续交付（CD）的迭代过程，从最初的代码复制，到结合 docker-compose 与 rsync 命令，到使用 CI/CD 工具，做到相对意义上的自动化……迄今为止，我们摸索出了一套相对好用且好玩的流程，如图 1-30 所示。

图 1-30　自动化流程示例

故事大致是这样的，当程序员提交代码之后，他可能会去接一杯咖啡。在咖啡的雾气里 45°角仰望天花板，手机微信提醒这次构建成功或失败。这时他可以开始往工位走，坐下时，微信又会提醒本次部署到 Rancher 是成功还是失败的。

这一切开始的地方是 GitHub。当开发者开发完功能之后，需要有地方保存这些宝贵的资料。之所以没有使用 GitLab 或 Bitbucket 搭建私有的 Git 服务器，是因为我们认为代码是最直接的价值体现。服务如骨架，终端如皮肤，UE 如衣服，三者组成让人赏心悦目的风景，代码是这背后的基础。我们认为在团队精力无法更分散、人口规模尚小时，购买 GitHub 的商业版是稳妥且必要的，毕竟 GitHub 的完善让人们修复一次故障就像把网线拔下来再插上那样简单。

三、Drone CI

Drone 这个单词在翻译时译作雄蜂、无人机。我特意咨询了一位精通多国语言的英国朋友，说这个词的意思是 autonomous，works by itself。白话就是有活它自己干，而且是自主的。不过这个解释对于 Drone 来说名副其实。这个在 GitHub 上拥有 13 000+ Stars 的开源项目，使用 Golang 编写，相比 Jenkins 的大而全，Drone 是为 Docker 而生的 CI 软件。如果有使用过 Gitlab CI 的小伙伴，相信对 Drone 的使用方式不会感到陌生，他们都是使用 Yaml

风格文件来定义 pipeline 的。

```
pipeline:
  build:
    image: node:latest
    commands:
      - npm install
      - npm run lint
      - npm run test
  publish:
    image: plugins/npm
    when:
      branch: master
```

Drone 的安装方式如同 Rancher 一样简单，只需一行 Docker 命令即可。当然，大家也可以查看 Drone 的官方文档，如图 1-31 所示。在这里，只介绍一下使用 Rancher catalog 安装 Drone 的方式。

图 1-31　Drone 官方文档

查看大图大家可以看到 Drone 使用 Rancher catalog 安装的方法（使用 GitHub），在 GitHub 的 Settings 中创建 Drone 的 OAuth App 时，Home Page URL 务必要写你能访问 Drone 的 IP 地址或域名，例如：http://drone.company.com，而 OAuth App 的 Authorization callback URL 应该对应上面的写法：http://drone.company.com/authorize，如图 1-32 所示。

图 1-32　在 GitHub 的 Settings 中创建 Drone 的 OAuth App 图例

登录进 Drone 之后，在 Repositories 中找到你想要开启 CI 的 Git Repo，如图 1-33 所示，用 switch 按钮打开它：

Account ＞ Repositories

dev-de

sirius1024/rancher-dev-demo

图 1-33　找到开启 CI 的 Git Repo 图例

这表示已经打开了 Drone 对于这个 Repo 的 webhook，当有代码提交时，Drone 会检测这个 Repo 的根目录中是否包含.drone.yml 文件，如存在，则根据 YAML 文件定义的 pipeline 执行 CI 流程。

四、Drone 与 Rancher、Harbor、企业微信的集成

在决定使用 Drone 之前，需要知道的是，Drone 是一个高度依赖社区的项目。其文档有诸多不完善之处（Drone 文档之前也曾完善过，但随着版本迭代，文档已经过时了），plugins 质量良莠不齐。但对于擅长 GitHub issue、Google、Stackoverflow 的朋友来说，这并不是特别困难的事情。Drone 也有付费版本，无须自己提供服务器，而是像 GitHub 那样作为服务使用。

如果你决定使用 Drone，截止到上面的步骤，我们打开了 Drone 对于 Github Repo 的监听。再次提醒，需要在代码 repo 的根目录包含.drone.yml 文件，才会真正触发 Drone 的 pipeline。

那么，如果想重现上面故事中的场景，应该如何进行集成呢？

我们公司在构建 CI/CD 的过程中，现使用 Harbor 作为私有镜像仓库，从提交代码到自动部署到 Rancher，其实应当经历如下步骤。

（1）提交代码，触发 GitHub Webhook。

（2）Drone 使用 Docker 插件，根据 Dockerfile 构建镜像，并推送到 Harbor 中。

（3）Drone 使用 Rancher 插件，根据 stack/service，部署上面构建好的 image。

（4）Drone 使用企业微信插件，报告部署结果。

在这里，节选公司项目中的一段 YAML 代码，描述上述步骤。

```
# .drone.yaml
pipeline:
  # 使用plugins/docker插件，构建镜像，推送到harbor
  build_step:
    image: plugins/docker
    username: harbor_username
    password: harbor_password
    registry: harbor.company.com
    repo: harbor.company.com/registry/test
    mirror: 'https://registry.docker-cn.com'
    tag:
      - dev
    dockerfile: Dockerfile
    when:
      branch: develop
      event: push
# 使用 rancher 插件，自动更新实例
  rancher:
    image: peloton/drone-rancher
    url: 'http://rancher.company.com/v2-beta/projects/1a870'
    access_key: rancher access key
    secret_key: rancher secret key
    service: rancher_stack/rancher_service
    docker_image:'harbor.company.com/registry/test:dev'
    batch_size: 1
    timeout: 600
    confirm: true
    when:
      branch: develop
      event: push
# 使用 clem109/drone-wechat 插件，报告到企业微信
  report-deploy:
    image: clem109/drone-wechat
    secrets:
      - plugin_corp_secret
      - plugin_corpid
      - plugin_agent_id
    title: '${DRONE_REPO_NAME}'
    description: |
      构建序列: ${DRONE_BUILD_NUMBER}  部署成功, 干得好${DRONE_COMMIT_
AUTHOR} !
      更新内容: ${DRONE_COMMIT_MESSAGE}
    msg_url: 'http://project.company.com'
    btn_txt: 点击前往
    when:
      branch: develop
      status:
```

```
- success
```

在对接企业微信之前，需要在企业微信中新建自定义应用，比如，命令应用名字叫Drone CI/CD。当然，你也可以给每一个项目创建一个企业微信 App，这样虽然麻烦，但是可以让需要关注该项目的人关注到构建信息。

下面是企业微信测试的截图，如图 1-34 所示。

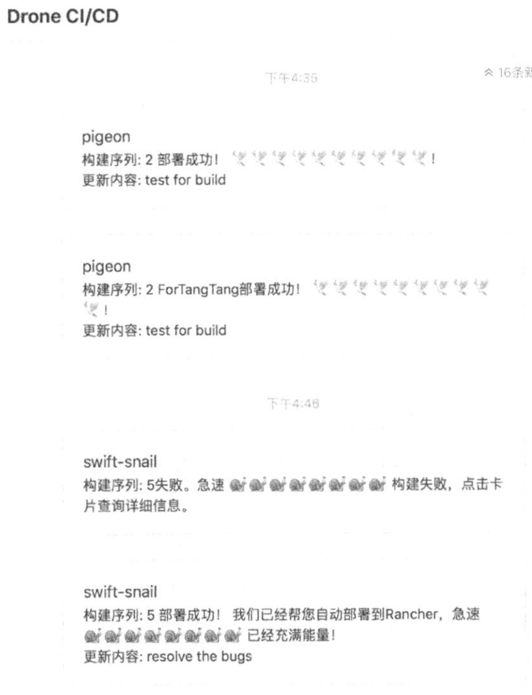

Drone CI/CD

下午4:35　　　　　　　　　　⋀16条新消息

pigeon
构建序列: 2 部署成功！ 🐔🐔🐔🐔🐔🐔🐔🐔！
更新内容: test for build

pigeon
构建序列: 2 ForTangTang部署成功！ 🐔🐔🐔🐔🐔🐔🐔🐔！
更新内容: test for build

下午4:46

swift-snail
构建序列: 5失败。急速 🐌🐌🐌🐌🐌🐌🐌🐌 **构建失败，点击卡片查询详细信息。**

swift-snail
构建序列: 5 部署成功！ 我们已经帮您自动部署到Rancher，急速 🐌🐌🐌🐌🐌🐌🐌🐌 **已经充满能量！**
更新内容: resolve the bugs

图 1-34　企业微信测试图

企业微信与微信客户端是连通的，如图 1-35 所示。

图 1-35　微信客户端显示图

在这里我认为有必要提醒一下，使用 Drone 的企业微信插件时，不要使用 Drone Plugins 列表里的企业微信。翻阅 Drone Plugins 源码可以发现，如图 1-36 所示，其中一个函数会将企业的敏感信息发送至私人服务器。不管作者本身是出于 BaaS 的好意，还是有其他想法，我认为都是不妥的。

```
function sendMsgFromServerChan() {
  const SCKEY = PLUGIN_SCKEY || WECHAT_SERVER_CHAN_KEY;
  if (!SCKEY) {
    return false;
  }

  request({
    url: `https://sc.ftqq.com/${SCKEY}.send`,
    qs: {
      text: PLUGIN_TITLE,
      desp: render(PLUGIN_MESSAGE)
    }
  });

  return true;
}
```

图 1-36　Drone Plugins 源码

代码地址参见链接：https://github.com/lizheming/drone-wechat/blob/master/index.js。

在 Drone Plugins 里的企业微信插件出现前，我的好友 Clément（克雷蒙）同学写了一个企业微信插件，至今仍被广泛使用。同时欢迎检查源代码，提问题。为了不让克雷蒙同学骄傲，我并不打算号召大家给他星：clem109/drone-wechat。

在构建完成后，可以看到 Drone 控制面板里小伙伴们战斗过的痕迹，如图 1-37 所示。

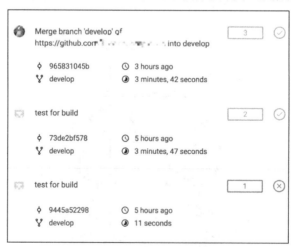

图 1-37　显示痕迹的 Drone 控制面板

五、ELK 与 Rancher 的集成

ELK 是 Elasticsearch、Logstash 与 Kibana 的集合，是一套非常强大的分布式日志方案。ELK 的使用更多在于其本身的优化及 Kibana 面向业务时的使用，这话题很大，仅使用 Elasticsearch 就有许多技巧。因为人力资源配置的原因，我们使用了兄弟部门搭建的 ELK，

等同于使用已有的 ELK 服务。所以在此也不再赘述 ELK 的搭建，网上有许多资源可供参考。在这里要做的事情，就是把 Rancher 中的日志归集到已有的 ELK 中。

在 Rancher 的 catalog 中找到 logspout，如图 1-38 所示，这是一个 logstash 的 adapter，为 Docker 而生的。

图 1-38　logspout 界面

在配置中设置 LOGSPOUT=ignore，如图 1-39 所示，然后把 ROUTE_URIS 设置为已经搭建好的 logstash 地址，就可以将当前环境的日志集成到 ELK 中。

图 1-39　配置参数设置

六、Traefik 与 Rancher 的集成

目前看来一切都很好，对吗？的确是这样的。我们提交了代码，Drone 自动构建镜像到 Harbor，自动部署到 Rancher，自动发送构建结果，Rancher 又可以帮助自动重启死掉的容器，使用 Rancher Webhook 也可以实现自动弹性计算，并且可以使用 YAML 文件定制构建流程和一些 report 信息，当构建或部署失败时，让企业微信自动回复信息提示设计人员。

微服务还讲究服务注册和服务发现，如果并不想动用 Zookeeper 这样的工具（就像我们不想用 Kong 一样，因一是有一定学习和维护成本，二是 Logo 越改越丑），那就需要找到一个轻量级、能满足需求的替代品。

对于域名的解析，我们选择使用 Traefik 作为 LB，这个同样使用 Golang 编写，同样拥有将近 13 000 Stars，并且兼具简单的服务注册和服务发现功能。更值得一提的是，Rancher catalog 里的 Traefik 非常友好地集成了 Let's Encrypt（ACME）的功能，可以做到自动申请 SSL 证书，过期自动续期。当然，不推荐在生产环境中使用，因 SSL 免费证书的数量非常容易达到阈值，使得域名无法访问。

Traefik 内部架构图（Image from traefik.io），如图 1-40 所示。

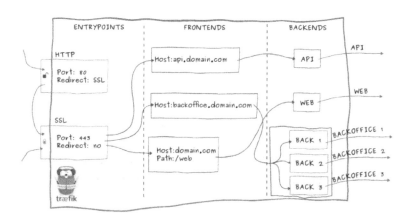

图 1-40　Traefik 内部架构图

如何安装 Traefik 呢？我们以 Rancher catalog 中的 Traefik 为例（不使用 ACME），如图 1-41 所示。

图 1-41　Traefik 安装界面图

我们的目的是做域名解析，integration mode 应该设置为 metadata。Http Port 设置为 80，Https Port 设置为 443，Admin Port 可以根据自己的实际情况填写，默认 8000。

此时的 Traefik 已经准备就绪，但是打开 traefik_host:8000 查看控制面板时，发现 Traefik 并没有做任何代理。原因是需要在代理的目标中，使用 Rancher labels 标示出 traefik 的代理方式。

比如刚才安装的 Drone，如果我们想代理到 drone.company.com 这个域名，则需要在 drone server 的 container 中设置标签，如图 1-42 所示。

图 1-42　安装的 Drone

- traefik.enable=true，表示启用 traefik 代理。
- traefik.port=8000，表示容器对外暴露的端口。
- traefik.alias=drone，表示将 Drone server 这个容器解析为 drone.company.com。
- traefik.domain=company.com，表示 traefik 代理的根域名。

需要注意的是，traefik.alias 有可能导致重复解析，同时 traefik 有自己的一套默认解析规范。更详细的文档请参阅 GitHub 地址 rawmind0/alpine-traefik。

在设置了 Rancher labels 后，可以看到 Traefik 的控制面板中，已经注册了服务地址，如图 1-43 所示。

图 1-43　已经注册了服务地址的 Traefik 的控制面板

利用 Traefik 的这个特性和 Rancher 对于容器（Container）的弹性计算，可以做到简单的服务注册和服务发现。

最后需要在域名服务商那里做 A 记录解析，解析的 IP 地址应为 Traefik 的公网地址。因为域名解析的默认端口是 80 和 443，后面发生的事情就和 nginx 的作用一模一样了。域名解析到 Traefik 服务器的 80 端口（https 则是 443），Traefik 发现这个域名已经注册到服务中，于是代理到 10.xx 开头的虚拟 IP，转发请求，并发送响应。与 nginx Conf 如出一辙，如图 1-44 所示。

图 1-44　在域名服务商处做 A 记录解析的界面

至此，我们已经完全实现从代码提交到自动部署，以及域名解析的自动化。在生产环境的 Traefik on Rancher 中开启 Https，可以把 ssl 的整个信任链以文本的形式粘贴进去，同时修改 Traefik 的 Https 选项为 true 即可，如图 1-45 所示。

图 1-45　自动部署及域名解析的自动化

另外，Traefik 并不是 LB/Proxy 的唯一选择，甚至不是最优的选择，但确实是目前与 Rancher 集成最好的。图 1-46 中的程序都值得调研（可以注意一下 istio，相对有更多优点，这还只是 2017 年 7 月底的数据）。

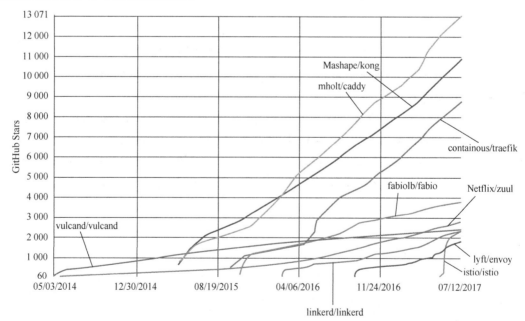

图 1-46　2017 年 7 月底 GitHub Stars 相关数据曲线

事实上，我们对 Traefik 是又爱又恨的。它能非常方便地与 Rancher 集成，功能简便强大，性能可观。但在最开始使用时着实让我们踩了不少坑，一度打算放弃并回归到传统的 nginx 做反向代理的方式，甚至写了 PR 并被合并到 master 中。截至目前，Rancher Catalog 中最新版本是 1.5 版，已经是一个真正稳定和可用的版本了。

七、小技巧

在 Node.js 的项目中书写 Dockerfile 时，经常会用到 yarn 或者 npm 来拉取依赖包。但 npm 的服务器远在世界的另一端，这时可以使用淘宝的镜像进行加速。通常我们在本地开发时执行会加上 npm 镜像，在服务器上运行 Dockerfile 也是一样的道理：

```
FROM node:alpine
WORKDIR /app
COPY package.json .
RUN npm i --registry https://registry.npm.taobao.org
COPY . .
CMD [ "node", "bin/www" ]
```

Drone 在构建镜像并推送到镜像仓库时，需要根据 Dockerfile 的基础镜像进行构建，而 Docker 服务器也远在世界的另一端，同样可以使用 mirror 来指定镜像仓库，并尽量使用 alpine 镜像缩小体积。

```
pipeline:
  build_step:
    image: plugins/docker
    username: harbor_name
    password: harbor_pwd
    registry: harbor.company.com
    repo: harbor.company.com/repo/test
    mirror: 'https://registry.docker-cn.com'
```

本地开发时下面的命令很好用：停止所有容器，删除所有容器，删除所有图像，即 docker stop $(docker ps -aq) && docker rm $(docker ps -aq) && docker rmi $(docker images -aq)。

八、结语（附带工具链汇总）

罗马不是一天建成的。在企业发展之初，我们在打基础的同时，也要保证项目的高速迭代。短时间内无法做到 Netflix 的体量，以及实现其对于微服务治理的精妙，在运作的细节中也有诸多需要完善的部分，例如：BDD、TDD 的实践，传统意义上的 UAT 与蓝绿灰度发布，移动时代的全链路日志，服务熔断、隔离、限流及降级的能力，亦或是星火燎原的 Service Mesh……所以退一步讲，必须先生存，才能生活。我们可以允许服务"死掉"，但是要保证无感知或极短感知的情况下，服务能迅速地"活过来"。

在持续交付过程中，我们也尝试使用 sonar 代码质量管理，使用 phabricator 作为 code review 环节，因为随着配置的变更和微服务数量的逐渐增多，配置中心（主要考虑携程的 Apollo）的引入也迫在眉睫，调用链监控及代码重新埋点的成本（二节所述 npm package rpc 的优势又可体现）是否能抵过其带来的好处等。但因目前尚未达到一个非常成熟的阶段，所以本书不作分享，仅简要介绍，并以此来启发各位聪明的小伙伴。

除此之外，技术视野的成长也非朝夕。就像我国政府在大家买不起自行车时就开始修建高速公路，时至今日，还能说它是面子（KPI）工程吗？与社区一同进步，开阔视野的同时，保持独立思考的能力，是一项重要的技能。

若要做到编代码的同时喝咖啡，就需要思考 CI/CD 的目的与本质了。大智若愚，真正的天才，必须能够让事情变得简单。

拓展资料如下。

Rancher：https://github.com/rancher/rancher。

Drone：https://github.com/drone/drone。

Drone 企业微信 API 插件：clem109/drone-wechat。

Harbor：vmware/harbor。

Traefik：containous/traefik。

Phabricator：phacility/phabricator。

SonarQube：SonarSource/sonarqube。

Logspout：gliderlabs/logspout。

配置中心（携程开发的，代码写得不错）：ctripcorp/apollo。

SuperSet(BI)：apache/incubator-superset。

1.4　钢铁电商平台的 Docker 容器云平台建设实践

刘晓明

一、引言

五阿哥钢铁电商平台（www.wuage.com）是由钢铁行业排名第一的中国五矿与互联网排名第一的阿里巴巴联手打造的，并充分运用双方股东优势资源，即阿里巴巴在大数据、电商运营、互联网产品技术上的巨大优势，尤其是在 B2B 终端买家上的独有市场基础，以及中国五矿 67 年的行业经验和遍布全球的 200 多个营销和物流网点，致力于为钢铁行业带来全新而持续的发展。

Docker 容器云平台是五阿哥运维技术团队为内部服务整合、开发的一套容器管理平台，支持基础设施私有云和公有云对接，实现云上和云下实例使用一套平台进行管理，业务实例按需弹性扩容和缩容，规范化的项目管理流程、测试、上线流程，旨在将开发、测试人员从基础环境的配置与管理中解放出来，使其更聚焦于自己的业务开发。

本文主要结合五阿哥业务场景情况，从以下三个部分讲解：（1）为什么使用 Docker技术。（2）Docker 容器云架构方案。（3）技术的选型和实践。

二、为什么使用 Docker 技术

1. 硬件资源利用率问题造成部分成本浪费。

在网站功能中，会有不同的业务场景，有计算型，有 I/O 读/写型，有网络型，有内存型，集中部署应用会导致资源利用率不合理等问题。比如，一个机器上部署的服务都是内存密集型，那么 CPU 资源就很容易被浪费了。

2. 单物理机多应用无法进行有效的隔离，导致应用对资源的抢占和相互影响。

一台物理机器运行多个应用，无法进行所使用的 CPU、内存、进程进行限制，如果一个应用出现对资源的抢占问题，就会引起连锁反应，最终导致网站部分功能不可用。

3. 环境、版本管理复杂，上线部署流程缺乏，增加问题排查的复杂度。

由于内部开发流程的不规范，代码在测试或者上线过程中，对一些配置项和系统参数进行随意的调整，在发布时进行增量发布，一旦出现问题，就会导致测试的代码和线上运行的代码不一致，增加了服务上线的风险，也增加了线上服务故障排查的难度。

4. 环境不稳定，迁移成本高，增加上线风险。

在开发过程中存在多个项目并行开发和服务的依赖问题，由于环境和版本的复杂性很高，不能快速搭建和迁移一个环境，导致在测试环境中无法模拟出线上的流程进行测试。在线上环境进行测试，这里既有很高的潜在风险，同时也会导致开发效率降低。

5. 传统虚拟机和物理机占用空间大，启动慢，管理复杂等问题。

传统虚拟机和物理机在启动过程进行加载内核，执行内核和初始化，导致启动过程占用很长时间，而且在管理过程中会遇到各种各样的问题。

三、Docker 容器云架构方案

基于 Docker 容器技术，运维技术团队开发了五阿哥网站的容器云平台。整体架构图如图 1-47 所示。

- 基础设施。
  - 基础设施包含网络、服务器、存储等计算资源。
- 多云对接。
  - 私有云（VMware）和公有云（阿里云）进行统一托管，包含网络区域配置，VM 实例开通及 Docker 的环境初始化配置等。
- 弹性调度。
  - Docker 容器云平台集群节点管理，Saltstack 进行配置管理，镜像中心管理业务镜像，统一监控，统一日志管理，定时任务管理。
- 服务编排。
  - 服务注册，服务发现，容器节点在线扩容和缩容，服务优雅上线，回滚降级，实现 Java,Node,Python,iOS,Android 等规范化上线。
- 统一门户。
  - 规范化整个业务流程。简洁的用户流程，可动态管理整个云环境的所有资源。

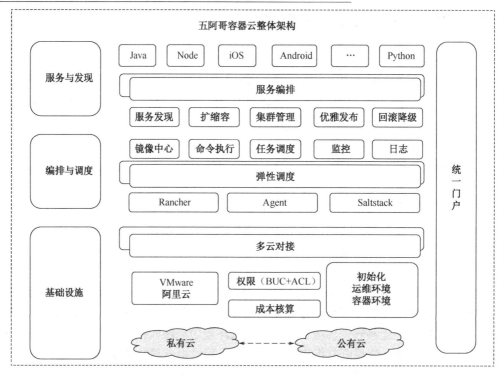

图 1-47　五阿哥容器云平台整体架构图

四、技术选型及实践

1. 镜像标准。

众所周知，Docker 的镜像是分层的。对镜像分层进行约定，如图 1-48 所示。

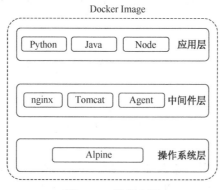

图 1-48　镜像分层

第一层是操作系统层，由 CentOS/Alpine 等基础镜像构成，安装一些通用的基础组件。

第二层是中间件层，根据不同的应用程序，安装它们运行时需要使用的中间件和依赖软件包，例如 nginx、Tomcat 等。

第三层是应用层，这层仅包含已经打好包的应用程序代码。

经验总结：如何让自己的镜像变得更小，推送得更快？

镜像分层状况如图 1-49 所示。

图 1-49　镜像分层状况

- Dockerfile 构建应用镜像，在中间件层遇到一些需要安装的软件包时，尽可能地使用包管理工具（如 yum）或以 git clone 方式下载源码包进行安装，目的是将软件包的复制和安装控制在同一层，软件部署成功后清除一些无用的 rpm 包或源码包，让基础镜像尺寸更小。
- Java 应用镜像中并没有将 jdk 软件包打入镜像，将 jdk 部署在每台宿主机上，在运行镜像时，通过挂载目录的方式将宿主机上的 java 目录挂载至容器指定目录下。因为它会把基础镜像撑大。
- 在构建应用镜像时，Docker 会对这两层进行缓存，并直接使用，仅会重新创建代码出现变动的应用层，这样就提高了应用镜像的构建速度和构建成功后向镜像仓库推送的速度，从整体流程上提升应用的部署效率。

2. 编排工具。

编排工具特性比较，如表 1-3 所示。

表 1-3　编排工具特性比较

	Swarm	Mesos	Kubernetes	Rancher
应用隔离机制	Docker	mesos/Docker/other	Docker	Docker
资源类型	内存，CPU，端口	内存，CPU，端口	内存，CPU，端口	内存，CPU，端口
主机分组	Docker 进行标签	Slave 分组	Slave 分组	Slave 分组 Label 分组
调度策略	Docker 原生	支持自建	资源使用情况：应用节点均衡	资源使用情况：应用节点均衡
编排	否	是	是	是
网络模式	Docker 原生	支持自建	支持自建	Docker 原生 Manage 网络
高可用	双主切换	ZK	Etcd	HA
故障转移	否	否	是	是
负载均衡	否	Haproxy	kube-proxy	Haproxy
集群规模	小	中	中	中，提升中
与其他平台兼容	否	否	否	支持 Swarm 和 Kubernetes
生成使用情况	较少	大规模使用	大规模使用	大规模使用
技术支持	较差	较差	社区活跃	专业技术支持团队支持

　　Rancher 图形化管理界面，部署简单、方便，可以与 AD、LDAP、GitHub 集成，基于用户或用户组进行访问控制，快速将系统的编排工具升级至 Kubernetes 或者 Swarm，同时有专业的技术团队进行支持，降低容器技术入门的难度，如图 1-50 所示。

图 1-50　Rancher 图形化管理界面

　　基于以上优点，我们选择 Rancher 作为我们容器云平台的编排工具，在对应用的容器实例进行统一的编排调度时，配合 Docker-Compose 组件，可以在同一时间对多台宿主机执行调度操作。同时，在服务访问出现峰值和低谷时，利用特有的 rancher-compose.yml 文件调用 "SCALE" 特性，对应用集群执行动态扩容和缩容，让应用按需求处理不同的请求。

　　3. 网络模型。

　　网络模型的优缺点如表 1-4 所示。

表 1-4　网络模型的优缺点

网络模型	优点	缺点
Host	Docker 原生 共享宿主机网络 性能高，组网简单	端口容易冲突
Bridge	Docker 原生 性能高 使用宿主机虚拟网卡	IP 消耗快 多机组网复杂，IP 容易冲突 vlan 做网络隔离，消耗快
Overlay	Docker 原生 基于 VXLAN 实现，容器需要指定子网	多子网络通信和隔离是一个问题，不利于问题跟踪和调试
Flannel	基于 VXLAN 实现，容器有独立 IP，不支持跨子网通信	性能损耗大，容器与外部网络通信需要解决方案，组网复杂
Calico	三层路由实现，没有额外性能转换	网络开启 BGP 组网相对复杂

　　由于后端开发基于阿里的 HSF 框架，生产者和消费者之间需要网络可达，对网络要求比较高，需要以真实 IP 地址进行注册和拉取服务。所以，在选择容器网络时，我们使用了 Host 模式，在容器启动过程中会执行脚本检查宿主机，并分配给容器一个独立的端口，避免冲突等问题。

　　4. 持续集成。

　　监测代码提交状态，对代码进行持续集成，在集成过程中执行单元测试，用代码 Sonar 和安全工具进行静态扫描，将结果通知给开发人员，同时部署集成环境，部署成功后触发自动化测试，持续集成的过程如图 1-51 所示。

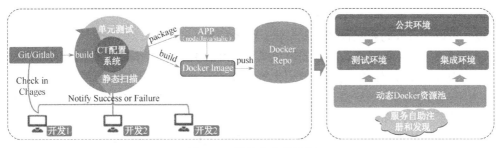

图 1-51　持续集成的过程

静态扫描结果如图 1-52 所示：

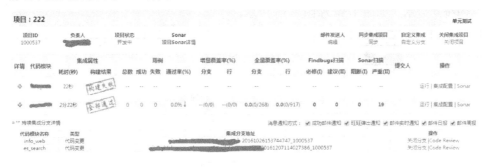

图 1-52　静态扫描结果

5. 持续部署。

持续部署是一种能力，这种能力非常重要，能够把一个包快速部署在你想要的地方。平台采用分布式构建、部署，Master 管理多个 Slave 节点，每个 Slave 节点分属不同的环境。在 Master 上安装并更新插件，创建 job，管理各开发团队权限。Slave 用于执行 job，持续部署的架构如图 1-53 所示。

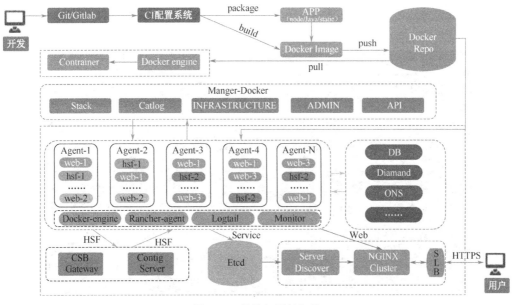

图 1-53　持续部署的架构

基于上述架构，我们定义了持续部署规范的流程如下。

（1）开发人员向 Gitlab 提交代码。

（2）拉取项目代码和配置项文件，执行编译任务。

（3）拉取基础镜像，将编译好的应用包打入最新生成的应用镜像，推送到镜像仓库。

（4）根据当前应用及所属环境定制化生成 docker-compose.yml 文件，基于这个文件执行 rancher-compose 命令，将应用镜像部署到预发环境（发布生产前的测试环境，相关配置、服务依赖关系和生产环境一致）。

（5）预发环境测试通过后将应用镜像部署至线上环境，测试结果通知后端测试人员。

6. 监控管理。

通过 Zabbix 自动注册（AutoRegistration），Grafana 通过调用 zabbix 的 API 接口进行监控指标的统一展示，如图 1-54 和图 1-55 所示。

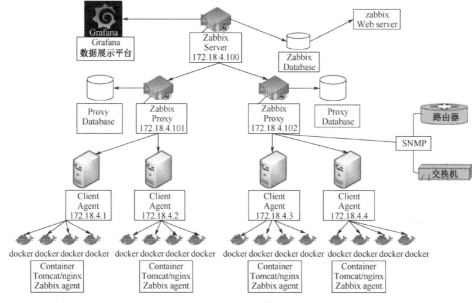

图 1-54　监控管理

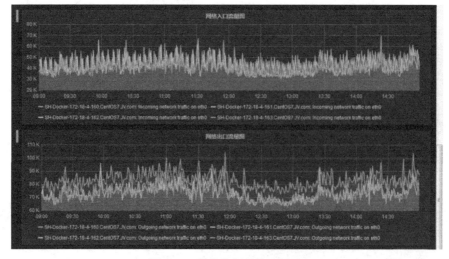

图 1-55　监控指标的统一展示

7. 日志管理。

容器在运行时会在只读层之上创建读写层，所有对应用程序的读/写操作都在这层进行。当容器重启后，读写层中的数据（包含日志）也会一并被清除。虽然可以通过将容器中的日志目录挂载到宿主机解决此类问题，但当容器在多个宿主机间频繁漂移时，每个宿主机上都会有留存应用名的部分日志，增加了开发人员查看、排查问题的难度。

综上所述，日志服务平台作为五阿哥网站日志仓库，将应用运行过程中产生的日志统一存储，并且支持多种方式的查询操作，如图 1-56 所示。

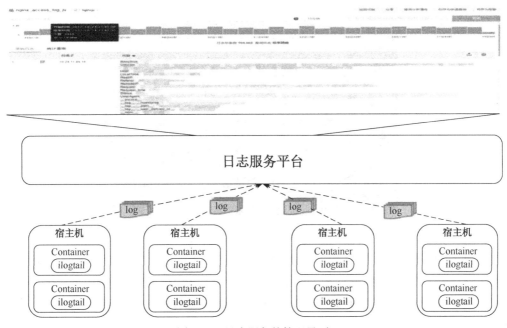

图 1-56　日志服务的管理界面

通过在日志服务的管理界面配置日志采集路径，在容器中部署 Agent 把应用日志统一投递到 logstore 中，再在 logstore 中配置全文索引和分词符，以便开发人员能够通过关键字搜索、查询想要的日志内容。

经验总结：如何避免日志的重复采集问题？

● 日志服务 Agent 需要在配置文件 "ilogtail_config.json" 中增加配置参数 "check_point_filename"，指定 checkpoint 文件生成的绝对路径，并且将此路径挂载至宿主机目录下，确保容器在重启时不会丢失 checkpoint 文件，也不会出现重复采集问题。

8. 服务注册。

服务注册的架构如图 1-57 所示，其中 etcd 是一个具备高可用性和强一致性的键值存储仓库，它使用类似于文件系统的树形结构，数据全部以 "/" 开头。etcd 的数据分为两种类型：key 和 directories，其中 key 下存储单独的字符串值，directories 下则存放 key 的集合或者其他子目录。

在五阿哥容器云平台环境中，每个向 etcd 注册的应用服务，它们的根目录都以 "/${APP_NAME}_ ${ENVIRONMENT}" 命名。根目录下存储每个应用实例的 key 信息，它们都以 "${IP}- ${PORT}" 的方式命名。

图 1-58 是使用上述约定，存储在 etcd 上某应用实例的数据结构。

服务注册

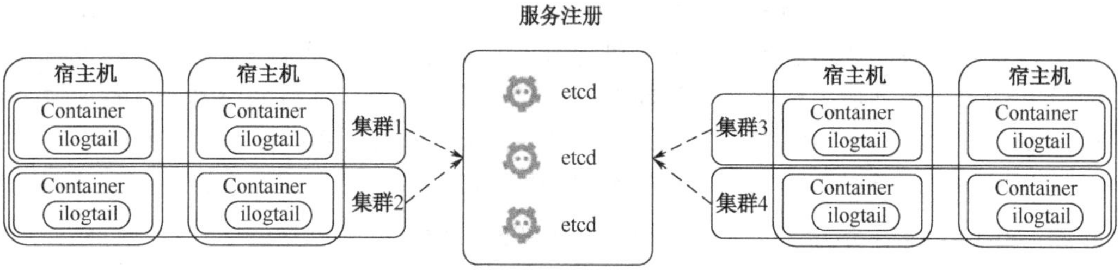

图 1-57　服务注册的架构

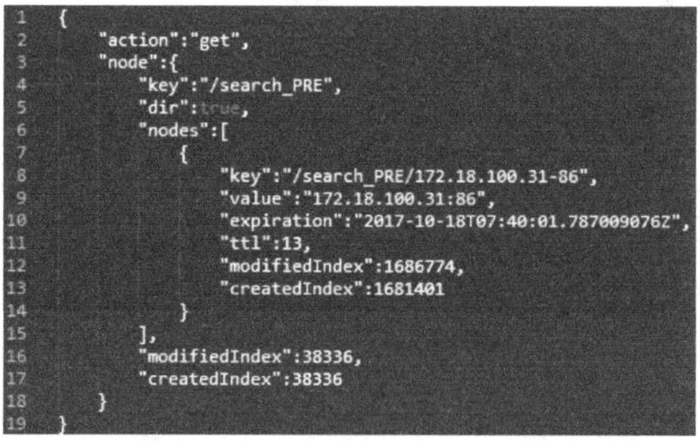

图 1-58　存储在 etcd 上某应用实例的数据结构

可以看到是使用 get 方法向 etcd 发送请求的，请求的是部署在预发环境（PRE）的搜索服务（search）。在它的根目录"/search_PRE"下，仅存储了一个应用实例的信息，这个实例的 key 是"172.18.100.31-86"；对应的 value 是"172.18.100.31:86"，整个注册过程如下。

（1）通过代码为容器应用程序生成随机端口，和宿主机正在使用的端口进行比对，确保端口没有冲突后写入程序配置文件。

（2）把通过 python 和 etcd 模块编写的服务注册工具集成在脚本中，将 IP 地址和上一步获取的随机端口以参数的方式传递给服务注册工具。

（3）待应用程序完全启动后，由服务注册工具以约定好的数据结构将应用实例写入 etcd 集群，完成服务注册工作。

（4）容器定时向 etcd 发送心跳，报告存活并刷新 ttl 时间。

（5）容器脚本捕获 Rancher 发送至应用实例的 singnal terminal 信号，在接收到信号后向 etcd 发送 delete 请求，删除实例的数据。

注意：在 ttl 基础上增加主动清除功能，在服务正常释放时，可以立刻清除 etcd 上注册的信息，不必等待 ttl 时间。

经验总结：容器在重启或者意外销毁时，让我们一起看一下在这个过程中，容器和注册中心都做了什么事情？

● 应用在注册中携带 key 和 value 时亦携带了 ttl 超时属性，就是考虑到当服务集群中的实例宕机后，它在 etcd 中注册的信息也随之失效，若不予清除，失效的信息将会成为垃圾数据被一直保存，而且配置管理工具还会把它当作正常数据读取出来，写入 Web server 的配置文件中。要保证存储在 etcd 中的数据始终有效，就需要让 etcd 主动释放无效的实例信息，来看一下注册中心刷新的机制，代码如图 1-59 所示。

```python
#!/usr/bin/env python3
import etcd
import sys
arg_1 = sys.argv[1:]
etcd_clt = etcd.Client(host='172.18.0.7')
def set_key(key, value, ttl=10):
    try:
        return etcd_clt.write(key, value, ttl)
    except TypeError:
        print('key or vlaue is null')
def refresh_key(key, ttl=10):
    try:
        return etcd_clt.refresh(key, ttl)
    except TypeError:
        print('key is null')
def del_key(key):
    try:
        return etcd_clt.delete(key)
    except TypeError:
        print('key is null')
if __name__ == '__main__':
    if arg_1:
        if len(arg_1) == 3:
            key, value, ttl = arg_1
            set_key(key, value, ttl)
        elif len(arg_1) == 2:
            key, ttl = arg_1
            refresh_key(key, ttl)
        elif len(arg_1) == 1:
            key = arg_1[0]
            del_key(key)
        else:
            raise TypeError('Only three parameters are needed here')
    else:
        raise Exception('args is null')
```

图 1-59　注册中心刷新机制的代码

9. 服务发现。

confd 是一个轻量级的配置管理工具，支持 etcd 作为后端数据源，通过读取数据源数据，保证本地配置文件为最新版本。不仅如此，它还可以在配置文件更新后，检查配置文件语法有效性，以重新加载应用程序使配置生效。这里需要说明的是，confd 虽然支持 Rancher 作为数据源，但考虑易用性和扩展性等原因，最终我们还是选择了 etcd。

和大多数部署方式一样，我们把 confd 部署在 Web server 所在的 ECS 上，便于 confd 在监测到数据变化后及时更新配置文件和重启程序。confd 的相关配置文件和模板文件部署在默认路径/etc/confd 下，目录结构如下：

/etc/confd/
├── conf.d
├── confd.toml
└── templates

confd.toml 是 confd 的主配置文件，使用 TOML 格式编写，因为 etcd 是集群部署，有多个节点，将 interval、nodes 等选项写到了这个配置文件里。

cond.d 目录存放 Web server 的模板配置源文件，也使用 TOML 格式编写。该文件用于指定应用模板配置文件路径（src）、应用配置文件路径（dest）、数据源的 key 信息（keys）等。

templates 目录存放 Web server 下每个应用的模板配置文件。它使用 Go 支持的 text/template 语言格式进行编写。在 confd 从 etcd 中读取到最新应用注册信息后，通过下面的语句写入模板配置文件中：

```
{{range getvs "/${APP_NAME}/*"}}
```

```
        server {{.}};
    {{end}}
```

confd 配置管理工具的运行状况如图 1-60 所示，confd 进程是通过 supervisor 管理的。confd 在运行后会每隔 5 秒对 etcd 进行轮询，当某个应用服务的 K/V 更新后，confd 会读取该应用存储在 etcd 中的数据，写入到模板配置文件中，生成这个应用配置文件，最后由 confd 将配置文件写入到目标路径下，重新加载 nginx 程序使配置生效。

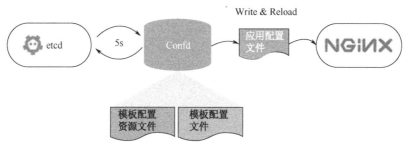

图 1-60   confd 配置管理工具的运行状况

五、结语

以上是五阿哥运维技术团队针对 Docker 容器云平台的建设实践，目前已经将权限开放给开发人员，实现云上和云下实例使用一套平台进行管理，业务实例按需弹性扩容和缩容，规范化项目管理和发布流程，实例和业务可按需进行扩容和缩容，实现 7×24 小时"一站式"的持续交付，开发人员更专注于自己的业务开发，提高了公司的研发过程的效能。

接下来，我们还会不断优化和适配各种业务场景，逐渐完善容器云平台，同时会将容器云平台各种功能、总结的经验和教训分享给大家，给大家的工作提供一些参考，避免走重复的"弯路"。

1.5   AI 独角兽商汤科技的内部服务容器化历程

阿尔曼

一、背景

商汤科技是一家计算机视觉领域的 AI 创业公司，公司内会有一些业务需要云端 API 支持，一些客户也会通过公网调用这些所谓 SaaS 服务。总体来讲，云 API 的架构比较简单。另外，由于该公司成立不久，很多业务在设计之初就有类似微服务的架构，比较适合通过容器化来适配其部署较复杂的问题。

公司各个业务线相对独立，在组织上体现人员、绩效及汇报关系的差异，在技术上体现编程语言、框架及技术架构的独自演进，而服务的部署上线和后续维护的工作，则划归于运维部门。这种独立性、差异性所加大的运维复杂度需要得到收敛。

我们遇到的问题不是新问题，业界也有不少应对的工具和方法。但在早期，我们对运维工具的复杂性增长还是保持了持续关注：ssh + bash script 扛过了早期的一段时光，ansible 也得到过数月的应用，但现实所迫，我们最终还是选择了 Docker。

Docker 是革命性的，干净利落的 UX 俘获了技术人员的芳心。我们当时所处的时期，容器编排的大战正处于 Docker Swarm mode 发布阶段，而我们需要寻找的工具，既要能应对日益增长的运维复杂度，也能把运维工程师从单调、重复、压力大的发布中解放出来。

Rancher 是我们在 HackerNews 的评论上看到的，其简单易用性让我们看到了生产环境部署容器化应用的曙光，但是要真正能放心地在生产环境中使用容器，还是有不少工作要做的。由于篇幅的原因，事无巨细地描述是不现实的。我接下来首先介绍我们当时的需求分析和技术选型情况，再谈谈几个重要的组成部分，例如容器镜像、监控报警和可靠性保障。

二、需求分析与技术选型

暂时抛开容器、容器编排、微服务这些时髦的词，针对我们当时的情况，这套新的运维工具需要三个特性才能算成功：开发友好、操作可控及易运维。

1. 开发友好。

能把应用打包的工作推给开发来做，来消灭自己打包和编译，如 Java、ruby、python 代码的工作，但又要保证开发打出的包在生产环境中能运行，所以怎么能让开发人员方便正确地打出发布包，后者又能自动流转到生产环境中是关键。长话短说，我们采取的是 Docker + Harbor 的方式，由开发人员构建容器镜像，通过 LDAP 认证推送到公司内部基于 Harbor 的容器镜像站，再通过 Harbor 的 replication 机制，自动将内部镜像同步到生产环境的镜像站，具体实现可参考接下来的容器镜像内容。

2. 操作可控。

能让开发人员参与到服务发布的工作中，由于业务线迥异的业务场景、技术栈、架构，使只靠运维人员来解决发布时出现的代码相关问题比较困难，所以需要能够让开发人员在受控的情境下，参与到服务日常的发布工作中来，而这就需要向其提供一些受限可审计，并且易用的接口，Web UI+Webhook 就是比较灵活的方案。这方面，Rancher 提供的功能符合需求。

3. 易运维。

说实话，运维复杂度是我们关注的核心，毕竟容器化是运维部门为适应复杂度与日俱增而发起的。考虑到本身容器的黑盒性和稳定性欠佳的问题，再加上真正把容器技术搞明白的人寥寥无几，能平稳落地的容器化运维体现为三个需求：（1）多租户支持；（2）稳定且出了事能知道；（3）故障切换成本低。多租户是支持多个并行业务线的必要项。容器出问题的情况太多，线上环境以操作系统镜像的方式限定每台机器 Docker 和内核版本。由于传统监控报警工具在容器化环境捉襟见肘，需要一整套新的监控报警解决方案。没人有把握能现场调试所有容器问题（如跨主机容器网络不通、挂载点泄漏、Docker 卡死、基础组件容器起不来等），故需要蓝绿部署，出故障后能立刻切换，维护可靠与可控对于一个新系统至关重要。

4. 技术架构图。

总结一下，以 Rancher,Harbor,Prometheus,Alertmanager 为主的开源系统组合可以基本满足容器管理的大部分需求，总体架构如图 1-61 所示。

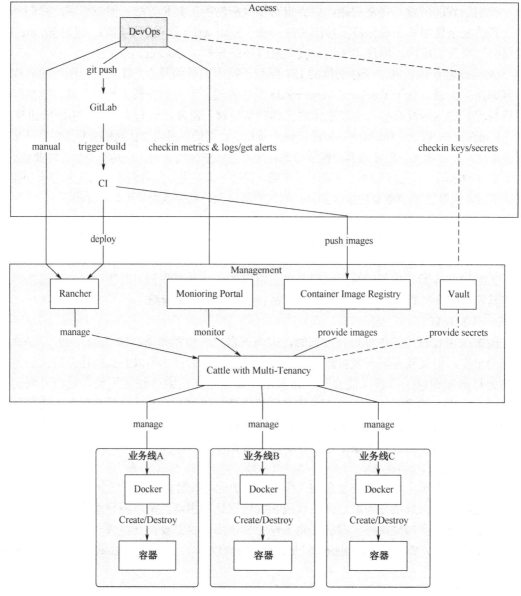

图 1-61　总体架构图

三、容器镜像

容器镜像服务是公司级别的 IT 基础设施，在各个办公区互连带宽有限的物理限制下，需要给分散在多个地理位置的用户以一致、方便、快速的使用体验。我们主要使用了 VMware 开源的 Harbor 工具来搭建容器镜像服务，虽然 Harbor 解决了如认证、同步等问题，但 Harbor 不是这个问题的银色子弹，还需要做一些工作来使镜像服务有比较好的用户体验。这种体验我们以 Google Container Registry 为例来介绍。

作为 Google 的开放容器镜像服务，全球各地的用户都会以同一个域名 gcr.io 推拉镜像 docker push gcr.io/my_repo/my_image:my_tag，但其实用户推拉镜像的请求，由于来源地理位置不同，可能会被 GeoDNS 分发到不同的 Google 数据中心上，这些数据中心之间由高速网络连接，各种应用包括 GCR 会通过网络同步数据。这样的方法既能给用户一致的使用体验，即所有人都是通过 gcr.io 的域名推拉镜像，又因为每个人都是同自己地理位置近的数据中心交互而不会太"卡"，并且由于 GCP（Google Container Registry）底层存储的跨数据中心在不断高速同步镜像（得益于 Google 优异的 IT 基础设施），所以其他人也能很快地拉取推送的镜像（镜像"推"和"拉"的异步性是前提条件）。

此处花篇幅介绍 GCP 的目的是，用户体验对用户接受度至关重要，而后者往往是一个新服务存活的关键，即在公司内部提供类似 GCR 一般的体验，是容器镜像服务为了成功落地而想达成的产品观感。为了达成这种观感，需要介绍两个核心的功能，一个是开发、生产镜像自动同步，另一个是镜像跨办公区同步。虽然有点超出镜像服务的范围，但由于使用关联性，国外镜像（DockerHub，GCR，Quay）拉取慢也是影响容器镜像服务使用体验的关键一环，故镜像加速服务也是需要的。

1. 开发/生产镜像自动同步。

由于开发环境（公司私网）、生产环境（公网）的安全性和使用场景的差异，我们部署了两套镜像服务，内网的镜像是为了方便开发人员使用，是基于 LDAP 认证的，而公网的镜像则做了多种安全措施来限制访问。但这带来的问题是如何方便地向生产环境传递镜像，即开发人员在内网打出的镜像需要能自动地同步到生产环境中。

我们利用了 Harbor 的 replication 功能，只对生产环境需要的项目才手动启用了 replication，通过这种方式只需初次上线时候配置，后续开发的镜像推送就会由内网的 Harbor 自动同步到公网的 Harbor 上，不需要人工操作。

2. 镜像跨办公区同步。

由于公司在多地有办公区，同一个团队的成员也会分布在不同的地理位置。为了使他们能方便地协作开发，镜像需要跨地同步，这里我们依靠公司已有的 swift 存储。这一块儿没有太多可说的，带宽越大，同步速度就越快。值得一提的是，由于 Harbor 的 UI 需要从 MySQL 提取数据，所以如果需要各地看到一样的界面，是需要同步 Harbor MySQL 数据的。

3. 镜像加速。

很多开源镜像都托管在 DockerHub、GCP（Google Container Registry）和 Quay 上，由于受制于 GFW 及公司网络带宽，直接拉取（pull）这些镜像，速度会很慢，这会极大地影响工作心情和效率。

一种可行方案是将这些镜像通过代理下载下来，docker tag 后上传到公司镜像站，再更改相应的 manifest yaml。但这种方案的用户体验就是像最终幻想里的踩雷式遇敌，普通用户不知道为什么应用起不了，即使知道了是因为镜像拉取慢，镜像有时能拉，有时又不能拉，有的机器能拉，有的机器不能拉，需要搞明白去哪里配默认镜像地址，而且还得想办法把镜像从国外拉回来，再上传到公司，整个过程烦琐、耗时，把时间浪费在这种事情上不值得。

我们采取的方案是，用 mirror.example.com 的域名来 mirror DockerHub，同时公司 nameserver 劫持 quay 和 gcr，这样，用户只需要配置一次 docker daemon，就可以拉取所有常用的镜像，也不用担心是否哪里需要 override 拉取镜像的位置，而且每个办公区都做类似的部署，这样用户都是在办公区本地拉取镜像，速度快，并且能节约宝贵的办公区间带宽。

值得一提的是，由于对 gcr.io 等域名在办公区内网做了劫持，我们手里肯定没有这些域名的 key，所以必须用 http 来拉取镜像，于是需要配置 docker daemon 的--insecure-registry 项。

用户体验如下。

配置 docker daemon（以 Ubuntu 16.04 为例）：

```
sudo -s
cat << EOF > /etc/docker/daemon.json
{
    "insecure-registries": ["quay.io", "gcr.io","Kubernetes.gcr.io],
    "registry-mirrors": ["https://mirror.example.com"]
}
EOF
systemctl restart docker.service
```

测试：

测试解析，应解析到一个内网 IP 地址(private IP address)

拉取 dockerhub 镜像

docker pull ubuntu:xenial

拉取 google 镜像

docker pull gcr.io/google_containers/kube-apiserver:v1.10.0

拉取 quay 镜像

docker pull quay.io/coreos/etcd:v3.2

minikube

minikube start --insecure-registry gcr.io,quay.io,Kubernetes.gcr.io --registry-mirror https://mirror. example. com

4. 技术架构图。

技术架构图如图 1-62 所示。

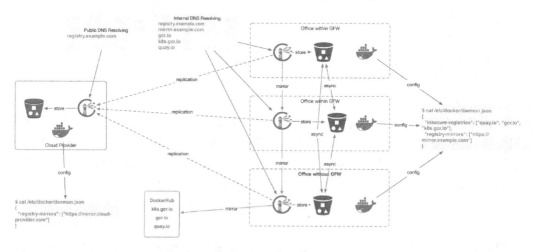

图 1-62　技术架构图

四、监控报警

由于 zabbix 等传统监控报警工具在容器化环境中很难运转，我们需要重新建立一套监控报警系统。prometheus/alertmanager 使用还算比较方便，并且已有的 zabbix 由于使用不善，导致已有监控系统的用户体验很差（如存在误报、漏报、报警风暴、命名不规范、操作复杂等问题），不然在有限的时间和人员条件下，更新建立一套监控报警系统还是很麻烦的。

其实分布式系统的监控报警系统，不论是否用容器，都需要解决这些问题：能感知机器、容器（进程）、应用三个层面的指标，分散在各个机器的日志要能尽快收集起来供查询检索及报警低信噪比，不误报，不漏报、能"望文生义"等。

而这些问题就像之前提到的，prometheus/alertmanager 已经解决得比较好了。通过 exporter pattern，插件能灵活适配不同的监控目标（node-exporter，cAdvisor，mysql- exporter，elasticsearch-exporter 等）；利用 prometheus 和 Rancher dns 服务配合，可以动态发现新加入的 exporter/agent；alertmanager 是一款很优秀的报警工具，能实现 alerts 的路由、聚合、正则匹配，配合已有的邮件和我们自己添加的微信（现已官方支持）和电话（集成阿里云语音服务），每天报警数量和频次达到 oncall 人员能接受的状态。

至于日志收集，我们还是遵从了社区的推荐，使用了 Elasticsearch + fluentd + Kibana 的组合，fluentd 作为 Rancher 的 Global Serivce（对应于 Kubernetes 的 daemon set），收集每台机器的系统日志和 Docker 日志，通过 docker_metadata 这个插件来收集容器标准输出（log_driver: json_file）的日志、Rancher 基础服务日志，本地文件系统压缩存档也及时地发往相应的 Elasticsearch 服务（并未用容器方式启动），通过 Kibana 可视化供产品售后使用。基于日志报警使用的是 Yelp 开源的 elastalert 工具。

为每个环境手动创建监控报警 stack 还是蛮烦琐的，于是我们也自定义了一个 Rancher Catalog 来方便部署。监控报警系统涉及的方面太多，而至于什么是一个"好"的监控报警系统，不是能够在这里阐述完的话题，Google 的 *Site Reliability Engineering* 这本书有我认为比较好的诠释。有一个抛砖引玉的观点可以和大家分享，即把监控报警系统也当成一个严肃的产品来设计和改进，需要有一个人（最好是核心 oncall 人员）扮演产品经理角色，从人性的角度来衡量这个产品是否好用，是否有观感上的问题，特别是要避免破窗效应，这样对于建立 oncall 人员对监控报警系统的信赖和认可至关重要。技术架构图如图 1-63 所示。

五、可靠性保障

分布式系统在提升并发性能的同时，也增加了局部故障的概率。健壮的程序设计和部署方案能够提高系统的容错性和可用性。可靠性保障是运维部门发起的一系列保障业务稳定、可靠的措施和方法，具体包括：（1）生产就绪性检查；（2）备份管理体系；（3）故障分析与总结；（4）Chaos Monkey。

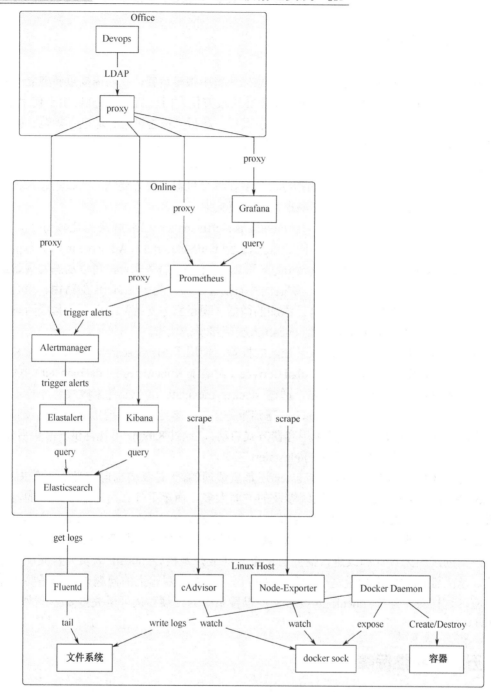

图 1-63　监控报警技术架构图

在此主要谈谈 Chaos Monkey，总体思路就是通过模拟各种可能存在的故障，发现系统存在的可用性问题，提醒开发、运维人员进行各种层面的改进。

1. 预期。

- 大多数故障不需要人立刻干预。
- 业务异常（如 HTTP 502/503）在两分钟以内需要干预对应。
- 报警系统应该保证：不漏报、没有报警风暴、报警分级别（邮件/微信/电话）发到该接收报警的人。

2. 测试样例。

我们需要进行测试的案例有：

- service 升级；
- 业务容器随机销毁；
- 主机遣散；
- 网络抖动模拟；
- Rancher 基础服务升级；
- 主机级别网络故障；
- 单主机机器宕机；
- 若干个主机机器宕机；
- 可用区宕机。

3. 部署示例（单个租户和单个地域）

部署示例如图 1-64 所示。

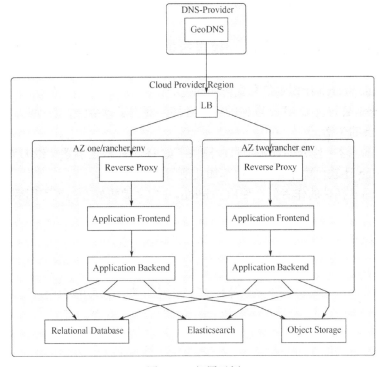

图 1-64　部署示例

六、总结

1. 体量较小的公司也可以搭建相对可用的容器平台。

2. 公司发展早期投入一些精力在基础设施的建设上，从长远来看还是有价值的，这种价值体现在很早就可以积累一批有能力、有经验、有干劲儿的团队，来不断对抗规模扩大后的复杂性猛增的问题。一个"让人直观感觉""看起来"混乱的基础技术架构，会在很大程度上影响开发人员的编码效率，甚至可以根据破窗原理揣测，开发人员可能会觉得对于那些将会运行在"脏""乱""差"平台的项目没必要把质量看得太重。对于一个大型组织来讲，秩序是一种可贵的资产，具有无法估量的价值。

3. 镜像拉取慢的问题也可以比较优雅地得到缓解。

4. 国内访问国外网络资源总体来讲还是不方便的，即使没有 GFW，带宽也是很大的问题。而我们的解决方案也很简单，就是缓存加本地访问，这样用能够比较高效地解决这个问题，改善了很多人的工作体验，作为工程人员，心里是很满足的。

5. 容器化也可以看作是一种对传统运维体系的重构。

6. 容器化本质上是当容器成为技术架构的所谓 building blocks 之后，对已有开发运维解决方案重新审视、设计与重构。微服务、云原生催生了容器技术的产生，而后者，特别是 Docker 工具本身美妙的 UX，极大地鼓舞了技术人员与企业奔向运维领域的热情。Kubernetes ecosystem 看起来前途不可限量，给人以无限希望。而贩卖希望被历史证明为一种有效的商业模式。

七、致谢

感谢 Richard Stallman 为代表的自由软件运动参与者、贡献者，让小软件公司也能大有作为。

感谢 Google Search 让搜索信息变得如此便利。

感谢 Docker 公司及 Docker 软件的贡献者们，催生了一个巨大的行业，也改善了众多开发和运维人员的生活。

感谢 Rancher 这个优秀的开源项目，提供了如 Docker 般的容器运维 UX。

感谢 GitHub 让软件协作和代码共享如此便利和普及。

感谢 mermaid 插件的作者们，使用 markdown 定义编辑好看的流程图变得如此简单。

☑ 政府、制造业企业 | ☑ 教育、医疗、传统公司

1.6 爱医康关于高可用负载均衡的探索

张新峰

一、引言

我们今天要说的是一个老生常谈的问题：负载均衡。有点运维经验的人对这个都很了解，可你的负载均衡是不是很完美呢？在微服务大行其道的今天，每个公司有几十甚至上百个服务都很常见，更不用说多条产品线并存的公司了，这么多服务如何在扩缩容的时候实现服务发现和高可用？每天频繁升级更新的时候有没有实现用户无感知？当然每个人对于完美的定义不同，我们今天要说的是指对用户友好（高可用无感）、对运维友好（高效傻瓜）、对架构友好（追溯监控）的完美状态。

二、核心组件

>> Rancher 1.6
>> Traefik 1.5.3
>> dnsmasq
>> ab

三、必备知识

了解 Rancher 的安装部署和基本使用。
了解 DNS 相关的网络基本常识。

四、背景

目前，公司有 3 大产品线，十多个小产品，再加上用于运营分析的内部服务和开发测试环境的各种系统和服务，有差不多上百个子域名。运维的职责之一就是要保证这么多域名稳定准确地指向相应的服务器或服务。这些服务中大部分是 Web 服务，还有 Spring Cloud 微服务。不管是用户通过浏览器访问 Web 服务，还是微服务之间的相互调用，稳定性肯定是衡量服务的首要指标。尤其是在向 DevOps 看齐的敏捷型团队，要想在每天频繁发布上线的时候也能保证服务的稳定性，就必须使用负载均衡。

五、困境

先看看我们测试环境的一个产品线使用 Rancher 自带的负载均衡时的效果，如图 1-65 所示。

图 1-65　使用 Rancher 自带的负载均衡时的效果图一

如果上面列表看着眼花缭乱，请参阅图 1-66。

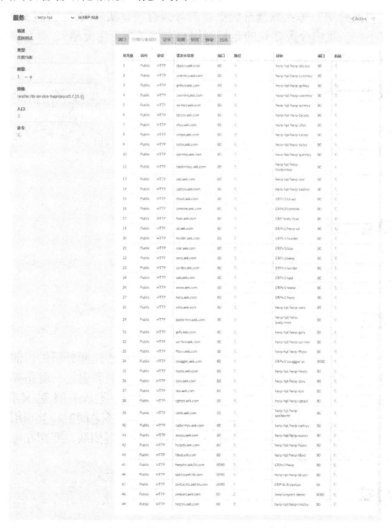

图 1-66　使用 Rancher 自带的负载均衡时的效果图二

　　由图 1-66 可知，目前这个产品线部署了不到 50 个服务。如果这个界面看着挺清爽，请再看看每次升级和编辑负载均衡规则的界面吧，如图 1-67 所示。

图 1-67　升级和编辑负载均衡规则的界面

是不是彻底眼花缭乱了？这就是我之前每次维护负载均衡器经历的痛苦。这里并不是在诋毁 Rancher 负载均衡不好，只是这个管理方式在服务较少的时候还是方便的，而在服务很多的时候就不是那么方便了。

如果你想说谁让你把这么多服务放在一个负载均衡的，我想说明这只是我们探索负载均衡过程中的阶段之一。

六、探索

我们最初的做法是每次新增一个 Web 服务，就先在 Rancher 中部署好服务，然后在 Rancher 负载均衡中增加一个规则，最后还要去 DNS 服务器中新增一个 A 记录，或者 CNAME 记录，这样用户才可以访问这个新的服务。虽然只有 3 步，有服务变动的时候会很累，还能不能更简便？

后来我们总结了生产环境不同服务使用不同二级域名但主域名都相同的规律，想到把所有有规律的相同分组（比如相同产品线）的域名泛解析到指定主机，只要在 Rancher 中将 LB 也调度到那个主机，后续需要在这个分组内新增 Web 服务就只需要两步：第一步，部署好服务；第二步，在 Rancher 负载均衡中新增一个规则将想要的域名指向刚才部署，不需要添加 A 记录，用户就可以访问服务了。

这样着实方便了一些，但是一段时间后，服务越来越多，域名也相应地越来越多，就遇到了上面管理负载均衡器界面眼花缭乱的困扰。我就在想，有没有更简便的方案可以把手动管理负载均衡这一步也省略呢？能否实现每次新增或编辑一个 Web 服务只需要部署好服务这一步就可以了呢？

后来 Traefik 进入了我的视野，它可以整合各种 KV 存储解决方案和容器编排引擎，是实现自动负载均衡的绝佳选择。Traefik 还原生支持 Rancher 的 API，可以自动发现 Rancher 上部署的服务。Rancher 社区应用商店也提供了 Traefik 应用模板，按照模板部署 Traefik 服务以后，所有 Web 服务只要添加几个标签就可以自动注册到 Traefik，并且绑定好了制定的域名。再加上前面的经验，只要泛域名解析到了 Traefik 服务所在的服务器 IP，即可实现了仅仅只需一个部署操作，用户就可以使用指定域名访问服务了。

七、实际操作

在实际操作前，必须要有一个搭建好的 Rancher 1.6 环境，我们下面介绍 Rancher 的 Agent 主机需要以下几个服务器做实验，网络规划如表 1-5 所示。

表 1-5　网络规划

IP 地址	主机名	设置标签	用途	开放端口
10.0.1.10	gateway	traefik lb=true dns_node=true	部署 Traefik，所有网站入口 部署 DNS 服务器，为用户提供域名解析	80：网站默认端口 443：如果需要 https 网站 8000：Traefik 管理面板 53/udp：DNS 服务端口 5380：DNS 管理控制台

IP 地址	主机名	设置标签	用途	开放端口
10.0.1.11	node1	work node=true	部署 http 服务	走 Rancher 内网不需要直接在主机上开放端口
10.0.1.12	node2	work node=true	部署 http 服务	走 Rancher 内网不需要直接在主机上开放端口
10.0.1.13	node3	test node=true	部署压力测试工具	不需要开放端口

说明一点：如果是生产环境或者需要公司外部用户访问内部网站，就需要在公网域名所在的 DNS 中设置相关域名解析，不需要单独部署 DNS 服务。在公司内网部署一个独立 DNS 服务器的好处就是对公司内网用户友好，不用每个人记住 IP 和端口了，还有一个好处就是可以实现域名拦截，比如公司内网开发测试环境想用一个花钱也搞不到的好域名，仅限内网，即可实现。

第一步，准备主机

将以上 4 台主机分别添加到 Rancher，主机名没有要求，如图 1-68 所示。如果已经在 Rancher 集群里了，直接编辑主机，按照上面网络规划分别添加标签。

注意：主机已经有的标签不要随意修改或删除，以免带来未知的问题。

图 1-68　准备主机

四个节点都添加好的主机界面截图如图 1-69 所示。

图 1-69　主机界面截图

第二步，部署 DNS 服务器

如果公司内部已经有 DNS 服务器，请在内部 DNS 上设置相关域名解析，可以略过这一步。如果对网络 DNS 了解不多，也请慎重操作，很容易引起电脑"无法上网"。

先添加一个应用，再添加服务，这里介绍一个自带 Web 管理界面的轻量级 DNS 服务器，镜像是：jpillora/dnsmasq，端口映射添加 53 和 5380 端口，分别对应容器 53/udp 和 8080/tcp 端口。

注意：53 端口不能修改，必须是 UDP 协议。5380 端口是 DNS 管理控制台，端口可以根据需要设置，如图 1-70 所示。

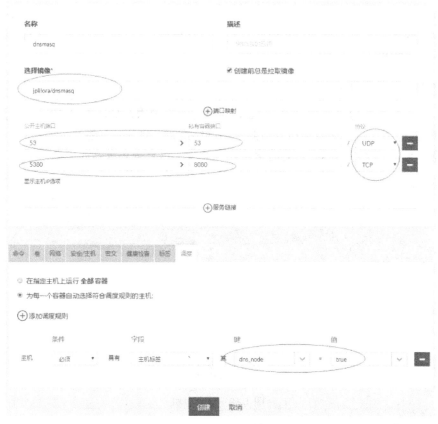

图 1-70　端口设置

DNS 服务启动好以后，打开 DNS 管理控制台 http://10.0.1.10:5380，进行 DNS 配置：最核心的一条泛解析配置 address=/.aek.com/10.0.1.10，可以把 aek.com 所有的子域名解析到 10.0.1.10 这个 IP。

配置好的截图如图 1-71 所示。

下一步是在各个主机和用户电脑上设置 DNS，将主 DNS 设置为 10.0.1.10。当然，前提是用户的电脑是可以接通 10.0.1.10 这个 IP。如果公司有 DHCP 服务器，将 DHCP 分配的主 DNS 设置为 10.0.1.10，DHCP 管辖下的电脑重启后都会应用这个主 DNS 了。Windows 设置 DNS 效果如图 1-72 所示。

图 1-71　配置好的截图

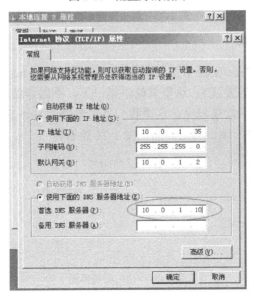

图 1-72　Windows 设置 DNS 效果

Linux 修改 DNS 命令：

sed -i '1 i nameserver 10.0.1.10' /etc/resolv.conf

RancherOS 修改 DNS 命令：

sudo ros c set rancher.network.dns.nameservers [10.0.1.10]

sudo reboot

　　设置好以后，验证 DNS 是否生效。打开 CMD，ping aek.com 或者随便这个域名的子域名，看看解析是否指向 gateway 服务器 10.0.1.10，如图 1-73 所示。

```
C:\Documents and Settings\Administrator>ping web.aek.com

Pinging web.aek.com [10.0.1.10] with 32 bytes of data:

Reply from 10.0.1.10: bytes=32 time<1ms TTL=64

Ping statistics for 10.0.1.10:
    Packets: Sent = 1, Received = 1, Lost = 0 (0% loss),
Approximate round trip times in milli-seconds:
    Minimum = 0ms, Maximum = 0ms, Average = 0ms
Control-C
^C
C:\Documents and Settings\Administrator>ping www.aek.com

Pinging www.aek.com [10.0.1.10] with 32 bytes of data:

Reply from 10.0.1.10: bytes=32 time<1ms TTL=64

Ping statistics for 10.0.1.10:
    Packets: Sent = 1, Received = 1, Lost = 0 (0% loss),
Approximate round trip times in milli-seconds:
    Minimum = 0ms, Maximum = 0ms, Average = 0ms
Control-C
^C
C:\Documents and Settings\Administrator>ping sub.test.aek.com

Pinging sub.test.aek.com [10.0.1.10] with 32 bytes of data:

Reply from 10.0.1.10: bytes=32 time<1ms TTL=64
```

图 1-73　解析指向示意图

第三步，部署 Traefik

关于 Rancher 部署 Traefik 服务的详细介绍，请查看 Rancher 官方教程《Rancher 部署 Traefik 实现微服务的快速发现》，这里只简单提一下，不做详细叙述。在社区应用商店找到 Traefik 并部署，为演示简单起见，这里我们只需要修改 Http Port 端口为 80，Https Port 如果用到的话就改成 443，端口配置界面如图 1-74 所示。

图 1-74　端口配置界面

为了高可用，一个重要的选项要留意，即一定要启用健康检查，如图 1-75 所示。

图 1-75　启用健康检查

其他选项暂时不需要修改，单击启动按钮启动一个 traefik 服务。启动以后发现端口 443 并没有映射出来，估计是这个社区镜像的 Bug，如果需要 https，就升级一下 traefik 服务，添加 443 端口映射即可。

打开网址 http://10.0.1.10:8000 就可以看到一个清爽的 Traefik 界面了，如图 1-76 所示。管理界面就两个界面，一个 Providers 显示注册上来的 Web 服务，我们还没有部署 Web 服务，所以现在是空的：

图 1-76　Traefik 界面

还有一个界面 Health 显示负载均衡的健康状态，如图 1-77 所示，平均响应时间和状态码统计图都在这里。还有一个非常重要的统计信息就是实时 HTTP 错误列表，每次服务升级发布上线的时候，留意这里有没有忽然出现一大堆错误，你的服务架构升级是否稳定，有没有影响用户体验就体现在这里了！

图 1-77　Health 显示负载均衡的健康状态界面

至此，一个 DNS 服务，另一个 Traefik 服务就部署好了，接下来我们看看 Traefik 的神奇效果。

第四步，部署 Web 服务

Rancher 的 Traefik 教程有一个细节需要更正，可能是教程里面的 traefik 版本和最新版本不同，所以教程里面说的关于域名的配置标签 traefik.domain 和 traefik.alias 并不好用。看了 Traefik 官方文档《Traefik 配置 Rancher 后端》中的说明，经过实际验证，在 Rancher 中实现自动注册 Web 服务到 Traefik 需要添加以下 3 个标签，如表 1-6 所示。

表 1-6　实现自动注册 Web 服务到 Traefik 所需标签

标签	用途
traefik.enable=true	启用 traefik 服务发现
traefik.port-80	指定当前服务的内部端口为 80，根据实际情况修改
traefik. frontend. rule-Host:web. test.com	指定当前服务的访问域名为 web.test.com

比如我们想要使用域名 http://traefik.aek.com 直接访问 Traefik 的管理面板，只需要升级 Traefik 服务，添加如下 3 个标签：

traefik.enable=true

traefik.port=8000

traefik.frontend.rule=Host:traefik.aek.com

这里有个技巧，Rancher 设计很人性化的地方是一次性复制下面 3 个标签，在 Rancher 服务的标签界面单击"添加标签"以后，直接粘贴，刚才复制的 3 个标签就已经全部填好了，如图 1-78 所示。

图 1-78　添加标签界面

Traefik 服务升级好以后，刷新 Traefik 的控制台，Providers 里面就会多了一组负载均衡，如图 1-79 所示。

图 1-79　添加负载均衡界面

这个时候你就可以打开链接 http://traefik.aek.com 直接访问 traefik 的控制面板了。

接下来我们部署一个 Web 服务，看看自动注册，并使用 DNS 解析的效果，使用我写的一个方便验证负载均衡后端和服务端的 Web 镜像 zhangsean/hello-web，已经发布到 Docker Hub，容器内部暴露 80 端口，不需要添加端口映射，只需要添加以下 3 个标签，启动 2 个容器，以便看看有没有负载均衡的效果：

```
traefik.enable=true
traefik.port=80
traefik.frontend.rule=Host:web.aek.com
```

部署界面截图如图 1-80 所示。

图 1-80　部署界面截图

hello-web 服务启动成功后，查看 traefik 控制台，会发现多了一组负载均衡规则，如图 1-81 所示。

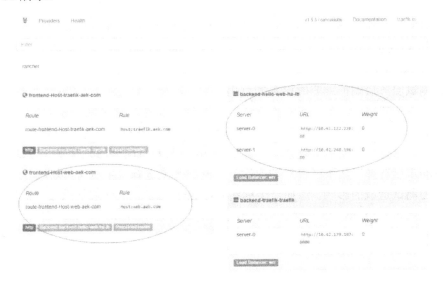

图 1-81　traefik 控制台界面

这时候就可以打开网址 http://web.aek.com 访问刚部署的 hello-web 服务了。多次刷新之后，会看到 Server Name 在两个容器名之间轮换，说明 2 个服务后端都在提供服务了，如图 1-82 所示。

图 1-82　部署 hello-web 服务后，刷新页面界面示意图

顺便说一下，很多业务后端服务需要记录客户端真实 IP，后端应用通过 HTTP 请求头 HTTP_X_FORWARDED_FOR 或 HTTP_X_REAL_IP 即可获取客户端真实 IP，区别是前者可能包含多层代理的 IP。关于获取跨代理的客户端真实 IP 的详细讲解，请参考：HTTP 请求头中的 X-Forwarded-For，X-Real-IP。

八、高可用验证

现在通过压力测试，验证这种负载均衡的高可用效果。我们选择老牌压力测试工具 ab，容器化的 ab 镜像是 jordi/ab，为了避免单次压力测试的不稳定情况，我们使用 Rancher 批量发起多组压力测试。

首先测试服务后端扩缩容时服务的可用情况。新建一个应用 HA-Test，然后添加服务 ab-web，镜像指定 jordi/ab，不需要映射端口，命令里填写测试命令-n 1000 -c 10 -l，http://web.aek.com/使用 10 并发执行 1000 次请求测试。因为页面是活动的，所以一定要加-l 参数，否则会看到很多失败请求，其实是 ab 检测到页面返回长度不一致认为请求失败了。自动重启选择"从不（仅启动一次）"，网络类型选择"主机"，以便减少容器内部往来对压力测试造成的影响，添加一个标签 test_node=true，调度规则添加主机标签限制，必须包含 test_node=true，这样保证测试容器只会运行在 node3 上不会影响后端服务所在主机的性能。

（一）新增 ab-web 服务（如图 1-83 所示）

图 1-83　ab-web 服务

（二）网络设置（如图 1-84 所示）

图 1-84　网络设置

（三）标签设置（如图 1-85 所示）

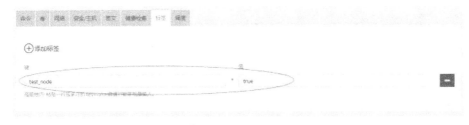

图 1-85　标签设置

（四）调度规则（如图 1-86 所示）

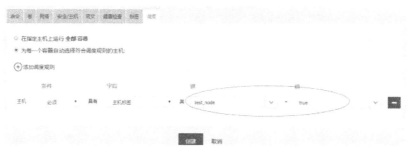

图 1-86　调度规则

启动服务以后，进入服务详情，看到服务是 Started-Once，等待服务运行并自动停止，ab 测试就完成了。查看服务日志即可看到测试结果，如图 1-87 所示。

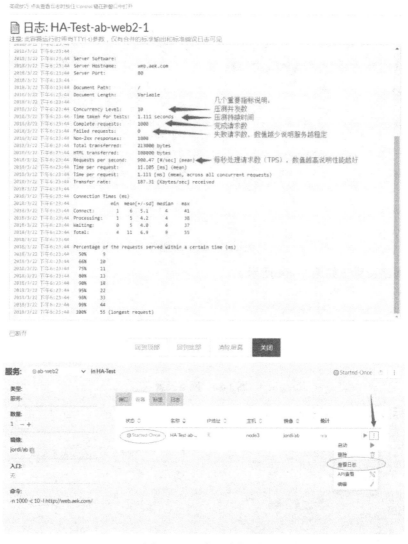

图 1-87　服务日志界面

（五）测试结果

现在想再测试一次，只需要手动启动服务或者给这个服务扩容即可。多运行几次压测，把这几个重要指标放到 Excel 中进行统计分析就可以知道服务的稳定性和性能了。

以上只是压测的介绍，压测时间仅持续 1 秒钟，这肯定不能说明什么，我们通过调整-n 参数来增加服务请求数，让压测持续一段时间，在此期间扩容服务，看看服务稳定性。

选择 ab-web 服务，将其克隆，在新服务里面把服务名改成 ab-web-1w，在命令里面把请求个数参数调整为-n 10000，启动压测服务。等服务进入 Running 状态后，把 hello-web 服务扩容到 3 个后端，确保 hello-web 扩容的后端启动成功，并且在 Traefik 控制台确认 hello-web 后端已经有 3 个 server，这个时候也可以手动刷新链接 http://web.aek.com，看看 Server Name 是否出现第三个容器。这时候压测应该还在进行汇总，回到 ab-web-1w 服务查看日志，等待压测结束。可以看到如果没有失败请求，说明扩容期间负载均衡服务很稳定，如图 1-88 所示。

图 1-88　ab-web-1w 服务查看日志

我们再来进行验证服务缩容的时候负载均衡是否稳定，方法同上，将 ab-web-1w 克隆成 ab-web-1w-2，其他参数不需要修改，启动服务，等待启动压测服务，把 hello-web 服务缩容到 2 个，在 traefik 控制台确认 hello-web 的后端只剩 2 个，查看压测服务日志，等待压测结束，确认是否有失败请求。很庆幸，压测结果显示，没有任何失败请求！如图 1-89 所示。

图 1-89　压测服务日志

　　再来看看 Traefik 控制台的健康状态，除了无法请求 favicon 出现的 404 错误（hello-web 镜像里面没有放 favicon.ico 文件），没有其他错误。这也印证了 Traefik 服务的高可用，如图 1-90 所示。

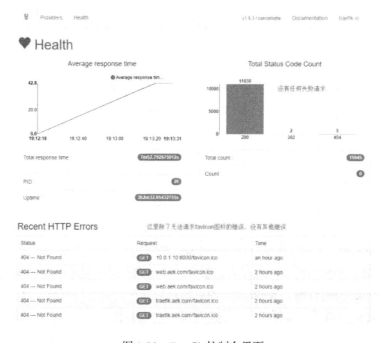

图 1-90　Traefik 控制台界面

通过以上简单的压测，我们基本上验证了 Traefik 在服务扩缩容的过程中仍然能够保持服务的稳定高可用。再结合 DNS 泛解析，实现了对用户友好（高可用：升级服务过程中用户无感知）、对运维友好（部署简单、高效，操作方便）、对架构友好（监控服务升级过程中有无异常）的简单高可用服务。

当然，生产环境要比我们的演示环境复杂得多，随机的并发流量，不稳定的网络等因素也会影响着负载均衡的高可用。Traefik 还提供了运行状态 API，可以整合到监控系统里面实现更稳定、持续的监控。Traefik 自身也支持 HA 模式，避免 Traefik 单点故障。

我们公司在生产环境用阿里云 SLB 做流量接入，后面接着用 Traefik 的 HA 集群做自动域名和服务发现的路由，再后端是各种 Web 服务，上线运行半年左右，一直很稳定。

1.7　新东方的负载均衡架构探索和实践

姜　江

Rancher 是一个对用户很友好的产品，吸引了大批的用户和粉丝。在实际落地过程中，大家可能已经注意到 Rancher 组件之间的耦合存在单点。那么如何部署才能提高 Rancher 的可用性和可扩展性呢？Rancher 在官方文档中给出了一些指导方案，用户可以根据自己的需要选择合适的方案落地。本文分享了**新东方在 Rancher 全组件负载均衡架构的实践**，供大家在探索自己的高可用方案时参考。

一、Rancher 的部署架构演变

Rancher 1.6 是一套小巧而实用的容器管理平台，我个人认为 Rancher 的定位应该是容器编排引擎的后台支撑系统，或者说是编排引擎的系统，因此 Rancher1.6 的架构并不是分布式架构，而是传统的 C/S 架构。无数的 Client（Agent）连接到一个中心的 Server，中心的 Server 连接一个数据库做持久化。这种架构就必然会涉及一个老话题，即如何增强 C/S 之间的高可用性、可扩展性和解耦问题。本小节和大家聊的内容是：Rancher 1.6 全组件负载均衡设计。

一般 Rancher 的简单部署方案如图 1-91 所示。

一个 Server，一些节点，一个 MySQL 数据库。从图 1-9 可以发现 Rancher 在部署上的一些问题：

1. SPOF 问题，Server 的单点，数据库的单点等。

2. 扩展性问题，单 Server 能带动的 Client 数量有限。

3. 强耦合问题，Server 写死数据库地址，Client 写死 Server 地址等。

总结下来，可以参看如图 1-92 所示的 Rancher 部署架构演变图。

下面就对这个架构进行优化，我们的目标是达到 Server/Client 和数据库 3 个组件的自由扩展，如何做到呢？Rancher 官方文档中已经给了答案，只需要在 C/S 中间增加一层负载均衡方案，在数据库一侧增加高可用方案即可。

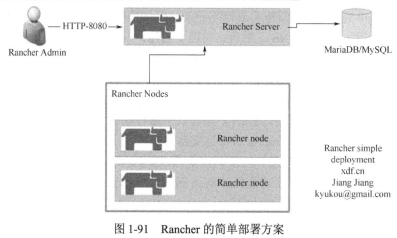

图 1-91　Rancher 的简单部署方案

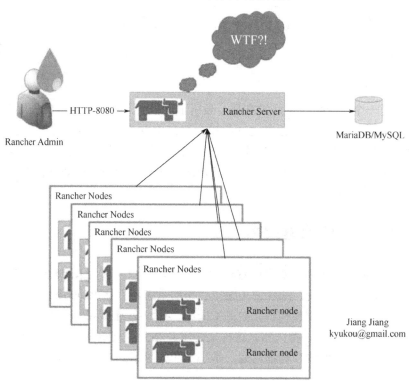

图 1-92　Rancher 部署架构演变图一

进一步说，总体架构可以演变为如图 1-93 所示。

我们看到，Server 一侧使用 Rancher Server HA 方案，将 Server 扩展为多个。中间增加一层负载均衡，这个负载均衡常见的私有云方案有 LVS+nginx 或者 F5，在公有云中可以使用阿里云的 SLB 或者 AWS ELB 等。Rancher 的数据量并不算太大，可以简单地使用 MySQL 的主从方案。

优化到这步已经可以满足日常工作需要了，这里大家会注意到 MySQL 主从还是会影响 Server 的可靠性的。一旦出现主库问题，MySQL 切换的时候 Server 肯定就断掉了，切换也需要一定的时间，启动后还需要重启 Server 等。如果希望更进一步地提高 Server 的可靠性，或者希望切换数据库，对 Rancher Server 透明，那就需要使用更高级的数据库高可用方案。

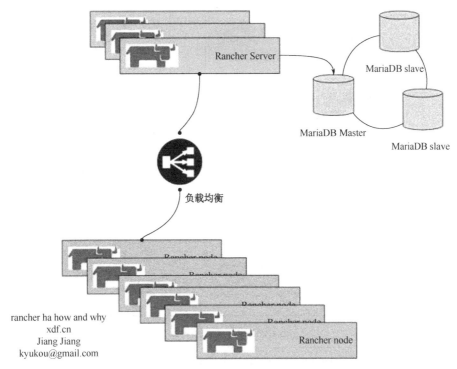

图 1-93　Rancher 部署架构演变图二

DBA 推荐使用 MaxScale 中间件+Galera 集群的方案，Galera 为多主库的分布式数据方案，发生写入操作后，Galera 会同步数据到其他数据库中，直到同步都完成后返回完成写入操作。MaxScale 是数据库中间件，它通过解析 MySQL 协议判断读/写操作，可以将读写操作分离。一旦数据库发生故障，整个数据库集群的切换对外界是无感知的。

这个方案的部署图如图 1-94 所示。

负载均衡采用互联网最常用的 LVS-DR+nginx 方案。数据库采用 Galera 集群做多主库的数据库复制，通过 MaxScale 中间件来做高可用和读/写分离。这就是我们现在最终的架构，这个架构有以下几点好处。

1. 可靠性大大增加，所有组件都可以扩展：Server，Client，数据库和负载均衡本身。

2. 每个组件的扩展并不影响其他组件，所有组件的扩展都可以在线进行。

3. 配置解耦，通过域名映射的方式，Server 连接数据库的域名映射为 MaxScale 中间件的 IP，Client 连接 Server 的域名映射为负载均衡的 VIP。

4. 故障切换透明，对其他组件无感知。数据库故障、Server 故障都可以在线解决，解决后重新加入集群。

顺便提一下，这个架构中的数据库部分还可以进一步优化，如图 1-95 所示。

如果 MaxScale 前增加了一层 LVS 四层负载均衡（设备可复用 C/S 之间的负载均衡），那么这个方案就可以说是全模块无死角的负载均衡架构了。但是我们实际实施的时候并没有采用这样的方案，因为 Rancher Server 和 Client 断开一段时间后并不会影响主机上的容器运行。

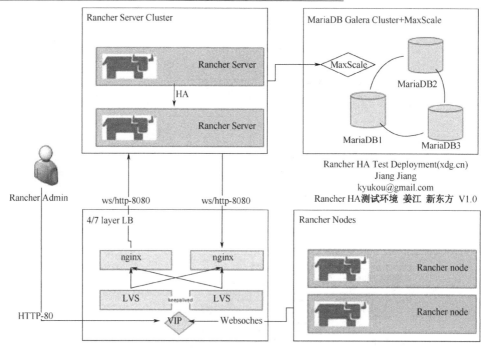

图 1-94 Rancher 部署图

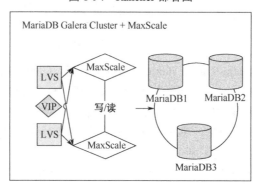

图 1-95 Rancher 架构数据库部分优化图

这段时间完全可以做一些维护，采用 Galera 和 MaxScale 后已经大大地减少了数据库切换时间，并且实测 MaxScale 的稳定性很好，感觉没有必要再投入更多资源在 MaxScale 上。更何况加入越多的组件会使得整个系统的复杂度增加，这实际上增加了维护成本，并且扩展了故障域，可靠性有可能不升反降。因此这个方案也只是停留在纸面上了。

那么说到这里，大家对整体架构就有了初步认识，由于篇幅和时间原因，我这里只是点一下配置的要点，具体的实践过程可以关注工作笔记，参见网址 http://jiangjiang.space。

二、Rancher 各个组件负载均衡的配置

（一）LVS-DR + nginx

LVS-DR 设置

LVS1：配置 keepalived，配置虚拟 IP，配置到 nginx1 和 nginx2 的四层转发。

LVS2：配置 keepalived，配置虚拟 IP，配置到 nginx1 和 nginx2 的四层转发。

nginx1：配置 nginx 到 Rancher Server 8080 上的七层转发。

nginx2：配置 nginx 到 Rancher Server 8080 上的七层转发。

A. 安装 keepalived 和 ipvsadmin

LVS 从 2.6 内核开始就已经是内核的一部分了，因此只需要安装 ipvsadmin 和 keepalived，通过 yum 安装或者源码安装都可以，步骤略。

B. 配置 keepalived.conf

配置 keepalived.conf 的过程如图 1-96 所示，执行 vi/etc/keepalived/conf/rancher.conf 命令。

```
vrrp_instance RANCHER {
    state MASTER
    interface eth0
    virtual_router_id 109
    priority 50
    advert_int 3
    authentication {
        auth_type PASS
        auth_pass rancher
    }
    virtual_ipaddress {
        <VIP地址>/22 brd <广播地址> dev eth0  label eth0:30
    }
}
virtual_server    <VIP地址> 80 {
    delay_loop 3
    lb_algo rr
    lb_kind DR
    persistence_timeout 3600
    protocol TCP

    real_server <Nginx-1-ip> 80 {
        weight 10
        HTTP_GET {
            url {
                path http://<Nginx-1-ip>/do_not_delete/lvs.html
                #设置一个健康检查页
                status_code 200
            }
            connect_port 80
            connect_timeout 5
            nb_get_retry 3
            delay_before_retry 2
        }
    }

    real_server <Nginx-2-ip> 80 {
        weight 10
        HTTP_GET {
            url {
                path http://<nginx-2-ip>/do_not_delete/lvs.html
                status_code 200
            }
            connect_port 80
            connect_timeout 5
            nb_get_retry 3
            delay_before_retry 2
        }
    }
}
# 如果需要还可以配置https
# 分别在两台节点上编辑配置文件并且重启keepalived, 观察VIP会在其中一个节点上出现。
```

图 1-96　配置 keepalived.conf 图

C. nginx 节点配置

nginx 节点配置分为两部分：

（1）虚拟 IP（VIP）设置到回环设备上（lo），当接收到 lvs 发来的包后本机网卡才会处理这些包。

（2）设置 nginx 的 WebSocket 转发到 Rancher Server 的 8080 端口上。

VIP 配置在 lo 上的配置，如图 1-97 所示。

```
在nginx节点上新增一个service: /etc/init.d/realserver
配置文件如下:
#!/bin/bash
# chkconfig:    - 95 15
# Source function library.
. /etc/init.d/functions
LVSDEV_LO3="lo:10"      # 绑定设备
LVSIP3="<vip>"          # vip
RETVAL=$?

start() {
        echo 0 >/proc/sys/net/ipv4/ip_forward
        echo 1 > /proc/sys/net/ipv4/conf/lo/arp_ignore
        echo 2 > /proc/sys/net/ipv4/conf/lo/arp_announce
        echo 1 > /proc/sys/net/ipv4/conf/all/arp_ignore
        echo 2 > /proc/sys/net/ipv4/conf/all/arp_announce
        /sbin/ifconfig $LVSDEV_LO3 $LVSIP3 broadcast $LVSIP3 netmask 255.255.255.255 up
        /sbin/route add -host $LVSIP3 dev $LVSDEV_LO3
}

stop() {
        test_dev=`ifconfig | awk '/^[a-z]/{ print $1 }' | grep $LVSDEV_LO3`
        if [ -n "$test_dev" ]; then
            echo "info: Shutdown $LVSDEV_LO3 network interface."
            ifconfig $LVSDEV_LO3 down
        fi

        echo "info: Clearing hiding."
        echo 0 > /proc/sys/net/ipv4/conf/lo/arp_ignore
        echo 0 > /proc/sys/net/ipv4/conf/lo/arp_announce
        echo 0 > /proc/sys/net/ipv4/conf/all/arp_ignore
        echo 0 > /proc/sys/net/ipv4/conf/all/arp_announce
}

case "$1" in
  start)
        start
        ;;
  stop)
        stop
        ;;
  restart|reload)
        stop
        start
        RETVAL=$?
        ;;
  *)
        echo $"Usage: $0 {start|stop|restart}"
        exit 1
esac
exit $RETVAL

# 配置文件编辑好后启动服务:
chkconfig --add realserver
service realserver start
# 随后在另一台nginx节点上重复以上配置
```

图 1-97　VIP 配置在圆环设备上的配置

下面设置 nginx 的 Websocket 转发到 Rancher Server 的 8080 端口上。安装 nginx 过程略。在 conf.d 中增加虚拟主机配置，如图 1-98 所示。执行 vi /usr/local/nginx/conf/conf.d/rancher.conf 命令。

```
upstream rancher {
    server <rancherserver1>:8080   weight=10; # rancher server的内地址
    server <rancherserver2>:8080   weight=10;
    keepalive 200;
}

map $http_upgrade $connection_upgrade {
    default Upgrade;
    ''      close;
}

server {
    listen 80 ;
    server_name  rancher.cn; # 如果给vip配置了域名则写在这里，没有域名就写ip，如果用https则必须配置域名。

    location / {
        proxy_set_header Host $host;
        proxy_set_header X-Forwarded-Proto $scheme;
        proxy_set_header X-Forwarded-Port $server_port;
        proxy_set_header X-Forwarded-For $proxy_add_x_forwarded_for;
        proxy_pass http://rancher;
        proxy_http_version 1.1;
        proxy_set_header Upgrade $http_upgrade;
        proxy_set_header Connection $connection_upgrade;
        proxy_read_timeout 900s;
    }
}
# 如需要还可以自行增加https 配置请参考rancher官方文档
```

图 1-98　执行 conf.d 中增加虚拟主机

配置好后，直接访问网址 http://VIP:80，应该就可以看到 Rancher 控制台界面了。如果没有，则是配置错误，需要继续调整。

参考资料：

https://www.cnblogs.com/liwei0526vip/p/6370103.html。

https://rancher.com/docs/rancher/v1.6/en/installing-rancher/installing-server/basic-ssl-config/#example-nginxconfiguration。

（二）galera 和 Maxscale

以下步骤摘自新东方资深 DBA 傅少峰的工作文档。下载并安装 mariadb 10.2（https://mariadb.com/downloads）。

安装如下 rpm 包。

MariaDB-client-10.2.11-1.el7.centos.x86_64

MariaDB-devel-10.2.11-1.el7.centos.x86_64

MariaDB-server-10.2.11-1.el7.centos.x86_64

MariaDB-common-10.2.11-1.el7.centos.x86_64

MariaDB-compat-10.2.11-1.el7.centos.x86_64

galera-25.3.22-1.rhel7.el7.centos.x86_64.rpm

jemalloc-3.6.0-1.el7.x86_64.rpm

jemalloc-devel-3.6.0-1.el7.x86_64.rpm

maxscale-2.1.16-1.centos.7.x86_64.rpm

maxscale-devel-2.1.16-1.centos.7.x86_64.rpm

MaxScale 可以复用其中一个数据库节点或者单独部署到一个机器。

MySQL 配置注意的地方，其他参数省略，如图 1-99 所示。

```
[mysqld_safe]
open-files-limit                = 65535
malloc-lib                      = /usr/local/lib/libjemalloc.so.2
```

图 1-99　MySQL 配置

galera 配置，如图 1-100 所示。

```
[galera]
wsrep_on                        = ON   #开启全同步复制模式
wsrep_certify_nonPK             = ON   #为没有显式申明主键的表生成一个用于certificationtest的主键，默认为ON
wsrep_provider                  = /usr/lib64/galera/libgalera_smm.so  #galera库文件路径
wsrep_provider_options          = "gcache.dir = /data/mariadb10/galera;gcache.name=galera.cache;gcache.size=3G;gca
che.page_size=3G"
wsrep_cluster_name              = "MGC_Rancher"
wsrep_cluster_address           = gcomm://<db1ip>,<db2ip>,<db3ip> #galera集群节点地址
wsrep_node_name                 = <db1hostname>
wsrep_node_address              = <db1ip>
wsrep_slave_threads             = 4
wsrep_sst_auth                  = backupusr:bak$2017Usr
wsrep_sst_method                = xtrabackup-v2
```

图 1-100　galera 配置

执行 MySQL，如图 1-101 所示。

```
mysql_install_db  --defaults-file=/etc/my.cnf.d/server.cnf  --user=mysql --datadir=/data/mariadb10/datafile/
mysqld_safe --defaults-file=/etc/my.cnf.d/server.cnf --user=mysql  --wsrep-new-cluster &
```

图 1-101　执行 MySQL

建立 cattle 数据库和用户（连接任何一个 galera 实例执行），如图 1-102 所示。

```
CREATE DATABASE IF NOT EXISTS cattle COLLATE = 'utf8_general_ci' CHARACTER SET = 'utf8';
GRANT ALL ON cattle.* TO 'cattle'@'%' IDENTIFIED BY 'cattle';
GRANT ALL ON cattle.* TO 'cattle'@'localhost' IDENTIFIED BY 'cattle';
```

图 1-102　建立 cattle 数据库和用户

创建 MaxScale 监控用户（连接任何一个 galera 实例执行），如图 1-103 所示。

```
GRANT REPLICATION SLAVE, REPLICATION CLIENT ON *.* TO 'scale_monusr'@'%'
GRANT SELECT ON `mysql`.`tables_priv` TO 'scale_monusr'@'%'
GRANT SELECT ON `mysql`.`db` TO 'scale_monusr'@'%'
GRANT SELECT ON `mysql`.`user` TO 'scale_monusr'@'%'

GRANT FILE, SHOW DATABASES ON *.* TO 'cattle'@'%'
GRANT SELECT ON `mysql`.`user` TO 'cattle'@'%'
GRANT SELECT ON `mysql`.`tables_priv` TO 'cattle'@'%'
GRANT SELECT ON `mysql`.`db` TO 'cattle'@'%'
```

图 1-103　创建 MaxScale 监控用户

数据库准备完毕，下面是配置 MaxScale。

MaxScale 配置，如图 1-104 所示。

配置文件：/etc/maxscale.cnf

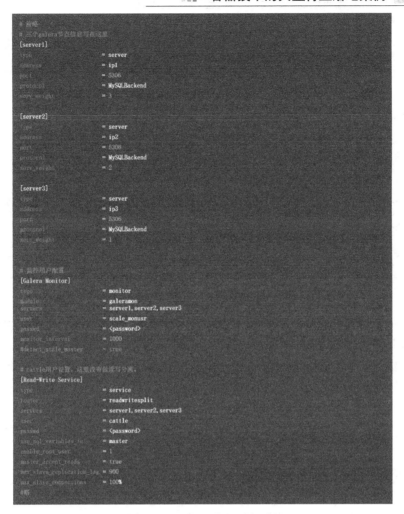

图 1-104　MaxScale 配置示例

启动 MaxScale，如图 1-105 所示。

```
/usr/bin/maxscale -f /etc/maxscale.cnf &
# 这里只是作为一个进程启动，推荐用systemd或supervisord管理起来。
```

图 1-105　启动 MaxScale

参考资料：

https://www.jianshu.com/p/772e17c10e08。

https://rancher.com/docs/rancher/v1.6/en/installing-rancher/installing-server/#single-container-external-database。

https://linux.cn/article-5767-1.html#3_2234。

（三）Server、Client 和数据库的连接和设置

数据库准备好了，下面就可以启动 Server 了。启动过程非常简单，只需要修改 Rancher Server 的启动参数，如图 1-106 所示。

```
sudo docker run -d --restart=unless-stopped --name ranchersvr01-1.6.13 -e JAVA_OPTS="-Xms4096m -Xmx4096m" -v /e
tc/localtime:/etc/localtime -p 8080:8080 -p 9345:9345 rancher/server:v1.6.13 --db-host cattledb.xxx.com --d
b-port 4105 --db-user cattle --db-pass cattlepass --db-name cattle --db-strict-enforcing --advertise-address <本
机IP>
```

图 1-106 Rancher Server 的启动参数设置图一

逐条解释一下，如图 1-107 所示。

```
--name ranchersvr01-1.6.13 # 为server容器取名，便于以后的升级
-e JAVA_OPTS="-Xms4096m -Xmx4096m" # rancher server java写的，设置JVM内存容量
-v /etc/localtime:/etc/localtime  # 时区
-p 8080:8080  # websocket 和 admin 界面
-p 9345:9345  # rancher HA listener
--db-host cattledb.xxx.com      # 这里配置MaxScale所在机器的ip,推荐设置DNS做解耦。
--db-port 4105                  # 这里配置MaxScale的监听端口
--db-user cattle                # cattle用户
--db-pass cattlepass            # cattle用户的密码
--db-name cattle                # 数据库名是cattle
--db-strict-enforcing           # 强制所有表有主键，从rancher v1.6.11开始
--advertise-address <本机IP>   # HA消息地址
```

图 1-107 Rancher Server 的启动参数设置图二

Server 启动后就可以增加 Client 了，登录 Rancher 管理控制台，选择 infrastructure->Hosts->Add Host，如图 1-108 所示。

```
sudo docker run --rm --privileged -v /var/run/docker.sock:/var/run/docker.sock -v /var/lib/rancher:/var/lib/ranche
r rancher/agent:v1.2.9 http://vip/v1/scripts/xxxx   # 这里的连接串已经自动指向负载均衡的vip
```

图 1-108 Rancher Server 的启动参数设置图三

这样，一个完整的负载均衡的 Rancher 就搭建完成了。

三、应用交付和负载均衡

现在说最后一个话题，应用交付和负载均衡。所谓应用交付就是如何将 Rancher 上的一个应用公布到公网上给用户使用。为了能在前方接住大量的用户请求，一般都会统一搭建站点级别的入口负载均衡。示意图如图 1-109 所示。

如图 1-109 所示，用户请求从公网进来后，通过各路 ISP 接入设备到达站点边缘，连接通过各种防御设备到达入口负载均衡（LVS+Keepalived+nginx），再由入口负载均衡统一代理到内部源站点上，这就是常见的应用交付过程。

在 Rancher 上的应用对接入口负载均衡一般采用 Traefik。Traefik 是一个容器化 7 层代理软件，性能接近 nginx。本书之前分享过 Traefik 的应用，这里就不再重复介绍了，大家可以参考张新峰的分享——《爱医康关于高可用负载均衡的探索》一文。

下面要讲的是 traefik 与 LVS+nginx 负载均衡的对接和我对 traefik 的一些实践。

利用 traefik 交付应用的整个过程，总结为图 1-110 所示内容，主要如下。

① 用户在浏览器中输入 www.myxdf.com，通过 DNS 查询到这个域名对应的公网 IP 地址。

② 这个公网 IP 地址指向我们站点的入口负载均衡（LVS+nginx），入口负载均衡收到请求后根据域名的设置，将请求转发给 Rancher 上的 traefik 节点，称这些节点为 Rancher edge。

③ traefik 收到请求后，根据 traefik.frontend.rule 将请求转给打了标记的容器（或者 rancher lb）。

根据这个流程，需要做以下几个配置。

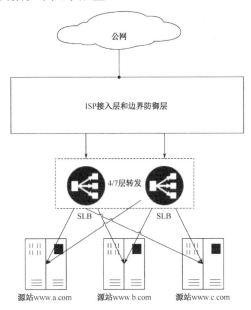

图 1-109　入口负载均衡示意图

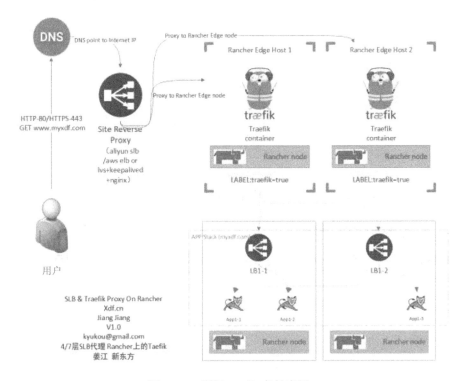

图 1-110　利用 traefik 交付应用

（一）定义边界

什么是边界？边界就是 Rancher Cluster 中对外转发的中转站，边界是特殊的一个 Rancher host，边界上只运行 traefik，其他什么容器都不运行，边界最好也不要接入任何存储（比如

Rancher nfs），边界需要做严格的安全加固。当然也可以不将边界放在专门的主机上，可以将边界混合到整个 Rancher 集群中，这样的好处是节省计算资源。两种模式都可以。

下面介绍如何将主机（host）定义为专门的边界节点：在 Rancher 控制台上，打开 infrastructure，单击 Hosts，找到作为边界的 host，单击 Edit，如图 1-111 所示。

图 1-111　Rancher 控制台

在 Labels 中增加 label，增加这个 label 后 traefik 就会自动运行在这台 host 上，如图 1-112 所示。

图 1-112　在 Labels 中增加 label 图示

在 Required Container Label 中随便增加一个 Lable，不用赋值，我这里写的是 cn.xdf.edge，如图 1-113 所示。

图 1-113　在 Required Container Label 中增加 Lable 图示

Lable 加入后，这个节点上就不会调度其他容器了，一个边界节点就制作好了。

（二）启动 traefik 到边界节点

在社区商店中找到这个可爱的"小交警"，启动 traefik，如图 1-114 所示。

图 1-114　启动 traefik 界面

配置说明如下，如图 1-115 所示。

```
host_label = "traefik_lb=true" # 只有打了这个label的host上才会启动traefik（第一步已经在host上配置了这个label）
http_port = 80 # HTTP的端口，这个是在站点LB那里要写的端口，改为80
https_port = 443 # HTTPS的端口，这个是在站点LB那里要写的端口，改为443
admin_port = 8000 # 这个端口是一个后台管理界面，后面我们可以监控转发情况
https_enable = <false | true | only>
false:关闭https
true: 同时支持http和https
only: 只支持https，http请求也会转发给https
acme_enable = false # 这里就保持false
ssl_key # 把你的域名证书贴上来，注意这里要配置通配符证书，如*.myxdf.com
ssl_crt # 把你的域名证书贴上来，注意这里要配置通配符证书
其他配置按需要修改，默认也可以
```

图 1-115　配置说明

启动 traefik 后，容器已经在 edge Host 上启动了！如图 1-116 所示。

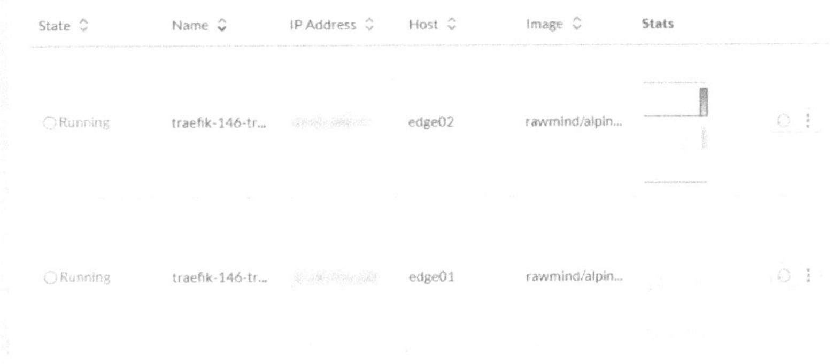

图 1-116　启动 traefik 到边界节点

登录管理界面，如图 1-117 所示。

图 1-117　登录管理界面

（三）在 traefik 上发布应用服务

假设现在要把 mydockerapp04.myxdf.com 这个域名的应用发布出去。首先将 mydockerapp04.myxdf.com 这个域名匹配到对应的 Rancher Stack 上面去，如图 1-118 所示。

图 1-118 在 traefik 上发布应用服务界面图一

这个就是我们的 mydockerapp04 应用，它是由 Tomcat 容器和一个内部 lb 组成的，如图 1-119 所示。

图 1-119 在 traefik 上发布应用服务界面图二

按照 traefik 的文档，只需要将 label 打到容器上即可，这里我的做法是增加一个内部的 lb，直接将 label 打在 lb 上。这里必须的 label 如图 1-120 所示。

图 1-120 在 traefik 上发布应用服务界面图三

label 加入后应用就发布到 traefik 中了。

（四）在站点入口负载均衡上进行转发配置，转发到 traefik 边界节点

在站点入口负载均衡上进行转发配置，转发到 treafik 边界节点。负载均衡上所有源站都是通过 80 端口转发的，通过设置不同的 server_name 来区分转发目的地。将 server_name 设置为*.myxdf.com，意思是所有 myxdf.com 的二级域名全部转发给 traefik，这样做是为了跳过在入口负载均衡上配置明细转发规则（比如 mydockerapp01 转发到哪里，这样的一条一条规则），所有明细的转发规则全部交给 traefik 来管理。

这样做有很大的优势，我们之前也看到了 traefik 设置转发规则非常简单，只需要在容器或者 Rancher lb 上打 label 即可。如果需要修改或者删除规则，也只需要修改或删除对应的 label 即可，管理灵活，又免去了每次都要手动到入口负载均衡上刷新配置的麻烦。

nginx 配置如图 1-121 所示。

```
upstream traefikedge {
    server traefik-edge1-ip:80;  #这里配置traefik edge的ip
    server traefik-edge2-ip:80;
}
server {
    listen 80;
    server_name "*.myxdf.com";
    # server_name ^~ mydockerapp\d{1,3}+\.*";  如果域名和原业务共享，也可以采用正则表达式的方式把跑在rancher上面
    的业务单独拎出来。比如我们这里的mydockerapp04.myxdf.com, 通过这个规则就可以实现转发。
    location / {
        proxy_pass http://traefikedge;
        proxy_set_header Host  $host;
        proxy_set_header X-Forwarded-For $remote_addr;
    }
}
```

图 1-121　nginx 配置

（五）在 DNS 上设置域名指向站点入口负载均衡

在 DNS 上添加域名指向，这里必须把所有明细域名都写上，如图 1-122 所示。

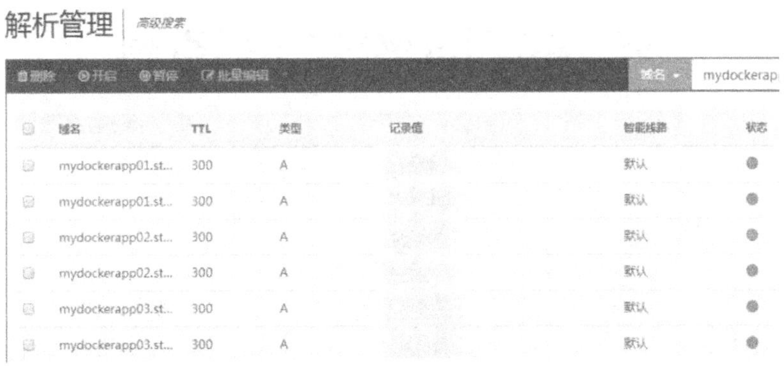

图 1-122　在 DNS 上添加域名指向图

如果你不是公网应用，也可以使用 dnsmasq 或者 bind 甚至 AD 域的 DNS 等在内网建立 DNS 指向，DNS 指向的 IP 为内网 LVS 的 VIP。

Rancher 里面也可以修改 DNS 的 App，比如 aliyun DNS、Gandi.net 等。这些 App 有的是自动添加 DNS 记录的，有的是根据 label 添加的，大家有兴趣的话可以继续研究。

至此，整个转发过程就完成了。用户已经可以通过外网访问这个应用了。通过浏览器：打开 mydockerapp04.myxdf.com，如图 1-123 所示。

图 1-123　打开 mydockerapp04.myxdf.com 界面

当然这个域名其实并不存在，只为了方便大家理解这个过程。

第 二 章

容器落地的常见场景

☑ 打造 CaaS ＋ IaaS 云平台，提供容器＋虚拟机的一体化云服务

2.1　CaaS（容器即服务）：是营销手段，还是有其价值

在公有云最开始普及的时候，它的提供者们在短时间内几乎把"即服务"附加到了所有可以想象的东西上，以此来表明具体的应用、服务或基础设施组件都可以设计到云上运行。因此出现容器即服务，或者叫 CaaS 这样的东西也并不奇怪，它指的是一种基于云的容器环境。不过 CaaS 不仅仅是一种营销方式，它的内容比这还要多一些。下面，我将会介绍 CaaS 意味着什么，以及为什么它是有价值的。

一、CaaS 的独特之处

容器即服务的产品在一般情况下不单是为了向 IT 专业人员提供在云上运行容器化应用的方法。每个云提供商都可以创建自己的 CaaS 风格，而且有一些 CaaS 平台不能在主流的公共云上运行。

CaaS 服务商们一般会在两个主要领域发力，让其产品具有独特性。第一个是用户界面，本地容器环境往往是通过 Docker 命令行进行管理的。但是有一些 IT 专业人员会更倾向于使用基于 GUI 的管理界面而非命令行来管理。因此，一些云提供商会向用户提供简单友好的用户体验，让用户可以简便甚至一键创建及管理容器。

CaaS 服务商之间的第二个关键区别是编排，以及附加到编排引擎上的额外服务。例如，服务商可以使用编排引擎实现对容器化工作负载的自动缩放，这是根据管理员建立好的参数来确定的。同样，云服务商的编排引擎可以用于处理容器生命周期的管理工作，或者创建与容器相关的报告。

这里需要注意的是，公有云容器服务在选择编排器上可能不太灵活。例如，Microsoft Azure 要求在 DC/OS、Kubernetes 和 Swarm 之间进行选择，而且并没有其他选项。相比之下，其他的容器管理平台，像 Rancher 则是模块化设计，并不会限制你使用一些预定义的选项。

二、使用 CaaS 的优势之处

CaaS 带给用户的一些好处和容器类似，不过 CaaS 至少在两个方面有额外的优势。

其一是 CaaS 使在云上运行应用程序比其他情况下运行起来要容易得多。一些针对本地使用而设计的应用程序，把它们安装到基于云的虚拟机上时，这些程序并不能确保一直稳定运行。不过，由于容器的程序具有可移植性，用户可以创建应用程序容器，在本地测试新的容器化应用，然后将该应用程序上传到公有云。容器化的应用程序应该能够像在本地

工作一样在云上工作。

而另一个好处是，使用 CaaS 可以让组织具备更高的敏捷性。敏捷性是一个已经在 IT 界过度使用的词，甚至已经失去了它本来的意义。然而，我倾向于把敏捷性理解成是一种尽可能快地推出新的生产负载的能力。而根据这个定义，CaaS 毫无疑问能够在这一方面提供极大帮助。

试想一下，一个组织的开发人员正在搭建一个新的应用程序，并且迫切地需要推出这个应用。开发人员当然可以对应用程序进行容器化，可是如果组织还没有把容器投入到生产中该怎么办？如果组织的容器环境缺少托管应用程序的能力，则会发生什么？

这就是 CaaS 真正发挥用途的地方了。公有云服务商通常只需要你点击几下鼠标就可以部署容器环境。这省去了像部署容器主机，搭建集群，或测试容器基础设施这样耗时的工序。云服务商自动地为它的用户提供容器环境，而这些环境都是已经被证明是正确配置的。这种自动化服务消除了耗时的设置和测试过程，也因此让组织几乎可以马上开始推出容器化的应用程序。

三、多云解决方案

尽管人们很容易认为 CaaS 仅仅是云提供商向其客户提供的服务，但对组织来说，在多个云上托管容器已经愈发普遍。这样做还可以有利于提升弹性能力，实现负载均衡。

然而，将容器托管在多个云中也会带来与跨云容器管理和跨云工作负载伸缩相关的重大挑战。当然，这些挑战可以通过使用管理工具来解决，比如 Rancher 开源容器管理平台，就可以同时管理本地和云上的容器。

2.2　"不可变基础设施"时代来临，你准备好了吗

伴随着"容器革命"，一种新概念——不可变基础设施变得流行起来。事实上，"不可变基础设施"这一概念不是刚刚冒出来的，它也不是必须需要容器技术。然而，通过容器，它才变得更易于理解，更加实用，并引起了业界广泛关注。

一、什么是不可变基础设施？

通常将不可变基础设施定义为在生产环境中仅通过替换组件而不是修改组件来更改基础设施。具体地说，这意味着一旦我们部署了一个组件，我们就不会再修改它了。这并不是说组件没有任何状态变化（毕竟丝毫不变也就意味着它不是一个非常实用的软件组件），而是说运维人员无须在程序的原始 API、设计之外引入改变。

这种情况并不罕见。举例来说，假设我们想要更改某一配置文件，而该配置文件又正在被某些应用程序使用，如果是动态基础设施，我们可能需要使用一些脚本或配置管理工具来进行更改。它会对有问题的服务器进行网络调用，然后运用一些代码来修改文件。它还可能了解并修改该文件的依赖关系（比如需要重启的程序）。随着时间的推移，这些关系可能会变得越来

越复杂，这就是为什么许多 CM 工具都有一个资源依赖模型来帮忙管理。

二、动态基础设施和不可变基础设施

动态基础设施与不可变基础设施之间的权衡其实非常简单。使用网络和磁盘 I/O 等资源，动态基础设施效率更高。在这种效率下，动态基础设施的速度要比不可变基础设施快，因为它不需要像许多版本的组件那样需要推送那么多的比特或存储。回到我们更改文件的例子，比起更换整个服务器，更换单个文件无疑更快。

另一方面，不可变基础设施为结果提供了更强有力的保障。不可变组件可以在部署之前预先构建，一次生成，然后重复使用。这与动态基础设施不同，后者的逻辑需要在每个实例中进行评估。这就可能导致出现意料之外的结果，因为你的某些环境可能处于你期望的不同状态，导致部署出现错误。你可能只是在配置管理代码中犯了某个错误，但你又无法在本地复制生产环境的状况，因此可能很难测试该结果并发现错误所在。毕竟，这些配置管理语言本身很复杂。

在"计算机协会"（ACM）杂志 ACM Queue 的一篇文章中，Google 的工程师清楚地阐述了这一挑战：结果是，人们试图通过消除应用程序源代码中硬编码的参数来避免这种神秘的"配置"。它不会降低操作的复杂性或使配置更容易调试或更改；它只是将计算从真正的编程语言转移到特定于领域的编程语言，而这个领域通常具有较弱的开发工具（例如调试器、单元测试框架等）。

三、容器时代的变局

效率的权衡一直是计算机工程的核心。然而，随着时间的推移，这些决策的经济学（包括技术和金融层面）都在改变。

在编程的早期，开发人员被教导使用简短的变量名，以牺牲可读性为代价以此来节省几字节的宝贵内存。为了解决早期硬盘驱动器的空间限制问题，开发了动态链接库，以便程序可以共享公共的 C 库，而不是各自需要自己的副本。

而在过去的十年里，由于计算机系统功能的改变，这两种情况都发生了变化。现在，开发者的时间比我们通过缩短变量节省的成本要昂贵得多。像 Golang 和 Rust 这样的新语言甚至带来了静态编译的二进制文件，因为如果发生错误的 DLL，将无法处理平台兼容性问题。

基础设施管理正站在类似的十字路口。公有云和虚拟化不仅使服务器（虚拟机）的速度快了几个数量级，而且像 Docker 这样的工具已经创建了易于使用的工具，来处理预先构建的服务器运行时，可以通过层缓存和压缩来实现高效的资源使用。这些功能使不可变的基础设施变得实用，因为它们是如此的轻量级。

Kubernetes 也进入了这一领域，继承并继续朝着这目标发展，创建了一个"云原生"原语的 API，它假定并鼓励了一种不可改变的哲学。例如，ReplicaSet 假设在我们的应用程序生命周期的任何时候，我们都可以（并且可能需要）重新部署我们的应用程序。为了平衡这一点，Pod Disruption Budget（Pod 应急预算）将指导 Kubernetes 应用程序如何重新部署。

以上各种进步使我们进入了不可改变的基础设施时代。而且随着更多的公司参与进来，这个数字还会增加。今天的工具使我们比以往更容易接受这些模式。那么，你还在等什么？

☑ 采用容器技术提供对持续集成（CI）、持续部署（CD）等一系列开发管理流程的优化

2.3 使用 Rancher 和 Drone CI 建立超高速 Docker CI/CD 流水线

Higher Education（highereducation.com）是一个连接学生与高校的入学申请的平台，通过吸引高质量的潜在学生，以及利用明确、有效的操作为网站合作的大学招生。每年，Higher Education 为其大学合作伙伴招收超过 15 000 名在线学生入学，有 7 500 万用户通过网站了解大学入学项目。

该部分内容分享了 Higher Education 使用 Rancher 和 Drone CI 建立超高速 Docker CI/CD 流水线的经验。

一、引言

在 Higher Education，为了构建 CI/CD 流水线，我们测试使用了不少 CI/CD 工具。Rancher 和 Drone 的使用体验是至今为止让我们觉得最简单、速度最快、最愉快的。从代码推送、合并到部署分支的那一刻开始，云托管解决方案中将有约一半的时间在测试、构建和部署上，这一过程只需要三到五分钟（有些应用程序由于更复杂的构建和测试过程需要更多时间）。

搭建 Drone 环境的配置和维护对开发人员来说很简单，在 Rancher 上安装 Drone 就和在 Rancher 上安装其他内容一样，非常简单。

二、CI/CD 流水线的最大需求点

CI/CD 流水线的好坏实际上是 DevOps 体验的核心，直接影响着开发人员。对开发人员来说，CI/CD 流水线最重要的两点就是速度和简易性。

第一点就是速度。毕竟没有什么比推送一行代码需要等待 20 分钟才能投入运行的体验更糟了。而当产品出现问题时，由于速度过慢，开发者推出的热修复程序在通过流水线部署时，只会让公司损失更多的钱。

第二点是简易性。在理想状态下，开发人员可以构建和维护他们的应用部署配置。这让他们更易于使用，毕竟你肯定不会希望开发人员因某些原因搭建环境失败而不断"艾特"（Slack）你。

三、Docker CI/CD 流水线的速度痛点

尽管使用不可变容器远远优于维护有状态的服务器，但它们还是有一些缺陷，其中明显的一点就是部署速度：相比简单地将代码推送至现有服务器上，构建并部署容器镜像的速度更慢。图 2-1 显示了 Docker 部署流水线时需要花费时间的地方。

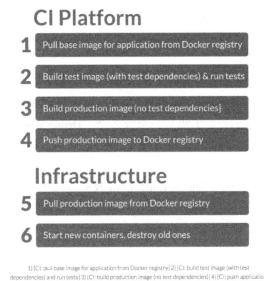

图 2-1　Docker 部署流水线时需要花费时间的地方

Docker 镜像仓库的延迟时间（步骤 1、4 和 5）可能和构建 Docker 时花费的大量时间有关，这取决于应用程序的大小和搭建所需要的时间。应用程序构建时间（步骤 2 和 3）可能是固定量，不过也可能受构建过程中可用内存或 CPU 核心的影响。

如果使用云托管的 CI 解决方案，那么你就无法控制 CI 服务器运行的位置（镜像仓库的延迟可能非常慢），并且可能无法掌握运行服务器/实例的类型（应用程序构建可能很慢）。另外每个构建过程还将产生大量重复工作，比如每次构建都需要下载基本镜像。

四、开始 Drone CI

和 Jenkins 工具类似，Drone 需要在 Rancher 基础设施上运行。不同的是，Drone 是 Docker 的原生工具——构建过程的每个部分都是一个容器。由于基础镜像可以跨搭建甚至跨项目共享，Drone 运行在基础架构上时就能够加快构建的过程。如果你将 Drone 推送到自己的基础架构（如 AWS 的 ECR）上的 Docker 镜像仓库，就可以在很大程度上避免延迟的出现。

Drone 的 Docker 本地化还消除了大量的配置兼容问题，配过 Jenkins 的读者肯定知道这有多便利。

标准的 Drone 部署过程如下所示。

1. 运行一个容器，通知 Slack 构建已经开始。

2. 为"测试"容器配置某个基本镜像，插入代码，并在容器中测试运行。

3. 运行一个容器，构建和推送生产镜像（到 Docker Hub、AWS ECR 等）。

4. 运行一个容器，告诉 Rancher 升级服务。

5. 运行一个容器，通知 Slack 构建已经完成/失败。

A.drone.yml 文件看起来和 docker-compose.yml 文件非常类似——一个容器列表。因为每个步骤都有专用于该任务的容器，步骤的配置通常非常简单。

五、启动并运行 Drone

需要的简要操作如下。

1. 注册一个新的 Github OAuth App。

2. 在 Rancher 上创建一个 Drone 环境。

3. 添加一个 "Drone Server" 主机和一个或多个 "Drone Worker" 主机。

4. 给 Drone Server 主机添加 drone=server 标签。

5. 运行 Drone 栈。

实例的大小取决于你——在 Higher Education，我们倾向于使用更少、更强大的 Worker，这样可以加快构建的速度（我们发现一个强大的 Worker 能够处理 7 个团队的构建）。一旦 Drone 服务启动，需要运行以下栈：

```
version: '2'
services:
  drone-server:
    image: drone/drone:0.5
    environment:
      DRONE_GITHUB: 'true'
      DRONE_GITHUB_CLIENT: <github client>
      DRONE_GITHUB_SECRET: <github secret>
      DRONE_OPEN: 'true'
      DRONE_ORGS: myGithubOrg
      DRONE_SECRET: <make up a secret!>
      DRONE_GITHUB_PRIVATE_MODE: 'true'
      DRONE_ADMIN: someuser,someotheruser,
      DRONE_DATABASE_DRIVER: mysql
      DRONE_DATABASE_DATASOURCE:
user:password@tcp(databaseurl:3306)/drone?parseTime=true
    volumes:
    - /drone:/var/lib/drone/
    ports:
    - 80:8000/tcp
    labels:
      io.rancher.scheduler.affinity:host_label: drone=server
  drone-agent:
    image: drone/drone:0.5
    environment:
      DRONE_SECRET: <make up a secret!>
      DRONE_SERVER: ws://drone-server:8000/ws/broker
```

```
volumes:
- /var/run/docker.sock:/var/run/docker.sock
command:
- agent
labels:
    io.rancher.scheduler.affinity:host_label_ne: drone=server
    io.rancher.scheduler.global: 'true'
```

这将在 drone=server 主机上运行一个 Drone 服务，并为环境中的其他主机运行 Drone 代理。我们强烈推荐你使用 MySQL 备份 Drone，只需设定 DATABASE_ DRIVER 和 DATASOURCE 值即可实现。在本例中我们使用了一个小的 RDS 实例。

当栈启动运行后，你可以登录到 Drone 服务的 IP 地址，从账户菜单打开一个仓库。这里你会注意到 Drone UI 的每一个仓库都没有配置。这一切都需要一个.drone.yml 文件来负责。

六、添加搭建配置

我们来搭建并测试一个 Node.js 项目，添加一个.drone.yml 文件到仓库，就像这样：

```
pipeline:
  build:
    image: node:6.10.0
    commands:
      - yarn install
      - yarn test
```

文件的内容非常简洁，你只需要在搭建步骤设置放置仓库代码的容器镜像，指定要在该容器中运行的命令即可。其他的项目也可以由 Drone 插件管理，这些插件相当于针对一个任务的容器。而且因为插件都在 Docker Hub 上，你不需要安装它们，只需要将它们添加到.drone.yml 文件中即可。

下面是一个详细使用 Slack、ECR 和 Rancher 插件创建.drone.yml 的例子：

```
pipeline:
  slack:
    image: plugins/slack
    webhook: <your slack webhook url>
    channel: deployments
    username: drone
      template: "<{{build.link}}|Deployment #{{build.number}} started> on
<http://github.com/{{repo.owner}}/{{repo.name}}/tree/{{build.branch}}|{{repo
.name}}:{{build.branch}}> by {{build.author}}"
    when:
      branch: [ master, staging ]
  build:
    image: <your base image, say node:6.10.0>
    commands:
      - yarn install
      - yarn test
    environment:
```

```
        - SOME_ENV_VAR=some-value
  ecr:
    image: plugins/ecr
    access_key: ${AWS_ACCESS_KEY_ID}
    secret_key: ${AWS_SECRET_ACCESS_KEY}
    repo: <your repo name>
    dockerfile: Dockerfile
    storage_path: /drone/docker
  rancher:
    image: peloton/drone-rancher
    url: <your rancher url>
    access_key: ${RANCHER_ACCESS_KEY}
    secret_key: ${RANCHER_SECRET_KEY}
    service: core/platform
    docker_image: <image to pull>
    confirm: true
    timeout: 240
  slack:
    image: plugins/slack
    webhook: <your slack webhook>
    channel: deployments
    username: drone
    when:
      branch: [ master, staging ]
      status: [ success, failure ]
```

尽管上面的代码接近 40 行，但它的可读性非常强，而且其中 80%的代码拷贝自 Drone
插件文档。如果你想在云托管的 CI 平台中进行这些操作，可能需要一天时间去阅读文档。
需要注意的是，每个插件实际并不需要烦琐的配置。如果你要使用 Docker Hub 而不是 ECR，
只需使用 Docker 插件即可。Docker 插件地址参见网址 http://plugins.drone.io/drone-plugins/
drone-docker/。

以上就是关于搭建 CI/CD 流水线的介绍。在几分钟内，你可以启动运行具有完整功能
的 CD 流水线。另外，使用 Rancher Janitor 目录栈确保你的 Worker 的磁盘空间也是一个好
主意，你只需要知道的是，清理的次数越少，构建的速度就会越快，因为更多的层已经缓
存好了。

2.4　Rancher 升级 Webhook 之 CI/CD

一、概述

结合 CI/CD 的应用场景，本小节旨在介绍如何通过 Rancher 的 Webhook 微服务来实现

CI/CD 的联动。

（一）流程介绍

本次实践的主要流程如图 2-2 所示。

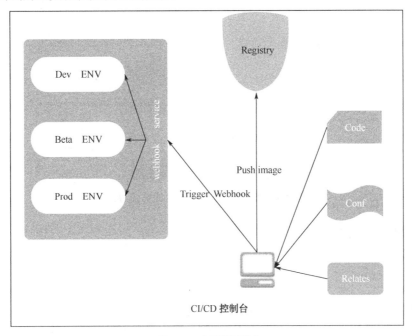

图 2-2　实践流程图

　　1. CI/CD 控制台从代码托管、配置中心、第三方依赖平台拉取应用相应的代码，配置、依赖，并构建应用镜像。

　　2. 将构建好的应用镜像推送到镜像仓库。

　　3. 通过 Rancher Server 暴露出来的 API、UI、CLI 创建并启动应用栈。

　　4. 在 Rancher Server 上创建升级（upgrade）类型的 Webhook。

　　5. 更新应用，重新构建应用镜像，同时推送到镜像仓库。

　　6. 触发 Dev 环境的 Webhook，完成 Dev 环境的服务升级。

　　7. Dev 环境验证升级是否成功，应用是否正常。

　　8. 触发 Beta 环境的 Webhook，完成 Beta 环境的服务升级。

　　9. Beta 环境验证升级是否成功，应用是否正常。

　　10. 触发 Prod 环境的 Webhook，完成 Prod 环境的服务升级。

　　11. Prod 环境验证升级是否成功，应用是否正常。

（二）Webhook 介绍

Rancher Webhook 的服务流程如图 2-3 所示，步骤大致如下。

1. Router 根据用户提交过来的 method 和 url 初始化对应的 Handler。

2. Handler 解析请求参数里面的 key 和 projectid 初始化对应的 Webhook Driver。

3. Driver 调用升级接口，返回并触发相应的 Webhook 请求。

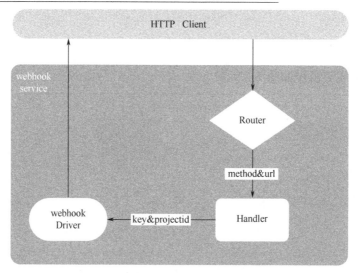

图 2-3　Rancher Webhook 的服务流程图

二、环境准备

（一）Platform

Mac,Windows,Linux,Docker Cloud,AWS,AZure 均可部署。

本次准备的平台是 Ubuntu 发行版（14.04），为了兼容 Docker，选择 Linux 发行版的时候内核需控制在 3.10 以上。

（二）Docker

根据用户选择的平台安装 Docker 引擎，安装指导可参考 https://docs.docker.com 官方文档，搭配 Rancher 使用，Docker 引擎版本最优选择 1.12.6 或者 1.13.1。本次准备的 Docker 引擎版本是 1.12.6。图 2-4 所示为适用于不同平台的 Docker 引擎。

图 2-4　适用于不同平台的 Docker 引擎

（三）Rancher

Rancher 组件名见表 2-1。

表 2-1 Rancher 组件名

组件名	版本号
Rancher Server	v1.6.4
Rancher Agent	v1.25
Metadata	v0.9.2
Rancher DNS	v0.15.1
Network-Manger	v0.7.4
Healthcheck	v0.3.1
Schedule	v0.8.2

三、CI/CD

（一）Build 应用镜像

示例应用基于 ngnix 官方镜像 build，修改了 NGX welcome 页面信息，如图 2-5 所示。

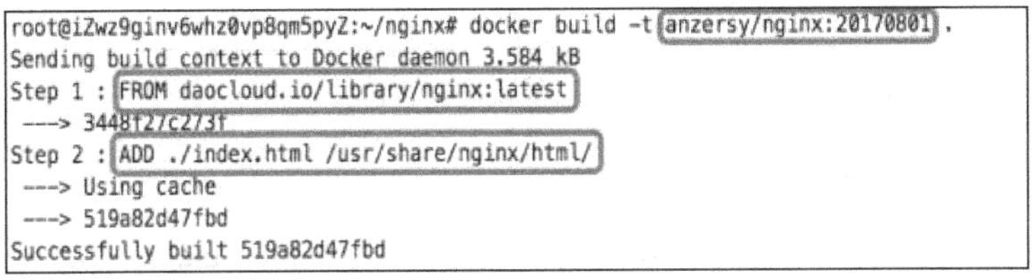

```
root@iZwz9ginv6whz0vp8qm5pyZ:~/nginx# docker build -t anzersy/nginx:20170801 .
Sending build context to Docker daemon 3.584 kB
Step 1 : FROM daocloud.io/library/nginx:latest
 ---> 3448f27c273f
Step 2 : ADD ./index.html /usr/share/nginx/html/
 ---> Using cache
 ---> 519a82d47fbd
Successfully built 519a82d47fbd
```

图 2-5 修改 ngnix welcome 页面信息

（二）Push 应用镜像

推送 ngnix 应用镜像到指定的远程镜像仓库，如图 2-6 所示。

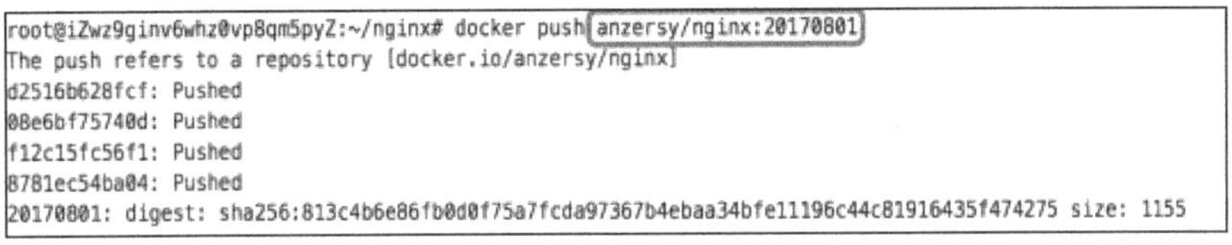

```
root@iZwz9ginv6whz0vp8qm5pyZ:~/nginx# docker push anzersy/nginx:20170801
The push refers to a repository [docker.io/anzersy/nginx]
d2516b628fcf: Pushed
08e6bf75740d: Pushed
f12c15fc56f1: Pushed
8781ec54ba04: Pushed
20170801: digest: sha256:813c4b6e86fb0d0f75a7fcda97367b4ebaa34bfe11196c44c81916435f474275 size: 1155
```

图 2-6 推送 ngnix 应用镜像到指定的远程镜像仓库

（三）创建 Stack&Service

通过 API 创建 webapp stack，ngnix service，命令行如下：

```
curl -u "xxx:xxx" \
-X POST \
-H 'Accept: application/json' \
-H 'Content-Type: application/json' \
-d '{
"description": "validate the upgrade service using webhook",
"name": "webapp",
"system": false,
"dockerCompose": "version: '2'\nservices:\n  NGX:\n    image: anzersy/Nginx:20170801\n    stdin_open: true\n    tty: true\n    cpuset: \"0\"\n    ports:\n    - 8787:80/tcp\n    cpu_shares:
```

```
1024\n    labels:\n      io.rancher.container.pull_image:
always\n      servicename: Nginx",
      "rancherCompose": "version: '2'\nservices:\n  NGX:\n    scale:
1\n    start_on_create: true",
      "binding": null,
      "startOnCreate": true
      }' 'http://a.b.c.d:e/v2-beta/projects/1a107/stacks'
```

（四）验证服务

打开浏览器，访问 ngnix 服务，确认应用的内容，如图 2-7 所示。

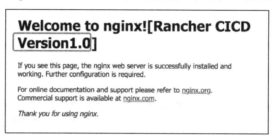

图 2-7　确认应用内容

（五）创建 Webhook

进入 Webhook 创建页面，如图 2-8 所示，通过 UI 为 Dev、Beta 和 Prod 环境创建 service 升级 Webhook（注意设置好对应的镜像 TAG 和服务标签）。

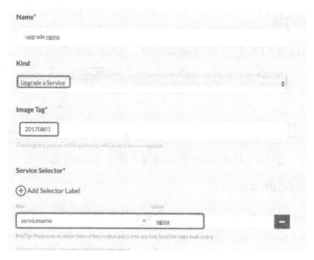

图 2-8　Webhook 创建页面

（六）更新并推送（push）应用镜像

更新 ngnix 应用、构建镜像，并推送到远程仓库，如图 2-9 所示。

```
root@iZwz9ginv6whz0vp8qm5pyZ:~/nginx# docker build -t anzersy/nginx:20170801 .
Sending build context to Docker daemon 3.584 kB
Step 1 : FROM daocloud.io/library/nginx:latest
 ---> 3448f27c273f
Step 2 : ADD ./index.html /usr/share/nginx/html/
 ---> 34a878ea7068
Removing intermediate container 30b03d4fb1af
Successfully built 34a878ea7068
root@iZwz9ginv6whz0vp8qm5pyZ:~/nginx# docker push anzersy/nginx:20170801
The push refers to a repository [docker.io/anzersy/nginx]
e72353e4b7fe: Pushed
08e6bf75740d: Layer already exists
f12c15fc56f1: Layer already exists
8781ec54ba04: Layer already exists
20170801: digest: sha256:9bdb998077303167c9f564f959b7466584a4d15ed9de94e6a79a73fed8ddd88d size: 1155
```

图 2-9　更新 ngnix 应用

（七）触发 upgrade Webhook

触发 upgrade Webhoook，实现服务自动升级。

```
curl -u "xxx:xxx" \
-X POST \
-H 'Accept: application/json' \
-H 'Content-Type: application/json' \
-d '{
    "push_data": {
        "tag": "20170801"
    },
    "repository": {
        "repo_name": "anzersy/nginx"
    }
}' 'http://a.b.c.d:e/v1-
```

（八）验证更新

打开浏览器，访问 ngnix 服务，验证服务升级内容是否正常，如图 2-10 所示。

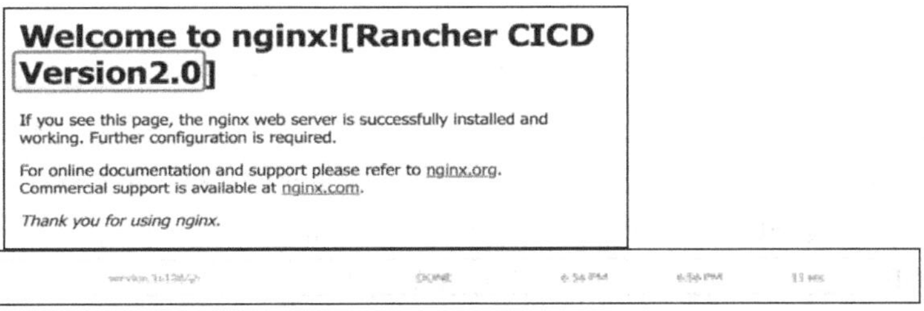

Welcome to nginx![Rancher CICD Version2.0]

If you see this page, the nginx web server is successfully installed and working. Further configuration is required.

For online documentation and support please refer to nginx.org. Commercial support is available at nginx.com.

Thank you for using nginx.

图 2-10　验证服务升级内容

（九）CD

循环（七）和（八）的步骤，完成并验证测试环境和线上环境的持续部署。

2.5　如何使用 GitLab 和 Rancher 构建 CI/CD 流水线

一、介绍

GitLab 核心是集成管理 Git 存储库的工具。比如你希望创建一个提供服务的平台，那么 GitLab 将提供强大的身份验证和授权机制、工作组、问题跟踪、WIKI 和片段，除此之外还有公有、内部和私有存储库。

GitLab 强大之处在于，它包含强大的持续集成（CI）引擎和 Docker 容器镜像仓库，让使用者从开发到发布都使用相同的实用工具。它还有两个更强大的开源软件实用工具，Prometheus 负责监控，Mattermost 负责和团队沟通。该平台有着实用的 API，并能和多个现有第三方系统集成，如 JIRA，Bugzilla，Pivotal，Slack，HipChat，Bamboo 等。

这里就有这样一个疑问：为什么使用 GitLab 而不是直接使用 SaaS 服务？答案只是个人习惯而已。对大多数人来说，向 SaaS 提供商购买其提供的服务是一个很好的解决方案。你可以专注于搭建你的应用程序，让提供商去操心如何维护这些工具。而如果你已拥有的基础设施有备用容量怎么办？如果你只想私有化存储库而不想为该权限付费时该怎么办？如果你想运用你的数学头脑由自己托管来省钱该怎么办？如果你只想拥有你自己的数据该怎么办？由内部提供服务可以让你有更多的时间管理它们，并让它们之间相互通信来消除风险，这就是 GitLab 的出众之处。仅需要一次单击和几分钟的配置，就可以启动并运行一个完整的解决方案。

二、部署 GitLab

Rancher 的 Catalog 包含了安装最新版 GitLab CE 的条目。它假设你有一个主机，希望为 HTTP/HTTPS 直接打开 80 和 443 端口，并且打开一个端口映射到容器内的 22 端口。

Catalog 条目会根据你提供的值设置环境变量 GITLAB_OMNIBUS_CONFIG。然后，GitLab 在发布时将这些值并入配置。对于非常基本的 GitLab 部署，Catalog 提供的选择是完全足够的，不过我仍希望向读者展示更多的内容。

在本教程中，我们将部署 GitLab CE，不过我们不会打开任何端口。主机端口非常昂贵，因此稍后我们会使用一个负载均衡器。我们将配置 HTTPS 和 Docker Registry，并将其与 Rancher 配合使用，主要步骤如下。

1. 创建一个名为 GitLab 的新应用。

2. 向 GitLab 应用添加一个服务。

Image: gitlab/gitlab-ce:latest

Volumes:

■　gitlab-etc:/etc/gitlab

- gitlab-opt:/var/opt/gitlab
- gitlab-log:/var/log/gitlab

Networking

- Set a specific host name: git

Health Check

- HTTP: Port 80
- Path: GET /HTTP/1.0

3. 向 postfix 服务添加一个配对。

Image: tozd/postfix

Environment:

- MY_NETWORKS:10.42.0.0/16，127.0.0.0/8
- ROOT_ALIAS: you@yourdomain.com

Volumes:

- postfix-log:/var/log/postfix
- postfix-spool:/var/spool/postfix

Health Check:

- TCP: Port 25

运行之前，还需完成几个选项来配置 GitLab：（1）将所有的 GitLab 变量添加到 GITLAB_OMNIBUS_CONFIG 中。（2）稍后设置所有变量。

对于首次使用的用户来说，我建议选择第二项。GitLab 提供的 gitlab.rb 文件在默认设置下的文档已经非常丰富，如果你之前没有接触过 GitLab，参考这份文件就可以得到大量功能的说明介绍。

接着，单击 Launch 键，Rancher 将抓取镜像并呈现给读者。

三、设置 SSL 卸载

Rancher 在抓取镜像的时候，我们用 HTTPS 添加一个负载均衡器。为此，首先要创建一个 LetsEncrypt 容器，然后将其添加到负载均衡器中，等待证书注册。注册完成后，将 GitLab 的配置添加到负载均衡器上。在这个例子中，我将使用域名 "example.com"，GitLab 的主机名设置为 "git"，Docker Registry 的主机名设置为 "registry"。在执行下一步前需要确保你已经将相应的记录添加到 DNS 区域文件中，并且这些记录均指向运行均衡器的主机。

（一）部署 LetsEncrypt

1. 从 Rancher 社区 Catalog 中选择 LetsEncrypt 服务。选择第一个下拉列表中的 TOS，然后按以下设置准备 HTTP 验证。

（1）你的 Email 地址：you@yourdomain.com

（2）证书名：gitlab

（3）域名：git.example.com,registry.example.com

（4）域验证方法：HTTP

2. 单击 Launch 以发布容器。现在开始，需要 120 秒来完成下一步。

（二）部署负载均衡器

1. 在 GitLab 栈中，单击"添加服务"旁边的下拉菜单，然后选择添加负载均衡器。给它取个名字，接着添加下面的服务选择器。另外，如果你已经有了一个负载均衡器的环境，编辑它，添加下面的服务。

（1）Public/HTTP。

（2）Port: 80。

（3）Path: /.well-known/acme-challenge。

（4）Target: letsencrypt。

（5）Port: 80。

2. 单击编辑保存所做的变更。

监控 LetsEncryt 容器的日志，两分钟后，就可以获得它已经注册了两个域的证书的报告。如果你收到状态 403 或 503 的错误报告，那么需要检查负载均衡器配置，确认设置无误。LetsEncrypt 容器将重新启动并继续尝试注册证书。注册成功后，你就可以在 Rancher 界面中的基础设施选项卡中找到该证书。

到这，我们已经准备好通过负载均衡器向 GitLab 添加 SSL 支持，之后的步骤如下。

1. 编辑负载均衡器。

2. 添加以下服务规则。

（1）Public/HTTP。

- Host: git.example.com
- Port: 80
- Target: gitlab
- Port: 80

（2）Public/HTTPS。

- Host: git.example.com
- Port: 443
- Target: gitlab
- Port: 80

（3）Public/HTTPS。

- Host: registry.example.com
- Port: 443
- Target: gitlab
- Port: 80

（4）Public/TCP。

- Port: 2222
- Target: gitlab
- Port: 22

3. 单击编辑，保存所做的更改。

四、配置 GitLab

　　GitLab 的配置保存在容器中的/etc/gitlab/gitlab.rb 下。当我们启动服务时，创建了一个 Docker 卷用于持久化存储这些数据。在 Rancher 中，找到你的 GitLab 容器，使用 Execute Shell 登录。将存储地址改为/etc/gitlab，然后编辑 gitlab.rb。

　　在 gitlab.rb 中有很多变量可以调整 GitLab 的行为。这里每一个部分都包含了一个指向 GitLab 文档的链接，文档描述了该服务的功能，以及每个变量的调整。

　　在本教程中，需要找到以下变量，更改或者取消它们的注释：

```
external_url 'https://git.example.com'
gitlab_rails['gitlab_ssh_host'] = 'git.example.com'
gitlab_rails['gitlab_email_enabled'] = true
gitlab_rails['gitlab_email_from'] = 'git@example.com'
gitlab_rails['gitlab_email_display_name'] = 'Gitlab'
gitlab_rails['gitlab_email_reply_to'] = 'noreply@example.com'
gitlab_rails['gravatar_plain_url'] =
'https://secure.gravatar.com/avatar/%{hash}?s=%{size}&d=identicon'
gitlab_rails['gravatar_ssl_url'] =
'https://secure.gravatar.com/avatar/%{hash}?s=%{size}&d=identicon'
gitlab_rails['gitlab_shell_ssh_port'] = 2222
gitlab_rails['smtp_enable'] = true
gitlab_rails['smtp_address'] = 'postfix'
gitlab_rails['smtp_port'] = 25
gitlab_rails['smtp_domain'] = 'yourdomain.com'
gitlab_rails['smtp_authentication'] = false
gitlab_rails['smtp_enable_starttls_auto'] = false
gitlab_rails['manage_backup_path'] = true
gitlab_rails['backup_path'] = '/var/opt/gitlab/backups'
gitlab_rails['backup_archive_permissions'] = 0644
gitlab_rails['backup_pg_schema'] = 'public'
gitlab_rails['backup_keep_time'] = 604800
registry_external_url 'https://registry.example.com'
gitlab_rails['registry_enabled'] = true
gitlab_rails['registry_host'] = 'registry.example.com'
gitlab_rails['registry_api_url'] = 'http://localhost:5000'
gitlab_rails['registry_key_path'] =
'/var/opt/gitlab/gitlab-rails/certificate.key'
gitlab_rails['registry_path'] =
'/var/opt/gitlab/gitlab-rails/shared/registry'
gitlab_rails['registry_issuer'] = 'omnibus-gitlab-issuer'
registry['enable'] = true
registry['token_realm'] = 'https://git.example.com'
Nginx['listen_port'] = 80
Nginx['listen_https'] = false
Nginx['proxy_set_headers'] = {
  'Host' => '$http_host_with_default',
  'X-Real-IP' => '$remote_addr',
```

```
'X-Forwarded-For' => '$proxy_add_x_forwarded_for',
'X-Forwarded-Proto' => 'https',
'X-Forwarded-Ssl' => 'on',
'Upgrade' => '$http_upgrade',
'Connection' => '$connection_upgrade'
}
registry_Nginx['enable'] = true
registry_Nginx['listen_port'] = 80
registry_Nginx['listen_https'] = false
registry_Nginx['proxy_set_headers'] = {
'Host' => '$http_host',
'X-Real-IP' => '$remote_addr',
'X-Forwarded-For' => '$proxy_add_x_forwarded_for',
'X-Forwarded-Proto' => 'https',
'X-Forwarded-Ssl' => 'on'
}
registry_Nginx['custom_gitlab_server_config'] =
'proxy_cache_convert_head off;'
```

在这些变量变更之后，意味着你已经完成了以下几项工作。

1. 为你的 Git URL 设置主机名。

2. 配置 GitLab 将 HTTP 反向到 HTTPS。

3. 启用 HTTP 和 HTTPS 两者的 HTTPS gravatar URL（在避免内容混乱的错误时是必要的）。

4. 将报告的 SSH 端口设为 2222。

5. 激活来自 GitLab 的邮件。

6. 通过 Postfix 助手启动邮件传递。

7. 激活一个星期保留期的夜间备份。

8. 启用容器 registry。

9. 激活 GitLab 的配置和必需的标题，让 GitLab 知道它是在 SSL 负载均衡器之后。

保存此文件，接着输入 gitlab-ctl reconfigure，按 Enter 键重新配置 GitLab。GitLab 将重建它的配置，重启需要的服务。

五、登录

现在，在浏览器中输入 https://git.example.com，会出现一个要求输入密码的界面。这里默认用户是 root，如果你设置了密码，系统将要求你重新登录。

恭喜你！你有了一个正在运行的 GitLab 实例！

现在还需要我们从 GitLab 内部做工作来巩固它，请你接着读下去。

六、锁定

我建议你去做以下变更操作。

（一）更改 root 用户名

以 root 身份登录任何内容都是不安全的，因为该用户名众所周知。现在如果你是以 root 用户身份登录进来的，那么第一件事就是更改你的用户名。

1. 单击位于右上角、在搜索栏旁边的扳手图标。
2. 在中间列的底部选择管理员。
3. 选择右上角的编辑按钮。
4. 更改你的名字、用户名和邮箱地址。
5. 向下滚动，并单击保存更改。

管理员账户的旧邮箱地址是 admin@example.com，更改此信息只是尝试向该账户发送电子邮件来通知这些更改。

1. 返回 Rancher，找到你的 postfix 容器和 Execute Shell。
2. 输入 mailq，单击 Enter 键。你应该看到延迟的邮件在队列中，注意 ID。
3. 输入 postsuper – d <id>，单击 Enter 键，将从队列中删除该消息。

（二）禁止公开注册

下一步的更改将使 Internet 不再接管新 GitLab 实例，也不能再将其用于恶意的目的。再次单击扳手图像，返回到管理控制台，单击右上角齿轮图标的下拉菜单，选择设置，你可以根据需要调整其中任意一项，但你需要禁用在 Sign-up Restrictions 下的 Sign-up enabled 默认值。

（三）检查端口

在这个例子中，我们使用了 80、443、2222 端口。GitLab 不需要主机上的其他端口，不过 2222 端口并不是通用端口，你需要确认你已经在防火墙中打开了它（2222 端口）。

这会有一个很棒的 GitLab 安装过程。你可以立即为你的项目启动它。是的，在 GitLab 中还有很多事情要做！

七、添加 SSH 密钥

尽管你可以通过 HTTPS 使用 GitLab，然而使用 SSH 指令执行则更为常见。在执行此操作之前，需要将你的 SSH 公钥添加到 GitLab，这样它会识别你的身份。如果你没有 SSH 密钥，你可以用下列代码 ssh-keygen -b 2048 制作一个（在 Linux 或 Mac 系统上）。

尽可能使用密码口令确保安全——你的密钥有以特权用户身份登录的权限，如果笔记本电脑遭到入侵，你也不愿为攻击者提供访问权限（如果你不想使用密码口令或处理 SSH 代理，请访问网址 https://krypt.co 上的 Kryptonite 项目）。

使用默认值（或选择新的密钥名称）保存，接着在 GitLab 中单击右上角的头像旁边的下拉菜单，选择设置，然后选择 SSH 密钥。将你的公钥（.pub 文件中的内容）粘贴到打开页面的框中。

八、使用 GitLab CI Multi-Runner 构建容器

GitLab CI 是用于持续集成和持续交付的强大工具。它需要和 Rancher 配合使用，这里我们将部署一个执行作业的 Runner。

（一）运行 Runner

部署 Runner 有好几种方式，考虑到我们的目的是要从自己的存储库中建立容器，我们将运行一个可以直接访问/var/run/docker.sock 的 Docker 容器，来构建和自身同步的镜像。

1. 在 Rancher 中，向你的 GitLab 栈添加一个服务。

2. 使用以下配置进行设置：

- Name: runner01
- Image: gitlab/gitlab-runner
- Console: None
- Volumes:
    - /var/run/docker.sock:/var/run/docker.sock
    - runner01-etc:/etc/gitlab-runner

容器运行时，它将在/etc/gitlab-runner 中创建一个默认配置，该配置对应我们已经建立连接的卷。接下来，用你的 GitLab 实例注册 Runner。

之后的操作中，我设置的配置适用于基本的 Runner，它可以搭建任意作业。你还可以将 Runner 限制在指定的存储库中或是使用其他镜像。这里你可以阅读 GitLab 的文档来了解哪个是最适合你的环境的选项。

（二）配置 Runner

1. 在容器中执行 shell。

2. 运行 gitlab-ci-multi-runner register 开始注册。

3. 按照提示信息输入，参考下列示例（答案是粗体字）。

root@4bd974b1c799:/# gitlab-ci-multi-runner register

Running in system-mode.

Please enter the gitlab-ci coordinator URL (e.g. https://gitlab.com/):

https://git.example.com

Please enter the gitlab-ci token for this runner:

DGQ-J7n0tR33LXB3z_

Please enter the gitlab-ci description for this runner:

[4bd974b1c799]: runner01

Please enter the gitlab-ci tags for this runner (comma separated):

<press enter>

Whether to lock Runner to current project [true/false]:

[false]: **<press enter>**

Registering runner… succeeded runner=DGQ-J7dD

Please enter the executor: docker，parallels，ssh，docker-ssh+machine，Kubernetes， docker-ssh，shell，virtualbox，docker+machine：

docker

Please enter the default Docker image (e.g. ruby:2.1)：

docker:stable

Runner registered successfully.

放手去执行它们吧，如果 Runner 已经运行，那么配置会自动地就重新加载。这里要着重注意的以下方面。

（1）输入你的 Gitlab 实例的 URL。

（2）输入 Runner 令牌（在 Admin/Runners 中找到）。

（3）给 Runner 起一个可被识别的名字。

（4）选择 Runner 的 Docker 类型。

（5）选择 docker:stable 容器镜像。

在初始的注册完成后，我们需要编辑/etc/gitlab-runner/config.tom，并做出调整：

- volumes = ["/var/run/docker.sock:/var/run/docker.sock"，"/cache"]

这样在容器中装载/var/run/docker.sock，使构建的容器保存在主机本身的镜像存储中。这是一个比 Docker 更好的方法。config.toml 的修改是由 Runner 自动执行的，因此不需要重新启动。你可以在 Admin/Runners 下看到你的 Runner，并与之交互。

九、使用容器镜像仓库配置项目

GitLab 的容器镜像仓库直接和存储库绑定，因此无法将容器转移到任何其他位置。如果你在 Docker 组中有一个名为 demo-pho 的存储库，那么镜像的路径就是 registry.example.com/docker/demo-php，其中的标签是根据你如何用 GitLab CI 创建的容器而定义的。

在本小节的余下部分，我将使用一个存储库，该存储库的内容可以在网址 https://github.com/oskapt/rancher-gitlab-demo 中找到。但需要执行以下内容才能在你的 GitLab 环境中启动它。

1. 在 GitLab 中创建一个项目。在本书中，我给它命名为 example/demo（工作组是 example，项目是 demo）。

2. 克隆并修改 rancher-gitlab-demo 存储库。

```
$ git clone https://github.com/oskapt/rancher-gitlab-demo.git demo
$ cd demo
$ git remote set-url origin
ssh://git@git.example.com:2222/example/demo.git
$ git push -u origin master
```

该文件如下所示：

```
variables:
 REGISTRY_HOST: registry.example.com
 TEST_IMAGE: $REGISTRY_HOST/$CI_PROJECT_PATH:$CI_BUILD_REF_NAME
 RELEASE_IMAGE: $REGISTRY_HOST/$CI_PROJECT_PATH:latest
stages:
 - build
 - release
```

```
before_script:
 - docker info
 - docker login -u gitlab-ci-token -p $CI_BUILD_TOKEN $REGISTRY_HOST
build:
 stage: build
 script:
   - docker build --pull -t $TEST_IMAGE .
   - docker push $TEST_IMAGE
release:
 stage: release
 script:
   - docker pull $TEST_IMAGE
   - docker tag $TEST_IMAGE $RELEASE_IMAGE
   - docker push $RELEASE_IMAGE
 only:
   - master
push_to_docker_hub:
 # in order for this to work you will need to set
 # `HUB_USERNAME` and `HUB_PASSWORD` as CI variables
 # in the Gitlab project
 stage: release
 variables:
   DOCKER_IMAGE: $HUB_USERNAME/$CI_PROJECT_NAME:latest
 script:
   - docker login -u $HUB_USERNAME -p $HUB_PASSWORD
   - docker tag $RELEASE_IMAGE $DOCKER_IMAGE
   - docker push $DOCKER_IMAGE
 only:
   - master
 when: manual
```

我设计的这个 CI 文件可以在多个基本的 Docker 项目中使用而不需要任何修改。在将变量部分的项目设置为你想要的数值后，文件的其余部分就能适用于任何项目。

这里有两个阶段——构建和发布。GitLab 有自己的 token，可令自己登录到自己的镜像仓库，该操作在 before_script 部分执行。接下来它在构建阶段执行脚本命令，构建容器并使用 TEST_IMAGE 变量中指定的格式标记容器。这样获得一个有分支名称的容器，就像我们的 develop 分支：registry.example.com/example/demo:develop，接下来会推送容器信息进镜像仓库中。

如果是 master 分支，它会执行所有这些步骤，并且在发布阶段，它在加进镜像仓库前会继续使用 latest 标记镜像。这样你会得到一个同时标记了 master 和 lastest 的容器。其中lastest 是默认的标签名，你可以在不指定标签名的情况下获取它。

最后，master 分支有一个可供使用的手动选项，可将容器推送至 Docker Hub。若要实现这一步，首先需要在 GitLab 项目中的 Settings | CI/CD Pipelines | Secret Variables 下设置HUB_USERNAME 和 HUB_PASSWORD。GitLab CI 将根据 DOCKER_IMAGE 的值重新标记master 镜像，接着将其推送至 Docker Hub。因为我们已经指定了 when 下的 manual，GitLab

不会自动执行，那么就必须从 GitLab 手动执行此步骤。

十、通过 GitLab CI 搭建容器

在 develop 分支，你可以提交这些更改并将其推送到你的 GitLab 项目。如果一切都正常运行，你就可以在项目的 Pipeline 标签下看到 Pipeline 启动。你可以选择 status 图标来查看该阶段下的详细进度日志。

如果出现了任何错误，GitLab CI 将报告 Pipeline 失败，你可以查看日志了解错误原因。当解决了问题并推送新的提交时，GitLab CI 将启动新的 Pipeline。如果错误是暂时的（如无法连接到 Docker Hub），你可以再次运行该阶段的 Pipeline。如果只想从现有的代码运行 Pipeline，你可以单击 Run Pipeline 并选择要构建的分支。当一切都完成之后，管道会显示 Passed，你可以在 GitLab 项目的 Registry 标签下看到你的容器。

十一、创建部署用户

在使用镜像仓库之前，你需要将部署用户添加到 Rancher。我建议你在你想要部署的项目上创建一个具有 Reporter 权限的 deploy 用户，而不要使用你的管理员账户，创建步骤如下。

1. 单击右上角的扳手图标进入管理区域。
2. 单击中间列下端的 New User 按钮。
3. 创建一个名为 deploy 的用户。
4. 在 Access 下则说明该用户是 External 的。这将给用户提供 GitLab 中的限制访问。
5. 单击 Create User，进入汇总界面。

GitLab 默认会为用户发送登录电子邮件，因此我们需要编辑用户并设置密码，步骤如下。

1. 在汇总界面上，单击右上角的 Edit。
2. 为用户设置密码，接着单击 Save Changes。
3. 在 GitLab 中导航到你的项目，单击 Settings 后单击 Members。
4. 在搜索栏键入 deploy，并选择 deploy 用户。
5. 给用户 Reporter 权限。
6. 单击 Add to project 保存更改。

现在，deploy 用户有权从你的项目的容器注册表访问容器。

十二、部署容器到 Rancher

我们到目前为止的所有步骤都是为了这一步——从你的私有镜像仓库中获取容器，并将它部署到 Rancher 上。我们需要做的最后一件事是添加镜像仓库，然后做一个新的栈和服务，步骤如下。

1. 在 Rancher 中，单击 Infrastructure，并选择 Registries。
2. 单击 Add Registry。
3. 选择 Custom。
4. 输入你的注册表 URL（例如 example.com）。

5. 输入你的部署用户的用户名和密码。

6. 单机 Create。

把镜像仓库添加到 Rancher 之后，你已经可以从这些镜像中创建服务了，其步骤如下。

1. 创建一个名为 demo 的栈。

2. 添加一个服务，名字由你决定。让镜像使用你新的容器镜像中的 develop 标签，即 example.com/example/demo:develop。

3. 单击 Create。

恭喜你！你刚刚已经用私有容器镜像仓库部署了项目的开发版本！

十三、从这里开始可以做什么

这是一个漫长的过程，但当所有的重要步骤完成后，你可以使用已经安装好的工具开始工作了。从现在开始你可以做以下事情。

（1）为其他项目设置工作组。对于将要包含的项目，可以使用逻辑集合，像 Docker 或者 website 一样。

（2）将其他项目导入 GitLab。

（3）设置 GitLab CI 来构建容器。

（4）修改 master 分支，融合 develop 分支，引入.gitlab-ci.yml，然后将其推送至 GitLab。更新 Rancher 以获取 lastest 镜像标签。

（5）将 HUB_USERNAME 和 HUB_PASSWORD 添加到项目中，然后手动将你的镜像推送至 Docker Hub。

2.6 使用 Docker、Docker-Compose 和 Rancher 搭建部署 Pipeline

在这部分内容中，我们想要分享如何使用 Docker、Docker-Compose 和 Rancher 完成容器部署工作流的故事。我们想带你从头开始走过 Pipeline 的革命历程，重点指出我们这一路上遇到的痛点和做出的决定，而不只是单纯的回顾。幸好有很多优秀的资源可以帮助你使用 Docker 设置持续集成和部署工作流。这部分内容并不属于这些资源之一。一个简单的部署工作流相对比较容易设置。但是根据我们的经验，构建一个部署系统的复杂性主要在于原本容易的部分需要在拥有很多依赖的遗留环境中完成，以及当你的开发团队和运营组织发生变化以支持新的过程的时候。希望我们在解决构建 Pipeline 的困难时积累的经验会帮助你解决构建 Pipeline 时遇到的困难。

从头开始，看一看只用 Docker 时我们开发的初步的工作流，然后再进一步介绍 Docker-compose，最后介绍如何将 Rancher 应用到工作流中。

一、CI/CD 和 Docker 入门

为了给之后的工作铺平道路，假设接下来的事件都发生在同一家 SaaS 提供商那里，我们曾经在这个 SaaS 提供商那里提供过长时间服务。为了方便这部分内容的撰写，我们姑且称这家 SaaS 提供商为 Acme Business Company，Inc，即 ABC。这项工程开始时，ABC 正处在将大部分基于 Java 的微服务栈从裸机服务器上的本地部署迁移到运行在 AWS 上的 Docker 部署的最初阶段。这项工程的目标很常见，即发布新功能时更少的前置时间（lead time），以及更可靠的部署服务。

为了达成目标，软件的部署计划大致如图 2-11 所示。

Code Committed to Repository　　Unit Testing and Compilation　　Docker Image Built with Code Artifact　　Docker Image Pushed to Registry　　Docker Image Deployed to Environment

图 2-11　软件的部署计划

这个过程从代码的变更、提交、推送到 Git 仓库开始。当代码推送到 Git 仓库后，我们的 CI 系统会被告知运行单元测试。如果测试通过，就会编译代码并将结果作为产出物（artifact）存储起来。如果上一步成功了，就会触发下一步的工作，利用我们的代码产出物创建一个 Docker 镜像，并将镜像推送到一个私有 Docker 注册表（private Docker registry）中。最后，我们将新镜像部署到环境中。

要完成这个过程，以下几项是必须要有的。

（1）一个源代码仓库。ABC 已经将代码存放在 GitHub 私有仓库上了。

（2）一个持续集成和部署的工具。ABC 已经在本地安装了 Jenkins。

（3）一个私有 registry。我们部署了一个 Docker registry 容器，由 Amazon S3 支持。

（4）一个主机运行 Docker 的环境。ABC 拥有几个目标环境，每个目标环境都包含过渡性（staging）部署和生产部署。

这样看的话，这个过程表面上简单，然而实际过程会复杂一些。像许多其他公司一样，ABC 曾经（现在仍然是）将开发团队和运营团队划分为不同的组织。当代码准备好部署时，会创建一个包含应用程序和目标环境详细信息的任务单（ticket）。这个任务单会被分配到运营团队，并将会在几周的部署期执行。现在，我们已经不能清晰地看到一个持续部署和分发的方法了。

最开始，部署任务单看起来是这样的：

DEPLOY-111：

App: JavaService1，branch "release/1.0.1"

Environment: Production

部署过程如下。

● 部署工程师用了一周时间在 Jenkins 上工作，对相关的工程执行"Build Now"，将分支名作为参数传递。之后弹出了一个被标记的 Docker 镜像。这个镜像被自动地推送到了注册表中。工程师选择了环境中的一台当前没有在负载均衡器中被激活

的 Docker 主机。工程师登录到这台主机，并从注册表中获取新的版本。

- 找到现存的容器：（docker ps）。
- 终止现存容器运行：（docker stop [container_id]）。
- 开启一个新容器，这个容器必须拥有所有正确启动容器所需的标志。这些标志可以参阅之前运行的容器、主机上的 shell 历史，或者其他文档：（docker run -d -p 8080:8080 … registry.abc.net/javaservice1:release-1.0.1）。
- 连接这个服务，并做一些手工测试确定服务正常工作：（curl localhost:8080/api/v1/version）。
- 在生产维护窗口，更新负载均衡器，使其指向更新过的主机。
- 一旦通过验证，这个更新会被应用到环境中其他主机上，以防将来需要故障切换（failover）。

不可否认的是，这个部署过程并不能让人印象深刻，但这是通往持续部署的第一步。这里有好多地方仍可改进，但这么做有以下两个优点。

（1）运维工程师有一套部署的方案，并且每个应用的部署都使用相同的步骤。在 Docker 运行那一步中需要为每个服务查找参数，但是大体步骤是相同的：Docker pull、Docker stop、Docker run。这个过程非常简单，并且很难漏掉其中一步。

（2）当环境中最少有两台主机时，我们便拥有了一个可管理的蓝绿部署（blue-green deployment）。一个生产窗口只是简单地从负载均衡器配置转换过来。这个生产窗口拥有明显且快速的回滚方法。当部署变得更加动态时，升级、回滚及发现后端服务器变得愈发困难，需要更多地协调工作。因为部署是手动的，蓝绿部署代价是最小的，并且同样能提供优于就地升级的优点。

除了以上两个优点，还存在以下痛点。

（1）重复输入相同的命令。或者更准确地说，重复地在 bash 命令行里输入。解决这一问题的方法很简单：使用自动化技术！有很多工具可以帮助你启动 Docker 容器。对于运营工程师，最好的解决方案是将重复的逻辑包装成 bash 脚本，这样只需一条命令就可以执行相应逻辑。开发-运营工程师可能会使用 Ansible、Puppet、Chef 或者 SaltStack。编写脚本（playbooks）很简单，但是这里仍有几个问题需要说明：部署逻辑到底放在那里？你怎样追踪每个服务的不同参数？这些问题将带领我们进入下一个痛点的介绍。

（2）即便一个运营工程师拥有超能力，在办公室工作一整天后的深夜里仍能避免拼写错误，并且清晰思考，他也不会知道有一个服务正在监听一个不同的端口，并且需要改变 Docker 端口参数。问题的症结在于开发者确实了解应用运行的详细信息，但是这些信息需要被传递给运营团队。很多时候，运营逻辑放在另外的代码仓库中或者根本没有代码仓库。这种情况下保持应用相关部署逻辑的同步会变得困难。由于这个原因，一个很好的做法是将部署逻辑只提交到包含 Dockerfile 的代码仓库。如果在一些情况下无法做到这点，有一些方法可以使其可行（更多细节将在稍后谈到）。把细节信息提交到某处很重要。代码要比部署任务单好，虽然也有一些人坚持认为部署任务单更好。

（3）可见性。对一个容器进行一个故障检测需要登录主机，并且运行相应命令。在现实中，这就意味着登录许多主机然后运行"docker ps"和"docker logs － tail=100"的命令组合。有很多解决方案可以做到集中登录。如果你有时间的话，还是值得设置成集中登录的。我们发现，通常情况下，我们缺少查看哪些容器运行在哪些主机上的能力。这对于开发者而言是一个问题，开发者想要知道什么版本被部署在怎样的范围内。对于运营人员来说，这也是一个主要问题，他们需要捕获到要进行升级或故障检测的容器。

基于以上情况，我们可以做出一些改进，解决这些痛点。

第一个改进是写一个 bash 脚本，将部署中相同的步骤包装起来。一个简单的包装脚本可以是这样的：

```
!/bin/bash
APPLICATION=$1
VERSION=$2
docker pull "registry.abc.net/${APPLICATION}:${VERSION}"
docker rm -f $APPLICATION
docker run -d --name "${APPLICATION}" "registry.abc.net/${APPLICATION}:
${VERSION}"
```

这样做是行得通的，但仅对最简单的容器而言，也就是用户不需要连接到的容器而言可行。为了能够实现主机端口映射和卷挂载（volume mounts），我们需要增加应用程序特定的逻辑。这里给出一个实现方法：

```
APPLICATION=$1
VERSION=$2
case "$APPLICATION" in
java-service-1)
 EXTRA_ARGS="-p 8080:8080";;
java-service-2)
 EXTRA_ARGS="-p 8888:8888 --privileged";;
*)
 EXTRA_ARGS="";;
esac
docker pull "registry.abc.net/${APPLICATION}:${VERSION}"
docker stop $APPLICATION
docker run -d --name "${APPLICATION}" $EXTRA_ARGS
"registry.abc.net/${APPLICATION}:${VERSION}"
```

现在这段脚本被安装在了每一台 Docker 主机上以帮助部署。运营工程师会登录到主机上，并传递必要的参数，之后脚本会完成剩下的工作。部署工作被简化了，工程师需要做的事情变少了。然而将部署代码化的问题仍然存在。我们可以把它变成一个关于向一个共同脚本提交改变，并且将这些改变分发到主机上的问题。通常来说，这样做很值得。将代码提交到仓库会给诸如代码审查、测试、改变历史及可重复性带来巨大的好处。在关键时刻，你要考虑的事情越少越好。

理想状况下，一个应用的相关部署细节和应用本身应当存在于同一个源代码仓库中。有很多原因导致现实情况不是这样的，最突出的原因是开发人员可能会反对将运营相关的东西放入代码仓库中。尤其对于一个用于部署的 bash 脚本，这种情况更可能发生，当然，Dockerfile 文件本身也经常如此。

这变成了一个文化问题，并且只要有可能的话就值得被解决。尽管为你的部署代码维持两个分开的仓库确实是可行的，但是你将不得不耗费额外的精力保持两个仓库的同步。我们当然会努力取得更好的成效，即便实现起来更困难。在 ABC，Dockerfiles 最开始在一个专门的仓库中，每个工程都对应一个文件夹，部署脚本存在于它自己的仓库中。

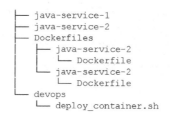

```
├── java-service-1
├── java-service-2
├── Dockerfiles
│   ├── java-service-2
│   │   └── Dockerfile
│   └── java-service-2
│       └── Dockerfile
└── devops
    └── deploy_container.sh
```

图 2-12 仓库示例

Dockerfiles 仓库拥有一个工作副本，该工作副本保存在 Jenkins 主机上一个熟知的地址中（就比如'/opt/abc/Dockerfiles'）。为了给一个应用创建 Docker 镜像，Jenkins 会搜索Dockerfile 的路径，在运行"docker build"前将 Dockerfile 和伴随的脚本复制进来。由于Dockerfile 总是在掌控中，你可能发现你处在 Dockerfile 超前（或落后）应用配置的状态，虽然实际中大部分时候都会处在正常状态。以下是来自 Jenkins 构建逻辑的一段摘录：

```
if [ -f docker/Dockerfile ]; then
 docker_dir=Docker
elif [ -f /opt/abc/dockerfiles/$APPLICATION/Dockerfile ]; then
 docker_dir=/opt/abc/dockerfiles/$APPLICATION
else
 echo "No docker files. Can't continue!"
 exit 1
if
docker build -t $APPLICATION:$VERSION $docker_dir
```

随着时间的推移，Dockerfiles 及支持脚本会被迁移到应用程序的源码仓库中。由于Jenkins 最开始已经查看了本地的仓库，Pipeline 的构建不再需要任何变化。在迁移了第一个服务后，仓库的结构大致是这样的，如图 2-13 所示。

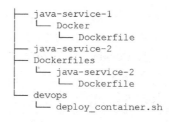

```
├── java-service-1
│   └── Docker
│       └── Dockerfile
├── java-service-2
├── Dockerfiles
│   └── java-service-2
│       └── Dockerfile
└── devops
    └── deploy_container.sh
```

图 2-13 仓库结构

我们使用分离的仓库时遇到的一个问题是，如果应用源码或打包逻辑任意一个发生改变，Jenkins 都会触发应用重建。由于 Dockerfiles 仓库包含了许多项目代码，当改变发生时，我们不想触发仓库重建。该问题的解决方法是：使用在 Jenkins Git 插件中一个很隐蔽的选项，该选项称为 Included Regions。当配置完成后，Jenkins 将一个变化引起的重建隔离在仓库的某个特定子集里面。这允许我们将所有 Dockerfile 放在一个仓库里，并且能做到当一个改变发生时只会触发特定的构建，如图 2-14 所示。

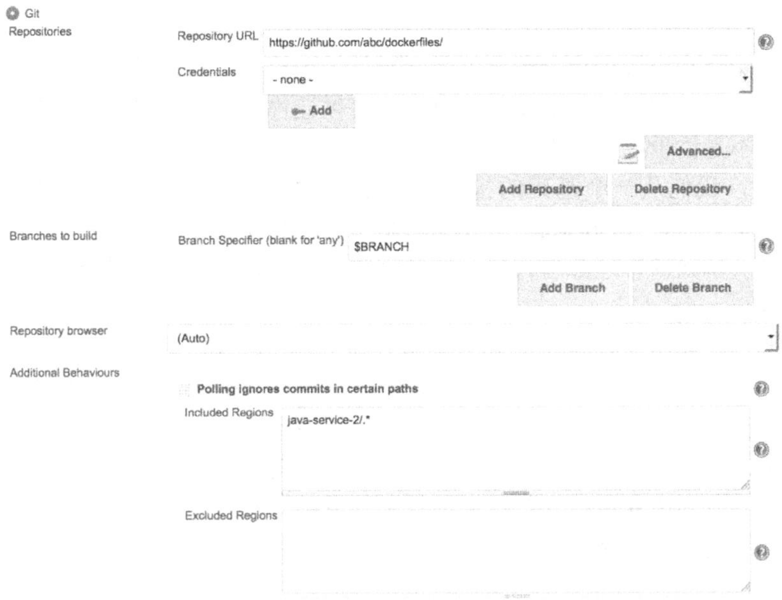

图 2-14　Jenkins 触发应用重建示意图

关于这个初步的工作流的另一个方面是部署工程师必须在部署前强制构建一个应用镜像。这将导致额外的延迟，尤其是构建存在问题并且开发人员需要参与其中的时候。为了减少这种延迟，并为更加持续地部署铺平道路，我们开始为分支中的每一个提交构建 Docker 镜像。这要求每一个镜像有一个独一无二的版本标识符，而如果我们仅仅依赖官方的应用版本字符串往往不能满足这一点。最终，我们使用官方版本字符串、提交次数和提交 sha 码的组合作为版本标识符。

```
commit_count=$(git rev-list --count HEAD)
commit_short=$(git rev-parse --short HEAD)
version_string="${version}-${commit_count}-${commit_short}"
```

这样得到的版本字符串看起来是这样的：1.0.1-22-7e56158。

在结束 Pipeline 的 Dockerfile 部分的讨论之前，还有一些参数值得被提及。如果我们不会在生产中操作大量的容器，我们很少用到这些参数。但是，它们被证明有助于我们维护 Docker 集群的线上运行。

重启策略（ReStart Policy）：重启策略允许你指定当一个容器退出时，每个容器采取什么动作。尽管这个可以被用作应用错误（application panic）时的恢复或当依赖上线时保持容器再次尝试连接，但对运营人员来说，真正的好处是在 Docker 守护进程（daemon）或者主机重启后的自动恢复。从长远来看，你将希望实现一个适当的调度程序（scheduler），它能够在新主机上重启失败的容器。在那天到来之前，节省一些工作，设置一个重启策略吧。在 ABC 中，我们将这项参数默认为"－restart always"，这将会使容器始终重启。简单地拥有一个重启策略会使计划的（和非计划的）主机重启变得轻松很多。

资源约束（Resource Constraints）：使用运行时的资源约束，可以设置容器允许消耗的最大内存和 CPU。它不会把你从一般的主机过载（over-subscription）中拯救出来，但是它可以抑制内存泄漏和失控的容器。我们先对容器应用一个充足的内存限制（例如，－memory="8g"）。我们知道当内存增长时会产生问题。尽管拥有一个硬性限制意味着应用最终会达到内存不足（Out-of-Memory）的状态并产生错误（panic），但是主机和其他容器会保持正确运行。

结合重启策略和资源约束会给集群带来更好的稳定性，与此同时，还可以降低失败的影响，缩短恢复的时间。这种类型的安全防护可以让你和开发人员一起专注于"起火"的根本原因，而不是忙于应付不断增长的火势。

简而言之，我们从一个基础的构建 Pipeline，即从我们的源码仓库中创建被标记的 Docker 镜像开始，从使用 Docker CLI 部署容器一直到使用脚本和代码中定义的参数部署容器。我们也涉及了如何管理部署代码，并且强调了几个帮助运营人员保持服务上线和运行的 Docker 参数。

此时此刻，在构建 Pipeline 和部署步骤之间仍然存在问题。部署工程师会通过登录一个服务器并运行部署脚本的方法解决这个问题。尽管较我们刚开始部署时有所改进，但仍然存在进一步提高自动化水平的空间。所有的部署逻辑都集中在单一的脚本内，当开发者需要安装脚本及应付它的复杂性时，会使本地测试变得困难得多。此时此刻，我们的部署脚本也包含了通过环境变量处理任何环境特定信息的方法。追踪一个服务设置的环境变量及增加新的环境变量很容易出错。

二、使部署逻辑向使用 Docker Compose 的应用迈进一步

在上一部分内容中，我们分享了只用 Docker 时我们开发的初步的工作流，如何创建一个基础的构建和部署流水线。容器的部署方式不再是在登录服务器（Server）的时候从内存中输入 Docker 命令。我们已经通过 Jenkins server 实现了镜像的自动化构建。我们使用脚本将 Docker 命令进行封装，将其存储到 GitHub 中，并且设置版本。目前我们正采取措施，通过逐步改善现有过程来实现持续部署。然而，仍有一些痛点需要我们去解决。下面，我们将看看如何使用 Docker Compose 和 Ansible 来改善此设计。

在部署镜像时，工程师需要登录服务器，并从 shell 运行 Docker wrapper 脚本。这不是很好的解决方法，因为它需要开发者等待。没有任何一方会从这种方式中获益（作为一个工程师，当你去做某件你很了解并且很容易自动化的事情时，你有多少次被打断了？），由于每一次部署都是通过操作者电脑中的 SSH 会话来执行的，因此部署过程是不可见的。

如果你对我们的部署脚本还有印象，你会发现它看起来像下面的代码段：

```
APPLICATION=$1
VERSION=$2

case "$APPLICATION" in
    java-service-1)
        EXTRA_ARGS="-p 8080:8080";;
    java-service-2)
        EXTRA_ARGS="-p 8888:8888 --privileg
ed";;
    *)
        EXTRA_ARGS="";;
esac

docker pull "registry.abc.net/${APPLICATION
}:${VERSION}"
docker stop $APPLICATION
docker run -d --name "${APPLICATION}" $EXTR
A_ARGS "registry.abc.net/${APPLICATION}:${V
ERSION}"
```

实际上，我们做的是将 Docker run 命令语句进行抽象，工程师也不需要知道每个图像成功运行时所需要的确切的参数。虽然这改善了必须全部记住并且手动输入所有 Docker 参

数的现状，但同时也会带来新的问题：每个容器的逻辑都存储在同一文件中，这使得对应用程序部署逻辑的更改很难追踪；当开发者需要测试或者修改参数时，需要被迫理清脚本中的逻辑，而不是能够在某一特定的程序中轻松地阅读和修改参数。

在我们的工作流中，Docker Compose 是一个更适合使用的工具，它同样可以将部署参数进行编码，并且在 YAML 文件中指定，此文件就是 docker-compose.yml。Docker Compose 不仅帮助我们解决了上面提到的难点，而且也可以使我们从社区工作中获益。下面让我们理清部署脚本，并且为我们的 Java 程序示例创建一个 Compose 文件。首先，我们需要基于原来的部署逻辑创建一个 docker-compose.yml 文件：

```
java-service-1:
  image: registry.abc.net/java-service-1:${
VERSION}
  container_name: java-service-1
  expose:
    - 8080
  ports:
    - 8080:8080
```

现在，部署容器只需要在与 docker-compose.yml 文件相同目录下输入命令（docker-compose up），它将根据 compose 文件中设置的参数启动一个容器。在 compose 文件中一个重要的变量是${VERSION}。Docker Compose 可以从当前的 shell 环境中插入 compose 文件里所列出的参数。我们可以通过简单地运行（VERSION=1.0.0 docker-compose up）语句来设置参数。它将从我们的私有镜像仓库挑出标记 1.0.0 的镜像，以此启动 java-service-1 程序。如果没有设置 VERSION 变量，Docker Compose 将产生一条警告信息，并且用空字符串代替变量值，由此，具有最新版本标签的镜像将会被挑出。因此，正确地设置变量是相当重要的。

作为开发过程的一部分，我们希望开发人员能够在本地建立服务，并且测试他们的服务。然而，由于 docker-compose.yml 指向私有镜像仓库的镜像，运行 docker-compose 将从最近构建的镜像中开启服务，而不是从本地资源中开启。理想情况下，开发者可以通过运行以下代码使用典型的 docker-compose 工作流：

```
docker-compose build
docker-compose up
```

Docker Compose 能在不修改 docker-compose.yml 文件的情况下，做到这一点。我们可以使用多个文件来覆盖在本地测试中想要改变的参数。在 docker-compose.override.yml 中，我们指定一个 key，而不是一个镜像，并且移除了对 VERSION 变量的需求。由于这是一个覆盖文件，我们不需要复制任何额外的设置，如端口设置为：

```
java-service-1:
  build: .
```

使用 Docker Compose 而非部署脚本之后，我们可以进行以下操作。

（1）在源代码中存储每个 Compose 文件，这与 Dockerfile 类似。

（2）不再需要复杂的部署脚本。

（3）允许开发人员在本地轻松地测试，并修改应用程序。

现在我们有了 java-service-1 程序的 Compose 文件，我们可以将它从我们的部署脚本中删除，因此文件组织与下面的结构类似：

```
├── java-service-1
│   └── docker
│       ├── Dockerfile
│       ├── docker-compose.yml
│       └── docker-compose.override.yml
├── java-service-2
├── dockerfiles
│   └── java-service-2
│       └── Dockerfile
└── devops
    └── deploy_container.sh
```

此时，我们仍然没有解决存在于镜像构建和部署之间的问题。在 docker-compose.yml 文件中包含了所有的部署逻辑，但是它如何在环境中运行直至结束呢？现在我们在运行与 UNIX 和 TPC socket 相关的 Docker 守护进程，是时候讨论一些与安全有关的问题了。

工程师登录到服务器上，手动运行每个服务器所需容器的部署脚本。默认情况下，当在局部运行 Docker 命令时，它将使用 UNIX socket /var/run/docker.sock 连接 Docker 守护进程；或者让守护进程监听 TCP socket，这允许用户远程连接到每个 Docker 守护进程，使工程师能够像登录到主机一样运行命令。这为连接方式提供了更大的灵活性，但是没有考虑一些开销和安全问题，反而还会带来以下问题：（1）通过网络连接增加了安全隐患；（2）增加了对于基于主机或者基于网络的 ACL 需求；（3）保护守护进程需要分布式 CA 和客户端认证。

另一种可能的方法是不使用基于 UNIX socket 的方式运行 Docker 守护进程，而使用 SSH 来运行命令。已经建立的 ACL 将保护 SSH 端口，并且它只允许通过 SSH 授权的特定用户使用 Docker 守护进程。虽然这不是最简单的方法，但是它有助于保持较低的运行开销，并且使安全隐患降到最低。这点是非常重要的，尤其是对于细粒度的稀疏任务队列而言。

为了有利于通过 SSH 运行 Docker 命令，我们可以使用 Ansible——一个流行的编排和配置管理工具。它是无代理的，并且允许通过 SSH 连接运行"剧本"（服务器任务集合）。一个运行 docker-compose 命令的简单的"剧本"如下所示：

```
hosts: "{{ DESTINATION }}"
  become: true
  tasks:
    - name: login to registry
      shell: >
        docker login -e dev@abc.net -u depl
oy
        -p {{ REGISTRY_PASSWORD }} https://
registry.abc.net

    - name: copy compose file from the loca
l server to the destination
      copy: src={{ COMPOSE_FILE }} dest=/tm
p/docker-compose.yml

    - name: run docker-compose
      shell: docker-compose -f /tmp/docker-
compose.yml up -d
      environment:
        VERSION: {{ VERSION }}

    - name: remove destination compose file
      file: path=/tmp/docker-compose.yml st
ate=absent
```

如果你对 Ansible 没有过多的了解，你也可以通过上面的"剧本"大致了解到我们想做什么。它们按顺序一步步执行，具体步骤如下所示。

1. Ansible 将通过 SSH 连接到目标服务器（允许通过使用 DESTINATION 变量来指定主机）。

2. 在每个服务器中，Ansible 会通过执行 shell 命令登录到公司私有镜像仓库。

3. Ansible 将位于 Jenkins（运行 Ansible 剧本的服务器）中的 docker-compose.yml 文件复制到每个目标服务器中的/tmp/docker-compose.yml 下。

4. 在每个目标服务器中运行 docker-compose 命令。

5. 通过删除远程的/tmp/docker-compose.yml 文件进行清理。

一个 shell 脚本可以被运用在同一个事件中。然而在 Ansible 中，我们将很容易地使任务并行化，并且得到经过良好测试的模块，通过使 Ansible 与新的部署剧本结合，我们可以远程启动容器，与工程师登录到主机、人工运行命令相比，这是一个重大的进步。为了在部署过程和状态中提供更大的可视性，我们将建立 Jenkins 任务来运行 Ansible 代码。通过使用 Jenkins，在未来，我们可以轻松地将构建和部署任务集成起来，从而得到额外的好处。

Jenkins 任务需要两个参数：目标主机（传递给剧本中的 DESTINATION 变量）和部署镜像的版本（在 docker-compose.yml 文件中插入 VERSION 变量）。大多数任务的构建部分是一个 shell 构建器，它将试图找到程序中的 docker-compose.yml 文件，然后通过传递变量（用-e）到"剧本"中，运行 ansible-playbook 命令：

```
if [ -f docker/docker-compose.yml ]; then
  docker_dir=docker
elif [ -f
/opt/abc/dockerfiles/$APPLICATION/docker-
compose.yml ]; then

docker_dir=/opt/abc/dockerfiles/$APPLICATIO
N
else
  echo "No docker-compose.yml found. Can't
continue!"
  exit 1
fi

export REGISTRY_PASSWORD=...

ansible-playbook --limit ${DESTINATION} \
  -e "DESTINATION=${DESTINATION}" \
  -e "VERSION=${VERSION}"
  -e "COMPOSE_FILE=${docker_dir}/docker-
compose.yml" \
  -e
"REGISTRY_PASSWORD=${REGISTRY_PASSWORD}" \
  /ansible/playbooks/deploy-container.yml
```

虽然看起来我们似乎只对工作流做了微小的改变，但是我们正一步一步地向构建一个持续部署模型迈进。部署是可以被审查的。我们使用日志来记录输出什么、何时输出，以及哪些主机是目标主机等信息，这一切都归功于 Jenkins。程序部署逻辑已经从一个单一的脚本分散到存储在程序源代码中的单独的 docker-compose.yml 文件中，这意味着我们可以轻松地通过 Git 更改程序部署逻辑。在程序源文件或者部署文件发生变化时，我们也可以轻松地进行构建和部署。

虽然这些改进解决了某些问题，但是它们所带来的新问题也成为了焦点，例如：（1）哪个容器的哪个版本会被部署到何地？（2）容器在被部署后会处于哪种状态？（3）我们如何确定哪个主机成为程序的目标主机？

下面我们将探讨怎样运行 Rancher 及使用它的原因，尤其是它如何解决上述的问题。与此同时，我们也讨论它在业务和开发团队中所起到的桥梁作用。

三、借力 Rancher 完成容器编排

在上一部分介绍的一系列操作中，也存在一些显而易见的问题需要解决。

（一）使用 Docker-Compose 时面临的挑战

首先，运维人员必须手动调整所有服务的执行计划。部署人员需要决定将哪一个应用部署至哪一台主机，这意味着部署人员需要时刻了解每一台主机的剩余可用资源，如果某一台主机或者容器崩溃了，部署的操作人员将需要对应用进行重新部署。实际生产中，这意味着主机常常处于负载失衡的状态，并且服务在崩溃之后需要很长时间才能得到恢复。

其次，使用 Docker-Compose 时，想要获得你的服务的当前状态是十分困难的。举个例子来说，我们经常会从运维人员、项目经理及开发者口中听到这样的问题："现在部署环境中运行的到底是××应用程序的哪个版本？"如果我们采用的是手动调整服务的执行计划的方式，想要得到这个问题的答案通常需要询问进行操作的工程师，工程师需要登录服务器，运行 Docker 中的 ps 命令来查看容器的信息。对这些问题，Rancher 将会给我们提供极大的便利：每个人都可以非常容易地获取已经部署的服务的信息，而不需要临时请求运维人员的帮助。

使用 Rancher 之前，我们试着了解过不少其他能够管理 Docker 主机或集群的解决方案。然而，这些解决方案都没有注意到这是对 Docker 主机或集群在多种环境（multi-environment）下的管理，这将成为其中一个最大的麻烦与负担。如果有服务以不同的负载运行在 8 种不同的环境下，我们需要的是一个统一的方式来管理集群，而不是想要访问 8 个不同的服务。并且，我们希望让重新构建环境对于我们而言，变成分分钟就能完成的任务，这样开发者就可以随意地更改开发环境。然而，对于生产环境而言，我们希望提供给他们的只是有限的只读访问权限。面对这样的需求，一个采用基于角色的访问控制（RBAC）模型的集中管理方案就显得十分必要了。我们最初决定尝试 Rancher 就是因为它的部署非常简单。

（二）Rancher 面临的挑战

在短短半天的时间里，我们就用 Rancher 部署好并成功运行 AWS ELB、ElastiCache、RDS 和现有的 Docker 主机，我们已经将 Rancher 部署好并成功运行。能够方便地配置认证信息也是 Rancher 的优点之一。

我们并不会深入介绍 Rancher 本身部署的细节，Rancher 部署文档中已经说得很明白了，可参见网址 http://rancher.com/docs/rancher/v1.6/en/installing-rancher/installing-server/。相反，我们将从刚刚完成初始设置那一步开始，说明如何将原有的设置（本小节第一部分和第二部分所提及的）迁移进来。

就从创建不同的环境开始吧。为了使这个过程尽量简单些，我们将对开发环境（dev）、部署环境（stage）及生产环境（prod）分别进行设置。每个环境都已有运行在 Ubuntu 之上的 Docker 主机，并且这些 Docker 主机是由内部的 Ansible 配置的。Ansible 安装了 Docker、监控代理，并进行了一些组织特定的更改。在 Rancher 上，你只需要运行一条命令，将 Docker 主机在 Rancher Server 内部进行注册，就可以将已有的 Docker 主机添加至相应环境中。

1. 添加一台 Rancher 主机。

在大多数情况下，想要添加一台主机，需要经过以下一系列操作：通过鼠标在网页上

单击，接下来切换至某个特定的环境，最后在终端系统上输入命令。然而，如果你使用 Rancher API，可以在 Ansible 工具的帮助下使得这一系列的操作转化为完全自动化的设置。出于好奇，下面我们截取了 playbook 中有关这一操作的部分内容（大多是根据 Hussein Galas 的 repo 中的内容做出逻辑上的修改而得到的，可参见网址 https://github.com/galal-hussein/Rancher-Agent-Ansible/blob/master/tasks/main.yml）。

```
name: install dependencies for uri module
  apt: name=python-httplib2 update_cache=yes
name: check if the rancher-agent is running
  command: docker ps -filter 'name=rancher-agent'
  register: containers
name: get registration command from rancher
  uri:
    method: GET
    user: "{{ RANCHER_API_KEY }}"
    password: "{{ RANCHER_SECRET_KEY }}"
    force_basic_auth: yes
    status_code: 200
    url: "https://rancher.abc.net/v1/projects/{{ RANCHER_PROJECT_ID }}/
registrationtokens"
    return_content: yes
    validate_certs: yes
  register: rancher_token_url
  when: "'rancher-agent' not in containers.stdout"
name: register the host machine with rancher
  shell: >
    docker run -d -privileged
    -v /var/run/docker.sock:/var/run/docker.sock
    {{ rancher_token_url.json['data'][0]['image'] }}
    {{ rancher_token_url.json['data'][0]['command'].split() | last}}
  when: "'rancher-agent' not in containers.stdout"
```

随着工作被一步步推进，我们已经完成了环境的创建，并已经将主机在 Rancher Server 中注册，现在就让我们来了解一下，如何将部署工作流整合至 Rancher 中。我们知道，对于每一台 Docker 来说，其中都有一些正在运行的容器，这些系统的部署是通过 Ansible 工具借助 Jenkins 完成的。Rancher 提供了以下开箱即用的功能。

（1）管理已有的容器（比如：启动、修改、查看日志、启动一个交互式的 shell）。

（2）获得关于运行中的和停止运行的容器信息（比如：镜像信息、初始化命令信息、命令信息，端口映射信息及环境变量信息）。

（3）查看主机和容器层级上的资源使用情况（比如：CPU 使用率、内存占用率，以及磁盘和网络的使用情况）。

2. 独立的容器。

我们可以很快地将 Docker 主机注册至 Rancher Server 中，现在我们可以查看容器在各种环境下的运行状态信息了。不仅如此，如果想要将这些信息分享给其他团队，我们仅仅需要针对环境给予有限的权限。通过以上方式，在想要获得状态信息时，我们就完全没有必要请求操作人员登录 Docker 主机，再通过人工的方式去查询，同时这也减少了申请获得环境信息的请求数目，因为我们已经将某些访问权限分配至各个团队了。举个例子来说，如果为开发团队分配环境信息的只读权限，那么将会在开发团队与部署操作团队之间架起一座沟通的桥梁，这样两个团队都会对这个环境的状态比以往更加关心。在这个基础上，故障的排除也变成了一种小组间相互合作的过程，而不是以往那种单向的、依赖同步信息流的解决方式，而相互合作的方式也会减少解决突发事件的总时间。

到现在为止，我们已经将已有的 Docker 主机加入 Rancher Server，关于 Jenkins 和 Rancher 的内容，可参见网址 http://rancher.com/docker-based-build-pipelines-part-1-continuous-integration-and-testing/。下一步，我们打算改进的部分是已有的部署流水线，我们将会对已有的部署流水线进行修改，以便于使用 Rancher Compose。Rancher Compose 将代替之前 Ansible 工具提到的 Docker Compose。不过在我们深入介绍下一部分之前，我们首先需要了解 Rancher 的应用与服务、调度、Docker Compose 和 Rancher Compose 的相关信息。

应用与服务：Rancher 将每个独立的容器（指的是部署在 Rancher 之外的容器，或者是通过 Rancher UI 生成的一次性功能的容器）、应用和服务彼此分离开。简单地说，应用是一组服务，而所有容器都需要利用服务（关于应用和服务的内容之后将会有更加详细的介绍）以构建一个应用。独立的容器需要手动进行调度。

调度：在之前的部署技术中，运维人员需要决定容器应当在哪一台主机上运行。如果使用的是部署脚本，那么意味着运维人员需要决定部署脚本在哪一台或哪几台主机上运行。如果使用 Ansible，这将意味着运维人员需要决定哪些主机或组需要到 Jenkins 中工作。无论是哪一种方式，都需要运维人员去做一些决定，但是在大多数情况下，他们做出的决定都缺乏一些可靠的依据，这对我们的部署工作很不利（比如说某一台主机的 CPU 使用率高达 100%）。很多解决方案，比如像 Docker Swarm、Kubernetes、Mesos 和 Rancher 都采用了调度器来解决这类问题。对于需要执行的某个操作，调度器将会请求获得一组主机的信息，并判断出哪几台主机是适合执行这个操作的。调度器会根据默认的需求设定或者用户定义的特定需求，比如 CPU 使用率高低、亲和性或反亲和性规则（比如禁止在同一台主机上部署两个相同容器）等类似的需求，逐渐缩小主机选择的范围。对负责部署的运维人员来说，调度器将会减轻工作负担（减少深夜加班忙于部署的概率），因为调度器对以上信息的计算比运维人员快得多，也准得多。Rancher 在通过应用部署服务的时候提供了一个开箱即用调度器。

Docker Compose：Rancher 使用 Docker Compose 来创建应用，并定义服务。由于我们已经将服务转化为 Docker Compose 文件，在此基础上创建应用就变得容易了许多。应用可以手动从 UI 界面中创建，也可以通过 Rancher Compose 在命令行（CLI）快速创建。

Rancher Compose：Rancher Compose 是一种通过命令行（CLI）让我们可以对 Rancher 中的每一种环境的应用和服务进行方便管理的工具。同时，通过 rancher-compse.yml 文件，Rancher Compose 还能允许对 Rancher 工具进行其他访问。这是一个纯粹的附加的文件，并不会取代原有的 docker-compose.yml 文件。在 rancher-compose.yml 文件中，你可以定义以下内容，比如，每种服务的升级策略信息，每种服务的健康检查信息，每种服务的需求规模信息，这些都是 Rancher 中非常实用的亮点。如果你使用 Docker Compose 或者 Docker daemon，这些内容都是获取不到的。如果想要查看 Rancher Compose 能提供的所有特性，可以参阅 http://rancher.com/docs/rancher/v1.6/en/cattle/rancher-compose/文档。

通过将已有的部署工作交给 Rancher Compose 来替代之前的 Ansible 工具，我们能够很轻松地将服务迁移并部署为 Rancher 应用的形式。之后，我们就能够去除 DESTINATION 参数了，但我们依然保留 VERSION 参数，因为我们在插入 docker-compose.uml 文件的时候还要使用它。以下是使用 Jenkins 部署时，部署逻辑的 shell 片段：

```
export RANCHER_URL=http://rancher.abc.net/
export RANCHER_ACCESS_KEY=…
export RANCHER_SECRET_KEY=…
if [ -f docker/docker-compose.yml ]; then
  docker_dir=docker
elif [ -f /opt/abc/dockerfiles/java-service-1/docker-compose.yml ]; then
  docker_dir=/opt/abc/dockerfiles/java-service-1
else
  echo "No docker-compose.yml found. Can't continue!"
  exit 1
fi
if ! [ -f ${docker_dir}/rancher-compose.yml ]; then
  echo "No rancher-compose.yml found. Can't continue!"
  exit 1
fi
/usr/local/bin/rancher-compose -verbose \
  -f ${docker_dir}/docker-compose.yml \
  -r ${docker_dir}/rancher-compose.yml \
  up -d -upgrade
```

阅读完以上代码段，我们可以发现其包括以下主要内容。

（1）定义了以环境变量的方式如何访问 Rancher server。

（2）需要找到 docker-compose.yml 文件，否则任务将会报错退出。

（3）需要找到 rancher-compose.yml 文件，否则任务将会报错退出。

（4）运行 Rancher Compose，并告诉它不要 block，并且使用-d 命令输出日志，使用-upgrade 命令更新一个已经存在的服务。

也许你已经发现了，绝大部分代码的逻辑都是相同的，而它们之间最大的区别就是使用 Rancher Compose 代替 Ansible 工具完成部署，并对每一个服务添加了 rancher-compose.yml 文件。具体到 java-service-1 应用，docker-compose 文件和 rancher-compose 文件如下所示。

```
docker-compose.yml
java-service-1:
image: registry.abc.net/java-service-1:${VERSION}
container_name: java-service-1
expose:
- 8080
ports:
- 8080:8080
rancher-compose.yml
java-service-1:
scale: 3
```

回顾一下部署工作的流程，主要有以下步骤。

（1）开发人员将代码的修改推送至 Git 上。

（2）使用 Jenkins 对代码进行单元测试，在测试工作结束之后触发下游工作。

（3）下游工作采用新的代码构建一个 Docker 镜像，并将其推送至 Docker 镜像仓库中。

（4）创建包含应用名、版本号、部署环境的 deployment ticket，即

DEPLOY-111:

　　App: JavaService1，branch"release/1.0.1"

　　Environment: Production

（5）部署工程师针对应用运行 Jenkins 部署工作，运行时需要输入版本号参数。

（6）Rancher Compose 开始运行，对于某个环境创建或更新应用，并且达到所需规模时，结束这项工作。

（7）部署工程师及开发工程师分别手动地对服务进行校验。

（8）部署工程师在 Rancher UI 中确认完成升级。

（三）关键点

使用 Rancher 进行服务部署时，我们从 Rancher 内建的调度、弹性伸缩、还原、升级和回滚等工具中获得了便利，因此我们在部署过程中没有花太大的力气。同时我们发现，将部署工作从 Ansible 工具迁移至 Rancher 的工作量很小，仅仅需要在原有基础上增加 rancher-compose.yml 文件。然而，使用 Rancher 来处理容器的调度意味着我们将难以确认应用到底是在哪台主机上运行的。比方说，之前我们并没有决定 java-service-1 应用在哪里运行，对于后端，在进行负载均衡相关操作时，该应用就没有一个静态的 IP。我们需要找到一种解决办法，使我们的各种应用之间能够相互察觉。最终，对于 java-service-1 应用，我们将明确地将应用容器所在的 Docker 主机的 8080 端口与应用绑定，不过，如果有其他服务与应用绑定为相同的端口，将会导致启动失败。通常负责调度决策的工程师会对以上事务进行处理。但是，我们最好将这些信息通知调度器以避免这样的事情发生。

最后，我们将继续探索一些方案来解决在使用亲和性规则、主机标签、服务探索及智能升级和回滚等特性时出现的问题。

四、如何用 Rancher 实现 Consul 的服务发现

我们将探讨在转换到 Rancher 进行集群调度时面临的一些挑战，还将讨论如何使用标签来操作调度程序，以调整容器放置的位置，并避免端口绑定冲突。最后，我们将通过利用 Rancher 的回滚功能优化升级过程。

在引入 Rancher 之前，我们的环境是一个静态环境。我们总是将容器部署到相同的主机上，而部署到不同的主机则意味着我们需要更新一些配置文件以反映新位置。例如，如果我们要添加 java-service-1 应用程序的一个附加实例，需要更新 Load Balancer 以指向附加实例的 IP。使用调度器让我们无法预测容器部署的位置，并且我们需要动态配置环境，使其能自动适应变化。为此，我们需要使用服务注册和服务发现。

服务注册表为我们提供了应用程序在环境中位置的线索。与硬编码服务位置不同，应用程序可以通过 API 查询服务注册表，并在我们的环境发生变化时自动重新配置。Rancher

使用 Rancher 的 DNS 和元数据服务提供了开箱即用的服务发现。然而，混合使用 Docker 和非 Docker 应用程序时，我们不能完全依赖 Rancher 来处理服务发现。我们需要一个独立的工具来跟踪所有服务的位置，Consul 就满足这个需求。

我们不会详细说明如何在环境中设置 Consul，但是，我们将简要描述我们在 ABC 公司使用 Consul 的方式。在每个环境中，都有一个部署为容器的 Consul 集群。我们在环境中的每个主机上都部署一个 Consul 代理，如果主机正在运行 Docker，我们还会部署一个注册器容器。注册器监视每个守护进程的 Docker 事件 API，并在生命周期事件期间自动更新 Consul。例如，在新容器被部署后，注册器会自动在 Consul 中注册该服务；当容器被删除时，注册器撤销它的注册。

（一）Consul 服务列表

在 Consul 中注册所有服务后，我们可以在负载均衡器中运行 consul-template，根据 Consul 中存储的服务数据动态填充上游列表。对于 nginx 负载均衡器，我们可以创建一个模板来填充 java-service-1 应用程序的后端。

```
# upstreams.conf
upstream java-service-1 {
{{range _, $element := service "java-service-1"}}
      server {{.Address}}:{{.Port}};
{{else}}
      server 127.0.0.1:65535; # force a 502{{end}} }
```

此模板在 Consul 中查找注册为 java-service-1 服务的列表。然后它将循环该列表，添加具有该特定应用程序实例的 IP 地址和端口的服务线。如果在 Consul 中没有注册任何 java-service-1 应用程序，我们默认抛出 502 以避免 nginx 中的错误。

我们可以在守护进程模式下运行 consul-template，使其监控 Consul 的更改，在发生更改时重新渲染模板，然后重新加载 nginx 以应用新配置。

```
TEMPLATE_FILE=/etc/nginx/upstreams.conf.tmpl
RELOAD_CMD=/usr/sbin/nginx -s reload
consul-template -consul consul.stage.abc.net:8500 \
      -template "${TEMPLATE_FILE}:${TEMPLATE_FILE//.tmpl/}:${RELOAD_CMD}"
```

通过使用负载均衡器设置动态地改变环境，我们可以完全依赖 Rancher 调度器做出服务应该在哪里运行等复杂的决定。但是，java-service-1 应用程序在 Docker 主机上绑定 TCP 端口 8080，如果在同一主机上调了多个应用程序容器，则会导致端口绑定冲突，并最终失败。为了避免这种情况，我们可以通过调度规则来操作调度器。

通过在 docker-compose.yml 文件中使用容器标签来提出条件，是 Rancher 提供给客户的一种操作调度器的方法。这些条件可以包括亲和规则、否定、至"软"强制（意味着尽可能地避免）。在使用 java-service-1 应用程序的情况下，我们知道在给定时间只有一个容器可以在主机上运行，因此我们可以基于容器名称设置反关联性规则。这将使调度程序查找一个未运行名称为 java-service-1 的容器的 Docker 主机。docker-compose.yml 文件看起来像下面这样：

```
java-service-1:
    image: registry.abc.net/java-service-1:${VERSION}
```

```
container_name: java-service-1
ports:
    - 8080:8080
labels:
    io.rancher.scheduler.affinity:container_label_ne:
io.rancher.stack_service.name=java-service-1
```

注意: "标签"键的引入。所有调度规则都作为标签被添加。标签可以被添加到 Docker 主机和容器。当我们在 Rancher 注册主机时，可以将它们与标签关联，以后就可以切断调度部署。例如，如果我们有一组使用 SSD 驱动器进行存储优化的 Docker 主机，可以添加主机标签 storage=ssd。

（二）Rancher 主机标签

需要利用优化存储主机的容器添加标签来强制调度程序仅在匹配的主机上部署它们。更新 java-service-1 应用程序，以便只部署在存储优化的主机上：

```
java-service-1:
    image: registry.abc.net/java-service-1:${VERSION}
    container_name: java-service-1
    ports:
        - 8080:8080
    labels:
        io.rancher.scheduler.affinity:container_label_ne:
io.rancher.stack_service.name=java-service-1
        io.rancher.scheduler.affinity:host_label: storage=ssd
```

通过使用标签，可以根据所需容量，而不是个别主机运行特定的容器集，来精细地调整我们的应用程序部署。切换到 Rancher 进行集群调度，即使仍然有必须在特定主机上运行的应用程序。

最后，可以利用 Rancher 的回滚功能优化服务升级。在部署工作流中，通过调用 Rancher Compose 来指示 Rancher 在该服务堆栈上执行升级以部署服务。升级过程大致如下。

（1）通过拉取一个新的镜像来启动升级。

（2）停止现有容器，启动新容器。

（3）部署程序登录到 UI，并选择"完成升级"。

（4）删除已停止的旧服务容器。

（三）Rancher 升级

当给定服务的部署非常少时，上述工作流就可以了。但是，当某个服务处于"升级"状态（在部署者选择"完成升级"之前）时，在执行"完成升级"或是"回滚"操作之前，都不能对它进行任何新的升级。Rancher Compose 实用程序让我们可以选择以编程方式选择要执行的操作，以部署程序者的身份执行操作。例如，如果你对服务进行自动测试，则可以在 Rancher Compose 升级返回后调用此类测试。根据这些测试的状态，Rancher Compose 可以被再次调用，告诉堆栈"完成升级"或"回滚"。部署 Jenkins 作业的一个原始示例如下。

```
# for the full job, see part 3 of this series
/usr/local/bin/rancher-compose --verbose \
    -f ${docker_dir}/docker-compose.yml \
```

```
        -r ${docker_dir}/rancher-compose.yml \
        up -d --upgrade
JAVA_SERVICE_1_URL=http://java-service-1.stage.abc.net:8080/api/v1/st
atus

if curl -s ${JAVA_SERVICE_1_URL} | grep -q "OK"; then

# looks good, confirm or "finish" the upgrade
    /usr/local/bin/rancher-compose --verbose \
        -f ${docker_dir}/docker-compose.yml \
        -r ${docker_dir}/rancher-compose.yml \
        up --confirm-upgrade
else
    # looks like there's an error, rollback the containers
    # to the previously deployed version
    /usr/local/bin/rancher-compose --verbose \
      -f ${docker_dir}/docker-compose.yml \
      -r ${docker_dir}/rancher-compose.yml \
      up --rollback
fi
```

这个逻辑将调用我们的应用程序端点来执行简单的状态检查。如果输出显示的是"OK"，那么表示升级完成，否则我们需要回滚到以前部署的版本。如果你没有自动测试，另一个选择是完成或"确认"升级。

```
# for the full job, see part 3 of this series
/usr/local/bin/rancher-compose --verbose \
    -f ${docker_dir}/docker-compose.yml \
    -r ${docker_dir}/rancher-compose.yml \
    up -d --upgrade --confirm-upgrade
```

如果你确定需要回滚，就使用相同的部署作业简单地重新部署以前的版本。这确实不像Rancher 的升级和回滚功能那么好用，但它通过使堆栈不处于"升级"的状态来解锁将来的升级。当服务在 Rancher 中回滚时，容器将被重新部署到以前的版本。当使用通用标记如"latest"或"master"部署服务时，可能会出现意外的后果。例如，假设 java-service-1 应用程序以前被部署了标签"latest"。对图像进行更改，推送到注册表，Docker 标签"latest"被更新为指向此新镜像，使用标签"latest"继续升级，在测试后决定应用程序需要回滚。使用Rancher 滚动堆栈仍然会重新部署最新的镜像，因为标签"latest"尚未被更新为指向上一个镜像。回滚可以在纯技术术语中实现，但是无法实现部署最近的工作副本的预期效果。在ABC 公司，我们通过始终使用与应用程序版本相关的特定标记来避免这种情况。因此，不要使用标记"latest"部署 java-service-1 应用程序，我们可以使用版本标签 1.0.1-22-7e56158。这保证回滚将始终指向我们的应用程序在环境中的最新工作部署。

希望我们分享的经验对读者有所帮助。这有助于我们采用 Docker，稳步改进流程，并让我们的团队能熟悉如何对更自动化的部署工作流进行持续改进，使组织能够更快地实现自动化，部署团队可以在流水线中更轻松。我们的经历证明 Rancher 在可行性、自动化，甚至团队协作方面都是成功的。我们希望分享在 Docker 应用过程中获得的经验和教训，帮助读者提高效率。

2.7　如何利用 Docker 构建基于 DevOps 的全自动 CI

郑伟漪

一、容器服务的 Rancher 选型

（一）什么是下一代核心技术

说起互联网的多次变革，从早期的 C/S 架构，到后来的 B/S 架构，一直到现在最普通的 M/S 架构，背后都是技术不断的优化改进，以适应和促进 IT 技术的发展。就整体而言，在过去 10 年间，互联网技术可以说是以手工制造方式为主，类似于传统销售、设计、制作，然后打包销售。每个环节都需要大量的人员来操作，也需要不断有人接班学习。而未来 10 年将会是以流水线方式为主，其主要原因是互联网、云计算技术的高速发展及可持续快速交付的业务需求，与 DevOps 将完美契合。开发运维一体化确切地说是一种方式，而这种方式需要全新的技术来支撑，我们将其称为下一代核心技术。

（二）传统技术与下一代核心技术区别

传统的技术主要存在的问题是高耦合，其耦合存在于服务器、硬件存储、内外网之间（网络通信），存在于应用程序、代码、业务模块之间。虽然经过近几年的发展，在不断去耦合化的大趋势下，已经尽可能地将这几大块之间进行低耦合处理，但是由于传统技术的限制，无法从根本上解决这些问题。例如，最常用的程序连接数据库，传统的方式多将数据库连接字符串写到程序的配置文件里，导致其连接数据库 IP 不能变，多节点部署程序需要手动修改数据库连接字符串，非常麻烦。随着技术的发展和优化，有经验的研发人员会将数据库连接放到 JNDI 里面（如 Tomcat），由中间件管理，这样将程序和数据库之间进行解耦。这也是传统技术架构常用的做法。但是对于多节点的部署变更，需要改变多个节点 Tomcat 的 JNDI 配置，还是存在易用性、可维护性、可靠性方面的问题。当然也有高级别的中间件能集中解决这些问题，如 WebSphere 的集群管理。但这都属于为了解决问题而解决问题，受限于传统技术，无法从根本上解决各个组件、软硬件之间的耦合问题，而且需要商业付费，非常贵。

下一代核心技术，受益于云计算、微服务、容器服务的高速发展，采取 DevOps 的模式进行整合，实现硬件服务器、存储、网络、软件程序、代码之间的全低耦合，甚至 0 耦合，这将大大提高产品交付能力，降低运维成本，实现互联网产品的快速迭代。

（三）容器服务的 Rancher 选型

我之前的文章已经对微服务进行了基本分析，本章节及后续章节会陆续对云计算的分析应用和容器服务的分析应用进行逐一的讲解。微服务主要是对软件代码层进行解耦，云计算主要从硬件支撑层进行解耦，而容器服务主要从应用层面进行解耦。容器服务的飞速发展，主要是 Docker 的巨大功劳，将传统的虚拟化技术带到一个全新的层面。Docker 的优

势在此不详述，主要是其原生的管理基于命令行，简单应用。但是在 DevOps 模式下就需要有一整套的规范接口来统一管理流水线。对于 Docker 容器的管理系统目前比较流行的有几个：Kubernetes、Rancher、Shipyard 等，其他还有一些不是很有名的在此不多做列举了，其对比见表 2-2。

表 2-2　Docker 容器几类管理系统对比

内容	原生	Kubernetes	Rancher	Shipyard
管理端及易用性	Docker EE（易用性★★★）	Kubernetes 管理（易用性★★）	Rancher（易用性★★★★★）	（易用性★★★★）
引擎/编排工具	Swarm	Kubernetes	Cattle,Swarm,Kubernetes,Mesos,Windows	无
多主（集群）	支持	支持	支持	不支持
资源看板	★★★	★★	☆	★★★★
DevOps 集成	不支持	插件支持	插件支持、原生支持	不支持
插件	★	★★★	★★★★	不支持

经过对比试用选型，在容器管理方面考虑易用性，包括跨主机通信的管理、DevOps 支持力度等方面，Rancher 优势凸出。Rancher 目前在开源社区非常火爆，支持众多的编排引擎，可以从 https://github.com/rancher/rancher 下载试用。

二、Rancher 的应用及优点简介

（一）环境选择

安装 Rancher 一定要在干净的 Linux 主机上进行，避免出现因配置导致莫名其妙的问题，如图 2-15 所示。服务器操作系统建议 CentOS7.4（内核 3.10 以上），低于这个版本的系统，如 7.3 或 7.2 会报一个小 bug，不过不影响使用，再低内核的版本就不要用了，很多都不支持 Rancher 的安装。

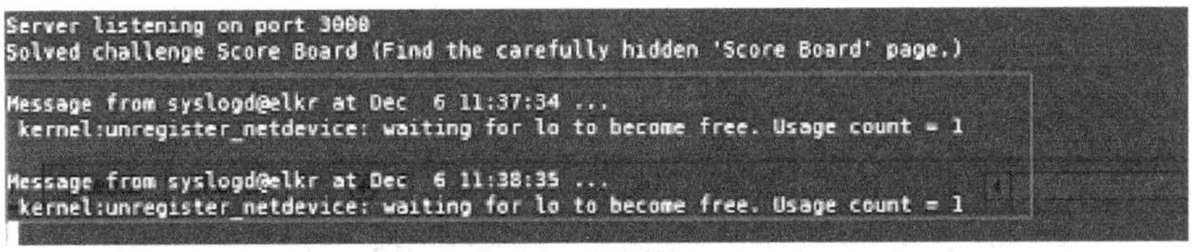

图 2-15　配置问题示例

生产环境建议采用阿里云 Rancher（1 核 2GB 以上的配置，若要保证运行稳定，建议配置至少 2 核 4GB），宿主机（1 核 2GB 以上的配置），弹性公网 EIP+专有网络测试，私有环境建议采用 Rancher（1 核 2GB 以上的配置），宿主机（1 核 2GB 以上的配置）、虚拟机（Hyper-V、VMware）＋ 同一内网可通信 Rancher 1.6.12，调度引擎选择 Cattle。Rancher 2.0 调度引擎默认使用 Kubernetes，当前还是测试版，官方不建议在生产环境中使用。

（二）环境配置（参见表 2-3）

表 2-3　环境配置

主机名	管理端 mgr01（需设置静态 IP）	宿主机 ws01 依次增加
防火墙	systemctl stop firewalld	systemctl disable firewalld
IPv6	禁用，最好内核禁用	

（三）安装 Docker

以 root 用户身份执行。

curl https://releases.rancher.com/install-docker/17.06.sh | sh

配置加速器。

mkdir -p /etc/docker

　　vi /etc/docker/daemon.json

　　填写：{

　　　　　　"registry- mirrors": ["https://3kirlosr.mirror.aliyuncs.com"] # (此处是我的专属加速器，可填写公共加速器或者自行注册)

　　　　　　}

重启 Docker 服务。

sudo systemctl daemon-reload

　　sudo systemctl restart docker

（四）安装 Rancher 管理端

登录服务器 mgr01，如图 2-16 所示。

```
[root@mgr01 ~]# docker run -d --name rancher -v /etc/localtime:/etc/localtime -v /opt/rancher/mysql:/var/lib/mysql --restart=unless-sto
pped -p 8888:8080 rancher/server
```

图 2-16　登录服务器 mgr01

运行完后，就可以通过 IP:8888 来访问 Rancher 的管理台了，接下来我们就可以单击"添加主机"来添加各个宿主机了，如图 2-17 所示。

图 2-17　Rancher 管理台

（五）添加宿主机（参见图 2-18）

图 2-18　添加宿主机

依次登录各个宿主机，执行相应脚本即可。

如果需要把 mgr01 加为宿主机，那么需要在图 2-18 所示步骤 4 里面填写 mgr01 和 ws 之间互通的内网 IP 地址，建议不要添加 mgr 为宿主机，方便后续做 mgr 集群高可用。

（六）添加好的界面参见图 2-19

图 2-19　添加好的界面图例

Rancher 有很多好玩、强大的功能，后续我们会逐一介绍。

三、使用阿里云 Git 管理私有代码库

（一）简介

使用 DevOps 肯定离不开和代码的集成。所以，要想跑通整套流程，代码库的选型也是非常重要的，否则无法实现持续集成。目前比较常用的代码管理工具有 SVN 和 Git，如果还使用 SVN，建议尽早迁移到 Git 上，不然后续对代码的管理会很费劲。例如，SVN 软件不支持 Webhook 等。

（二）Git 选型

可以采用公网的 GitHub，这是用得最多的，但是免费账号缺少很多功能，收费版功能虽更全面，但需要考虑公司的预算。

免费版需要自行架设，Gitlab CE 和 Bitbucket 都可以。当然这需要维护人员和设备，从而导致增加成本。如果你既不愿意花钱，又想要好用的，就只能选型国内一些公司的 Git 服务了。考虑代码可靠性，服务器稳定性，功能扩展性，我们选择使用阿里云的 Git 库。其优点主要为速度快，不限空间，不限项目数，可以和阿里的相关产品无缝集成。

（三）注册使用

打开网址 https://code.aliyun.com 自行注册即可，如图 2-20 所示。使用方法就不说了，和 GitHub 一模一样。性能、稳定性都比较好。最重要的是在国内，速度非常快。

图 2-20　注册界面

（四）代码管理

通过开发 IDE 工具，把应用代码放到 Git 库里，如图 2-21 所示。

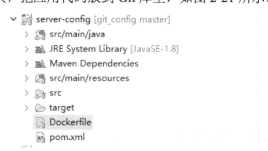

图 2-21　通过开发 IDE 工具，把应用代码放到 Git 库里

（五）代码库管理

这时候就可以看到 Git 服务端已经可以做代码库管理了，如图 2-22 所示。

图 2-22　Git 服务端图示

四、私有镜像库使用阿里云 Docker 服务

（一）阿里云镜像库的优点

使用阿里云镜像库有以下优点。

1. 稳定可靠，阿里技术，放心使用。
2. 国内 CDN 多节点加速，下载速度非常快。
3. 可以和阿里云 Git 代码集成，不需要第三方 CI 工具。
4. 国内专属加速器，专属通道，国外需要 FQ 下载的镜像，统统可以搞定。
5. 阿里云端构建，不需要占用本地资源，全球网络直达。
6. 免费，不限空间。

（二）注册使用

打开网址 https://dev.aliyun.com 即可注册使用，有阿里云账号可以直接登录使用，如图 2-23 所示。

图 2-23　注册使用网页

（三）配置加速器

登录 Rancher 服务器 mgr 和 ws 节点，依次执行下列配置，配置上 Docker 加速器，如图 2-24 所示。

图 2-24 配置 Docker 加速器

这时候你就有了自己的私有镜像库，可以使用 Docker 标准的 pull、push 等进行镜像推拉操作。

五、微服务 CI 与 Rancher 持续集成

（一）简介

DevOps 的核心魅力是快速地持续集成交付，降低研发和实施运维之间的交互，使得传统的各种问题统统消失，最重要的是可以降低成本，保障产品交付可靠性。

使用 Rancher 作为持续集成的关键环节，统一部署微服务和云计算，使得产品从研发到上线流水线操作的过程都能提高生产效率，此处写的是微服务而不是传统的程序，是因为微服务和容器服务、云计算是完美结合的三大核心模块，也是互联网下一代核心技术 DevOps 的三大核心支柱。而传统程序，由于在微服务架构方面转型较慢或者生态链较弱，无法完美进行 DevOps。

（二）集成说明

本例集成代码采用 Java 微服务项目，可抛弃第三方集成组件如 Jenkins，简单高效地实现提交代码,即生产发布的全自动流程（Code->Git repository->Docker repository-> Rancher->Server）。

（三）配置自动 CI

登录阿里云镜像库 https://dev.aliyun.com，选择镜像仓库列表，如"华南 1"。单击"创建镜像仓库"，如图 2-25 所示。

图 2-25　镜像仓库列表

如图 2-26 所示，需要以下输入。

创建：命名空间。

仓库名称：项目名称。

源代码选择：阿里云 Code 或者其他 Git 源。

勾选：代码变更时自动构建镜像。

路径：代码里 Dockerfile 文件的全路径。

标签：latest 或者自定义版本号。

然后，单击创建镜像仓库。

只要提交代码上来，服务器就会自动根据要求构建 image 镜像。

图 2-26　创建镜像仓库步骤

（四）配置镜像自动构建

单击刚创建的 server-config 库，如图 2-27 所示，管理并记录镜像库的地址，因为需要在接下来的 Rancher 中进行配置。

图 2-27　server-config 库

进入 Rancher 管理后台，单击基础架构、镜像库和添加按钮，添加成功后，Rancher 就可以下载和部署私有镜像，如图 2-28 所示。

图 2-28　Rancher 管理后台界面

接下来进入 Rancher 管理后台，单击 API 和 Webhook，添加一条接收器，如图 2-29 所示。

名称：任意。

类型：升级服务。

参数格式：阿里云。

标签：latest。

选择器标签：update=server-config。

然后单击创建按钮，复制保存触发地址。

名称*

config-update

类型

升级服务

镜像仓库Webhook参数格式

阿里云

镜像标签*

latest

仅当镜像库中对应标签的镜像更新时才会触发服务更新

服务选择器*

(+) 添加选择器标签

键　　　　　　　　　　　　　　　值

update　　　　　　　=　　　server-config

高级技巧: 在键(Key)插入栏中粘贴一行或多行的key=value键值对能够批量输入。

图 2-29　添加接收器界面

再次进入阿里云 Docker 管理服务后台，可以看到镜像已经构建完毕，如图 2-30 所示。

图 2-30　构建完毕的镜像

单击 Webhook，新增一条记录，如图 2-31 所示。

名称：任意。

URL：刚才 Rancher 里面配置的触发地址。

标签：latest。

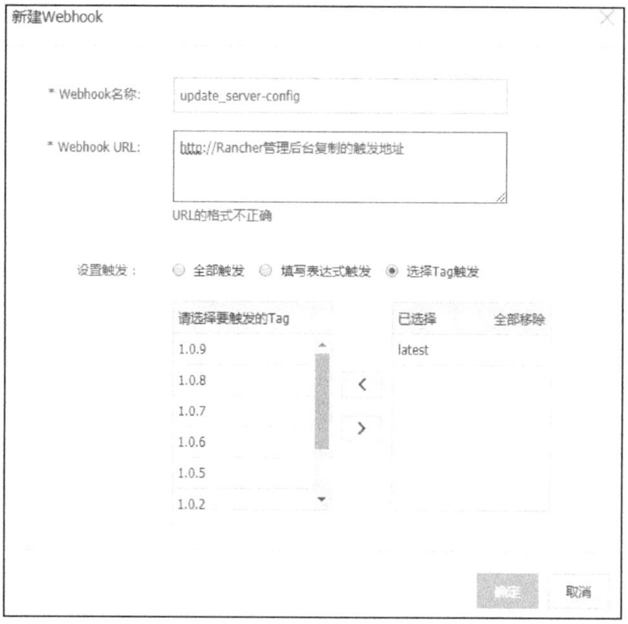

图 2-31　添加记录界面

登录 Rancher 管理后台，部署应用。

新建服务。

镜像：刚建立的镜像名称。

标签：update=server-config。

完成后，Rancher 自动拉取镜像库的镜像并开始部署，如图 2-32 所示。

图 2-32　部署应用界面

（五）自动集成，升级

提交代码，查看镜像自动构建过程。完成后，查看 Rancher 的服务 server-config 自动升级。

至此，基于 DevOps 的全自动 CI/CD 发布已经实现，并且不用配置 Jenkins 等复杂的集成组件。最重要的是，不需要自己的服务器，可以免费使用。

这种集成适合于团队内部进行了相关测试，最终交付的代码已经是稳定可靠版、直接上生产的情况。其实这也是大多数中小型公司普遍使用的方式，属于半自动化，方便、灵活可控，可随时中断某个环节。

另外一种方式是全部使用全自动化集成测试，同时包括自动化团队沟通、同时多镜像库发布、自定义动作等。这对公司 IT 能力水平要求较高，需要使用 Pipeline Jenkins 流水线发布。这个会在随后的内容中给大家介绍。

六、Rancher 集中存储及相关应用

（一）简介

为什么要使用集中存储？使用集中存储有一个很大的优势是数据安全和统一管理，能够和集群完美配合。产品集成存储经历了以下几个阶段。

1. 单机本机存储。系统使用本地硬盘存储。

2. 单网络集中存储。局域网主机使用同一网络内的磁盘阵列存储单元。

3. 分布式集群本地存储。集群节点使用本地硬盘存储。

4. 分布式集群集中存储。集群节点使用集中存储（其背后可以是单一存储，也可以是分布式存储，集中存储相当于一个代理入口）。

其中，云计算使用的最多的是 3 和 4，主要适应于网络架构的分布式设计和基本云计算存储，如多机房、多地存储。使用集中存储给运维带来的最大优势就是核心数据能够长久保存，不怕应用崩溃，各种 Docker 容器都可以随时抛弃、重建，而不用担心数据丢失问题。

（二）Rancher 中使用集中存储 NFS

Rancher 对 Docker 集群的管理非常方便，默认是没有加载共享存储的，这里使用 Rancher NFS 插件来实现统一的存储，当然也可以选择其他插件。目前官方使用的只有这一个，其他非官方的如 CephFS、FastDfs 等请自行添加插件或自写插件来实现，在此不做过多解读。

单击 Rancher 应用商店，搜索 NFS，找到官方插件并添加，如图 2-33 所示。

图 2-33　Rancher 应用商店界面

填写主机地址：IP。

目录：建议不要填，而是指向 NFS 服务器存储的一个目录。

On Remove：purge（删除映射目录时会删除 NFS 远程对应的数据），Retain（不删除远程数据）。

单击启动即可，Rancher 会在各个宿主机上面添加 NFS 驱动，如图 2-34 所示。

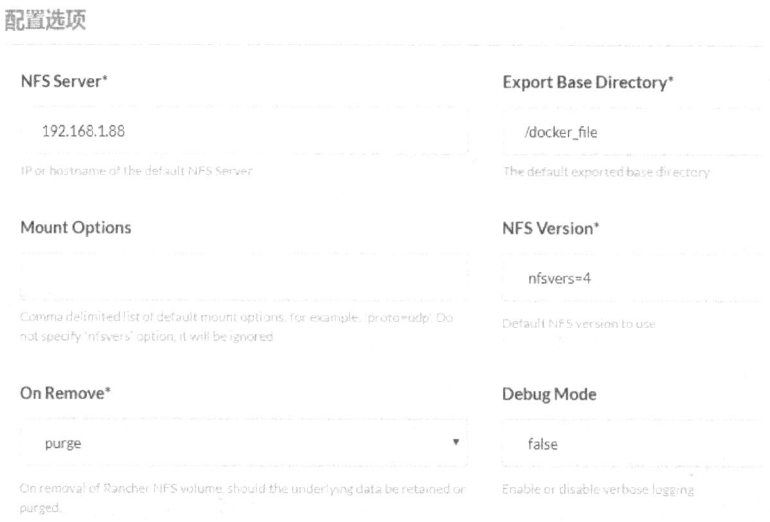

图 2-34　配置选项界面

查看 NFS 驱动，宿主机都已启动完毕，如图 2-35 所示。

图 2-35　查看 NFS 驱动界面

使用 NFS，在添加服务的时候，可以配置卷 name:/容器对应目录。

如果填 logs:/opt/logs，会对应远程 NFS 里面新建的 logs 目录；如果填/logs:/opt/logs，则是常用的卷映射，会写入宿主机本地的/logs 目录，驱动填写默认的 rancher-nfs，这样，容器里面读写的文件就可以直接操作远程 NFS 服务器了，如图 2-36 所示。

图 2-36　配置卷界面

查看效果。

启动应用后，容器的日志输出到 NFS 里面，如图 2-37 所示。

名称	大小	类型	修改时间	属性
..				
eureka.2017-11-29.log	83KB	文本文档	2017/11/29, 18:42	-rw-r--r--
basic.2017-11-29.log	1.41MB	文本文档	2017/11/29, 23:55	-rw-r--r--
listen.2017-11-29.log	106KB	文本文档	2017/11/29, 23:55	-rw-r--r--
order.2017-11-29.log	138KB	文本文档	2017/11/29, 23:57	-rw-r--r--
zuul.2017-11-29.log	312KB	文本文档	2017/11/29, 23:58	-rw-r--r--
product.2017-11-29.log	133KB	文本文档	2017/11/29, 23:58	-rw-r--r--

图 2-37　容器日志输出效果

用途及注意事项。

针对日志类的，可以统一做日志搜集。

针对数据持久化的，如 MySQL 数据，可以通过映射 mysql/data:/var/lib/mysql 把数据集中存储到 NFS 上。

注意：

1. 集中存储要考虑同时读写的问题，即 Lock。有的程序无法用一套数据，这时候要考虑单独读/写，或放到多个变量子目录，如 MySQL 无法同时对 2 个实例读写一套数据。

2. NFS 插件还有不完善的地方，如只能映射目录，无法映射文件，我们常用的-v /nginx.conf:/nginx.conf 就无法使用了。

3. 多 NFS 服务器配置，无法从 UI 界面添加，只能从 YAML 文件处理。

4. 集中存储一定要考虑速度问题，毕竟网络传输没有本地传输速度快，尽量选择公有云/私有云网络走光纤通道。尽量不要跨地域传输，如深圳的使用上海的 NFS 服务器。

5. 尽可能使用可靠有保障的存储，毕竟服务器、容器这些可以丢弃，但数据是要绝对安全的。推荐阿里云的 NFS 服务，可以保障 9 个 9 的安全性。

2.8 两大阐释、四大流程，拿下 CI/CD

创建用户喜欢的高质量应用程序并不是一件容易的事情。要怎样做才能更快地创建用户喜欢的高质量应用程序，并且能够不断改进它们呢？这就是需要引入持续集成和持续交付（CI/CD）的地方。

一、持续集成（CI）

（一）什么是持续集成

持续集成（CI）是软件工程师每天频繁地将更新代码的副本传递到共享位置的过程。所有的开发工作都在预定的时间或事件中进行集成，然后自动测试和构建工作。通过 CI，开发过程中出现的错误能被及时发现，这样不仅加速了整个开发周期，而且使软件工程师的工作效率更高。

（二）持续集成有什么优点

我们不能低估 CI 的好处。因为团队里的人都在同一个产品上进行实时工作，所以在软件开发过程中使用 CI，你可以期待获得更快的速度、更好的稳定性和更强的可靠性。并且在开发过程的早期，开发人员能够发现和解决任何编码问题，使它们在成为下游主要问题之前得到纠正，这样可以降低错误代码导致的长期开发成本。

持续集成对于 QA 测试花费的时间也有很大的影响。通过 CI，开发人员不断审查和编辑以前的代码，能够检查出许多小的错误，这些错误在 QA 里通常发现较晚。这使得测试人员不仅可以专注研究代码和关注更加紧迫的问题，而且能够同时测试更多的场景。

对开发团队来说，使用 CI 的另一个好处是可以提高编码能力。由于持续发展的自然灵活性，使得开发人员能够快速、轻松地对代码进行更改，却不会产生运行回归风险。

二、持续交付（CD）

（一）什么是持续交付

持续交付（CD）是创建高质量应用程序的第二个难题。CD 是一门软件开发学科，利用技术和工具快速地交付生产阶段的代码。由于大部分交付周期都是自动化的，所以这些交付能够快速地完成。

（二）持续交付有什么优点

实施持续交付的主要优点是能够加快应用程序的上市时间。使用 CD 的公司能大大增加他们的应用程序发行频率。在没有使用 CD 之前，应用程序发布的频率通常是几个月一次。然而，现在使用 CD，就可以一个星期发布一次，甚至每天发布多次应用。在竞争激烈的行业中，速度的提高将会使你占有主要优势。

持续不断的软件版本发布也会根据用户对应用程序的反馈，允许开发团队对其进行微调。这个用户反馈为开发人员提供了所需要的洞察力，并且它优先考虑了用户实际需要的功能请求。同样重要的是，对用户实际上没有用到的应用程序功能，它允许开发人员对其进行优先级排序。

CD 的另一个优点是它能保证每个发行版本有较低的风险。当使用 CD 方法发布时，开发团队也会更有信心，因为在整个开发生命周期中，所有内容都经过了多次测试。

任何不考虑转向 CI/CD 的公司都或将被那些使用 CI/CD 方法的竞争对手超越。那么，如何转向 CI/CD？当准备转向持续集成/持续交付（CI/CD）时，需要考量及决定的相关流程有很多。下面将带你了解这些主要流程。

三、转向 CI/CD 的重要流程

（一）分支和合并

你需要组织及考虑的一个主要流程就是分支和合并。分支就是开发人员可以在代码的平行部分工作的地方——从一个中央代码库分支出来。分支的优点在于它允许在不破坏中心代码基础的情况下，在软件构建的不同方面同时进行工作。显然，合并即意味着分支合并到核心代码库。

通过各种版本控制系统，许多开发人员对分支和合并已经很熟悉了。然而，根据构建的特别要求，有很多种分支和合并策略。

你可能会对某种策略非常狂热，但"绝对正确"的分支和合并策略是不存在的，只存在"对你的构建而言正确"的方式与策略。这需要检查你当前的分支和合并策略，并根据你的目标和情况决定如何变更。

（二）构建自动化

构建自动化意味着你可以自动编译软件构建。持续集成服务器的核心是构建自动化服务器，其工作是在触发或定时的基础上编译和链接源代码。你选择的持续集成服务器将成为 CI/CD 环境的支柱。

在查看构建自动化过程时，了解市场上各种可用选项的功能是非常有帮助的。开源公司 Jenkins 现在在 CI/CD 部署中占绝对优势，这是一个好的开始。至少在比较其他解决方案时可以把它作为基准。作为一个开源代码系统，你可能还需要构建一些实用程序，从而使构建自动匹配你的实际情况。

（三）测试自动化

测试自动化对于 CI/CD 能否按预期工作至关重要。如果没有自动化测试，CI/CD 将无法实现快速交付的目标。我们的总体建议是尽可能自动化。这意味着要检查你需要执行的各种测试，并决定哪些测试将在环境中自动执行。

建立测试自动化环境可能需要新的技能。然而，这是战略需求，将会提高交付速度，减少错误。至少，你应该自动化代码审查、单元测试、集成测试和系统测试。

（四）部署自动化

关于持续交付和持续部署之间的区别，仍然存在一些混淆。简而言之，持续交付意味着持续推出发布就绪代码，而持续部署则意味着持续给用户部署该软件。

无论你在看什么 "CD"，对那些不习惯的人来说，这似乎是一个巨大的飞跃。为了让你的组织有信心将软件部署到最终用户，需要一个严密的测试自动化基础设施。

我们的建议是，最好进入流程定义，以实现零接触持续部署的总体目标。领先的持续集成系统通常会考虑自己的持续交付系统。真正的敏捷性需要构建一个基础设施，要写好代码，吸引用户使用。

四、选择开源且完整的 CI/CD 工具

真正实现 CI/CD 并非易事，Pipeline 搭建工作复杂，平滑升级难以保障，服务宕机难以避免……因此，选择一个完整的 CI/CD 工具，将大大有助于 CI/CD 在企业里落地，并最终提升生产和运维效率。Rancher Labs 新近发布的 CI/CD 工具 Rancher Pipeline，就拥有极简的操作体验，强大的整合功能，并且完全开源，具有以下优点。

1. 同时支持多源码管理：在单一环境中同时拉取、使用和管理托管在 GitHub 和 GitLab 的代码。

2. 一键部署，完全可视化的 Pipeline 配置，拖拽方式的 Pipeline 搭建。

3. 阶段式和阶梯式 Pipeline，可自由扩展的步骤系统。

4. 灵活的流程控制：不同的代码分支可以自动匹配不同的 CI 流程，从而支持较为复杂的流程控制。

5. 支持多种触发方式：计划任务的触发、来自 GitHub/GitLab 的 Webhook 触发、手动触发，以及通过定制化的开发，支持多种触发方式。

6. 集成的审批系统：审批系统已与 Rancher 用户管理系统集成，并且用户可以在任意阶段插入断点，自由地审批。

7. 灵活的 Pipeline 启停机制：任一环节出错，整个进度可以立即停止，而问题解决之后又可以重新运行。

2.9 如何在 Go 语言中使用 Kubernetes API

随着 Kubernetes 越来越受欢迎，围绕它的集成和监控服务的数量也在不断增长。Golang 编写的此类服务的关键组件是 Kubernetes client-go——一个用于与 Kubernetes 集群 API 通信的软件包。在该部分内容中，我们将讨论 client-go 使用的基本知识，以及如何为开发人员节约编写实际应用程序逻辑所需的时间。我们还将介绍使用该软件包的实践经验，并从每天与 Kubernetes 进行集成工作的开发人员的角度，分享我们的认识。内容主要包括以下

几方面。

1. 集群中的客户端认证与集群外的客户端认证。

2. 基本列表，使用 client-go 创建和删除 Kubernetes 对象的操作。

3. 如何使用 ListWatch 和 Informers 监视 Kubernetes 事件，并做出反应。

4. 如何管理软件包依赖。

一、Kubernetes 平台

Kubernetes 有很多受欢迎的地方，用户喜欢它丰富的功能、稳定的性能。对贡献者来说，Kubernetes 开源社区不仅规模庞大，还易于上手、反馈迅速。而真正让 Kubernetes 吸引了第三方开发者注意力的是它的**可扩展性**。该项目提供了很多方式来添加新功能，扩展现有功能，而且不会中断主代码库。正是这些优势使 Kubernetes 发展成为平台。

这里有一些方式来扩展 Kubernetes。

如图 2-38 所示，可以发现每个 Kubernetes 集群组件无论是 kubelet 还是 API 服务器，都可以以某种方式进行扩展。今天我们将重点介绍一种"自定义控制器"的方式，从现在起，我将它称为 **Kubernetes 控制器（Kubernetes Controller）**，或者简单地称为**控制器（Controller）**。

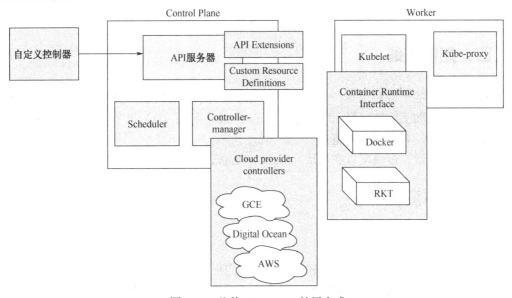

图 2-38　几种 Kubernetes 扩展方式

二、Kubernetes 控制器是什么

控制器最常见的定义是：使系统的当前状态达到所期望的状态的代码。但这究竟是什么意思呢？我们以 Ingress 控制器为例。Ingress 是一个 Kubernetes 资源，它能够对集群中服务的外部访问进行定义。通常采用 HTTP，并且有负载均衡支持。然而 Kubernetes 的核心代码中并没有 Ingress 的实现。第三方控制器的实现将包含以下方面。

1. 监控 ingress/services/endpoint 资源的事件（如创建、更新、删除）。

2. 程序内部或外部的负载均衡器。

3. 使用负载均衡器的地址来更新 Ingress。

"所期望的状态"在 Ingress 这里指的是 IP 地址指向运行着的负载均衡器，该均衡器由用户根据 Ingress 规范定义的规则实现，并且由外部 Ingress 控制器负责将 Ingress 资源转移到这一状态。

对相同的资源，控制器的实现及部署他们的方式也可能会有所不同。你可以选择 nginx 控制器，并将其部署到集群中的每个节点上作为守护进程集（DaemonSet），也可以选择在 Kubernetes 集群外部运行 Ingress 控制器，并且将 F5 编程作为负载均衡器。这里没有严格的规定，Kubernetes 就是如此灵活。

三、client-go

这里有几种获得 Kubernetes 集群及其资源相关信息的方法，你可以使用 Dashboard、Kubectl 或者使用对 Kubernetes API 的编程式访问来实现。client-go 是所有用 Go 语言编写的工具中使用最为广泛的库，还有许多其他语言的版本（Java、python 等）。如果你还没自己写过控制器，我推荐你首先去尝试 **Go 或 client-go**。Kubernetes 是用 Go 编写的，而且我发现使用和主项目相同的语言来开发插件会更加方便。

四、如何搭建

要熟悉相关的平台和工具，最好的办法就是去实践，去实现一些东西。我们从简单入手，先实现一个如下的控制器：（1）监控 Kubernetes 节点；（2）当节点上的镜像占用存储空间时发出警报，并做相应调整。

这部分的实现，源码可以在网址（https://github.com/alena1108/kubecon2017）找到。

五、基本流程

（一）配置项目

作为一名开发者，我和 Rancher Labs 的同事们更愿意使用轻便、简易的工具。在这里，我将分享 3 个我喜欢的工具，它们将帮助我们完成我分享的第一个项目。

1. go-skel——Go 语言的微服务 skeleton，它只需要执行 run ./skel.sh test123 即可，它会为新的 Go 项目 test123 创建 skeleton。

2. trash——Go 语言的供应商管理工具。实际上这儿有很多依赖项管理工具，但是在临时依赖项管理方面，trash 使用起来非常出色，而且简单。

3. dapper——在一致性环境中对现有构建工具进行封装的一种工具。

（二）添加 client-go 作为一个依赖项

为了方便使用 client-go 的代码，我们必须要将其设置为项目的依赖项。将它添加到 vendor.conf 文件中，如图 2-39 所示。

```
# package
github.com/rancher/kubecon

github.com/Sirupsen/logrus          v0.10.0
github.com/urfave/cli               v1.18.0
k8s.io/client-go v4.0.0 transitive=true
github.com/dustin/go-humanize bb3d318650d48840a39aa21a027c6630e198e626
```

图 2-39　将 client-go 添加到 vendor.conf 文件中

接着运行 trash。它会将 vendor.conf 中定义的所有依赖项都拉到项目的 vendor 文件夹中。在这里需要确保 client-go 与你集群对应的 Kubernetes 版本是兼容的。

（三）创建一个客户端

在创建与 Kubernetes API 通信的客户端之前，我们必须要先决定如何运行我们的工具，是在 Kubetnetes 集群内部运行，还是外部运行。当应用程序在集群内部运行时，对它进行容器化，部署成为 Kubernetes Pod。它还提供了一些额外的功能，如你可以选择部署它的方式（DaemonSet 运行在每个节点上，或者作为 n 个副本的部署），配置针对它的健康检查，等等。当应用程序在集群外部运行时，就需要自己来管理它。下面的配置可以让我们的工具变得更灵活，如图 2-40 所示，并且支持基于 config flag 定义客户端方式。

我们将在调试应用程序时使用集群外部运行的方式，这样就不需要每次都构建镜像，并且将其重新部署成 Kubernetes Pod。在测试好应用程序后，我们就可以构建镜像并将其部署到集群中。

正如图 2-40 所示，程序正在构建配置，并将其传递到 Kubernetes.NewFor Config 来生成客户端。

```go
func getClient(pathToCfg string) (*kubernetes.Clientset, error) {
    var config *rest.Config
    var err error
    if pathToCfg == "" {
        logrus.Info("Using in cluster config")
        config, err = rest.InClusterConfig()
        // in cluster access
    } else {
        logrus.Info("Using out of cluster config")
        config, err = clientcmd.BuildConfigFromFlags("", pathToCfg)
    }
    if err != nil {
        return nil, err
    }
    return kubernetes.NewForConfig(config)
}
```

图 2-40　构建配置

六、使用基本的 CRUD

我们的工具需要监控节点。在实现逻辑流程之前，我们先来熟悉使用 client-go 执行 CRUD 操作，如图 2-41 所示。

```
// Node list example
nodes, err := clientset.Core().Nodes().List(v1.ListOptions{FieldSelector: "metadata.name=minikube"})
if err != nil {
    logrus.Warnf("Failed to poll the nodes: %v", err)
    continue
}
// Node update example
if len(nodes.Items) > 0 {
    node := nodes.Items[0]
    node.Annotations["checked"] = "true"
    updatedNode, err := clientset.Core().Nodes().Update(&node)
    if err != nil {
        logrus.Warnf("Failed to update the node: %v", err)
        continue
    }
    // Node delete example
    gracePeriod := int64(10)
    err = clientset.Core().Nodes().Delete(updatedNode.Name,
        &v1.DeleteOptions{GracePeriodSeconds: &gracePeriod})
```

图 2-41　执行 CRUD 操作

图 2-41 展示了以下步骤。

1. List 节点 minikube，是经过 FieldSelector 过滤器实现的。

2. 用新的标注来更新节点。

3. 使用 gracePerios=10 秒指令删除节点，意思是该命令执行 10 秒后才会执行删除操作。

上面所有的步骤都是使用我们之前创建的用户集（clientset）进行的。我们还需要节点上镜像的相关信息，它可以通过访问相应的字段来检索，如图 2-42 所示。

```
var storage int64
for _, image := range node.Status.Images {
    storage = storage + image.SizeBytes
}
```

图 2-42　节点上镜像相关信息

七、使用 Informer 来进行监控/通知

现在，我们知道了如何从 Kubernetes API 中获取节点，并从中获得镜像信息。那么我们该如何监控镜像大小的变化呢？最简单的方法是**周期性轮询节点**，计算当前的镜像存储容量，并将其和先前轮询的结果比较。这里的不足之处在于：无论节点是否发生变化，我们执行的列表调用都会获取所有的节点，这可能会很浪费资源——尤其是当轮询间隔很短的时候。而我们真正想要实现的是在节点发生变化时得到通知，只有在这之后才执行我们的逻辑流程。这些就是利用 client-go 的 Informer 来做的，如图 2-43 所示。

```
//Regular informer example
watchList := cache.NewListWatchFromClient(clientset.Core().RESTClient(), "nodes", v1.NamespaceAll,
    fields.Everything())
store, controller = cache.NewInformer(
    watchList,
    &api.Node{},
    time.Second*30,
    cache.ResourceEventHandlerFuncs{
        AddFunc:    handleNodeAdd,
        UpdateFunc: handleNodeUpdate,
    },
)

stop := make(chan struct{})
go controller.Run(stop)
```

图 2-43　监控镜像大小

在这个例子中，我们利用 watchList 指令为节点对象创建 Informer 来监控节点，设置对象类型为 api.Node 和 30 秒的同步周期来周期性地轮询节点，无论节点是否发生改变，这种方式在更新事件出于某种原因发生终止时可以很好地进行撤回。最后一个参数，我们传递了 2 个回调函数——handleNodeAdd 和 handleNodeUpdate。这些回调函数具有实际的逻辑，并且在节点上的镜像占用存储发生改变时触发。NewInformer 返回 2 个对象——controller 和 store，一旦 controller 启动，将会开始对 node.update 和 node.add 监控，并且调用回调函数。这部分代码的存储区位于内存缓存中，由 informer 负责更新，另外你可以在缓存区中获取节点对象，而不用直接调用 Kubernetes API，如图 2-44 所示。

```
// Cache access example
nodeInterface, exists, err := store.GetByKey("minikube")
if exists && err == nil {
    logrus.Debugf("Found the node [%v] in cache", nodeInterface)
}
```

图 2-44　监控节点

我们的项目中只有一个控制器，因此，使用常规的 informer 就足够了。不过，如果未来你的项目最终出现同一个对象拥有了多个控制器的情况，**我建议使用 Shared informer**。这样不用再一个一个地为每个控制器配上 informer，只需要注册一个 Shared informer 即可，并且让每个控制器注册自己的一组回调函数，返回共享缓存，可以减少内存占用，如图 2-45 所示。

```
// Shared informer example
informer := cache.NewSharedIndexInformer(
    watchList,
    &api.Node{},
    time.Second*10,
    cache.Indexers{},
)

informer.AddEventHandler(cache.ResourceEventHandlerFuncs{
    AddFunc:    handleNodeAdd,
    UpdateFunc: handleNodeUpdate,
})

// More than one callback per can be added...
informer.AddEventHandler(cache.ResourceEventHandlerFuncs{
    AddFunc:    handleNodeAddExtra,
    UpdateFunc: handleNodeUpdateExtra,
})
```

图 2-45　注册 Shared informer

八、部署时间

现在来部署和测试代码。对于第一次运行，我们只需要创建一个 Go 的二进制文件，并且在集群外模式下运行它即可，如图 2-46 所示。

```
alena@Alenas-MBP: [master]~/go/src/github.com/rancher/kubecon$ go build
alena@Alenas-MBP: [master]~/go/src/github.com/rancher/kubecon$ ./kubecon --config "/Users/alena/.kube/config"
[0000] Using out of cluster config
[0000] Node [minikube] is added; checking resources...
[0000] Node [minikube] storage occupied by images changed. Old value: [0 B], new value: [2.9 GB]
[0000] No changes in node [minikube] storage occupied by images
[0005] No changes in node [minikube] storage occupied by images
[0010] No changes in node [minikube] storage occupied by images
```

图 2-46　第一次运行创建 Go 文件

如要更改消息输出，那么需要使用镜像部署一个 Pod，该镜像是没有在当前节点显示的镜像。

在基本的功能通过测试之后，接下来就是按照集群模式尝试运行它。为此我们必须先创建镜像，定义它的 Dockerfile。

图 2-47　创建镜像截图

使用 Docker build 创建一个镜像，该命令将生成一个可用在 Kubernetes 中部署 Pod 的镜像。现在你的应用程序可以作为一个 Pod 运行在 Kubernetes 集群上了。这里是一个部署定义的例子，在之前的截图中，我使用了该例部署我们的应用程序。

图 2-48　部署示例

在本部分内容中，我们做了如下工作。

1. 创建 Go 项目。
2. 为项目添加 client-go 包的依赖项。
3. 创建用于和 Kubernetes API 通信的客户端。
4. 定义一个用于监控节点对象改变，并且一旦发生就执行回调函数的 Informer。
5. 在回调函数中实现一个实际的逻辑。
6. 在集群外运行二进制文件来测试代码，并把它部署到集群中。

2.10　如何选择最佳 CI 工具：Drone 和 Jenkins

一、介绍

多年来，**Jenkins 一直是行业标准的 CI 工具**。它包含许多功能，在其生态系统中有近 1 000 个插件，对于那些推崇简单的人来说，这可能令人望而生畏。Jenkins 在容器出现之前就已存在，不过它还是很适合容器环境的。但也不得不说，以前 Jenkins 并没有给予容器什么特殊关注，它并没有致力于让容器变得更好，不过现在 **Blue Ocean** 和 **Pipeline** 的出现和发展让这一情况有了很大改观。

Drone 是一个广受欢迎的开源 CI 工具。它其实是原生 Docker，所有的进程都在容器内进行。这使得 **Drone 非常适合像 Kubernetes 这样的平台**，因为在 Kubernetes 上启动容器很简单。

Rancher 容器管理平台对 Drone 和 Jenkins 都能提供优秀的支持,用户通过一个自动化的过程即可方便快速地创建 Kubernetes 集群。我用 Rancher 1.6 在 GCE 上部署了 Kubernetes 1.8 集群,过程之简单令人惊喜。

本文将把 Drone 部署在 Kubernetes（Rancher）上,并将从以下三个方面比较 Drone 与 Jenkins:（1）平台安装和管理;（2）插件生态系统;（3）Pipeline 细节。

最后,我会对 Jenkins 及 Drone 进行一个整体的比较。其实,通常情况下,这样的对比并不会有一个明确的赢家。因为虽然这二者在本质上有一些相同之处,但不同的工具仍然会有不同的核心焦点。

二、前期准备

在开始之前,我们需要先完成一些设置工作,包括将 Drone 设置为具有 GitHub 账户的授权 OAuth2 应用程序,这部分的工作可以参考 Drone 的官方技术文档。

在设置 Drone 时,我曾遇到过一个问题:Drone 与源代码控制库之间是一种被动关系。这意味着 Drone 是通过与 GitHub 建立网络连接的方式来通知事件的。默认行为是建立在 push 和 PR 合并事件的基础上的。**为使 GitHub 能够正确地通知 Drone,服务器必须对全世界开放。**当然,如果有其他内部供应链管理软件,情况可能会有所不同。为此,我在 GCE 上设置了 Rancher 服务器,以便它可以从 Github.com 访问。

和其他 Kubernetes 应用程序一样,在容器中安装 Drone 需要通过一系列部署文件。我调整了在 repo 中找到的部署文件。在配置映射规范文件中,我们需要修改若干值。也就是说,我们需要为我们的账户设置特定的、与 GitHub 相关的值。我们将从设置步骤中获取客户端密钥,并将密钥放入该文件及授权用户的用户名中。通过 Drone 的密钥文件,我们可以将 GitHub 密码置于适当处。

Jenkins 与源代码的交互方式则与 Drone 不一样。在 Jenkins 中,每个作业都可以独立于另一个作业来定义其与源控制的关系。**如此一来,用户就可以从包括 GitHub、GitLab、SVN 等各种不同的库中提取源代码。**而截至目前,Drone 只支持基于 Git 的开发项。

与此同时,不要忘记了 Kubernetes 集群! Rancher 可以轻松启动和管理 Kubernetes 集群。本部分内容使用的是最新的稳定版 Rancher 1.6。然而,**Rancher 2.0 与 Rancher 1.6 安装的信息和步骤是一样的,**因此,如果你想尝试使用更新的 Rancher 也未尝不可。

三、任务 1:安装和管理

在 Kubernetes 和 Rancher 上启动 Drone,就像复制和粘贴一样简单。使用默认的 Kubernetes 仪表盘启动文件,从命名空间和配置文件开始依次上传,Drone 就可以运行了。部分使用的部署文件,参见网址 https://github.com/appleboy/drone-on-Kubernetes/tree/master/gke。我从库中拉取了镜像,并进行了本地编辑。该 repo 归 Drone 贡献者所有,包括有关如何启动 GCE 及 AWS 的说明。在这里,我们唯一需要的是 Kubernetes 的 YAML 文件。要进行复制,只需要使用特定值编辑 ConfigMap 文件即可。其中一个文件如图 2-49 所示。

```yaml
yaml
apiVersion: extensions/v1beta1
kind: Deployment
metadata:
  name: drone-server
namespace: drone
spec:
replicas:  1
template:
metadata:
labels:
app: drone-server
spec:
containers:
- image: drone/drone:0.8
imagePullPolicy:  Always
name:  drone-server
ports:
- containerPort: 8000
protocol:  TCP
- containerPort: 9000
protocol: TCP
volumeMounts:
# Persist our configs in an SQLite DB in here
- name: drone-server-sqlite-db
mountPath: /var/lib/drone
resources:
requests:
cpu: 40m
memory: 32Mi
env:
- name: DRONE_HOST
valueFrom:
configMapKeyRef:
name: drone-config
key: server.host
- name: DRONE_OPEN
valueFrom:
configMapKeyRef:
name: drone-config
key: server.open
- name:DRONE_DATABASE_DRIVER
valueFrom:
configMapKeyRef:
name: drone-config
```

(a)

```yaml
key: server.database.driver
- name: DRONE_DATABASE_DATASOURCE
valueFrom:
configMapKeyRef:
name: drone-config
key: server.database.datasource
- name: DRONE_SECRET
valueFrom:
secretKeyRef:
name: drone-secrets
key: server.secret
- name: DRONE_ADMIN
valueFrom:
configMapKeyRef:
name: drone-config
key: server.admin
- name: DRONE_GITHUB
valueFrom:
configMapKeyRef:
name: drone-config
key: server.remote.github
- name: DRONE_GITHUB_CLIENT
valueFrom:
configMapKeyRef:
name: drone-config
key: server.remote.github.client
- name: DRONE_GITHUB_SECRET
valueFrom:
configMapKeyRef:
key: server.remote.github.secret
- name: DRONE_DEBUG
valueFrom:
configMapKeyRef:
name: drone-config
key: server.debug

volumes:
- name: drone-server-sqlite-db
hostPath:
path: /var/lib/k8s/drone
- name: docker-socket
hostPath:
path: /var/run/docker.sock
```

(b)

图 2-49　文件示例

Jenkins 也可以依据此方式启动，由于它可以部署在 Docker 容器中，因此可以构建一个类似的部署文件，并在 Kubernetes 上启动。如图 2-50 所示，该文件取自 Jenkins CI 服务器的 GCE repo 示例。

```yaml
apiVersion: extensions/v1beta1
kind: Deployment
metadata:
name: jenkins
namespace: jenkins
spec:
replicas: 1
template:
metadata:
labels:
app: master
spec:
containers:
- name: master
image: jenkins/jenkins:2.67
ports:
- containerPort: 8080
- containerPort: 50000
readinessProbe:
httpGet:
path: /login
port: 8080
periodSeconds: 10
timeoutSeconds: 5
successThreshold: 2
```
（a）

```yaml
failureThreshold: 5
env:
- name: JENKINS_OPTS
valueFrom:
secretKeyRef:
name: jenkins
key: options
- name: JAVA_OPTS
value: '-Xmx1400m'
volumeMounts:
- mountPath: /var/jenkins_home
name: jenkins-home
resources:
limits:
cpu: 500m
memory: 1500Mi
requests:
cpu: 500m
memory: 1500Mi
volumes:
- name: jenkins-home
gcePersistentDisk:
pdName: jenkins-home
fsType: ext4
partition: 1
```
（b）

图 2-50　repo 示例

启动 Jenkins 也很简单。**鉴于 Docker 和 Rancher 自身的简单易用性，若想要启动 Jenkins，只需要将一组部署文件粘贴到仪表板中即可。**首选方法是使用 Kubernetes 仪表板进行管理。可以逐个上传 Jenkins 文件，让服务器启动并运行。

Drone Server 是通过在启动阶段设置的配置文件来进行管理的。它必须连接到 GitHub 上，这就意味着，要访问库的话，需要添加 OAuth2 token，以及（在本文示例中）需要用户名和密码。后期想要做修改，就需要通过 GitHub 授予组织访问权限，或者用新凭据来重启服务器。这么做难免会给开发工作带来影响，**因为这意味着 Drone 不能处理多个源。而正如我们前文提到的，Jenkins 在这一方面会好一些，它允许任何数量的源 repos，但要注意，每个作业只能使用一个源。**

四、任务 2：插件

Drone 插件的配置和管理非常简单。事实上，要成功启动一个 Drone 的插件，你需要做的事情并不多。**与 Jenkins 相比，Drone 的生态系统要小得多，但几乎所有可用的主要工具在 Drone 中都有插件可用。**大多数云提供商都有插件，并且与流行的源代码控制 repo 集成。如前所述，可以将 Drone 容器视作"头等公民"，这意味着每个插件和执行的任务都是一个容器。

Jenkins 是毫无争议的插件之王。大多数情况下，没有什么任务是 Jenkins 的插件完成不了的。Jenkins 插件的可选择范围非常广，可供使用的插件约有 1 000 个，但可能出现的困难就是要在从一系列看上去相似的插件中确定哪个才是最佳选择。

Drone 既有构建 push 和镜像的 Docker 插件，也有用于部署集群的 AWS 和 Kubernetes 插件。**由于 Drone 平台推出的时间短，它的插件也比 Jenkins 少得多，**但这并不影响它们的有效性和易用性。drone.yml 文件中的一个简单节点不需要其他输入就能自动下载、配置和运行选定的插件。此外，由于 Drone 与容器的关系，每个插件都保存在一个镜像中，不需要再添加额外项进行管理。如果插件创建者完成了他们的工作，所有的内容都将包含在该容器中，用户再无须管理任何依赖关系。

当我为简单节点应用程序构建 drone.yml 文件时，添加 Docker 插件非常简单，只需要几行代码，镜像就构建好了，并将其 push 到选择的 Dockerhub repo 上。在下一节中，你可以看到标有 Docker 的部分。本节介绍的是配置和运行插件以构建和推动 Docker 镜像所需的相关内容。

五、任务 3

最终任务是 CI 系统的基础。Drone 和 Jenkins 都旨在构建应用程序。最初，Jenkins 是针对 Java 应用程序构建的，但多年来，其应用范围已经扩展到任何可以编译和执行的代码。Jenkins 甚至在新的管道和 cron-job 方面的使用都游刃有余。然而，尽管它非常适合容器生态系统，但仍旧不是原生容器。Drone 文件示例如图 2-51 所示。

```yaml
yaml
pipeline:
  build:
    image: node:alpine
    commands:
      - npm install
      - npm run test
      - npm run build
  docker:
    image: plugins/docker
    dockerfile: Dockerfile
    repo: badamsbb/node-example
    tags: v1
```

图 2-51　Drone 文件示例

比较一下，同一应用的 Jenkinsfile 如图 2-52 所示。

虽然这个例子介绍起来内容显得很烦琐，但是你可以看到，构建 Docker 镜像可能比 Drone 更复杂，而且还不包括 Jenkins 和 Docker 之间的交互。因为 Jenkins 不是原生 Docker，所以必须提前配置代理以实现与 Docker 守护进程正确交互。这可能会令人产生疑惑，但这正是 Drone 的发展方向。Drone 已经在 Docker 上运行了，它的任务也在同一 Docker 上运行。

```groovy
#!/usr/bin/env groovy
pipeline {
  agent {
    node {
      label 'docker'
    }
  }
  tools {
    nodejs 'node8.4.0'
  }
  stages {
    stage ('Checkout Code') {
      steps {
        checkout scm
      }
    }
    stage ('Verify Tools'){
      steps {
        parallel (
          node: {
            sh "npm -v"
          },
          docker: {
            sh "docker -v"
          }
        )
      }
    }
    stage ('Build app') {
      steps {
        sh "npm prune"
        sh "npm install"
      }
    }
    stage ('Test'){
      steps {
        sh "npm test"
      }
    }
    stage ('Build container') {
      steps {
        sh "docker build -t badamsbb/node-example:latest ."
        sh "docker tag badamsbb/node-example:latest badamsbb/node-example:v${env.BUILD_ID}"
      }
    }
    stage ('Verify') {
      steps {
        input "Everything good?"
      }
    }
    stage ('Clean') {
      steps {
        sh "npm prune"
        sh "rm -rf node_modules"
      }
    }
  }
}
```

图 2-52　Jenkinsfile 文件示例

六、结论

Drone 是一款很棒的 CI 软件，并且正成为时下流行的选择，**如果你想要一个简单而且能快速启动和运行的原生容器 CI 解决方案，Drone 非常值得一试**。虽然它仍处于预发布状态，很多工程师已经愿意并且在开始生产中尝试 Drone 了。在我看来，它占用内存小，使用简单，很适合在快速启动和运行方面有需求的小团队。

尽管 Drone 发展得很快，但要撼动 Jenkins 在 CI 社区根深蒂固的霸主地位仍需很多努力。Jenkins 在市场开拓方面一直非常成功，尤其是现在 Blue Ocean 和容器 Pipeline 为其奠定了 CI 界的领导地位，更为 Jenkins 提供了强有力的支持。Jenkins 可以适用于各种规模的团队，表现出色。由于其既往表现和众多整合因素，**较大规模的组织更喜欢使用 Jenkins**。不论对开源社区，还是通过 CloudBees 提供企业级支持，Jenkins 都能提供不同的支持选项。但与所有工具一样，Drone 和 Jenkins 在 CI 生态系统中都占有一席之地。

2.11 如何通过 Rancher Webhook 微服务实现 Service/Host 的弹性伸缩

一、概述

结合 CI/CD 的应用场景，本小节旨在介绍如何通过 Rancher 的 Webhook 微服务来实现 Service/Host 的弹性伸缩。

二、流程介绍

（一）Service Scale

创建 example 服务对象。

创建 Service Scale Webhook 对象。

第三方触发 Webhook，完成 Service 弹性伸缩。

（二）Host Sacle

通过阿里云 machine driver 创建实例对象，打上 scale-up 标签。

创建 Host Scale Webhook 对象。

第三方触发 Webhook，完成 Host 弹性伸缩。

（三）Webhook 介绍

Rancher Webhook 的服务流程大致如图 2-53 所示，包括：

- Webhook Driver(WD)初始化；
- Router Handler(RH)初始化；
- 接收请求 url 和 method，匹配调用 RH.Execute 或其他方法，RH.Execute 解析请求数据得到 WD_Id，进而执行 WD.Execute，最后返回 response。

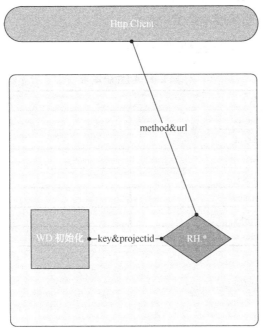

图 2-53　Rancher Webhook 的服务流程

三、环境准备

（一）平台

Mac,Windows,Linux,Docker Cloud,AWS,Azure 等平台均可部署，如图 2-54 所示。

图 2-54　各部署平台

本次准备的平台是 Ubuntu 发行版（14.04）。为了兼容 Docker，选择 Linux 发行版的时候内核需控制在 3.10 以上。

（二）Docker

根据用户选择的平台安装 Docker 引擎，安装指导可参考 https://docs.docker.com 官方文档，搭配 Rancher 使用，Docker 引擎版本最优选择 1.12.6 或者 1.13.1。

本次准备的 Docker 引擎版本是 1.12.6。

（三）Rancher（组件版本号参见表 2–4）

表 2-4　组件版本号

组件名	版本号
Rancher Server	v1.6.7
Rancher Agent	v1.2.5
Metadata	v0.9.3
Rancher DNS	v0.15.1
Network-Manger	v0.7.7
Healthcheck	v0.3.1
Schedule	v0.8.2

四、实践步骤

（一）Service Scale

创建 example service（参见图 2-55）。

```
curl -u "xx:xx" \
-X POST \
-H 'Accept: application/json' \
-H 'Content-Type: application/json' \
-d '{
"description": "example service for scaling",
"name": "webapp",
"system": false,
"dockerCompose": "version: '2'\nservices:\n  NGX:\n  image: Nginx:alpine\n  stdin_open: true\n  tty: true\n  cpuset:  \"0\"\n  ports:\n  - 8787:80/tcp\n  cpu_shares: 1024\n  labels:\n  io.rancher.container.pull_image: always\n      servicename: Nginx",
"rancherCompose": "version: '2'\nservices:\n  NGX:\n    scale: 1\n    start_on_create: true",
"binding": null,
"startOnCreate": true
}' 'http://a.b.c.d:8080/v2-beta/projects/1a5/stacks'
```

图 2-55　创建 example service

创建 Webhook（参见图 2-56）。

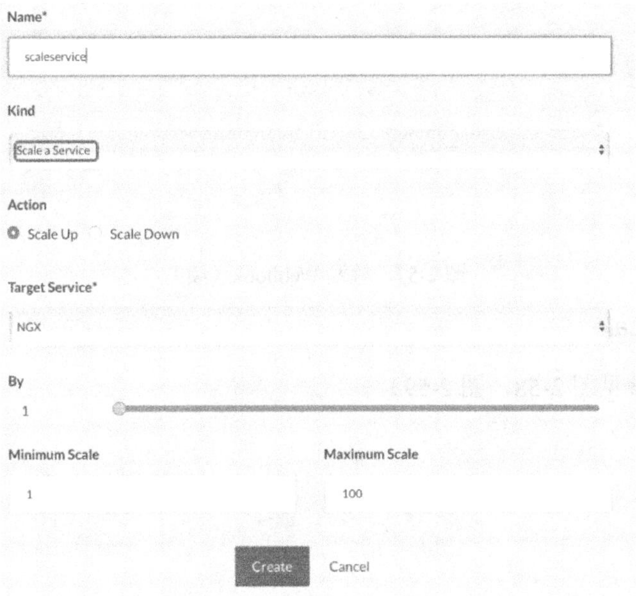

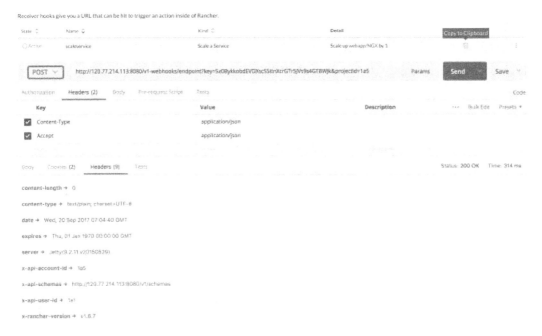

图 2-56　创建 Webhook 界面

（二）触发 Webhook（参见图 2–57）

图 2-57　触发 Webhook

NGX

Info (View Details)	Containers (2)	Ports
Active	Scale 2 — +	172.18.0.66:8787
Image: nginx:alpine	○ ○	172.18.0.67:8787
Entrypoint: None		
Command: None		

图 2-57　触发 Webhook（续）

（三）Host Scale

添加 Host（参见图 2-58，图 2-59）。

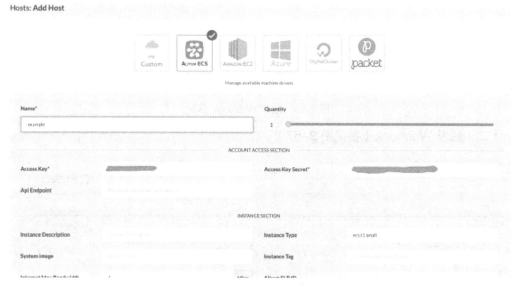

图 2-58　添加 Host 图一

图 2-59　添加 Host 图二

创建 Webhook（参见图 2-60）。

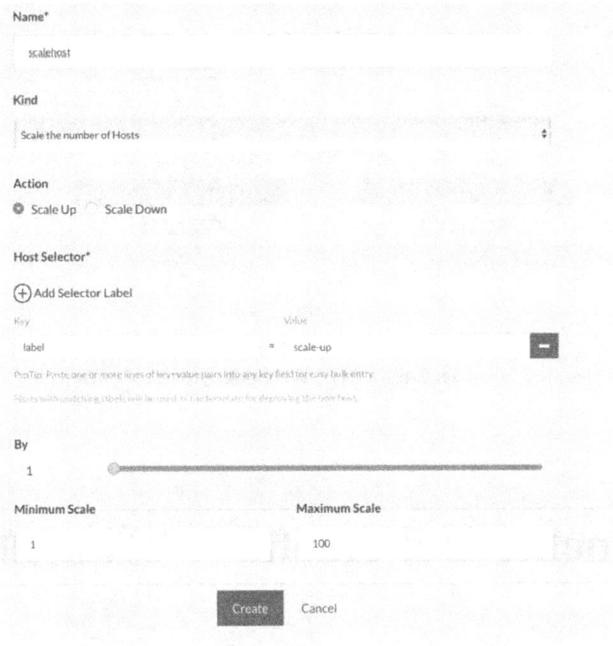

图 2-60　创建 Webhook 示例

触发 Webhook（参见图 2-61，图 2-62）。

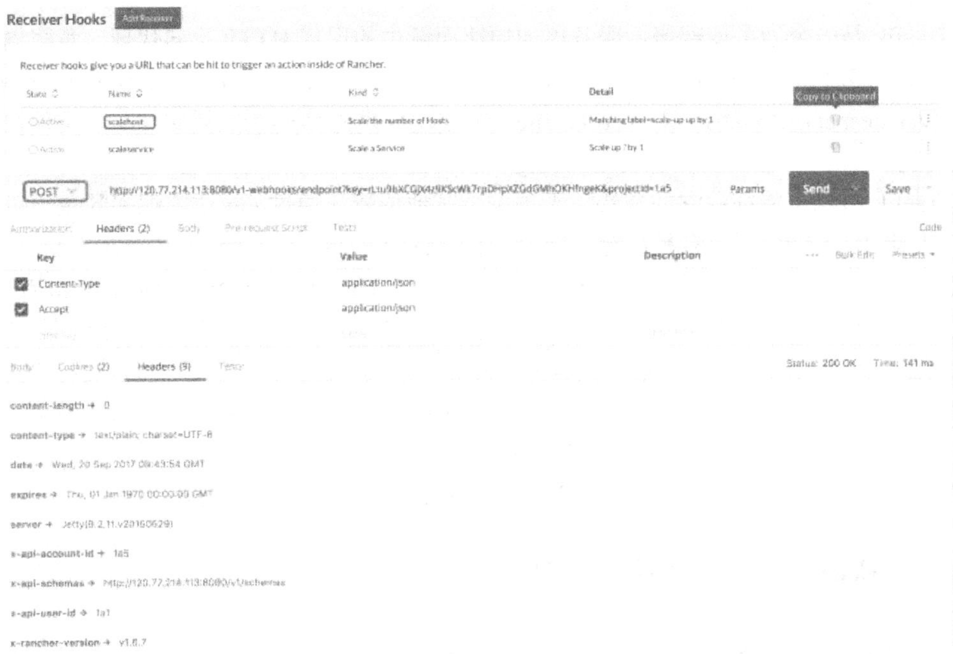

图 2-61　触发 Webhook 示例一

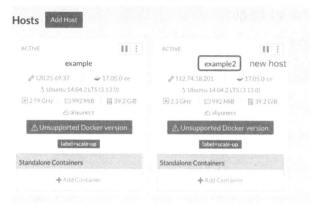

图 2-62　触发 Webhook 示例二

2.12　Rancher 部署 Traefik 实现微服务的快速发现

洪晓露

一、Traefik 是什么？

Traefik 是一个为了使部署微服务更加便捷而诞生的现代 HTTP 反向代理、负载均衡工具。它支持多种后台（Rancher、Docker、Swarm、Kubernetes、Marathon、Mesos、Consul、Etcd、Zookeeper、BoltDB、Rest API、file…）自动、动态地刷新配置文件，以实现快速地服务发现。

Traefik 有以下特征：它非常快，无须安装其他依赖，通过 Go 语言编写的单一可执行文件，支持 Rest API，可由多种后台支持，如 Rancher、Docker、Swarm、Kubernetes、Marathon、Mesos、Consul、Etcd，并且还会更多。后台监控，可以监听后台变化进而自动化应用新的配置文件设置，配置文件热更新。无须重启进程，正常结束 http 连接，后端断路器，轮询，负载均衡，Rest Metrics，支持最小化官方 Docker 镜像。后台支持 SSL，前台支持 SSL（包括 SNI）。清爽的 AngularJS 前端页面，支持 WebSocket，支持 HTTP/2，网络错误重试，支持自动更新 HTTPS 证书，高可用集群模式。

除了以上特性，Traefik 拥有一个基于 AngularJS 编写的简单的网站界面。

二、Rancher：Traefik 部署

为了保证 Traefik 资源不受其他服务的影响，我们可以通过指定专机专用的方式，让 Traefik 服务独自运行在某一台节点上。而专机专用功能，目前只适用于 Rancher 自动调度容器。

（一）运行 Rancher Server，并添加 Rancher-Agent 专机专用节点

通过 http://rancher-server:8080 地址登录 Web。

功能定位到基础设施|主机，并单击添加主机，复制生成的命令来添加一台 Rancher-Agent。

主机成功添加后，页面定位到基础设施|主机，找到需要的主机，在主机视图的右上角，单击三个点的省略号，再单击编辑。

在主机编辑视图中，分别在标签与容器标签需求中添加 Traefik_lb=true。

注意第一个标签需求：Traefik 服务在启动时会检查主机是否有 Traefik_lb=true 标签，只有带有这个标签的主机才能安装 Traefik 服务。

第二个容器标签需求：这个就是专机专用的功能，通过设置 Traefik_lb=true 这个标签，只有带有 Traefik_lb=true 标签的服务才能运行到这个节点上。

（二）进入商店（Catalog）搜索并安装

标签设置好之后，进入商店搜索 Traefik 并安装。

单击查看详情进入配置界面，这里我们把 http port 端口改为 80，其他配置保持默认。最后单击启动。

进入应用→用户视图，可以看到 Traefik 应用已正常运行。

进入基础架构→主机视图下，可以看到 Traefik 运行在指定主机上。

（三）运行 demo 应用

新建一个名为 demo 的空应用栈。

在 demo 中添加一个名为 nginx 的服务，把数量设置为 4，在标签设置中，添加如下几条标签：Traefik.enable = true 可以理解为是否把此服务注册到 Traefik 的一个开关；Traefik.domain = test.local 是一个适用于所有服务访问的主域名，可以设置多个，用逗号隔开；Traefik.alias = nginx 服务别名，可以理解为主域名下的二级域名，可以设置多个，用逗号隔开；Traefik.port = 80 告诉 Traefik 服务暴露的端口号。

Traefik 默认强制开启健康检查，只有健康的服务才会被注册到 Traefik 上。在健康检查中配置健康检查服务正常运行

（四）demo-nginx 服务配置

Traefik 有服务管理控制台，默认端口 8000。

在控制台中可以看到，访问地址 nginx.demo.test.local，nginx.test.local。测试访问：nginx.demo.test.local，nginx.test.local。

三、如何用微服务重构应用程序

在决定使用微服务之后，为了将微服务付诸实践，也许你已经开始重构你的应用程序，或把重构工作列入了待办事项清单。无论是哪种情况，如果这是你第一次重构应用程序，那么你和你的团队必将在某个时刻面临一个显而易见的问题：如何重构应用程序以实现微服务？

这也正是该部分内容需要思考和探讨的。

（一）重构基础

在讨论如何将重构转化为微服务之前，先仔细观察微服务的内容和时间是很重要的。以下两个要点将会对微服务重构策略产生重大影响。

1. 重构=重新设计

将一个单体式的应用程序重构为微服务，与重新设计一个基于微服务的应用程序，有着本质区别。也许你更倾向于摒弃旧的应用程序（特别是面对杂乱无序的旧应用程序时，这些应用程序在补丁修改和加固补充方面带来了沉重的技术负担），制定一套新的需求，并从零开始创建一个全新的应用程序，直接在微服务级别工作。

正如 Martin Fowler 在文章中所指出的，在微服务级设计一个新的应用程序可能不是一个好主意。Martin Fowler 的分析中最重要的一点是，在移动到基于微服务的架构时，从现有的单体式应用程序开始可以真正发挥微服务的优势（文章链接参见网址：https://martinfowler.com/bliki/MonolithFirst.html）。

通过现有的单体式应用程序，人们可以清楚地了解各种组件如何协同工作，以及应用程序如何作为一个整体运行的。而令人惊奇的是，从单体式应用程序开始，人们可以更深入地了解微服务之间的界限。通过观察它们是如何协作的，人们可以更容易地看到某个微服务能够独立于另一个微服务。

2. 重构并不通用。

对于重构，不存在一种适用一切的通用性方法，你所做的设计选择，从整体架构到代码级，都应考虑应用程序的功能、运行条件、开发平台和编程语言等因素。例如，你可能需要考虑代码打包——如果你正在使用 Java，可能涉及从大型企业应用程序存档（ear）文件（文件可能包含多个 Web 应用程序存档（war）软件包）转移到单独的 war 文件。

（二）一般重构策略

以上是我们介绍的考虑因素，现在让我们来看看重构的实现策略。对于现有的单体式应用程序进行重构，有以下三种基本方法。

1. 增量策略。

通过此策略，你可以逐个重构应用程序。随着时间的推移，这些组件通常是大规模的服务或相关服务组。要成功做到这一点，首先需要确立应用程序中的大范围边界，然后针对这些边界定义的单元进行重构，一次一个单元。你将持续不断地把每个大区域移动到微服务中，直到最终没有原始应用程序为止。

2. 大变小策略。

大变小策略在许多方面都是对增量重构基本主题的变体。然而，在大变小的重构中，首先要将应用程序重构为单独的、大规模的、"粗粒度的"（使用 Fowler 的术语）块，然后逐渐将它们分解成更小的单元，直到整个应用程序被重构为真正的微服务。

此策略的主要优点是，它允许你稳定重构单元之间的交互，然后将它们分解为下一级，并在你开始下一轮重构之前，更清晰地了解较低层服务之间的边界和交互。

3. 批量替换策略。

通过批发更换，你可以一次性重构整个应用程序，直接从单体式转移到一组微服务器。它的优势在于，允许你从顶层架构下进行重新设计，为重构做准备。虽然这一策略与微服务不一样，但它确实与微服务有着相同的风险，特别是当它涉及广泛的重新设计时。

（三）重构中的基本步骤

那么，将一个单体式应用程序重构为微服务的基本步骤是什么？有几种方法可以打破这个流程，但对于大多数重构项目来说，以下五个步骤是通用的。

1. 准备工作。

迄今为止，我们所讨论的大部分是准备工作。要牢记的要点是，在重构现有的单体式应用程序之前，大架构及要进行重构的基于微服务的版本功能应已就绪。在重构时试图修复功能失调的应用程序，这只会使工作更难推进。

2. 设计：微服务域。

在大规模、应用广泛的架构之下，你需要在重构之前制定（并应用）一些设计决策。尤其需要考虑哪种微服务组织形式适合应用程序。组织微服务最自然的方式通常是进入基于通用功能、使用或资源访问域。

（1）功能域。相同功能域内的微服务执行一组相关功能，或具有相关职责。例如，购物车和结账服务可以包含在相同的功能域中，而库存管理服务将占用另一个域。

（2）使用域。如果通过使用域破解微服务器，那么每个域将围绕一个用例，或者更常见的是围绕一组相互关联的用例。用例通常围绕用户（个人或其他应用程序）采取的一组相关行动，例如选择购买商品或输入付款信息。

（3）资源域。访问相关资源组（如数据库、存储或外部设备）的微服务也可以形成不同的域。这些微服务通常会处理这些资源与其他域和服务的交互。

请注意，在给定的应用程序中，三种组织形式都可能都存在。如果有一个总体规则，那么简单地说，应该在它们最适合的时间和地点应用它们。

3. 设计：基础设施和部署。

此步骤非常重要，但却很容易被视作事后考虑的问题。你正在将一个应用程序转换为一种非常动态的微服务群，通常在容器或虚拟机中，有可能由多个应用程序组合的基础架构部署、编排和监控。此基础架构是应用程序架构的一部分，它可能接管以前在单体式应用程序中由高级架构处理的一些职责。

4. 重构

这是将应用程序代码重构为微服务的一个重点。确立微服务边界，识别每个微服务候选项的依赖关系，在代码和单元架构级别上进行必要的更改，以便它们可以作为独立的微服务来容纳，将其封装在容器或 VM 中。这不会是一个没有问题的过程，因为在主要应用程序的规模上重写代码不容易，但是，只要准备充分，你遇到的问题就有可能局限于现有的代码问题。

5. 测试。

当进行测试时，需要在基础架构（包括容器、VM 部署和资源使用）级别，以及整体应用级别上查找微服务和微服务交互级别的问题。使用基于微服务的应用程序，每个应用程序都可能需要一套测试/监视工具和资源。当发现问题时，了解什么级别的问题应该被处理非常重要。

（四）结论

对微服务的重构需要下一些工夫，但这并不难。只要你能做好准备，并清楚地了解所涉及的问题，就能有效地重构微服务应用，而无须从头到尾重新设计。

1. 专注服务，而非容器。

现阶段，容器听起来很酷，但这种现状不会持续太久。可以预见的是，容器将来也仅仅是一种基础设施。经验丰富的开发人员对部署应用程序的方法和其他几种类型的基础设施已经很熟悉了，容器对他们来说也是很容易接受的。

然而，通过容器架构应用程序，能为基础设施带来新机遇，并且市场前景巨大，这就是为什么微服务应用程序中的服务比其运行的容器化基础设施要重要得多的原因。

模块化一直是应用程序架构的目标，如今，微服务的设想已成为可能，如何构建这些服务最终决定了它们将在哪里运行，以及它们将以何种方式部署。应用程序的功能通过服务满足用户需求，其价值也通过服务来实现。

这就是为什么如果你想充分利用容器，应该考虑的不仅仅只是容器，必须关注服务，因为它们是启用容器的关键。

2. 服务和容器。

为了便于对话，服务和容器是可以互换使用的，因为容器化应用程序的理想用例是解构到服务中，每个服务都被部署为一个或多个容器。

但是，策略不尽相同。服务是一种隐含的基础设施，更重要的是应用程序体系结构。当你谈到作为应用程序一部分的服务时，该服务是持久性的。例如，在没有登录页面或购物车的情况下，你无法临时拥有一个应有程序，更无法指望其进展顺利。

除此之外，容器的生命周期在设计之初就被限定在极短的范围内。理想情况下，在每次部署或还原时，一旦新的部署生效，并且流量被路由到该容器就被终止。因此容器并不持久。如果交货链正常运行，那根本就不重要。只要新部署已存在，并且通信流路由到该容器，就会立即将其"杀死"。所以容器不是持久的。如果交付链正常运行，即使容器终止也无关紧要。

微服务，既是一个应用程序，也是一个基础设施术语，它有一些与之相关联的独特元素，从而使它进一步分化。

单个服务可以部署在多个区域。每个区域都可以有多个版本，例如，A/B 测试或 Canary 版本。每个服务可能具有不同的生命周期。特定于后端的服务可能比前端服务部署要少。

它甚至不一定意味着一个服务等于一个容器或一台主机。该服务是来自应用程序中功能的逻辑抽象，并不直接与基础设施相关。

四、以服务为中心意味着什么

专注于你的服务意味着开发人员不会花时间优化或修改容器编排或配置。如果最终版本的镜像已经准备好，开发者只要关心他们提交的代码就可以了。如果开发人员还需要把容器也纳入考虑范围，那就会打破某种平衡。

开发人员只有在开发环境中才需要考虑容器相关事宜。开发环境和生产环境之间的平衡非常重要。要确保开发人员正在对正确的 Docker 镜像进行测试，并能够访问其他服务，左移 QA 是缓解"它在我的机器上明明能正常工作"这一问题的唯一途径。这是通过强大的容器镜像仓库实现的。

开发环境应该包括在考虑范围内。

五、如何实现以服务为中心的工作流

专注于服务是一项独立的开发任务？其实不是。开发人员着眼于正在构建的功能。如果他们因容器和业务流程而分心，那也是因为他们是技术狂人，想要解决问题，而不是因为他们觉得这是他们的职责所在。

以服务为中心，是团队中的每个人的责任。包括如何架构交付链——不仅要快，而且要避免更广泛的团队需要与之进行交互。因此，以服务为中心需要从管理开始，下放到传递链（或 DevOps），再到工具，最终，开发人员要么保留基础设施包，要么可以自由工作。以下是服务重点的三个关键原则。

1. 规范开发环境。你可以通过找到一个强大的容器镜像仓库，审查图像和标准化开发人员在其框中的工具来执行此操作。由于服务是独立开发的，其中一个挑战是在整个应用程序的服务中看到新功能。因此，开发人员每次提交可以部署的按需集成环境就显得尤为重要。

2. 保持不可变。要想以服务为中心，必须将"基础设施不可变"付诸于实践，而不仅仅是嘴上说说。这意味着在部署容器后将不得再进行更改，只能选择运行或删除。严格禁止 Snowflake 镜像或配置，除了服务本身所需功能之外，不允许访问单个容器。

3. 创建可见性。基于服务的应用程序确实有多个单片应用程序的移动部件。这意味着创建可见性，并为用户提供访问权限至关重要。可见性还应该支持基础设施和应用程序可见性。团队应该能够查看整个应用程序及其中的服务，并能检查单个容器。因此对开发团队来说，应用程序的可见性很重要。

为避免发生重大故障，DevOps 团队还需要尽可能地减小对网络和安全性的影响，其目标是尽可能多地卸载编排工具。

专注于服务的目标是避免分心，只专注于服务功能。如果开发人员专注于构建一个伟大的产品，而 DevOps 则专注于构建最佳的交付链，那么工具链和流程将会变得更完美——如今，这种伟大的产品诞生了，那就是容器和强大的编排工具。

用户总是倾向于使用更优质的应用程序，这就促使公司更加精益求精。至于达到这一目标的机制，并非问题的关键所在。因此，下次再谈论容器时，不妨考虑把重点放在如何构建更好的服务上。

2.13　微服务是否使 SOA 变得无关紧要

服务导向架构（简称 SOA，service-oriented architecture）已经死亡？你可能会这么想。

但其实不然。的确，随着新技术的出现，SOA 本身的价值已经大不如前，但是 SOA 的"遗产"仍在推动微服务市场发展。将 SOA 原则纳入微服务的设计和构建是确保你的产品或服务长期处于有利地位的最佳方式。从此意义上讲，理解 SOA，对于在微服务世界中取得成功至关重要。

在本小节内容中，我将解释设计微服务应用程序时应采用哪些 SOA 原则。

一、简介

如今，在移动终端开发环境中，代码为王，构建具有 RESTful 界面的服务变得很容易，将其连接到数据存储就可以了。如果你想要更进一步，可以把几个公共软件服务（免费或付费）整合在一起，这样就可以拥有一个满足需求的持续交付流水线。欢迎来到 Web 和 buzzworthy 兼容的应用程序开发时代。

在许多方面，微服务是 SOA 的直接产物，有点像服务世界的"朋克摇滚"。它没有严格的规则，只是一些基本原则让所有人保持想法大体一致。微服务最初信奉的是按自己的节奏来的原则。此后，微服务一直在不断发展，一些架构开始让微服务转变为主流。不光是使用微服务的公司，还是 Web 公司都对此感兴趣。

二、定义

1. 微服务：特定业务功能的实现，使用队列或 RESTful（JSON）接口作为单独的可部署工件，可以用任何语言编写，并利用持续交付流水线。

2. SOA：基于组件的架构，其目标是在组织内部跨技术组合，促进重用。这些组件需要松耦合，可以是集中管理的服务或库，并要求组织使用单个技术栈来最大限度地实现可重用。

三、基于微服务开发的优点

正如你所知，微服务具有 SOA 所缺乏的几个良好特性。

1. 允许规模较小、自给自足的团队拥有支持特定业务功能的产品或服务，这大大提高了业务敏捷性和 IT 响应能力。

2. 自动构建和测试，虽然可能不涉及 SOA，但是关键。

3. 允许团队使用他们想要的工具，主要围绕使用哪种语言和 IDE。

4. 以敏捷为基础的开发，直接访问业务。微服务和移动开发团队已经成功地向企业展示了技术人员如何适应并接受不断反馈的业务。过去，瀑布式软件交付方法受制于不必要的开销和交付日期延长的影响，随着业务变化，开发团队起初创建的产品，在交付时常常无法满足业务需求。甚至像 Rational Unified Process（RUP）这样的迭代开发方法在业务、产品开发和开发人员进行实际工作之间都有抽象层。

5. 对服务的最小粒度的普遍了解。关于"添加客户端业务功能，还是客户端管理业务功能"的争论一直存在，两者都可以被实际运营的业务方了解。你可能不愿相信，但技术并不等同于业务（对于世界上大多数企业而言）。回溯到 SOA 还是行业霸主时期，一些服务只执行一个数据库操作，其他服务则在系统中添加客户端，当 IT 缺乏统一标准时，会导致业务混乱。

四、SOA 如何助力

看完这些定义后，你可能会想："微服务听起来好得多。"的确，这正是未来架构发生演变的原因，只是它抛弃了许多在 SOA 世界中获得的经验教训，放弃了 SOA 尝试实现的好经验，因为这一领域的 IT 供应商为了推出更多的产品，而改变了一切。

企业集成模式（定义企业如何采用新技术或概念）是微服务利用 SOA 所做的工作的关键所在。每个参与整合空间的人都可以从这些模式中获益。然而它们只是概念，微服务是实现这些概念的一种很好的技术方法。

下面，列出了微服务生态系统中应用 SOA 原理获得巨大成功的两个领域。

（一）API 网关

微服务鼓励点对点连接，每个客户端都可以按自己的方式处理日期和其他细微之处。由于大多数公司提供的微服务的数量急剧增加，这种方式不可持续。

因此，在 SOA 环境中，企业服务总线（ESB）旨在为不同应用程序提供通信方式。SOA 原本打算将 ESB 用于服务组件之间传输，而不是在整个企业中心传输，类似厂商推动，大公司购买，但是，人们对 SOA 模式的评价十分糟糕。

ESB 中成功的产品提供商已经转变为今天的 API 网关供应商，便于单一组织集中管理它们所呈现的端点，并为那些多年来尚未触及但对业务至关重要的旧式服务（SOA 或 SOAP 服务）提供转换服务。

（二）首要标准

SOA 具有 WS- *标准。此标准虽然严格，但在很大程度上保证了互用性。这些标准特别是像 WS-Security 和 WS-Federation 这类更常见的标准，允许企业调用其在合作伙伴系统中使用的服务——虽然它们只是一个清单，但任何人都能理解。

微服务已经开始形成一套正式标准，也有很多提供相应服务的供应商。OAuth 和 OpenID 认证框架就是两个很好的例子。随着微服务的成熟，在内部构筑一切是有趣、充实并且对自身有益的。但令人沮丧的是，随着新特性的引入，代码需要不断地被修改。

标准正被迅速整合的另一面是 API 设计和描述。在 SOA 世界中，有一种方法既没有美感，又几乎不可读，但是 Web 服务定义语言（WSDL）却是一种通用的标准化编目网络服务的格式。

截至 2017 年 4 月，所有主要的参与者（包括谷歌、IBM、Microsoft、MuleSoft 和 Salesforce）都参与了提供构建 RESTful API 的工具，并且都是 OpenAPI 倡议的成员。曾经有多个标准（JSON API、WASL、RAML 和 Swagger）的市场，变成了可以用单一方式描述所有内容的市场。

五、结论

SOA 源于一组概念，与微服务架构具有相同的核心概念。SOA 落后是因为驱动了太多管理。

为了使微服务生存下去，服务团队不仅需要汲取以往的宝贵经验，并且需要借鉴敏捷开发的方法，还需要采取适当的反治措施，防止 SOA 管理机制的重演，甚至需要引入 ITIL，使运营团队茁壮成长。

☑ **企业应用商店和大型应用系统的一键部署**

2.14　从零开始建立 Rancher Catalog 模板

Rancher 提供了许多可重用的、预先构建好的程序栈模板。拓展这些已有的模板或者创建并分享已完成的新模板，是参与 Rancher 用户社区的好方式。同时，这也可以帮助你的组织更高效地利用基于容器的技术。本小节致力于通过现有的最好的工具和技术来帮助新 Catalog 模板的作者快速投入工作。

在这一小节中，我们将构建一个十分简单（但不是非常有用）的 Cattle Catalog 模板。在后文中，我们将以更多细节来完善这个模板，直到我们拥有一个可以正常工作的、多容器的、基于 nginx 的静态网站，它利用了 Rancher Compose、Docker Compose 和 Rancher Cattle 的基础设施。

一、概述和术语

在我们创建一个新的 Rancher Catalog 模板之前，让我们先来弄清楚一些通用的术语。如果你是一个有经验的 Rancher 用户，你可以能够快速浏览本部分内容。如果你是 Linux 容器、集群管理及容器编排世界的新手，那么现在是去 Google 上进行搜索的好时候。

从我们的目的来看，Rancher 是一个能够部署基于容器的程序栈，并管理其生命周期的开源软件，它支持大多数通常容易获得的开源的容器编排框架。

在先前提到的每一个自动化容器管理框架的背景下，Rancher 包括一个预先建立好且可重用的应用模板的目录。这些模板可能由一个单一的容器镜像构成，但是它们常常由多个镜像拼接而成。模板能被填入特定环境的配置参数，并且可以通过 Rancher 管理员控制台实例化运行中的程序栈。如图 2-63 所示是通过 Rancher 管理员控制台看到的几个程序栈。注意：WordPress 和 Prometheus 栈被展开以显示每一个程序栈中的多个容器。

我们将会专注于 Rancher 自己的 Cattle 编排框架。如图 2-64 所示，它们是一些为 Cattle 装配的预先建立好的 Catalog 模板示例。

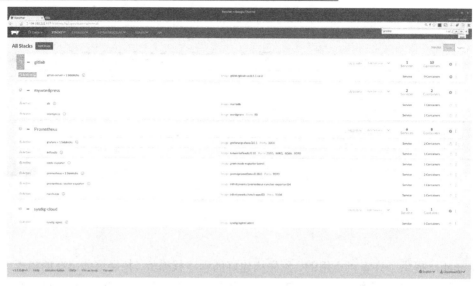

图 2-63　通过 Rancher 管理员控制台看到的几个程序栈

图 2-64　Catalog 模板

二、建立第一个 Rancher Cattle Catalog 模板

虽然许多时候这些预先建立好的 Rancher Catalog 模板可以直接被装配使用，但是有时需要修改一个模板（并且之后需要提交你的 pull 请求至上行流），甚至当你期望的程序栈并不存在时，还需要重新创建一个新的模板。

（一）手动建立模板的条件

对这个练习而言，手动建立模板的条件是首先假定你有：

（1）一台运行着 Rancher Server 容器的容器主机。

（2）至少一个运行着 Rancher Agent 的计算节点（就这个 demo 而言，（1）和（2）可以使用同一台主机）。

（3）一个配置好的 Rancher Cattle 环境（默认具有一个运行中的 Rancher Server 实例）。

（二）添加一个定制的 Cattle Catalog 模板

在默认情况下，Rancher 管理员控制台上所列出的 Catalog 模板来自于 Rancher Community Catalog Repository。我们将创建我们自己的 Git 仓库作为新的"demo 应用"的 Cattle Catalog 模板。首先，要在我们自己的本地工作站上建立工作目录。

尽管这里没有什么高深的魔法，但还是让我们按下面的步骤一步一步地来做：在工作空间下建立一个名为"rancher-cattle-demo"的工程工作目录。名字和路径可以是任意的，但是你可能会发现根据以下惯例命名工作目录和 Git 仓库很有用：rancher- <orchestration framework>-<app name>。

图 2-65　建立名为"rancher-cattle-demo"的工程工作目录

创建 Git 仓库，若在本地则使用 Git init 命令，若在 GitHub 上则通过 hub 途径。

用 Rancher Cattle 目录模板所必须的最小文件集合来填充这个仓库。下面将详细介绍这些内容。

现在让我们进行这个示例模版的第一步提交（git push）。

图 2-66　示例模板的第一步提交

你可能想确保你是否成功地推送到了 GitHub 上。图 2-67 是进行上面的推送后账户信息界面。

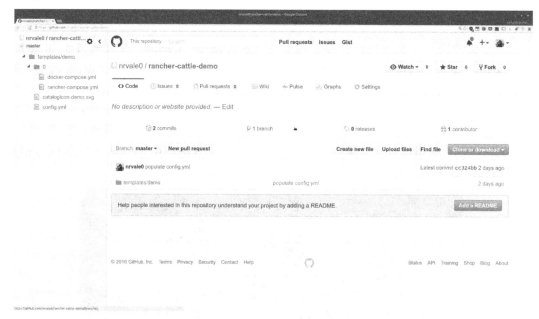

图 2-67　推送后账户信息界面

值得注意的是，在图 2-67 中，我使用了 Chrome 浏览器插件 Octotree 来获得整个仓库文件系统完整的视图。

现在让我们配置 Rancher，以放入我们新的 Catalog 模板。如图 2-68 所示，这是在 Admin/Setting 菜单下，使用 Rancher 管理员控制台完成的。

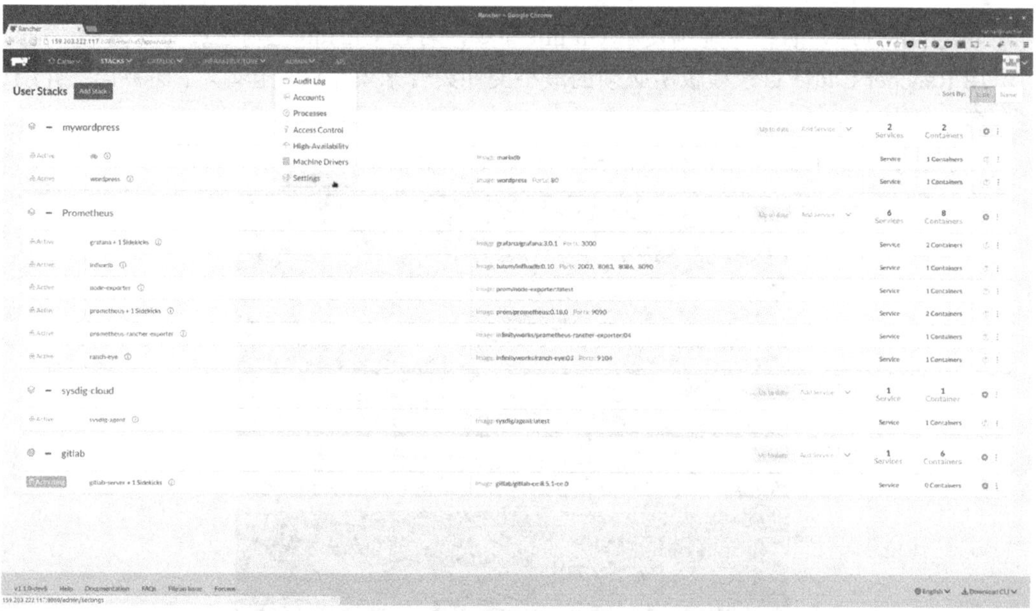

图 2-68　通过 Rancher 管理员控制台完成的配置

单击页面中间的"Add Catalog"前面的"+"号，出现一个文本框。在这个文本框中你可以为新的 Catalog 仓库输入名字和 URI。在这次示范中，我为新的 Catalog 仓库起的名字为 Demo App。填写是根据先前定制的 Catalog 设置，如图 2-69 所示。

图 2-69　添加 Catalog 仓库界面

现在我们可以在 Rancher 管理员控制台里的 Catalog/demo 应用中查看容器模板的列表。在这个案例中就是我们的 Demo App 模板。但是，这里有什么地方错了呢？

虽然我们已经为 Rancher Cattle 模板成功创建了框架，但是我们既没有为我们的模板放入任何的元数据，也没有填充对于我们基于容器的应用的定义或配置。尽管基于 dock-compose.yml 和 rancher-compose.yml 的应用值得用一整篇文章（或两篇）来定义，但就目前来看，我们只会关注模板的基本元数据，如图 2-70 所示。换句话说，我们只会看一下 config.yml 的内容。

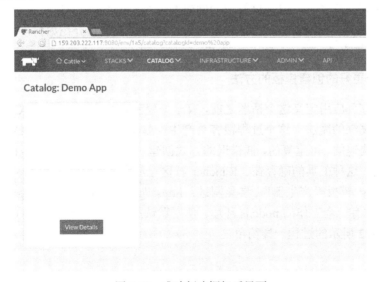

图 2-70　成功创建框架后界面

（三）最小的 config.yml

Rancher 文档包含了关于 config.yml 的细节信息，参见网址 https://docs.rancher.com/rancher/latest/en/。

config.yml 文件是与模板相关的元数据的初始资源。让我们看以下示例：

---name: Demo Appdescription: > A Demo App which does almost nothing of any practical value.version: 0.0.1-rancher1category: Toy Appsmaintainer: Nathan Valentine <nathan@rancher.com|nrvale0@gmail.com>license: Apache2projectURL: https://github.com/nrvale0/rancher-cattle-demo

若从文件名看不出来的话，元数据就会被指定为 YAML。有了以上的 YAML 和 Git 提交中的图标文件，让我们看看模板的新状态吧，如图 2-71 所示。

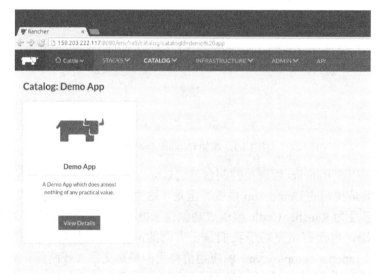

图 2-71　模板新状态

虽然这看起来好多了，但是目前我们创建的这个 Catalog 模板还没什么实际性的作用。在第 2.15 节《如何在 Rancher 上运行 Elasticsearch》中，我们将介绍如何创建我们的程序栈（提示：它包含填充 docker-compose.yml 和 rancher-compose.yml 文件）。

（四）一个更好的创建模板的方法

在我们转移到应用定义这个话题之前，有一个秘密。在手动创建新的 Catalog 模板的时候不需要任何高深的魔法，这个过程很容易产生一些小而愚蠢的错误而引发问题。拥有一个能让我们以快速的、可重复的、低错误的方式创建一个新的 Catalog 模板的工具将会是极好的。事实上，这种工具的确存在。Rancher 社区已经向 The Yeoman Project 提交了一个 Rancher Catalog 模板"产生器"，参见网址：https://github.com/Slashgear/generator-rancher-catalog。假定你有一个工作的 node.js 环境，使用默认的框架产生一个新的 Cattle Catalog 模板，就像图 2-72 所示的过程一样简单。

图 2-72　使用默认框架产生新 Cattle Catalog 模板

2.15　如何在 Rancher 上运行 Elasticsearch

Elasticsearch 是当前最流行的大数据集分析平台之一，对于日志聚合、商业智能及机器学习等各类用例而言，Elasticsearch 是一个很有用的工具。Elasticsearch 基于 REST 的简单的 API，使得创建索引、添加数据和进行复杂的查询变得非常简单，这也是它大受欢迎的原因之一。但是，在你开始构建数据集和运行查询之前，需要设置一个 Elasticsearch 集群，这可能会有点难。现在我们来看看 Rancher Catalog 是如何让配置一个可扩展、高可用的 Elasticsearch 集群变得容易的。

假设你已经有一个运行中的 Rancher 集群，那么让 Elasticsearch 在你的集群上运行起来非常简单。只要通过顶部菜单打开 Catalog，然后搜索 Elasticsearch，如图 2-73 所示。Elasticsearch 条目有两个版本，我们假设你使用的是 2.x，因为这是最新的稳定版本。要从集群启动 stack，请选择查看详细信息，然后在后续屏幕中选择 stack 名称和集群名称，然后选择启动。

这个 stack 会启动以下服务：kopf、Client、Datanode 和 Master。kopf 容器提供了 Web 界面，用来管理你的 Elasticsearch 集群，如图 2-74 所示。Datanode 储存实际的索引。主节点运行集群管理任务，客户端节点发起和协调你的搜索和其他操作。开始时，Elasticsearch 集群各种类型的容器都只有一个（Master、Client、Datanode 有两个辅助容器）。但是，你可以根据查询负载和索引的大小扩展组件。请注意，你需要不同的物理主机才能使 Datanode 容器正常工作。因此，你可能需要注册更多的 Rancher 计算节点。

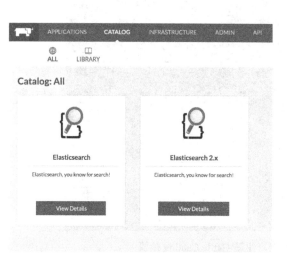

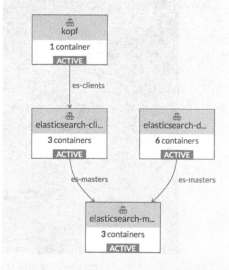

图 2-73　打开 Catalog，搜索 Elasticsearch 界面　　　图 2-74　kopf 容器提供了 Web 界面

当所有容器都处于 active 状态时，你就可以到运行着 kopf 容器的主机中，启动 kopf 界面。单击 nodes 选项卡，就会看到我之前提过的各种组件，如图 2-75 所示。如你所见，为了给索引提供冗余存储，我启动了第二个数据节点。我们将很快看到，当创建索引时，我们可以控制数据片的数量和每个片的备份。这样不仅可以提供冗余，还可以提升查询处理的速度。

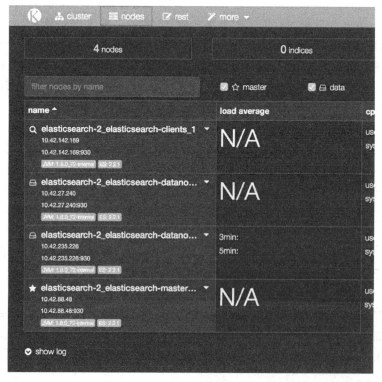

图 2-75　nodes 选项卡中各种组件

在 kopf 的顶部菜单中，选择更多（more），然后选择创建索引（create index）。在之后的页面中，你会被要求输入索引名称（index name），分片数（number of shards）和副本数（number of replicas）。默认值为 5 个分片和 1 个副本，因为索引设置的分片数和副本数高度依赖于数据集和查询模型。shard 数有助于将数据扩展到多个节点，并且并行处理查询。如果你只有一个 Datanote，多分片可能看不到好处。此外，如果你期望数据快速增长，可能需要更多分片，以便于你稍后添加节点并将数据移动到这些分片上。另外要注意的一点是，Elasticsearch 建议最大的堆大小为 32GB，所以最大分片的大小应该也约为 32GB，以便它可以尽可能地保存在内存中。

另一方面，副本与数据大小不太相关，它与冗余和性能的关系更紧密。所有对索引的查询都需要查看每个分片的副本，如果一个分片有多个副本，即使一个节点不可用，数据也依然可用。此外，使用多个副本，对指定分片的查询负载会分散在多个节点间。多个副本只有在集群中具有多个数据容器或节点时才有意义，而且在扩展越来越大的集群时会变得更加重要。

举例来说，定义一个叫 movies 的索引，给它设置 2 个分片和 2 个副本。现在从顶部菜单中选择 Rest 选项卡，以便我们向索引中添加一些文档，并测试一些查询。Elasticsearch 是无模式的，所以我们可以向索引中添加任意形式的数据，只要它是正确的 JSON 格式就行。将 path 字段更新为/movies/movie/1，如图 2-76 所示。path 的格式为/INDEX_NAME/TYPE/ID，movies 是我们刚刚创建的索引，movie 是我们给即将提交的文档类型的名称，id 是这个索引中文档唯一的 ID。ID 是可选的，如果你在 path 中省略了，那么你的文档会被创建一个随机的 ID。添加了 path 之后，选择 POST 方法，在底部的文本字段中输入你的 JSON 文档，单击发送。这样将把这个文档添加到索引中，并且会向你发送一个确认消息。

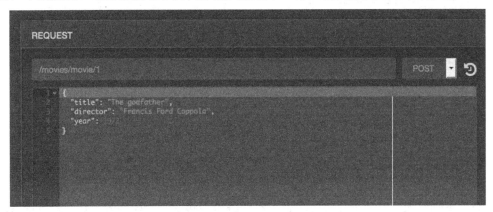

图 2-76　path 字段更新

在添加了几个 movie 到索引之后，我们就可以用同样的界面从索引中搜索和聚合数据了。将 path 字段更新为/movies/movie/_search。path 的格式为 /INDEX_NAME/TYPE/_search，其中，INDEX_NAME 和 type 都是可选的。如果省略 type，则会搜索所有类型。如果省略索引名，则会搜索所有索引。

Elasticsearch 支持多种不同类型的查询，我们在这里只介绍几种常见的类型。第一种类型是自由文本查询，查询字符串参数允许使用 Elasticsearch Query DS 进行复杂的查询。也可只输入简单的字符串进行匹配，这将匹配文档任何字段中指定的词。

```
{
    "query": {
        "query_string": {
            "query": "Apocalypse"
        }
    }
}
```

例如，上面的查询会返回下面的结果。结果中包含处理查询花费的时间、搜索的分片数、结果总数及每个结果的详细信息。

```
{
  "took": 139,
  "timed_out": false,
  "_shards": {
    "total": 2,
    "successful": 2,
    "failed": 0
  },
  "hits": {
    "total": 2,
    "max_score": 0.5291085,
    "hits": [{
      "_index": "movies",
      "_type": "movie",
      "_id": "AVSvEC1fG_1bjVtG66mm",
      "_score": 0.5291085,
      "_source": {
        "title": "Apocalypse Now",
        "director": "Francis Ford Coppola",
        "year": 1979,
        "genres": [
          "Drama",
          "War"
        ]
      }
    }
  ....
```

除了查询文本之外，你还可以指定一个字段或一些字段的估计值，从而将查询范围限制为搜索文档的一个子集。比如，下面的查询会返回与之前一样的结果，但是必须查看文档的一个子集，并且数据集大会有好的性能。这里还有很多其他操作。

```
{
  "query": {
    "query_string": {
      "query": "Apocalypse"
      "fields": ["title"]
    }
  }
}
```

```
        }
```

我们可以把查询字符串包裹在 filtered 对象中，这样会对查询的结果进行过滤。这允许我们对初始数据集保持任意格式的查询，但随后过滤出我们查找的特定数据。

```
{
  "query": {
    "filtered": {
      "query_string": {
        "query": "Apocalypse"
        "fields": ["title"]
      }
      "filter": {
        "term": { "year": 1979 }
      }
    }
  }
}
```

最后，聚合可能是你会运行的另外一种形式的查询，它对于计算有关数据的统计信息很有用。下面展示了这些类型的聚合的两个例子。第一个将返回每个导演指挥的电影的数量，第二个将返回我们的数据集中所有电影的平均评分。

```
{
  "aggs": {
    "group_by_director": {
      "terms": {
        "field": "director"
      }
    }
  }
}
{
  "aggs" : {
    "avg_rating" : { "avg" : { "field" : "rating" } }
  }
}
```

Elasticsearch 是在大型非结构化数据集上运行分析的最佳方法之一，在从日志聚合、机器学习到商业智能等许多领域中皆被广泛使用。本部分内容中，我们看到了使用 Catalog 在 Rancher 上设置一个功能齐全的 Elasticsearch 集群多么简单。此外，我们还快速了解了 Elasticsearch 使用 REST API 的强大功能。只要你有 Elasticsearch 可用，并且运行了起来，你就可以使用它作为许多不同的用例与许多可用的可视化和聚合框架的主机，比如实时可视化的 Kibana 或业务分析的 Pentaho 框架。

2.16 如何在 Rancher Catalog 中使用 VMware Harbor

Harbor Registry 是 VMware 公司的 Docker 镜像管理产品。相较于其他镜像仓库，Harbor 可提供身份管理功能，并且安全性更高，支持单个主机上的多个 Registry，这些功能正是很多企业用户需要的。

在 Rancher 容器管理平台之上，VMware Harbor 可以被添加为 Rancher 应用商店（Catalog）中的一个条目。本部分内容将展示如何将 Harbor 在线安装程序 Docker 化，然后 Rancher 化，从而在 Docker 主机的分布式集群上安装 Harbor。

为了进一步了解 Docker 容器和它们的生态系统，我在过去几个月里一直在关注 Rancher（开源容器管理平台）。我最感兴趣的是 Rancher 的可扩展的应用商店（Catalog）和基础设施服务，Library 为官方应用商店目录（由 Rancher 维护和构建），还有一个叫做"社区应用商店"（由 Rancher 维护，但由 Rancher 社区建立和支持）。此外，用户还可以添加私有应用商店目录（你可以添加自己的私有目录条目，并且自己进行维护）。

虽然 Rancher 支持用户连接 Cloud Registry，但是在社区目录中只有一个 Registry（Convoy Registry）可以进行部署和管理。这是添加 VMware Harbor（如图 2-77 所示）为私有目录项的好机会。

图 2-77　VMware Harbor

你应该考虑所有你了解到的情况，从字面上说，即在当前的形态下，能否把一个想法照搬到生产目的中去。

一、升级困难

首先，我需要先完成一定数量的任务，以完成初始目标。一般来说，一个任务都是依赖于另一个任务的。

如果你想要创建 Rancher 应用商店条目，就要从应用程序定义文件（使用默认的 Cattle 调度程序时的标准 Docker Compose 文件）和 Rancher Compose 文件上实例化你的应用程序。shell 脚本或类似的东西并不能成为 Rancher 应用商店条目的一部分。

你是不是在研究如何（通过"在线安装程序"文档）在 Docker 主机上安装 Harbor？它与 Rancher 应用商店模型并不真正兼容。你可以参考下面的步骤。

安装 Harbor 时，必须先下载 Harbor 在线 tar.gz 安装程序文件，并在 harbor.cfg 文件中设置你的配置，然后运行"准备"脚本。这个脚本会输入 harbor.cfg 文件，然后创建配置文件和环境变量文件。最后，运行 Docker Compose 文件以传递配置文件和环境变量文件作为 Docker Compose 的卷和指令（要注意一些过程是发生在主安装脚本下的，并且是在屏幕下发生的），这才是标准的在线安装程序。实际上，Docker Compose 文件抓取了 Docker Hub 的 Docker 镜像，而且根据配置输入实例化了 Harbor。最后，将开始的简单"PoC"项目分成了三个"子项目"：① 将 Harbor 在线安装程序 Docker 化，这样"准备"过程就能作为 Docker Compose 的一部分；② 将输入的参数作为变量传递到 Docker Compose 中去（而不是手动编辑 harbor.cfg 文件，然后执行整个准备 circus）；③ 将已经 Docker 化 Harbor 在线安装程序 Rancher 化，并且创建一个 Rancher 私有应用商店以模拟典型的单主机 Harbor 设置。

作为奖励，可以将 Docker 化的 Harbor 在线安装程序 Rancher 化，并创建一个 Rancher 私有应用商店的应用模版，让我们可以在 Docker 主机的分布式集群上安装 Harbor。

要注意的是，我需要创建一个 Docker 化的 Harbor 在线安装程序来匹配 Rancher 的目录模型，而且当你无法采用手动和交互式的方式，只能自动启动 Harbor 时，你也可以用这个在线安装程序（Rancher 是这些用户实例之一）。

在接下来的内容，我会详细地介绍为了实施这些子项目所做的一些工作。

（一）子项目 1：将 Harbor 在线安装程序容器化

在我写这篇文章的时候，Harbor 0.5.0 已经可以使用 OVA 或通过安装程序来安装。安装程序可以在线（镜像从 Docker Hub 动态提取）或离线（镜像是安装程序的一部分，并会在本地加载）安装。

我们接下来要关注的是在线安装程序。

正如我们已经提到的，一旦你下载了在线安装程序，就要调整在安装包模板中附带的 harbor.cfg 文件的参数以"准备"你的 Harbor 安装。

然后将生成的配置集输入到 Docker Compose 文件中（通过映射为卷的本地目录和通过 env_file 指令）。

如果不通过"准备"过程，直接将 Harbor 设置参数传递给 Docker Compose 文件，这样做是不是会更容易或更好？

进入 Harbor-setupwrapper。

Harbor-setupwrapper 是一个包含新 Docker 镜像的 Harbor 安装包，并或多或少可以在 Docker

容器中实现"准备"进程。而 Harbor 配置参数作为环境变量输入到容器中。最后，在容器中运行一个脚本，启动准备例程（这是所有容器本身就包含的），当然这一步也是很重要的。

这个镜像的 Dockerfile 和启动准备例程的脚本都是值得研究的问题。

其实，什么是 harbor-setupwrapper.sh 和什么是以 install.sh 为标准的 Harbor 在线安装程序，这两个问题是非常相似的。

我们现在有一个新的 Docker Compose 文件，这个文件是建立在原始 Docker Compose 文件的基础上的。此外，这个原始 Docker Compose 文件是官方在线安装程序附带的。现在，你可以通过"组合"这个新的 Docker Compose 文件传递你在 harbor.cfg 文件中调整过的参数，如图 2-78 所示。

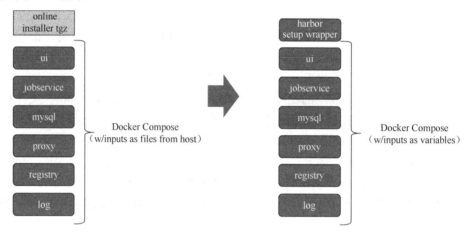

图 2-78 参数传递

一定要注意，这只是一个 PoC!

我只测试了 HARBORHOSTNAME 和 HARBOR ADMIN_PASSWORD 变量，其他变量应该也是可以运行的，但我并没有进行测试，肯定会有特殊情况发生。例如，如果你选择使用安全连接（https），而我还没有找到创建证书的方法。这个时候就需要实现 harbor-setupwrapper.sh 中的附加逻辑（提示：启用 https 可能会发生一些奇怪的事情），采用原始的在线安装程序就意味着要在单个 Docker 主机上运行。我会在同样的模型和相同的前提条件下，实现这个新的安装机制。

基于以上原因，我没有试过在分布式 Swarm 集群上部署这个 Compose 文件。另外，虽然说"legacy Swarm"已转换成了"Swarm 模式"，但 Docker Compose 和后者似乎并不兼容，而我又不想花太多的时间在前者上，于是我选择不在 Swarm 环境中测试它。

也许会有更多的警告，只是我没有想过（但肯定可能存在）。

将 wrapper（由 harbor-setupwrapper.sh 脚本生成）中的配置文件提供给应用程序容器并不难。我已经实现了 volumes_from 指令，所以应用程序容器可以直接从 wrapper 容器中获得相关的配置文件。

找出将 ENVIRONMENT 变量（在 wrapper 容器上的各种文件）传递到应用程序容器上的方法存在一定的难度。而且我无法在 Compose 中运行 env_file 指令，因为指令指向的是运行 Compose 的系统中可见的文件（在我使用时，这些文件在 wrapper 容器中）。简单来说，即我改变了应用程序容器的入口，指向了一个脚本，首先要加载这些环境变量，然后启动原始脚本或原始入口的命令。如果你愿意的话，可以检查 harbor-setupwrapper GitHub repo 中所有的 entrypoint * .sh 文件。

　　如果你打算按照这个方法做，并且用这个新的机制设置 Harbor 的话，那你就需要克隆 harbor-setupwrapper repo 和在 harbor-setupwrapper 目录中发现的 Docker Compose 文件。但是，在启动之前，先要导出 HARBORHOSTNAM 和 HARBOR_ADMIN_ PASSWORD 变量。这相当于在原始安装程序中调整 harbor.cfg 文件。如果你忘记导出这些变量，Docker Compose 显示如图 2-79 所示。

```
root@harbor:~/harbor-setupwrapper# docker-compose up -d
WARNING: The HARBORHOSTNAME variable is not set. Defaulting to a blank string.
WARNING: The HARBOR_ADMIN_PASSWORD variable is not set. Defaulting to a blank string.
Creating network "harborsetupwrapper_default" with the default driver
...
```

图 2-79　显示未导出的变量

　　至少要对 HARBORHOSTNAME 变量进行设置，把 HARBORHOSTNAME 变量设置为将要安装它的主机的 IP 地址或 FQDN（否则设置将不起作用，我会在后面解释原因）。如果你没有对 HARBOR_ADMIN_PASSWORD 变量进行设置的话，那就需要用默认的 Harbor 密码，一般为 Harbor12345。

　　可以执行如图 2-80 所示命令行：

```
root@harbor:~/harbor-setupwrapper# export HARBORHOSTNAME=192.168.1.173
root@harbor:~/harbor-setupwrapper# export HARBOR_ADMIN_PASSWORD=MySecretPassword
root@harbor:~/harbor-setupwrapper# docker-compose up -d
Creating network "harborsetupwrapper_default" with the default driver
Creating harbor-log
....
```

图 2-80　相关命令行执行示意图

　　注意：如果你打算在同一个主机上反复实施 Harbor 实例，并打算从头开始的话，那么一定要删除主机上的/ data 目录（因为它会保存实例状态，如果新实例找到了这个目录，那么它将接收之前的实例状态）。

（二）子项目 2：创建单主机部署的 Rancher 应用商店条目

　　可以通过 "compose up" 来 Docker 化 Harbor 安装程序。现在可以把注意力放在第二个子项目了。换句话说就是，创建 Rancher 应用商店条目的结构。

　　这应该是比较容易的。毕竟，我们之前讨论过关于重新使用新 docker-compose.yml 文件的问题。

　　比较困难的都是细节问题，特别是在容器的文章里，为了"修复"一个特定问题而进行的调整通常意味着在其他地方打开 worms。

　　尽可能写一些读者需要的或是读者想要了解的东西，以便于详细了解这个安装包，经历分享是希望可以在其他情况下帮到读者。

　　首先，在 Rancher 的 sidekick 中你只能做到 "volume_from"。最开始的时候，将 "io.rancher. sidekicks：harbour-setupwrapper" 添加到 Compose 中的每个容器。这会为每个容器创建一个 harbor-setupwrapper 以辅助容器，这是一个 sidekick。虽然看起来都已经准备就绪，但我最后发现在一个单一的 Harbor 部署下运行多个脚本的实例可能会导致各种配置不一致（例如用不可信的密钥签名的令牌等）。

因此，需要改变策略，变成只有一个 harbor-setupwrapper 容器的实例（在过程中将会生成所有的配置文件），我已经在主容器与其他应用程序容器中实现了它。实际上，只是添加了 io.rancher.sidekicks：registry，ui，jobservice，mysql，proxy 作为 harbor-setupwrapper 容器的标签。

通过开放一个问题来解决另一个问题。sidekick 容器的名称解析并不会真的像你预想的那样运作，所以我只能找出其他解决方法（如果你感兴趣的话，可以在这里了解并修复问题，参见网址：https://forums.rancher.com/t/cant-resolve-simple-container-names-within-sidekick-structure/3876）。

在创建 Rancher 应用商店条目的过程中，还有两个问题需要解决：第一，harborhostname 变量需要设置为确切值，这样用户就可以通过它连接到该 Harbor 实例；第二，所有 Harbor 容器都只能部署在单个主机上，这个主机可能是许多主机（Cattle）集群中的一个。

可能会让 Rancher 专家再一次感到害怕，为了给主机上的所有容器贴上 "harbor-host = true" 的标签，我已经配置了 Docker Compose 文件。

这样就能确保所有容器都部署在同一台主机上（更重要的是，对某一个主机有一定程度的控制权）。而且，因为知道容器将要到达哪个主机，所以可以明智地选择变量 HARBORHOSTNAME，它可以是主机 IP 地址或主机 FQDN。

最后，Docker Compose 文件将会发布主机上代理容器的端口 80 和 443（显然在该主机上这些端口是免费的，不然部署会失效）。也许这不是一个最佳实践，但可以解决一些基本问题。

注意：因为状态会保存在主机的/data 目录中，所以如果你是为了测试而启动和关闭 Harbor 实例，那你要将状态保存在多个部署中。这和你运行一个真正的云本地应用程序还是有很大差距的，但它能说明 Harbor（0.5.0）是怎么构建的，这里只是介绍单个主机上的 Rancherization 方案的原本操作模式。

图 2-81 说明了单个主机部署中各个组件间的详细信息和关系。

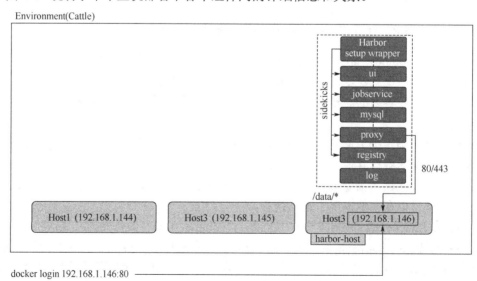

图 2-81　单个主机部署中各个组件间的详细信息和关系

图 2-82 是运行过程中的实际部署界面图。

图 2-82 实际部署界面图

用于单主机部署的 Rancher 的 Harbor 私有应用商店应用模版的当前状态如下：它只适用于 Cattle 调度程序。构建 Swarm 和 Kubernetes 的 Harbor 目录的版本和 Cattle 版本之间应该是没什么关系的。

这个应用模版有上述 Docker 化在线安装程序的所有限制（例如，它不支持 https 等），在 Docker 主机上推送或拉取镜像时，要在 Docker 守护进程上设置 "-insecure-registry" 标志（因为我们只能通过 http 访问启动 Harbor）。

有一个主机必须要有 docker-compose 的 "harbour-host = true" 标签，这样才能够正常工作和调度容器，具有 harbour-host = true 标签的主机上必须要有可用的端口 80 和 443。

你可以在我的 Rancher 应用商店的扩展库中找到这个子项目的可交付项，参见网址：https://github.com/mreferre/rancher-catalog-extension。

（三）子项目 3：分布式部署的 Rancher 应用商店条目创建

这是操作分布式应用程序中非常有挑战性的部分，也是很有趣的部分。虽然 Harbor 是一个容器化应用程序，但因为某些原因，它并不是应用云本地应用程序操作最佳实践的理想选择。它不遵守十二因子应用（The Twelve-Factor App）的方法论。

首先，6 个容器都是在众所周知的单个主机上运行的前提下，已经部署了 Harbor 安装程序。

Harbor 软件包附带了一个嵌入式的 syslog 服务器，Docker 守护进程会和这个服务器进行会话/日志。如果查看了原始的 Docker Compose 文件，你会发现假定 syslog 在所有其他容器的同一主机上运行，那么所有应用程序容器都会记录到 127.0.0.1。

必须输入（作为设置参数）确切的 Harbor 主机名，以便于用户连接注册表服务器。理想情况下，在云原生的环境中，应用程序应该能够使用与其关联的任何给定的 IP/FQDN。最后，应该有一个选项来设置（后设置）应用程序使用正确的 IP/FQDN 端点。对于 Harbor 0.5.0，要知道（预先）在启动设置之前的 IP/FQDN 是什么（在动态、自服务和分布式环境中更加难以操作）。也就是说，如果你的 Harbor 服务以 "service123.mycompany.com" 形式暴露在用户面前，你就必须在部署时输入该字符串作为 FQDN（甚至可能不知道容器在哪些主机上部署）。

假设 Harbor 在已知的单个主机上运行，产品将自己的状态保存在其部署到的主机的本地目录上。这是通过容器配置中不同的目录映射完成的。

这个子项目的目标是让 Harbor 在一个 Cattle 集群上运行，而不是在一个已知的主机上运行。为此，日志图像在集群的每个节点上需要实例化（即要求每个节点必须具有标签"harbor-log = true"）。一个更好的解决方案是有一个单独的 syslog 服务器指向（从而完全摆脱 Docker Compose 中的日志服务）。

此外，由于我们不知道代理服务器将要到达哪个主机（在这种情况下，希望在服务发现方面实现低接触体验），通过利用 Traefik 实现了 Harbor 分布式模型。如果你熟悉 Docker，就会发现 Traefik 类似于 Docker 通过 Swarm 模式提供的 HTTP Routing Mesh 开箱即用体检。要注意代理容器端口（端口 80 和 443）不会暴露在主机上，Traefik 是将服务暴露给外界的唯一方法（在这个特定的分布式实现中）。

这样的总体想法是，你的 DNS 可以解析运行 Traefik 的 IP，然后 Traefik 会自动地将你在 Harbor 设置中输入的主机名添加到配置中。

存储管理也是一个有趣的部分。在分布式环境中，你不能让容器将数据存储在任何给定时间点都能及时运行的服务器上。如果容器在另一台主机上重新启动（因为失败或升级），它需要访问同一组数据。更不用说其他容器（可能在不同的主机上运行）需要访问同一组数据。

为了解决这个问题，我选择用 Rancher 提供的通用 NFS 服务，它灵活、方便，并且是有用的。因为它允许你预先配置所需的所有卷（在这种情况下，它们通过 Harbor 目录条目重新实例化），或者你可以让 Docker Compose 在实例化时自动创建（在这种情况下，当 Harbor 实例关闭时，它们会被删除）。要注意的是，所有卷都映射到应用程序容器（除了不需要卷的日志和代理容器之外）。这里有很大的优化空间（因为不是所有的卷都需要映射到容器），但我暂时不会考虑这个问题。

因为在 Docker Compose 中没有卷目录映射（所有卷都命名为 NFS 共享上的卷），所以这会使所有主机无状态。图 2-83 显示了分布式部署中各个组件间的详细信息和关系。

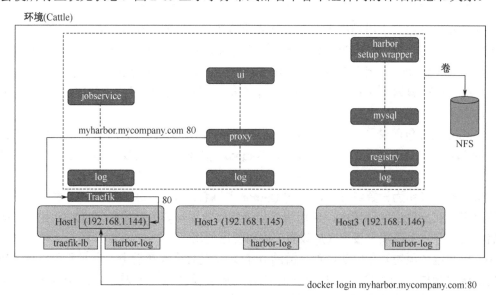

图 2-83　分布式部署中各个组件间的详细信息和关系

图 2-84 则显示了实际操作中的部署界面。

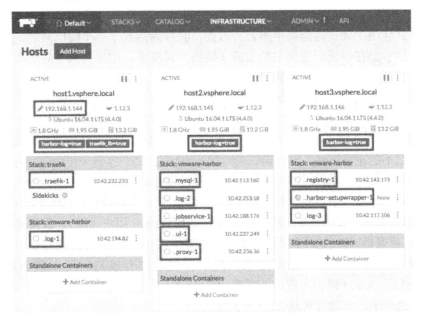

图 2-84　实际部署界面

Rancher 用于分布式部署的 Harbor 私有应用商店条目状态如下。

它只适用于 Cattle 调度程序,构建 Swarm 和 Kubernetes 的 Harbor 应用商店版本和 Cattle 版本之间应该是没什么关系的,这个应用商店条目也有上述 Docker 化在线安装程序的所有限制(例如,它不支持 https 等),在 Docker 主机上拉/推送图像时,需要在 Docker 守护进程上设置"-insecure-registry"标志(因为我们只能通过 http 访问启动 Harbor)。集群上的所有主机必须要有 docker-compose 的"harbour-host = true"标签,这样才能够正常工作和调度容器。Traefik 服务(位于社区目录中)需要启动并运行才能从外部访问 Harbor,这已经暴露端口 80(要注意 Traefik 默认值是 8080)。NFS 服务(位于库目录中)需要启动,运行并正确配置,连接到 NFS 共享。Docker Compose 文件已经参数化,其他驱动程序中我只测试了"rancher-nfs"。

你可以在 Rancher 私有应用商店目录中找到子项目的可交付项,参见网址 https://github.com/mreferre/rancher-catalog-extension 。

二、总体挑战

在这个项目中,遇到了一些挑战。我会介绍其中一部分,把这些记录下来主要也是为了将来可以进行参考。

一些小东西有时会有一些大用处,比如有时它仅是一个级联问题(即做 A 需要完成 B,但做 B 又需要完成 C),例如,Rancher sidekick 要求能够执行"volume_from"。这基本上打破了完全名称解析(参阅单主机部分了解更多信息)。

容器出现"全绿色"并不代表着你的应用程序会启动和(正常)运行。有时,容器开始确定并没有错误,但无法登录到 Harbor(由于运行安装 wrapper 的多个实例生成的证书不匹配）；有时，可以登录，但不能 push 镜像；有时，可以 push 镜像，但它们不会在 UI 中显示出来（因为 sidekick 的名称解析问题，注册表容器无法解析 UI 容器名称）。

在分布式环境中调试容器很困难。有时候，我以为遇到了一个随机问题，后来才发现是因为特定的容器在错误配置的主机上被（随机）调度了。如果找到了问题根源，解决这个问题就很容易。但事情往往难就难在找不到问题根源。

将应用程序包装为在容器中运行（最重要的是编排部署）时，了解应用程序内部是至关重要的。在分布式场景中，我将所有命名卷连接到所有容器的原因之一是因为我不能 100%确定哪个容器从哪个卷读取/写入。此外，还不知道应用程序会导致其包装困难（特别是当某些东西不能正常工作，需要调试的时候）。总而言之，容器（和编排）的作用更类似于你如何打包和运行应用程序，以及如何管理基础设施。

虽然容器编排是关于自动化和可重复问题的，但它也有点像"手工精灵艺术"。有时候，（随机）代理容器只会显示 nginx 欢迎页面（而不是 Harbor 用户界面），最终可以通过重新启动该容器（部署后）解决这个问题。我认为这是某个启动序列的原因。我尝试用 depends_on 指令，使得代理容器开始"朝向结束"组成，但这没有成功。现在似乎是通过利用 "external_links" 指令（理论上应该不需要 AFAIK）。总而言之，正确地协调容器的启动仍然是我工作进程中的一部分（从 2014 年开始）。

管理基础架构和服务以运行容器化的应用程序是很困难的。运用一些简单的服务，例如基本的 Rancher NFS 服务，当遇到一些问题时，必须解决使用不同级别的软件不同的部署机制等问题。从一个版本的基础设施到另一个版本的基础设施的升级也很关键。

我遇到的另一个 NFS 问题是，当堆栈关闭时，卷不能在 NFS 共享上被正确清除。在 Rancher UI 中，卷似乎已经不存在了，但是直接查看 NFS 共享，可以看到其中一些（随机数）似乎以剩余的目录的形式被留下。我没有深入研究这是为什么。

三、结论

正如以上提到的，这只是一个粗略的整合。毫无疑问，它可以更完善一些。这是一次很好的学习经历，未来可以进一步扩展，比如在 Rancher Kubernetes 内集成，启用 https 协议等。

在分布式系统中完成应用服务的动态配置也是这次实验的挑战之一，当然这不复杂，但通过这个过程可以让你更好地了解如何解决这些问题。从更高层次看，将一个应用容器化并部署在分布式系统中，有两种方式：一是你的基础服务以 PaaS 方式构建，所需要的服务资源（如调度、负载均衡、DNS 解析等）向 PaaS 申请，你可能需要深度改造应用。二是选用 Rancher 这样的平台，利用它提供的特性，只需要编写 Compose 编排文件，就可以很轻易地实现需求。实际上 Rancher 也能帮助你在第二种场景中快速实现需求，简单易用的基础设施服务可以帮助你快速实现应用容器化。

2.17　DevOps 和容器：本地或云端，如何选择

在本地，还是去云端，这一辩论由来已久，尤其是在云计算兴起时，那时人们一直在反复思考是该将工作负载保留在本地数据中心，还是迁移到云主机上。但是，Docker 带来的技术革命把这场辩论引入了一个新的层面。随着越来越多的机构采用容器，他们迫切地想知道，托管容器的最佳位置是本地，还是云端。

如你所想，其实根本不存在标准答案。在本部分内容中，我们将分析云和本地容器部署的利与弊，以及你所在的组织若想要做出正确选择，应该考虑哪些因素。

一、DevOps、容器和云

首先，让我们快速回顾一下 DevOps、容器和云之间的基本关系。经过多方面评测，DevOps 和容器的组合不失为在云中做 IT 的好方法。毕竟，许多人把应用系统迁移到云上的主要原因就在于容器最大限度地提高了可伸缩性和灵活性，这也是 DevOps 运动的关键目标。像虚拟化和持续交付似乎完全适用于云（或云计算环境），并且很有可能的是，如果 DevOps 起源于敏捷世界，它也将自然而然发展出适用于云计算的 IT 实践进程。

二、DevOps 和本地部署

然而，这是否意味着容器化、DevOps 和持续交付在某种程度上不适用于本地部署，甚至与本地部署根本不相关？不尽然，本地部署已经有所改变了，它现在具有云的许多特性，包括高度虚拟化，以及通过抽象实现硬件约束的相对独立性。

一般而言，本地系统符合"私有云"的定义，并且它们能够很好地适用于 DevOps 核心的自动化开发和操作周期。

事实上，DevOps 和容器领域的许多主要厂商（包括 AWS 和 Docker）为本地部署提供了强大的支持，而复杂、强大的容器管理工具（如 Rancher）旨在实现跨公有云和私有云边界无缝工作。可以毫不夸张地说，容器，对于云或本地部署而言已经没有太大区别了。

三、本地部署的原因

（一）为什么要在本地部署容器

1. 本地资源

也许在本地部署容器最直接的原因在于需要直接访问和使用如存储或特定于处理器的操作等硬件功能。例如，如果你使用一个图形芯片阵列进行矩阵密集型计算，你可能会被绑定到本地硬件。

容器和虚拟机一样，需要一定程度的抽象，但本地运行的容器会将应用程序和底层 metal 之间的抽象层数减少到最小。你可以通过容器直接访问底层操作系统硬件，这对于裸机上的虚拟机或公共云中的容器而言，就难以实现了。

2. 本地监控

同样，你也可能需要容器来监视、控制和管理本地设备。在工业环境或研究设施中，这可能是重要考虑因素。当然，你也可以使用更传统的软件类型执行监控和控制的功能，但是，容器化和持续交付的结合使你能够根据制造过程或研究程序的变化快速更新和调整软件。

3. 本地安全控制

当涉及在内部部署容器时，安全性也可能是其中一个主要考虑因素。由于容器从底层操作系统访问资源，它们具有潜在的安全漏洞，为了保证容器安全，必须采取向容器系统添加安全功能这类积极措施。大多数容器部署系统都具有内置的安全功能。然而，本地部署为添加额外安全层起到了积极促进作用。除了通过控制对物理设施的访问之外，内部容器部署还能够利用底层硬件的内置安全功能来提升安全性。

（二）传统基础架构和云迁移

如果不能放弃现有的内部部署基础架构怎么办？如果一家公司有相当数量的资金投资在硬件上，或者根本不愿意或者不能够一次性地从一个大型和复杂的互连的遗留应用程序迁移怎么办？那么，暂且维持现有状态可能是最实用的，或最谨慎的中短期选择。通过内部引入容器和 DevOps 实践，你可以为逐渐迁移到云计算铺设一条相对容易的路径。

（三）在本地测试，在云中部署

你还可能希望在本地开发和测试容器化的应用程序，然后在云中部署。本地开发允许你密切监控软件与部署平台之间的交互，并在受控条件下观察其操作。

通过将应用程序在云中的行为与其在已知的受控环境中的行为进行比较，可以使隔离未预料到的部署后问题变得更容易。它还允许你在一个可信任的环境中部署和测试基于容器的软件，而不必担心可能会泄漏给你的竞争对手。

（四）公有云/私有云混合

在比较云和本地容器部署时，还需要考虑一点：公有云和私有云部署并没有完全不兼容，甚至在许多方面，它们之间根本没有明显的界限。当然，对于传统的单片应用来说，它可以驻留在私有服务器上，同时通过基于云的接口访问远程用户，但通过容器，在适当时候，公有云和私有云的界限可以更加模糊和灵活。例如，你可以通过公有云中的容器部署大部分应用程序，令某些功能在本地容器上运行。这使你能够对诸如安全或本地设备访问等事项进行精细控制，同时还可以利用公有云部署的灵活性、广泛覆盖面和成本优势。

（五）如何正确组合

哪种类型的部署对你的公司更好？一般来说，初创公司和中小型企业对绑定到硬件的需求不会那么强烈，因此它们很容易迁移到（或开始迁移到）云上。更大规模的公司及需要管理和控制本地硬件资源的公司则更有可能倾向于本地基础架构。在这些企业中，内部部署容器可以作为整个公有云部署或混合私有云/公有云部署的桥梁。

然而，选择公有云还是本地，主要取决于你的业务的具体需求。这世界不存在两个一样的企业，也没有两个软件部署是一样的，但无论你的软件和 IT 目标是什么，无论你如何计划去达成，在内部部署和公有云部署之间，都有足够的空间令计划灵活变通。

2.18　容器和应用程序：扩展、重构或重建

技术领域是不断变化的，因此，任何应用程序都可能在很短时间内过时甚至被淘汰，更新换代的速度很快，在这种情况下，我们如何使传统应用程序保持活力不落伍？工程师想的可能是从头开始重建传统应用程序，但这与公司的业务目标和产品时间表是相悖的。如果现阶段正在运行的应用程序是正常工作的，这时候你很难找到正当而充分的理由让技术人员花六个月时间重写应用程序。

众所周知，产品开发向来都不是非黑即白那么简单，必须权衡多种因素，虽然完全重写的可行性不大，但应用程序现代化的长远利益仍然值得被重视。虽然许多组织尚未能构建全新的云本地应用程序，但通过使用一些技术，比如 Docker 等容器技术，仍然能够实现传统应用程序的现代化。

这些现代化技术最终可以归纳为三种类别：扩展、重构和重建。在开始介绍它们之前，让我们先来谈谈关于 Dockerfile 的一些基础知识。

一、Dockerfile 基础知识

对于初学者来说，Docker 是一个容器化平台，它包含了基本上可以安装在服务器上的所有东西，即"在一个完整的文件系统中包含一个软件运行所需的一切：代码，运行时，系统工具，系统库"，而且没有虚拟化平台的开销。

虽然容器的优点和缺点不在本部分讨论范围之内，但不得不提，Docker 的最大优点之一是只需要几行代码就能够快速、轻松地启动轻量级、可重复的服务器环境。这种配置是通过一个名为 Dockerfile 的文件完成的，Dockerfile 本质上是 Docker 用来构建容器镜像的蓝图。在这里，Dockerfile 启动了一个简单的基于 Python 的 Web 服务器以供参考：

```
# Use the python:2.7 base image
FROM python:2.7
# Expose port 80 internally to Docker process
EXPOSE 80
# Set /code to the working directory for the following commands
WORKDIR /code
# Copy all files in current directory to the /code directory
ADD . /code
# Create the index.html file in the /code directory
```

RUN touch index.html

\# Start the python web server

CMD python index.py

这个例子比较简单，但已经很能说明关于 Dockerfile 的一些基础知识，涵盖扩展预先存在的镜像、暴露端口，以及运行命令和服务。只要基础源代码架构设计合理，只需要几个指令就可以启动非常强大的微服务。

二、应用程序现代化

从根本上说，传统应用程序容器化并不困难，困难在于并不是每个应用程序都是构建在容器化基础上。Docker 有一个临时文件系统，这意味着容器内的存储并不持久。如果不采取一些特定措施，保存在 Docker 容器中的任何文件都可能丢失。此外，并行化是应用程序容器化面临的另一个难题，因为 Docker 最大的一个优点就是它能快速适应日益增长的流量需求，这些应用程序需要能够与多个实例并行运行。

综上所述，为使传统应用程序容器化，有以下几种路径：扩展、重构或者重建。哪种方法最适合，取决于组织的需求和资源。

（一）扩展

一般来说，扩展非容器化应用程序的已有功能在这几种办法中最为简便，但是如果处理不好，所做的更改可能会导致技术债显著增加。利用容器技术扩展传统应用程序的最好办法是通过微服务和 API。虽然传统应用程序本身并没有被容器化，为使产品实现现代化，可将新特性从基于 Docker 的微服务中隔离，同时开发遗留代码，易于将来重构或重建。

从高层面来说，对于那些在不久的将来很可能变得落后或必须经历重建的应用程序而言，扩展是很好的选择——不过代码库越老，为适应 Docker 平台，应用程序的某些部分就越需要彻底重构。

（二）重构

通过微服务或 API 扩展应用程序是不实际甚至不可行的。无论是欠缺要添加的新功能，还是通过扩展添加新功能很困难，重构旧代码库的某些部分都可能是必要的。将当前应用程序的各个现有功能从容器化的微服务中隔离出来，就能轻松地完成重构了。例如，将整个社交网络重构到 Docker 化的应用程序可能是不切实际的，但通过退出运行用户搜索引擎，就能够将各个组件作为单独的 Docker 容器隔离。

重构传统应用程序的另一途径是用于写入日志、用户文件等内容的存储机制的。在 Docker 中运行应用程序的最大障碍之一是临时文件系统。这种情况可以通过几种方式进行处理，最常见的是通过使用基于云的存储方法，如 Amazon S3 或 Google 云存储。通过重构文件存储方法以利用这些平台，应用程序可以很容易地在 Docker 容器中运行而不丢失任何数据。

（三）重建

当传统应用程序无法支持多个运行的实例时，不重新重建的话，可能无法添加 Docker

支持。传统应用程序服务周期可以很长，但如果应用程序的架构和设计决策在初始阶段就不够合理，则可能影响将来对应用程序的有效重构。意识到即将发生的阻碍对于识别生产率风险至关重要。

大体来说，利用容器技术实现传统应用程序的现代化并没有硬性规则，至于哪种才是最佳决策则要视产品需求和业务需求而定。但是，要想确保应用程序稳定运行而不损失生产力，充分了解哪些决策如何影响组织长期运行，这也是至关重要的。

2.19　生产环境部署容器的五大挑战及应对之策

Docker 容器使应用程序开发变得更容易，但在生产中部署容器可能会很难。

软件开发人员通常只关注在特定基础架构上运行的单个应用程序、应用程序堆栈或工作负载。然而，在生产环境中，一组不同的应用程序常需要在各种技术（例如 Java，LAMP 等）上运行，而这些技术又需要在本地、云上或二者结合的异构基础设施上部署。这给生产环境中容器化应用程序的运行带来了以下挑战。

1. 控制高度密集、快速变化的环境的复杂性。
2. 充分利用极为易变的技术生态系统。
3. 确保开发人员自由创新。
4. 跨不同的分布式基础架构部署容器。
5. 执行组织战略管理。

一、控制高度密集、快速变化的环境的复杂性

2016 年 6 月，Cloud Foundry 公司发布的《希望与现实：容器，2016》报告显示，45% 的受访者表示，他们最担心的是 Docker 部署太复杂，无法融入到他们的环境中。其中很大的原因是容器化环境的密度和波动性。由于不需要为每个容器加载操作系统和内核，因此与传统的虚拟化环境相比，容器化环境能够在给定数量的基础架构内实现更高的工作负载密度。因此，在整个生产环境中创建、监视和销毁的组件需求总量呈指数级增长，从而显著增加了基于容器的管理环境的复杂性。

容器时代，不仅有更多的东西需要管理，而且它们相比以往任何时候都变化得更快。Datadog 调查显示，传统的和基于云的虚拟机的平均寿命大约只有 15 天，Docker 容器的平均寿命更短，仅为 2.5 天，这就导致了需要单独管理和监控的事物数量呈数量级增长。

由于架构的复杂性，这些高密集、快变化的环境就更复杂化了。容器通常部署在高度分布式的单个集群或多集群环境中。这些集群的组成是高度分散的，但它们可以在本地、云中部署或两者混合使用。虽然 60% 的容器在亚马逊网络服务（AWS）上运行，但仍有 40% 在本地运行。

因此，组织需要一种更便捷的方法来编排容器，以及一种可以管理多容器、多主机应

用程序的底层基础架构服务。这对于具有微服务体系结构的应用程序尤为重要，例如，一个 Web 应用程序，包括一个容器集群运行 Web 服务器前端的多个实例的主机（故障转移和负载均衡）以及多个后端服务，是各自运行在不同的容器中的。

二、利用高度波动的技术生态系统

Docker 的生态系统复杂多变。在过去几年中，随着第三方工具和服务大量出现，可以帮助开发人员在开发过程中部署、配置和管理容器化工作流程。基于开源技术，这些工具和服务的变化很快，新文档的数量多，使构建稳定的技术栈以实现在生产中运行容器变得充满挑战。这也使得公司难以建立和维护利用丰富的生态系统所需要的工程技能。根据 RightScale 公司第五个年度云调查状况显示，对于目前还未使用容器的公司而言，迄今为止，缺乏经验是他们采用容器面临的最大挑战（39%）。

三、确保开发人员自由创新

在简化容器管理中，开发人员能够不失灵活创新、不断探索新技术的重要性越发凸显。他们需要有足够的自由来挑选需要的工具和框架。RedMonk 分析公司将这称为"无限发展时代"。当开发人员需要解决问题时，他们不再询问他们"可以"使用什么工具，而是会直接寻找最佳工具。他们还喜欢选择最新版本，虽然新版本不一定是最稳定的，但是可以快速利用其新功能。与此同时，他们也越来越需要承担责任，确保创建的应用程序逻辑在生产中能够正常运行，如果出现问题，也能快速修复。这表示如果部署遇到问题，就需要他们能够回滚部署。

开发人员需要 root 访问权限，他们希望能够安装开源软件。因此通常会避免传统的平台即服务（PaaS）解决方案。把 PaaS 从容器中抽取出来，这样开发人员就可以不用管理容器，而是专注于编码。然而，供应商或基础设施提供商提供的多是专用服务，不像本地开源堆栈那样通用，开发人员的创造力很大程度上也受限于此。

四、跨不同分布式基础架构部署容器

容器的主要优点之一就在于它们是可移植的——一个应用程序，其所有的依赖关系可以捆绑到一个独立于 Linux 内核、平台分布或部署模型的主机版本的单个容器中。此容器可以传输到另一台运行的 Docker 主机上，并且在没有兼容性问题的情况下执行。云和数据中心之间的基础设施服务差异巨大，这导致应用程序几乎不可能实现真正的可移植性。因此，利用容器使应用程序跨不同基础设施需要的不仅仅是一个用于运输代码的标准化单元，还需要基础设施服务，主要包括以下几方面。

1. 运行 Docker 容器的主机（CPU、内存、存储和网络连接），包括在本地及云上运行的虚拟机或物理机器；协调好端口映射或软件定义网络，使不同主机上的容器能够相互通信。

2. 向 Internet 提供负载均衡器服务。

3. DNS，通常用于实现服务发现。

4. 集成的健康检查，确保应对请求的使用的都是健康的容器服务。

5. 某些事件触发执行操作时的应对措施，例如在主机发生故障后重新启动新容器，确保可用的正常容器始终维持一个固定的数量，或者创建新主机和容器以响应增加的负载。

6. 通过现有容器创建新容器来扩展服务。

7. 借助存储快照和备份功能以备份容器状态，从而进行灾难恢复。

部署好这些基础架构服务，组织面临的难题就变成了如何监控它们。DevOps 团队需要迅速解决这些问题。因此，监控和记录基础架构性能，并在出现问题时提醒 DevOps 团队，这是任何一个容器管理所要具备的重要功能。

五、执行组织策略和管理

与部署容器相关的安全性和合规性问题是必须解决的，这是所有在生产中使用容器的大企业都一定会关注的问题，特别是那些被监管的行业，如金融和医疗保健等。Docker 等公司正在努力修复这些问题，并通过在工具链上创建新的软件和集成应对这个问题。

然而，在应用程序容器安全性和企业使用虚拟机之间仍缺乏平衡。这包括实施组织策略，确保安全访问容器和集群管理，管理传输层安全（TLS）证书等。通过基于角色的访问控制（RBAC），用户和用户组能够共享或拒绝访问资源和环境（例如开发或生产）。用户身份验证需要与 Active Directory、LDAP 和 GitHub 等活动目录集成。

六、巧妙利用工具，应对五大挑战

容器使软件开发变得更容易，使你能够更快地编写代码，并更好地运行它。然而，在生产中运行容器可能会很困难。有各种各样的技术需要集成和管理，并且新的工具层出不穷。Rancher 使你可以轻松管理运行容器的方方面面。那些集成复杂的开源技术必备的技术技能可能也不再需要了。

想在生产环境中的任一基础设施上运行 Docker，Rancher 可以提供你需要的一切。Rancher 让你可以轻松配置和集成可移植的基础设施服务层。Rancher 提供了一个易于使用的用户界面，可以利用其丰富的集合编排功能，随后通过单击来部署容器。Rancher 强大的 Catalog 可以将配置文件打包为模板，并在组织中共享。目前，Rancher 已经有超过 2 000 万次下载，并提供企业级支持，很快成为在生产环境中运行容器的首选开源平台。

Rancher 使用起来非常简单，只需按照以下步骤操作。

1. 尝试一下：可以先使用 Rancher Sandbox。它是公开托管的，并且会自动更新。

2. 下载：可以把 Rancher 部署为一个 Docker 容器，甚至还可以在你的集群或笔记本电脑上部署 Rancher。

3. 开始：如果按照快速入门指南中的步骤操作，部署 Rancher 只需要不到 5 分钟。

4. 使用文档：Rancher 使用起来非常简便，但 Rancher 的技术文档中仍有大量信息，以备用户不时之需。

5. 利用强大的用户社区：你可以登录我们的论坛，这里是新产品发布，与同行和 Rancher 工程师交流互动的最佳场所。

参考资料：

[1] https://www.cloudfoundry.org/hope-versus-reality-containers-in-2016/

[2] https://www.datadoghq.com/docker-adoption/

[3] https://clusterhq.com/assets/pdfs/state-of-container-usage-june-2016.pdf

[4] http://www.rightscale.com/blog/cloud-industry-insights/new-devops-trends-2016-state-cloud-survey

[5] http://redmonk.com/fryan/2016/02/16/docker-containers-and-the-cio/

第三章

企业级容器落地的重要技术关注点

3.1　应用开发者必须了解的 Kubernetes 网络二三事

在容器领域内，Kubernetes 毋庸置疑已成为容器编排和管理的社区标准。如果你希望所搭建的应用程序能充分利用多云（multi-cloud）的优势，有一些与 Kubernetes 网络相关的基本内容是你必须了解与考虑的。

一、Kubernetes 网络基本的部署调度单元：Pod

Kubernetes 中的基本管理单元并非是一个容器，而是一个叫做 Pod 的东西。我们认为部署了一个或多个容器的环境是一个 Pod 单元。通常情况下，它们代表了提供部分服务的单个功能端点。

举两个有效的 Pod 单元为例：数据库 Pod——单一 MySQL 容器；Web Pod——包含一个 Python 实例的容器及包含 Redis 数据库的容器。

Pod 具有以下常用特性。

1.共享资源，包括了网络栈和命名空间。

2. Pod 包含了一个 IP 地址，用于客户端连接。

3. Pod 的配置定义了任意公共端口，以及哪个容器占用该端口。

4. Pod 中的全部容器可以通过网络中的任意端口进行交互（这些容器都会被本地引用，因此需要确保 Pod 中的服务都有唯一端口）。

二、Kubernetes 服务

Kubernetes 服务位于负载均衡器之后，负责管理多个相同的 Pod。客户端无须连接到每个 Pod 的 IP 地址，而是直接连接负载均衡器的 IP 地址。Kubernetes 服务会将你的应用程序定义为一个服务，使 Kubernetes 可以根据定义的规则和实际可用资源动态扩展 Pod 数量。若想要应用程序被 Kubernetes 基础设施外部的客户端访问到，唯一的方法是将应用程序定义为服务的一部分。无论你是否扩展节点，都需要 Kubernetes 服务分配外部 IP 地址。

三、标签

标签是 Kubernetes 中一组作用于对象（如 Pod）的键值对，需要具有实际意义，并且有相关性。

在 Kubernetes 的标准配置中，标签并不直接影响与 Kubernetes 相关的核心操作，而是主要用于对对象的分组和识别。

四、网络安全（Network Security）

　　下面我们将介绍一些 Kubernetes 推荐使用的网络插件，这些插件用到了之前提到的标签。利用标签，它们可以在容器运行时改变某些功能。在 Kubernetes 中，大多数使用的网络插件都是基于容器网络接口（Container Networking Interface，CNI）规范的，这项规范由 Cloud Native Computing Foundation（CNCF）制定。CNI 允许在多个容器平台中使用相同的网络插件。现在我们使用一种调整网络安全策略的方法，该方法并不像传统的网络或者安全团队模型那样预先设置好一切，而是在容器运行时，利用标签来调整正确的网络策略（容器的动态变化太过频繁，很难进行手动干预），目前该方法已经成为 Kubernetes Network Special Internet Group（Network SIG）的一部分。如今，我们已经有多个可供使用的网络插件能够将网络策略应用于命名空间和 Pod 中，这其中包括 OpenContrail 和 Project Calico。

　　通过这种新方法，Kubernetes 管理员可以导入预先准备的策略，开发者负责调整并根据需求自主选择策略，而所有这一切都会被定义到 Pod 中执行。

（一）网络策略示例

```
POST /apis/net.alpha.Kubernetes.io/v1alpha1/namespaces/tenant-a/
networkpolicys/
    {
        "kind": "NetworkPolicy",
        "metadata": {
            "name": "pol1"
        },
        "spec": {
            "allowIncoming": {
                "from": [
                    { "pods": { "segment": "frontend" } }
                ],
                "toPorts": [
                    { "port": 80, "protocol": "TCP" }
                ]
            },
                "podSelector": { "segment": "backend" }
        }
    }
```

（二）有网络策略定义的 Pod 配置示例

```
apiVersion: v1
kind: Pod
metadata:
 name: Nginx
 labels:
   app: Nginx
```

```
        segment: frontend
spec:
 containers:
 - name: Nginx
   image: Nginx
   ports:
   - containerPort: 80
```

五、结论

有了 Kubernetes 提供的功能，开发者现在拥有了完全定义应用程序及其依赖性所需的灵活性，并且可以在单个 Pod 中使用多个容器。如果任何一个容器发生错误，Kubernetes 能够确保将其对应的 Pod 停用，自动用新的 Pod 替换。此外，开发者还可以定义应用程序或者服务侦听的端口号，无论它是较大服务的一部分，还是仅仅是一个独立实例。通过这样的操作，使用持续交付和持续部署的快速开发和部署将成为常态。

3.2　阿里云经典网络与 Rancher VXLAN 兼容性问题

张智博

近期，国内不少用户反映在阿里云的环境中无法使用 Rancher 的 VXLAN 网络，表现出的现象是跨主机的容器无法正常通信，healthcheck 服务一直无法更新正常状态。经过一系列走访和排查，最终定位此现象只发生在阿里云的经典网络环境下。如果你也遭遇了同样的情况，请关注该部分内容。

阿里云经典网络部署最新的 stable（v1.6.7）版本，并启用 VXLAN 网络，使用经典网络的内网 IP 加入两台主机，现象如下：Rancher 的 VXLAN 网络除了 VXLAN 本身的机制外，还需要在 IPtables 中的 RAW 表中进行数据包标记，然后在 Filter 表中对标记数据包设置 ACCEPT 规则，进而实现容器跨主机通信。但是在阿里云经典网络环境中，无论如何配置安全组功能，RAW 表中始终无法匹配进入主机栈的数据包。

依据"大胆假设，小心求证"的 trouble-shooting 原则，我们首先验证了使用经典网络的公网 IP 注册主机，确认 VXLAN 没有问题，这说明存在某种安全规则是作用在经典网络的内网 IP 的。

其次，我们知道 Rancher VXLAN 的实现是基于 Linux kernel 的 VXLAN module，IPtables 的数据包处理也基本是 kernel 处理，所以理论上讲肯定了系统中存在权限更高的组件截获 VXLAN 的数据，因为我们测试了在其他公有云环境并无此问题出现，考虑阿里云会对经典网络的内网安全做诸多限制，所以怀疑阿里云镜像内做了一些特殊的定制。

根据之前使用阿里云的经验，我们对系统中内置的安全加固组件疑惑很大，尝试删除这个组件，可以使用脚本，参见网址 http://update.aegis.aliyun.com/download/uninstall.sh，但重启机器后发现 VXLAN 网络依然不通。由于无法确定是否存在删除不彻底的情况，所以重建环境并在创建 VM 时选择去掉安全加固选项。重新添加主机，发现 VXLAN 一切恢复正常。

我们也正在尽力与阿里云官方取得联系，确认这种情况是否存在误杀。当前可选择的临时方案除了按照上面的说明删除安全加固组件外，还可以在创建 VM 的时候选择不使用安全加固镜像，这样 Rancher VXLAN 就可以正常工作了。

在这里，非常感谢社区用户的热情提问和沟通，没有大家对技术专注的态度和刨根问底的精神，Rancher 也无法真正发现问题的根源，Rancher 会一如既往地解答用户遇到的问题，改进自身产品，真正做到能够提供一个有生产力的工具。

3.3 Kubernetes 容器编排的三大支柱

每当谈及 Kubernetes，我们经常听到诸如资源管理、调度和负载均衡等术语。虽然 Kubernetes 提供了许多功能，但更关键的还是要了解这些概念，只有这样才能更好地理解如何放置、管理并恢复工作负载。在这部分内容中，我提供了每个功能的概述，并解释了它们是如何在 Kubernetes 中实现的，以及它们如何相互作用，以提供高效的容器工作负载管理。

一、资源管理

资源管理是对基础设施资源的有效配置。在 Kubernetes 中，资源可以通过容器或 Pod 来请求、分配或消耗。拥有一个通用的资源管理模型是非常必要的，因为在 Kubernetes 中，包括调度器、负载均衡器、工作池管理器，甚至应用程序本身的许多组件，都需要有资源意识。如果资源利用不足，这就意味着浪费，意味着成本效益低下。如果资源被过度订购，可能会导致应用程序故障、停机或错误的 SLA 等。

资源以它所描述的资源类型的单位来表示。例如，内存的字节数或计算容量是毫秒级的。Kubernetes 为定义资源及其各种属性提供了明确的规范。虽然，当今使用的主要资源类型是 CPU 和内存，但资源模型是可扩展的，允许多种系统及由用户自定义的资源类型。其他类型包括网络带宽、网络操作和存储空间。

资源规格在不同的环境下具有不同的含义。在 Kubernetes 中指定资源有以下三种主要方式。

1. ResourceRequest 指的是为容器或 Pod 请求的一组资源。例如，对于每个 Pod 实例，一个 Pod 可以请求 1.5 个 CPU 和 600MB 内存。ResourceRequest 可以视为描述应用服务对资源的"需求"。

2. ResourceLimit 是指容器或 Pod 可以消耗的组合资源的上限。例如，如果一个 Pod 在运行时使用了超过 2.5 个 CPU 或 1.2GB 的内存，我们可能会认为它由于内存泄漏或其他问题而变得"流氓"了。在这种情况下，为了防干扰其他集群租户，调度器可能会考虑将 Pod

作为驱逐的候选对象。

3. ResourceCapacity 规范描述了集群节点上可用的资源量。例如，一个物理集群主机可能具有 48 个内核和 64GB RAM。集群可以由具有不同资源容量的节点组成。容量规范可以被视为描述资源"供应"。

二、调度

在 Kubernetes 中，调度是将 Pod（由调度器管理的基本实体）与可用资源相匹配的过程。调度器考虑资源需求、资源可用性，以及其他用户提供的约束和策略指令，如服务质量、亲和性/反亲和性需求、数据局部性等。本质上，调度器的作用是将资源"供应"匹配到工作负载"需求"，如图 3-1 所示。

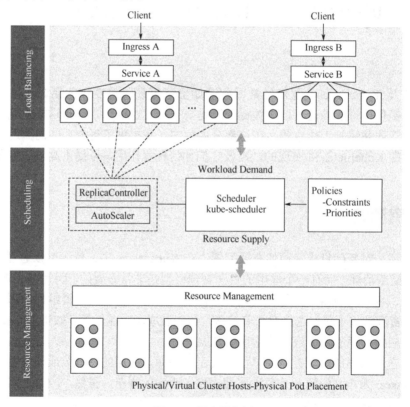

图 3-1　调度器作用

一些调度约束（简称 FitPredicates）是强制性的。例如，如果 Pod 需要具有四个 CPU 内核和 2GB 内存的集群节点，则该 Pod 将保持在一个暂挂状态，直到找到满足此要求的集群主机为止。在其他情况下，可能有多个主机满足强制性标准，但在这种情况下，PriorityFunctions 被视为反映调度首选项。基本上，调度器采用满足强制性 FitPredicates 的主机列表，根据用户可配置的优先级功能的结果对每个主机打分，并找到满足最大调度优先级数量的最佳优化配置方案。

在 Kubernetes 中，工作负载可以由数量不定的 Pod 组成，每个 Pod 都具有特定的资源需求。此外，工作负载和集群都是动态的，并具有伸缩性和自动扩展功能，因此，由于需要调度程序不断地重新评估位置决策，Pod 的数量可能会发生变化。另外，由于 Kubernetes 的功能类似于 cron 作业，调度器不仅需要考虑当前的供应、需求和集群状态，还需要考虑未来工作负载的预留容量。

把调度挑战想象成俄罗斯方块游戏，理解起来就不会那么难了。我们的目标是尽可能紧密地打包所有部分（有效利用资源）。但是，它们是多维的（需要特定的内存、CPU、标签选择器等），而不是二维的游戏片段（Pod）。无法匹配游戏的部分类似于无法运行的应用程序。游戏板不是静态的，它随着主机进出服务和服务规模的变化而变化。这就是 Kubernetes 调度的挑战。

三、负载均衡

负载均衡最终涉及将应用负载均匀地扩展到可变数量的集群节点上，以便有效利用资源。应用程序服务是可伸缩的，即使关闭单个节点或组件出现故障仍可访问。负载均衡与调度相比是另一个不同的挑战，但这两个概念具有关联性。

Kubernetes 依靠 Pod 的概念来实现水平伸缩。Pod 是与在同一主机上运行的应用程序功能相关的容器集合。要实现可伸缩，共享一个公共标签的多个 Pod 将跨多个集群主机运行。复制控制器负责确保应用程序中目标数量的 Pod 正在运行，并根据需要创建或销毁 Pod，以满足此目标。每个 Pod 都将在集群上拥有自己的虚拟 IP 地址，并可以随时间而变，这就是服务的切入点。

Kubernetes 的服务抽象出一组 Pod，提供了一个网络端点。因为服务 IP 地址（如 Pod）具有仅在集群内可路由的 IP，所以服务通常与入口资源耦合，提供了将外部 IP 地址和端口代理到服务端点的方法。这就使应用程序可用于外部世界。尽管在 Kubernetes（包括使用云提供商提供的负载均衡器）中实现负载均衡有多种方式，但最通常使用的方式是之前介绍的涉及入站和服务的方式。

四、总结

这一切与调度有什么关系？如上所述，通过 Pod 的自动可伸缩功能和观察到的 CPU 使用率动态，Kubernetes 可以据此调整由复制控制器管理的 Pod 数量。控制器定期查询资源指标 API 以获取每个 Pod 的利用率，将其与创建自动伸缩控制器时指定的目标 CPU 利用率进行比较，并根据结果指示复制控制器来调整 Pod 副本的目标数量。

其结果是负载均衡和调度之间交互作用。当外部客户端创建负载时，通过入口访问应用程序服务，Pod 所使用的 CPU 将会增加或减少。当超出某些阈值时，自动伸缩控制器将与复制控制器和调度程序进行交互，根据负载调整 Pod 数量。该服务将会提供修改后的 Pod 数及其位置，因此，Pod 数可能已经改变的事实对内网客户和外部客户来说是透明的。

平衡资源需求与应用需求的微妙之处就在于自动伸缩控制器、复制控制器和 Kubernetes 调度程序在资源需求、供应、约束和优先级方面的持续性的互相协调。所有这些都是在客户端应用程序意识不到的情况下进行的。Kubernetes 之所以成为容器化的工作负载领域广受欢迎的编排解决方案，就在于它能够高效、透明和可靠地执行这些操作，以便应用程序正常运行。

了解更多关于 Kubernetes 的信息，以及如何在 Rancher 上实现 Kubernetes，可下载电子书 *Deploying and Scaling Kubernetes with Rancher*，参见网址 http://info.rancher.com/deploying-scaling-Kubernetes-ebook。

3.4 如何利用容器降低云成本

尽管主流的几大公有云提供商已实现了效率提升，然而，在任何给定的时间里，它们仍然具有闲置的过剩产能。为了使这些资源能够得到有效利用，并获得一些回报，AWS 和 Google Compute Engine 都愿意以极低的折扣出售这些资源，折扣力度通常可达 90%。

这其中有什么内幕？因为价格是由市场驱动的，由最高出价者设定。这是典型的市场模式，即资产价值由市场需求驱动。然而，对于公有云用户来说，面临的挑战在于，在任何给定的时间，如果有人出价超过你，你所使用的 spot 实例将会被回收。在 Amazon，云服务终止前你有两分钟时间来清空该实例，同样情况下 Google Cloud 预留的时间仅有 30 秒。

这种波动使大多数使用公有云的公司对这种模式保持审慎态度。如果用户在任何时刻都可能丢失服务器，特别是在设置服务器就绪耗时比较长的情况下，该如何保持用户的应用程序的运行呢？配置管理工具需要 10 分钟甚至更长时间来安装软件包并部署应用程序，这种情况并不罕见。设置服务器所需的时间之长，加上临界期时间之短，使有效使用这些实例变得具有挑战性。

一、容器如何帮助和优化云成本

通过使用现货市场，容器可以帮助你很好地解决这个问题。比起传统的、动态的、脚本化或配置管理驱动的方法，容器的预构性意味着启动时间可以大大缩短。所需的包、应用程序代码和各种文件都在构建时就绪，并被写入一个压缩归档（Docker 镜像）中。这意味着应用程序启动时间在一分钟以内是可以实现的。

此外，容器让你可以安心地将应用程序部署到新的主机上，并且保证其一定会按预期的方式工作。独立的依赖模型意味着应用程序需要的一切都将贯穿全程。你无须担心自动化工具会在所需软件包的某个步骤中失败，最终变成一个坏了的节点。

二、利用 Rancher 和 Spotinst 优化云成本

为了进一步提高使用现场实例的稳定性，你可以利用一些诸如 Spotinst Elastigroup 等优秀产品。Spotinst Elastigroup 使用预测算法来帮助你预测市场行为，并且可以在不同的现货类型（基于价格和可用性）和按需等价物的情况下，在市场驱动现货价格高于列表时抢先一步迁移工作负载。Spotinst 作为预测层，将会确保你获得最佳的计算成本，以满足需求。

使用 Spotinst，你只需要创建一个适用于你的主机的实例类型池，Spotinst 将根据当前

价格和市场稳定性等因素选择需要提供哪些服务。你要做的就是定义想要用作主机的实例类型。由于 Spotinst 是与云无关的，你可以在 AWS、GCP 和 Azure 中定义单独的 Elastigroup，并根据你的喜好使用 Spotinst API 进行缩放（欲了解更多关于 Elastigroup 如何帮助你优化成本的信息，可参见网址 http://blog.spotinst.com/2016/11/09/new-console-feature-spot-market-scoring/）。

Spotinst 长期提供与 Rancher 相关的原生集成，自动将替换节点添加到 Rancher 集群，从而可以将用于替换的节点上的容器逐渐迁移。Spotinst 将指示 Rancher 暂停每个即将中断的容器，并将其重定位到另一个实例。与 Rancher 的集成能优化云成本，同时不会牺牲应用程序的性能。

3.5　Rancher 如何对接 Ceph-RBD 块存储

一、概要

演示环境说明：整个测试环境由 2 台本地虚拟机组成，相关信息说明参见表 3-1。

表 3-1　测试环境信息

服务器名称	IP 地址	描述	版本
node1	192.168.1.11	Rancher Server/Ubuntu	Rancher Server:v1
node2	192.168.1.12	Rancher Agent/Ubuntu	Docker:v1.12.6
			Kernel: 4.4.0-77
			Ubuntu16.04.2 LTS

二、简介

Librbd（RBD）是 Ceph 提供的块存储库，其利用 Rados 提供的 API 实现对卷的管理和操作。就目前而言，在 Ceph 支持的三种接口 Posix（CephFS）、块存储（Librbd）和对象存储（RadosGW）接口中，块存储是目前最稳定且达到生产环境要求的接口。Ceph 块设备是精简配置、大小可调的，并且将数据条带化存储到集群内多个 OSD 内。Ceph 块设备利用 RADOS 的多种能力，如快照、复制和一致性。Ceph 的 RADOS 块设备（RBD）使用内核模块或 librbd 库与 OSD 交互。

（一）Rancher-RBD 安装

Ceph 服务端安装。如果没有 Ceph 服务器，可以通过容器运行一个 Ceph 服务器 Demo 环境：

docker run -d --net=host -v /etc/ceph:/etc/ceph -e MON_IP=192.168.1.11 -e CEPH_ PUBLIC_ NETWORK=192.168.1.0/24 ceph/demo:tag-build-master-jewel-ubuntu-16.04

IP 地址根据实际情况修改。

通过 scp 命令，把 Ceph 服务容器所在宿主机 /etc/ceph 路径下所有文件复制到 Rancher 环境下所有节点的相同路径下。

（二）Ceph-RBD 驱动插件安装

添加自定义应用商店。进入系统管理|系统设置菜单，添加一个名为 Ceph 的自定义商店，如图 3-2 所示。

图 3-2　添加名为 Ceph 的自定义商店

名称：Ceph

地址：https://github.com/niusmallnan/rancher-rbd-catalog.git

分支：master

（三）RBD 驱动安装

进入应用商店，搜索 RBD 进行安装。安装完成后如图 3-3 所示。

图 3-3　RBD 驱动安装完成界面

再进入基础架构|存储驱动菜单，显示两个节点，如图 3-4 所示。

图 3-4　存储驱动界面

（四）安装测试应用

应用安装，即新建一个名为 myapp 的空应用栈，添加 myapp 服务，如图 3-5 所示。

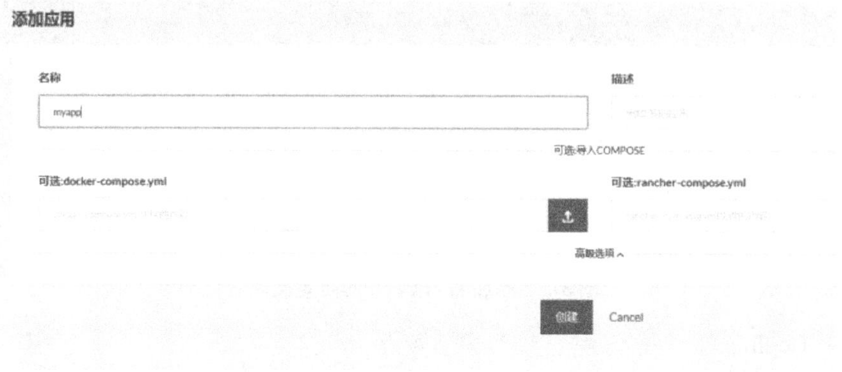

图 3-5　新建空应用栈

配置重点为加粗线框，如图 3-6 所示。

图 3-6　配置重点

使用驱动卷插件与使用本地卷驱动有所区别，使用本地卷驱动添加卷时应该写/AA/BB:/CC/DD，前后都要为路径。使用驱动卷插件时应该写 A:/BB/CC，这里的 A 为一个卷名，不能是路径。

因为是 Ceph 存储，这里需要填卷驱动为 rancher-rbd。部署好之后如图 3-7 所示。

图 3-7　部署完成的 Ceph

查看基础架构|存储，容器卷卷名为 myapp，如图 3-8、图 3-9 所示。

图 3-8　容器卷状态查看界面一

图 3-9　容器卷状态查看界面二

（五）数据存储测试

此时我们看到容器是运行在 node1 上，容器名为 myapp-myapp-1，如图 3-10 所示。

图 3-10　运行在 node1 上的容器

通过执行命令登录容器（参见图 3-11），并向/root 下写入 test 文件，参见图 3-12。

图 3-11　登录容器　　　　　　　　　　　　图 3-12　写入 test 文件

接着把这个服务容器删除，删除后 myapp 应用栈为空，如图 3-13 所示。

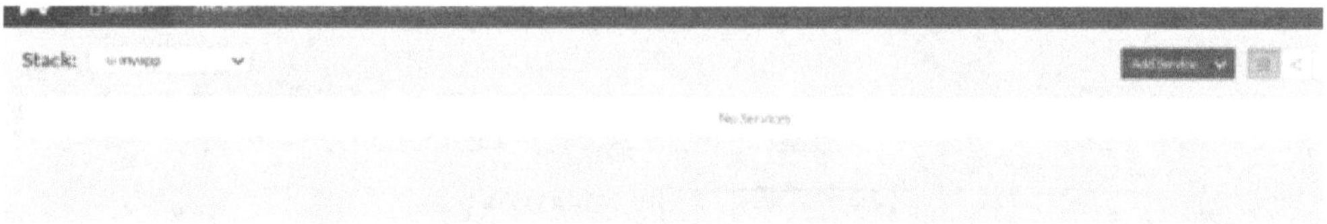

图 3-13　服务容器删除后 myapp 应用栈状态

在空应用栈中再添加一个服务，为了易于区分，重新命名为 myapp2，并手动调度容器运行到 node2 上，如图 3-14、图 3-15 所示。

注意：新建的服务，参数中的卷名与卷映射路径必须相同，卷驱动也要相同。

图 3-14　在空应用栈中再添加一个服务示意图

图 3-15　手动调度容器运行示意图

单击创建，服务成功运行在 node2 上，如图 3-16、图 3-17 所示。

图 3-16　服务成功运行在 node2 上示意图一

图 3-17　服务成功运行在 node2 上示意图二

查看基础架构|存储，容器卷卷名还为 myapp，如图 3-18 所示。

图 3-18　查看容器卷卷名

进入容器的/root 目录查看创建的文件，如图 3-19 所示。

> 命令行: myapp-myapp2-1

图 3-19　查看文件

文件依然存在。此时容器是在 node2 上，说明文件并非保存在节点本地，也证明了 Ceph 存储对接成功。

三、块存储、对象存储和文件系统：它们对容器而言意味着什么

当管理员首次使用 Docker 容器时，通常会感到惊讶的是，容器本身采用的是非永久性存储，当容器被移除时，容器的存储也被移除了。

如果没有办法实现持久存储，则容器应用程序的使用将会非常受限。幸运的是，有些方法在容器化的环境中可以实现持久存储。尽管容器本身的原生存储是非持久性的，但可以将容器连接到容器外部的存储区。此操作允许持久性数据的存储，因为当容器停止时，该外部存储不会被移除。

决定如何为容器实现持久存储的第一步是确定你将使用的存储系统的基础类型。在这方面，通常有三种主要选项：文件系统存储、块存储和对象存储。本部分内容中，我将解释每种类型的存储之间的差异，以及使用它们为容器环境设置存储时分别会带来什么。

（一）文件系统存储

文件系统存储是将数据存储为文件，这一存储形式已存在数十年了。每个文件都有一个文件名，并且通常具有与其关联的属性。一些常用的文件系统包括 NFS 和 NTFS。

当涉及配置容器持久存储数据时，文件系统存储是实现持久存储数据的最普遍的方法之一。最为人所熟知的文件系统存储示例（与容器相关）可能是基于主机的持久性。

基于主机的持久性背后的想法非常普遍。容器驻留在主机服务器上。这个主机服务器包含它自己的操作系统和它自己的文件系统。可以将容器配置为在主机服务器的文件存储的专用文件夹内存储持久数据。Docker 容器通常使用联合文件系统将容器层组合成一个内聚的文件结构。基于主机的持久性绕过了需要持久存储的数据的联合文件系统，并借助主机上使用的同一文件系统存储数据。

普通主机持久性引起的主要问题是，它完全破坏了容器的可移植性。当使用主机持久性时，依赖项资源（持久存储）驻留在宿主服务器的原生文件系统的容器外。为了解决此问题，已经创建了其他主机持久性。例如，通过多主机持久性使用分布式文件系统，来复制跨多个主机服务器的持久性存储。

总之，文件系统存储可能是最笨拙的方法，因为文件系统在设计之初并没有把可移植性纳入考虑范围。然而，正如之前我所提到的，有一些方法可以实现容器友好型的文件存储系统，而这通常要通过跨多个服务器分布文件系统来实现。

（二）块存储

块存储是容器的另一个存储选项。如前所述，文件系统存储将数据组织为文件和文件夹的层次结构。相反，块存储存储块中的数据块。块仅通过其地址识别。块没有文件名，也没有自己的元数据。只有当块与其他块组合形成完整的数据块时，它们才具有意义。

由于其特性，块存储通常用于数据库应用程序。块存储也通常用于提供快照功能，它允许将 volume 回滚到特定时间点，而无须还原备份。

对于容器，块存储有时以容器定义的存储形式实现。容器定义的存储是一种软件定义

的存储形式，但专门用于容器环境中。此存储通常在专用存储容器内部实现。

Rancher Labs 推出了自己的分布式块存储项目，名为 Project Longhorn。Longhorn 背后的基本思想相对简单。存储系统可以包含多个块存储卷（volume），并且这些卷中的每一个只能由单个主机加载。在这种情况下，Longhorn 试图将块存储控制器划分为大量较小的块存储控制器，每个存储控制器都可以映射到不同的块存储卷。如果所有这些块存储卷都驻留在物理磁盘的公共池中，那么 Longhorn 方法将允许编排引擎根据需要创建块存储卷。例如，可以在创建容器的同时自动创建块存储卷。

总之，块存储比文件系统存储更灵活，这样更容易适应容器环境的块存储。唯一的问题是确保块存储数据在由多台主机组成的环境中可用，这可以通过分布式存储来解决。

（三）对象存储

对象存储与文件系统存储或块存储不同。它不是通过块地址或文件名引用数据，而是将数据存储为对象，并由对象 ID 引用。对象存储的优点在于它具有很强的伸缩性，并且在将属性与对象相关联方面具有高度的灵活性。使用对象存储的缺点是它执行起来不如块储存方便。

由于对象存储主要是为实现可伸缩性而设计的，因此它是公有云提供商的热门选择。Docker 容器可以链接到 Amazon Web Services 或 Microsoft Azure 上的对象存储，但这样做需要专门设计容器化应用程序以利用对象存储。而典型的应用程序可能被设计为通过文件系统或 SCSI 调用访问数据，对象存储需要基于 HTTP 的 REST 调用，例如 Get 或 Put。因此，应该将对象存储保存在需要大规模可伸缩存储的应用程序或需跨地域的存储上。

总之，由于依赖于 REST 调用，对象存储可能更复杂。但对象存储提供的可伸缩性使它成为一个很好的选择，因为在容器环境中，大规模可伸缩性常常是大家优先考虑的。

3.6 Longhorn：实现 Kubernetes 集群的持久化存储

Longhorn 项目是 Rancher Labs 推出的开源的基于云和容器部署的分布式块存储新方式。Longhorn 遵循微服务的原则，利用容器将小型独立组件构建为分布式块存储，并使用容器编排来协调这些组件，形成弹性分布式系统。

自 2017 年 4 月 Longhorn 项目发布以来，人们对在 Kubernetes 集群上运行 Longhorn 存储就产生了极大的兴趣。近日，发布了 Longhorn v0.2 版本，它可实现 **Kubernetes 集群的持久化存储**！

一、什么是 Longhorn

如今，基于云和容器的部署规模日益扩大，分布式块存储系统也正变得越来越复杂，单个存储控制器上的卷（volume）数量不断增加。20 世纪初，存储控制器上的卷（volume）数量只有几十个，但现代云环境却需要数万到数百万的分布式块存储卷。存储控制器变成了高度复杂的分布式系统。

分布式块存储本身比其他形式的分布式存储（如文件系统）简单。无论系统中有多少卷，每个卷只能由单个主机进行装载。正因如此，我们设想，是否可以将大型块存储控制器分割成多个较小的存储控制器？若想要如此分割，我们需要保证这些卷仍然是由公共磁盘池构建的，并且需要有办法来编排这些存储控制器，让它们可以协同工作。

为了将这一想法发挥到极限，我们创建了 Longhorn 项目。这是一个我们认为值得探索的方向，每个控制器上只有一个卷，这将大大简化存储控制器的设计。因为控制器软件的故障域仅限于单个卷，所以控制器若崩溃，也只会影响一个卷。

Longhorn 充分利用了近年来关于如何编排大量的容器和虚拟机的核心技术。例如，Longhorn 并没有构建一个可以扩展到 100 000 个卷的高度复杂的控制器，而是出于让存储控制器简单轻便考虑，创建了 100 000 个单独的控制器。然后，我们可以利用像 Swarm、Mesos 和 Kubernetes 这样先进的编排系统来调度这些独立的控制器，共享一组磁盘中的资源，协同工作，形成一个弹性的分布式块存储系统。

Longhorn 基于微服务的设计还有很多其他优势。因为每个卷都有自己的控制器，在升级每个卷的控制器和 replica 容器时，是不会导致 I/O 操作明显的中断的。Longhorn 可以创建一个长期运行的工作来编排所有 live volume 的升级，同时确保不会中断系统正在进行的操作。为确保升级不会导致意外，Longhorn 可以选择升级一小部分卷，并在升级过程中出现问题时可以回滚到旧版本。这些做法在现代微服务应用中已得到广泛应用，但在存储系统中并不常见。我们希望 Longhorn 可以助力于微服务在存储领域的更多应用。

二、Longhorn 功能概述

1. **共享资源池**：将本地磁盘与安装在计算或专用存储主机中的网络存储形成共享资源池。

2. **为容器和虚拟机创建块存储卷**：你可以指定卷的大小，IOPS 的需求，以及想要跨主机的同步 replica 的数量（这里的主机是指那些为卷提供存储资源的主机）。replica 是在底层磁盘或网络存储上是精简配置的。

3. **为每个卷创建一个专用的存储控制器**：这可能与大多数现有的分布式存储系统相比，Longhorn 最具特色的功能。大多数现有的分布式存储系统通常采用复杂的控制器软件来服务于从数百到数百万不等的卷。但 Longhorn 不同，每个控制器上只有一个卷，Longhorn 将每个卷都转变成了微服务。

4. **跨计算或存储主机调度多个 replica**：Longhorn 会监测每一个 replica 的健康状况，对问题进行维修，并在必要时重新生成 replica。

5. **以 Docker 容器的形式操作存储控制器和 replica**：例如，一个卷有三个 replica，就意味着有四个容器。

6. **为每个卷分配多个存储"前端"**：常见的前端包括 Linux 内核设备（映射到 /dev/longhorn）和 iSCSI 目标。Linux 内核设备适用于支持 Docker 卷，而 iSCSI 目标更适合支持 QEMU/KVM 和 VMware 卷。

7. **创建卷快照和 AWS EBS 风格的备份**：你可以为每个卷创建多达 254 个快照，这些快照可以逐个备份到 NFS 或 S3 兼容的辅助存储中。只有更改的字节会在备份操作期间被复制和存储。

8. **指定定期快照和备份操作的计划**：你可以指定这些操作的频率（每小时，每天，每周，每月和每年）、执行这些操作的确切时间（例如，每个星期日凌晨 3:00），以及保留多少个循环快照和备份集。

三、支持任何 Kubernetes 集群的持久性存储

Longhorn v0.2 支持任何 Kubernetes 集群的持久性存储。一旦被部署到 Kubernetes 集群上，Longhorn 会自动地将 Kubernetes 集群中所有节点上全部可用的本地存储聚为集群，产生复制的和分布式的块存储。你可以在 Longhorn 卷上执行快照和备份操作，并将它们同步复制到多个节点上。

我们已经移植了 Longhorn Manager 作为 Kubernetes Controller。所有 Longhorn 状态都存储为 Custom Resource Definitions（自定义资源定义，CRD）。Longhorn 也不需要单独的 etcd 服务器。另外，Longhorn Manager 公开了执行 Longhorn volume 操作和快照/备份操作的 API，这些 API 将在 Longhorn UI 和 Kubernetes Flex volume 驱动程序执行操作的过程中使用。

运行下面的这条指令，就可以在你的 Kubernetes 集群上部署整个 Longhorn 存储系统：

kubectl create -f https://raw.githubusercontent.com/rancher/longhorn/v0.2/deploy/longhorn.yaml

如果你使用的是 GKE，请参考网址 https://github.com/rancher/longhorn/blob/master/README.md#google-Kubernetes-engine。

部署之后，你可以在 UI 界面通过查看 Kubernetes 服务找到适合的 IP：kubectl -n longhorn-system get svc，如图 3-20 所示。

```
NAME                 TYPE           CLUSTER-IP      EXTERNAL-IP       PORT(S)          AGE
longhorn-backend     ClusterIP      10.20.248.250   <none>            9500/TCP         58m
longhorn-frontend    LoadBalancer   10.20.245.110   100.200.200.123   80:12345/TCP     58m
```

图 3-20　VI 界面

现在你可以使用 100.200.200.123 或通过<node_ip>:12345 访问 UI。

Longhorn 提供了 Kubernetes 的完全集成。

你可以像下面这样通过 Longhorn 用卷备份方式创建一个 Pod：

```
apiVersion: v1
kind: Pod
metadata:
  name: volume-test
  namespace: default
spec:
  containers:
  - name: volume-test
    image: Nginx:stable-alpine
```

```
        imagePullPolicy: IfNotPresent
        volumeMounts:
        - name: voll
          mountPath: /data
        ports:
        - containerPort: 80
      volumes:
      - name: voll
        flexVolume:
          driver: "rancher.io/longhorn"
          fsType: "ext4"
          options:
            size: "2Gi"
            numberOfReplicas: "3"
            staleReplicaTimeout: "20"
            fromBackup: ""
```

Longhorn 还支持动态的 provisioner。比如，你可以在 Kubernetes 中定义一个 StorageClass：

```
    kind: StorageClass
    apiVersion: storage.Kubernetes.io/v1
    metadata:
      name: longhorn
    provisioner: rancher.io/longhorn
    parameters:
      numberOfReplicas: "3"
      staleReplicaTimeout: "30"
      fromBackup: ""
```

接着创建一个 PVC（PersistentVolumeClaim），并在 Pod 中使用它。

```
    apiVersion: v1
    kind: PersistentVolumeClaim
    metadata:
      name: longhorn-volv-pvc
    spec:
      accessModes:
        - ReadWriteOnce
      storageClassName: longhorn
     resources:
        requests:
          storage: 2Gi
    ---
    apiVersion: v1
    kind: Pod
    metadata:
      name: volume-test
      namespace: default
    spec:
      containers:
      - name: volume-test
```

```
image: Nginx:stable-alpine
imagePullPolicy: IfNotPresent
volumeMounts:
- name: volv
  mountPath: /data
ports:
- containerPort: 80
volumes:
- name: volv
  persistentVolumeClaim:
    claimName: longhorn-volv-pvc
```

一切开源。

始终秉承开源理念的 Rancher Labs，推出的 Longhorn 依然是 100%的开源软件。可以在 GitHub 上下载 Longhorn，参见网址 https://github.com/rancher/longhorn。

3.7　Longhorn 全解析及快速入门指南

Longhorn 项目现已正式发布！这是一个基于云和容器部署的分布式块存储新方式。Longhorn 遵循微服务的原则，利用容器将小型独立组件构建为分布式块存储卷，并使用容器编排来协调这些组件，形成弹性分布式系统。

一、什么是 Longhorn?

如今，基于云和容器的部署规模日益扩大，分布式块存储系统也正变得越来越复杂，单个存储控制器上的卷（volume）数量在不断增加。21 世纪初，存储控制器上的卷数量只有几十个，但现代云环境却需要数万个到数百万个的分布式块存储卷。存储控制器变成了高度复杂的分布式系统。

分布式块存储本身比其他形式的分布式存储（如文件系统）更简单。无论系统中有多少卷，每个卷只能由单个主机进行装载。正因如此，我们设想，是否可以将大型块存储控制器分割成多个较小的存储控制器？若想要如此分割，我们需要保证这些卷仍然是由公共磁盘池构建的，并且我们需要有办法来编排这些存储控制器，让它们可以协同工作。

为了将这一想法发挥到极限，我们创建了 Longhorn 项目。这是一个我们认为值得探索的方向，每个控制器上只有一个卷，这将大大简化存储控制器的设计。因为控制器软件的故障域仅限于单个卷，所以控制器若崩溃，也只会影响一个卷。

Longhorn 充分利用了近年来关于如何编排大量的容器和虚拟机的核心技术。例如，Longhorn 并没有构建一个可以扩展到 100 000 个卷的高度复杂的控制器，而是出于让存储控制器简单轻便的考虑，创建了 100 000 个单独的控制器。然后，我们可以利用像 Swarm、

Mesos 和 Kubernetes 这样先进的编排系统来调度这些独立的控制器，共享一组磁盘中的资源，协同工作，形成一个弹性的分布式块存储系统。

Longhorn 基于微服务的设计还有很多优势。因为每个卷都有自己的控制器，在升级每个卷的控制器和 replica 容器时，是不会导致 I/O 操作明显的中断的。Longhorn 可以创建一个长期运行的工作来编排所有 live volume 的升级，同时确保不会中断系统正在进行的操作。为确保升级不会导致意外，Longhorn 可以选择升级一小部分卷，并在升级过程中出现问题时可以回滚到旧版本。这些做法在现代微服务应用中已得到广泛应用，但在存储系统中并不常见。我们希望 Longhorn 可以助力于微服务在存储领域有更多应用。

二、Longhorn 功能概述

1. 将本地磁盘或安装在计算或专用存储主机中的网络存储形成共享资源池。

2. 为容器和虚拟机创建块存储卷。你可以指定卷的大小，IOPS 的需求，以及想要的跨主机的同步 replica 的数量（这里的主机是指那些为卷提供存储资源的主机）。replica 是在底层磁盘或网络存储上精简配置的。

3. 为每个卷创建一个专用的存储控制器。与大多数现有的分布式存储系统相比，Longhorn 有具特色的功能。大多数现有的分布式存储系统通常采用复杂的控制器软件来服务于从数百个到数百万个不等的卷。但 Longhorn 不同，每个控制器上只有一个卷，Longhorn 将每个卷都转变成了微服务。

4. 跨计算或存储主机调度多个 replica。Longhorn 会监测每一个 replica 的健康状况，对问题进行维修，并在必要时重新生成 replica。

5. 以 Docker 容器的形式操作存储控制器和 replica。例如，一个卷有三个 replica，意味着有四个容器。

6. 为每个卷分配多个存储"前端"。常见的前端包括 Linux 内核设备（映射到 /dev/longhorn）和 iSCSI 目标。Linux 内核设备适用于支持 Docker 卷，而 iSCSI 目标更适合支持 QEMU/KVM 和 VMware 卷。

7. 创建卷快照（snapshot）和 AWS EBS 风格的备份。你可以为每个卷创建多达 254 个快照，这些快照可以逐个备份到 NFS 或 S3 兼容的辅助存储中。只有更改的字节会在备份操作期间被复制和存储。

8. 指定定期快照和备份操作的计划。你可以指定这些操作的频率（每小时，每天，每周，每月和每年）、执行这些操作的确切时间（例如，每个星期日凌晨 3:00），以及保留多少个循环快照和备份集。

三、快速入门指南

Longhorn 易于安装和使用。你只需确保 Docker 已安装，并且安装了 open-iscsi 软件包，就可以在单个 Ubuntu 16.04 服务器上设置运行 Longhorn 所需的一切。

运行以下命令在单个主机上设置 Longhorn：

git clone https://github.com/rancher/longhorncd longhorn/deploy./longhorn-setup-single- node-env.sh

该脚本启动多个容器，包括 etcd 键值存储区、Longhorn 卷管理器、Longhorn UI 和 Longhorn Docker 卷插件容器。此脚本完成后，将生成输出：Longhorn is up at port 8080。

可以通过连接到 http：//<hostname 或 IP>:8080 来使用 UI。如图 3-21 所示是有关卷详细信息的屏幕截图：

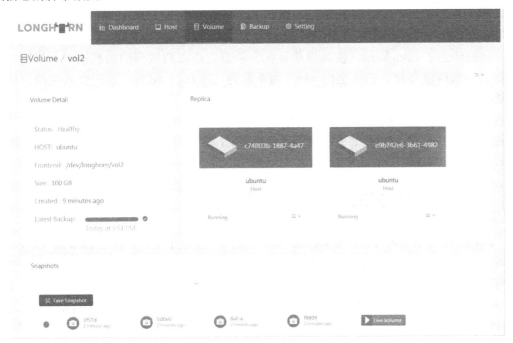

图 3-21　卷详细信息屏幕截图

现在可以从 Docker CLI 创建持久的 Longhorn 卷：

docker volume create -d longhorn vol1

docker run -it --volume-driver longhorn -v vol1:/vol1 ubuntu bash

在同一主机上运行单主机 Longhorn 安装程序 etcd 和所有卷副本，不适合在生产环境中使用。Longhorn GitHub 页面有更多关于如何设置生产级别多主机使用的说明，可以参见网址 https://github.com/rancher/longhorn，多主机将使用单独的 etcd 服务器、Docker swarm mode 集群和用于存储备份的单独 NFS 服务器。

四、Longhorn 和其他存储系统

作为一项实验，我们编写了 Longhorn，借助容器和微服务，Longhorn 构建了一个分布式块存储系统，Longhorn 既不是为了与现有存储软件和存储系统竞争，也并非为替代现有存储软件和存储系统，原因如下。

Longhorn 只关注分布式块存储。从另一个角度来说，分布式文件存储更难建立。如 Ceph、Gluster、Infinit（由 Docker 收购）、Quobyte、Portworx 和 StorageOS 及来自 NetApp、EMC 等的存储系统，提供了分布式文件系统、统一存储体验、企业数据管理及许多 Longhorn 不支持的其他企业级功能。

Longhorn 需要 NFS 共享或 S3 兼容的对象用以存储卷备份。因此，它必须与来自

NetApp、EMC Isilon 或其他供应商的网络文件存储器，以及来自 AWS S3、Minio、SwiftStack、Cloudian 等 S3 兼容的对象存储端点配合使用。

Longhorn 缺少企业级存储功能，例如重复数据删除、压缩和自动分层，以及将大容量条带化为较小块的能力。因此，Longhorn 卷受到单个磁盘的大小和性能的限制。iSCSI 目标以用户级进程运行。我们在分布式存储产品（如 Dell EqualLogic，SolidFire 和 Datera）中可以看到，它缺乏企业级 iSCSI 系统的性能、可靠性和多路径支持。

我们建立了 Longhorn，使其简单易行，希望它可以测试我们的想法——使用容器和微服务来构建存储。它完全由 Go（通常称为 Golang）编写，是现代系统编程的首选语言。

下面我们将继续详细描述 Longhorn，让大家能对 Longhorn 现阶段的功能设计有个大致的预览。当前，尽管所描述的功能还未全部实现，但我们将会继续努力，使 Longhorn 项目的愿景变为现实。

五、作为微服务的卷（volume）

Longhorn 卷管理器容器在 Longhorn 集群中的每个主机上运行。使用 Rancher 或 Swarm 术语，Longhorn 管理器容器是一项全球性服务。如果你使用 Kubernetes，Longhorn 卷管理器则被视为 DaemonSet。Longhorn 卷管理器处理从 UI 中或 Docker 和 Kubernetes 的卷插件中执行 API 调用。Longhorn API 的说明参见网址 https://github.com/rancher/longhorn-manager/wiki/Longhorn-Manager-API。图 3-22 展示了 Longhorn 在 Docker Swarm 和 Kubernetes 中的控制路径。

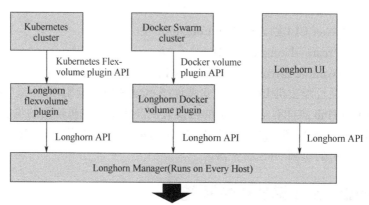

图 3-22　Longhorn 控制路径

当 Longhorn 管理器被要求创建一个卷时，它将在该卷所附的主机及放置副本的主机上创建一个控制器容器。副本应放置在不同的主机上，以确保最大可用性。

如图 3-23 所示，有三个容器有 Longhorn 卷。每个 Docker 卷都有一个作为容器运行的专用控制器。每个控制器有两个副本，每个副本都是一个容器。图中的箭头表示 Docker 卷、控制器容器、副本容器和磁盘之间的读/写数据流。为每个卷创建单独的控制器，如果某个控制器发生故障，则不会影响其他卷的功能。

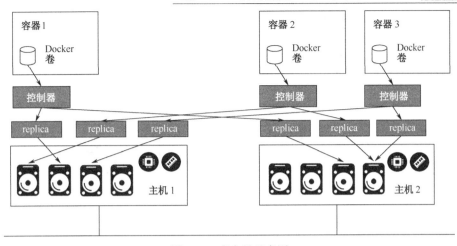

图 3-23　多容器示意图

例如，在大规模部署 100 000 个 Docker 卷的过程中，每个卷有两个副本，意味着将存在 100 000 个控制器容器和 20 万个复制容器。为了安排、监视、协调和修复控制器和副本，需要一个存储编排系统。

六、存储编排

存储编排负责调度控制器和副本，监视各种组件，并从错误中恢复。Longhorn 卷管理器执行管理卷生命周期所需的存储编排操作。你可以在以下网址找到 Longhorn 卷管理器执行存储编排的详细信息，参见网址 https://github.com/rancher/longhorn-manager/wiki/Design-of-Longhorn-Storage-Orchestration。

控制器的功能类似于典型的镜像 RAID 控制器，对其副本进行读/写操作，并监控副本的健康状况。所有写入操作都被同步复制。因为每个卷都有自己的专用控制器，并且控制器驻留在卷所附加的同一主机上，所以我们不需要控制器的高可用性（HA）配置。

Longhorn 卷管理器负责挑选副本所在的主机。然后检查所有副本的健康状况，在必要时，执行相应操作重建错误的副本。

七、复制操作

Longhorn replica 是通过 Linux 分散的文件构建的，它支持精简配置。目前，我们不保留额外的元数据来指示使用哪些块（block）。块大小为 4KB。

拍摄快照时，你将创建一个差异磁盘。随着快照数量的增长，差异磁盘链可能会相当长。为了提高读取性能，Longhorn 保留了一个读取索引，记录了该差异磁盘保存的每个 4KB 块的有效数据。如图 3-24 所示，该卷有 8 个块。读取索引有 8 个条目，并且在读取操作发生时被填充。写操作会重置读取索引，使其指向实时数据。

读取保存在内存中的索引时，每 4KB block 消耗一个字节。字节大小的读取索引意味着你可以为每个卷获取多达 254 个快照。

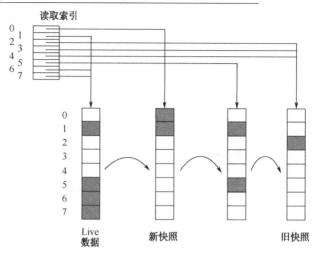

图 3-24　有 8 个 block 的卷

为每个副本读取索引将会消耗一定量的内存数据结构。例如，1TB 卷消耗 256MB 的内存读取索引。因此，我们未来会考虑将读取的索引放在内存映射文件中。

八、副本重建

当控制器检测到某个副本出现故障时，它会将副本标记为处于错误状态。Longhorn 卷管理器负责启动和协调重建错误副本，过程如下。

Longhorn 卷管理器创建一个空白副本，并调用控制器将空白副本添加到其副本集中。而要添加空白副本，控制器必须执行以下操作。

1. 暂停所有读/写操作。

2. 在 WO（只写）模式下添加空白副本。

3. 获取现有副本的快照，即刻会有一个空白的差异磁盘。

4. 取消暂停全部读取写入操作，仅将写入操作发送到新添加的副本中。

5. 启动后台进程，将所有（除最新的以外）差异磁盘从好的副本同步到空白副本。

6. 同步完成后，所有副本的数据都具有一致性，卷管理器将新副本设置为 RW（读写）模式。

7. Longhorn 卷管理器调用控制器从其副本集中删除错误的副本。

重新构建副本并不是很有效。可以通过尝试重新使用故障副本中剩余的分散文件来提高重建性能。

九、备份快照

我喜欢 Amazon EBS 的工作方式——每个快照都自动备份到 S3。主存储中没有内容。但是，我们决定让 Longhorn 的快照和备份更灵活一些。将快照和备份操作分开执行。通过拍摄快照、备份此快照与上一个快照之间的差异，以及删除上一个快照来模拟 EBS 风格的快照。我们还开发了一种定期的备份机制，以帮助你自动执行此类操作。

通过检测和传输快照之间被更改的块，我们实现了高效的增量备份。这个任务相对来说比较容易，因为每个快照都是一个差异文件，只用存储最后一个快照中的更改。为了避免存储大量的小 block，我们使用 2MB block 执行备份操作。这意味着，如果 2MB 边界中的任何 4KB block 改变，我们将不得不备份整个 2MB block。但我们认为这在可管理性和效率之间提供了平衡。

如图 3-25 所示，我们已经备份了 snap2 和 snap3。每个备份保留自己的一组 2MB block，两个备份共享一个绿色 block 和一个蓝色 block。每个 2MB block 仅备份一次。这意味着当我们从二级存储中删除备份时，不能删除它所使用的所有 block。相反，我们会定期执行垃圾回收，以便从二级存储中清理未使用的 block。

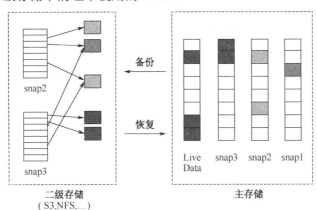

图 3-25　备份

Longhorn 将给定的卷的所有备份存储在公用目录下。图 3-26 所示是描述 Longhorn 如何存储卷的备份的简单视图。卷级元数据存储在 volume.cfg 中。每个备份的元数据文件（例如 snap2.cfg）相对较小，因为它们只包含备份中所有 2MB block 的偏移量和校验和。属于同一卷的所有备份的 2MB block 都存储在公用目录下，因此可以跨多个备份进行共享。2MB block（.blk 文件）被压缩。由于使用了校验和来处理 2MB block，所以我们删除了同一个卷的 2MB block 中的重复数据。

```
volume.cfg
backups/
    snap2.cfg
    snap3.cfg
blocks/
    c0facb6ba3102d29e8d847f32982a030028369020fd5ab6dfc99e63f8a1af903.blk
    f1af6a6aa6410a1eea5a1ba2a8856cc7bb01b302483e819f3ff4ca46bb17bb16.blk
    21935af9e15f5c32c843fbfb6fa01369cc7c0aa0c589f7d1e930bf351f8650c7.blk
    731859029215873fdac1c9f2f8bd25a334abf0f3a9e1b057cf2cacc2826d86b0.blk
    965b2b6871ebb1b57d1bad2c087aeebc3f7052487b38fac939d655a493b49d06.blk
```

图 3-26　存储卷备份

十、两种部署模式

Longhorn 卷管理器执行调度副本到节点的任务。我们可以调整调度算法，用不同的方式放置控制器，复制副本。控制器要始终放置在连接卷的主机上。另一方面，副本可以在运行控制器的同一组计算服务器上或在一组专用存储服务器上进行。如图 3-27（a）所示，构成了超聚合部署模型，3-27（b）则构成了专用存储服务器模型。

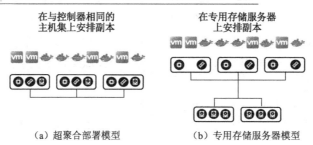

（a）超聚合部署模型　　　　　　（b）专用存储服务器模型

图 3-27　两种部署模型示意图

　　坚信开源才是技术的未来，始终秉承开源理念的 Rancher Labs，此次推出的 Longhorn 依然是 100% 的开源软件。可以通过在 GitHub 上下载 Longhorn，参见网址 https:// github.com/rancher/longhorn。

☑ 容器安全

3.8　细数你不得不知的容器安全工具

网络安全问题的重要性毋庸置疑，最近无数关于恶意软件和安全漏洞的消息已充分证明了这一点。假如你要管理一个 Docker 环境，并希望帮助自己的公司或用户在下一个大漏洞来临时避免麻烦，那么就需要了解一些保障 Docker 应用安全的工具，并真正地去使用它们。本文将介绍可供使用的 Docker 安全工具（包括了来自 Docker 原生的安全工具及第三方安全工具）。

一、Docker Benchmark for Security

首先需要了解的 Docker 安全工具之一就是 Docker Benchmark for Security。Docker Benchmark for Security 是一个简单的脚本，它可以测试并确保 Docker 部署遵守已有的的安全最佳实践（security best practices）。

Docker Benchmark for Security 能够如此实用的原因之一是，它所参照的最佳实践基于的是各领域、各职位的行业专家所达成的共识。咨询人员、软件开发人员，以及安全和执行方面的专家针对最佳实践的建立都贡献过宝贵观点和经验。你可以在 Center for Internet Security（互联网安全中心）找到关于最佳实践和其背后原因的完整描述，参见网址 https://www.cisecurity.org/cis-benchmarks/。

Docker Benchmark for Security 地址参见网址 https://github.com/docker/docker-bench-security。

二、CoreOS Clair

CoreOS Clair 是专门为 Docker 容器设计的漏洞扫描引擎。这个基于 API 的扫描引擎可以查看每个容器层，搜索并报告已知的漏洞。

CoreOS Clair 有两个主要的使用场景。首先，针对那些并非由你亲自创建的镜像，Clair 可以进行充分的检查。例如，如果你从互联网下载镜像，镜像的安全性就很难保证。CoreOS Clair 可以帮助你做出判断。它的第二个使用场景是，当你正在使用不安全软件时，CoreOS Clair 可以阻止或提醒你。

CoreOS Clair 相关信息参见网址 https://github.com/coreos/clair。

三、Docker Security Scanning

Docker Security Scanning 是另一个可为 Docker 进行安全漏洞扫描的工具。而且，它不仅仅是一个单纯的扫描引擎，以下几点同样值得注意。

首先，Docker Security Scanning 不局限于扫描 Docker 容器，该工具还会检查 Docker 安装安全问题。此外，它能够扫描本地和远程两部分的安装。

另一个值得一看的是 Docker Security Scanning 可基于插件使用。这些插件使 Docker Security Scanning 有很强的扩展性，因此随着该工具的不断完善，更多的功能将会被添加进去。插件可以简易编写，因此使用它的团队可以为实现自己的需求创建插件。

Docker Security Scanning 相关信息参见网址 https://github.com/kost/dockscan。

四、Drydock

Drydock 的功能类似于 Docker Benchmark for Security，不过在使用上更加灵活。和 Docker Benchmark 相似，Drydock 是 Docker 的安全审核工具。而 Drydock 的独特之处在于 Drydock 允许它的用户创建自定义的审核配置文件。这些配置文件可消除生成报告（噪声警报）中那些引起大量杂乱的审核，从而调整审核过程。此外它还可用于停用和环境无关、产生虚假警报的审核测试。

和其他容器安全工具不同，使用 Drydock 创建自定义配置文件非常容易。该工具有一个内置的配置文件，包含了所有将要执行的审核测试，通过添加注释就可以控制需要执行的检查。

可以在 Github 上下载 Drydock，参见网址 https://github.com/zuBux/drydock。

五、Twistlock

Twistlock 是 Docker 的另一个安全审核工具。和其他解决方案不同的是，它是一种商业应用，可提供一个免费的开发版和一个有许可的企业版。

Twistlock 扫描容器栈中的每一个单独层，并能够使用内容指纹技术识别各种组件，以及可能与这些组件相关联的漏洞。

Twistlock 企业版使用了机器学习来帮助识别漏洞，此外还提供了自动化策略创建和执行功能。免费的开发者版本和企业版有很多相似之处，但开发者版本需要手动创建策略，依赖于社区的支持，而它也限制了只能有 10 个仓库和两台主机。

Twistlock 相关信息参见网址 https://www.twistlock.com/。

六、总结

Docker 在逐渐发展成熟，也被越来越多的企业投入使用，因此，确保 Docker 环境的安全也变得越来越重要。所幸的是，现有一系列工具——包括免费版和商业版，都可以帮助你更好地维护 Docker 应用（如 Deepfence、NeuVector 和 Anchore）的安全。

为什么 InfoSec 团队应该拥抱容器？每当一项新的软件技术出现，InfoSec 团队都会有点焦虑，原因是他们的工作是评估和降低风险的——而新软件引入了一些未知变量，这些变量等同于企业的额外风险。对新的、不断演进的和复杂的技术做出判断是一项艰难的工作，团队克服疑虑接受未知的新技术值得赞赏。

本部分内容旨在呼吁世界范围内的 InfoSec 人士对容器的出现持乐观态度。有些人认为容器不安全，其实，容器在安全性方面反而具有先天的优势。

（一）不变性

在一个典型的生产环境中，你的服务器上有一系列的管理状态，包括系统镜像、配置管理（CM）和部署工具。系统的最终状态是非常动态的（特别是对于 CM 工具），库和包往往基于各种 runtime 变量。以下是一些可能会出现问题的例子。

在主机上运行的 openssl 版本可能会因你使用的操作系统而异，你的 rhel 6 主机可能有一个版本，而使用不同补丁版本的 Ubuntu 主机则有不同的版本。即使是这些细微的差异也可以产生明显的影响，并导致 OpenSSL 漏洞（如 Heartbleed）。

如果你没有不同的操作系统，那么如果在一个特定的主机上运行的 CM 工具遇到了一个 bug，并且在它能够确保包版本（假设你已经定义了显式版本）之前，会发生什么？现在的情况是，一个过时的软件包在被注意到之前将会一直存在在系统中。在小环境下，在 CM 成功运行时，你可能能保持一致性，但在有着数以千计的主机的复杂大环境中，因为你不了解或者无法解决这些问题，将会有一些主机，你无法保证它们的一致性。在此环境中，这种缺少确定性的状态会对库存和 CVE 扫描技术提出需求。

这就是容器提供的额外优势。由于容器镜像的不可变性，我可以在部署之前了解 runtime 的状态。这为我提供了一个点来检查和理解 runtime 状态。在构建过程中对已知的 CVE 和其他漏洞进行一次扫描，并在部署之前捕获风险，这比不断地对系统中部署的每个运行库进行清点要容易得多。

（二）隔离

使用容器，Linux 内核被设计为在主机上的容器之间提供隔离。它允许每个进程与其相邻的进程可以具有不同的 runtime。对于 InfoSec 而言，如果应用程序受到威胁，这将降低攻击向量对系统其他部分的影响。虽然这种划分不严密，但目前还没有一个真正安全的机制。

（三）开发人员和应用团队易于上手

最后，还有一个原因能吸引 InfoSec，因为开发人员和应用团队共享的优势，比起仅使用安全性工具，更具优势。没有一个安全组织能够在真空中运作，即使是最安全的组织也需要平衡控制和生产率。但是，当你的解决方案同时满足这两个要求时，采用容器并证明所需资源的阻力非常小。尽管这听起来似乎是一个不应该存在的悖论，但在某种程度上可以提高灵活性和容器的安全性。

七、结论

我希望这一小节内容能鼓励读者进一步探索和了解容器技术是如何提高组织机构 IT

系统的安全性的，若你的团队（哪怕只是在内部）能讨论一下是否将容器技术用于生产环境，那就更好不过了。

3.9 为容器安全苦恼？这份清单整理了 27 种容器安全工具

在 Docker 容器技术兴起的初期，对于许多企业而言，容器安全问题一直是他们在生产环境中采用 Docker 的一大障碍。然而，在过去的一年中，许多开源项目、初创公司、云供应商甚至是 Docker 公司自己都已经开始打造用于强化 Docker 环境的新解决方案，关于容器安全的担忧及挑战正在被逐渐解决。如今，许多容器安全工具可以满足容器整个生命周期的各方面需求。

Docker 的安全工具可以分为以下几类。

1. **内核安全工具**：这些工具源于 Linux 开源社区，它们已经被 Docker 等容器系统吸纳成为内核级别的基础安全工具。

2. **镜像扫描工具**：Docker Hub 是最受欢迎的容器镜像仓库，但除 Docker Hub 之外也有很多其他镜像仓库可供选择。大多数镜像仓库现在都有针对已知漏洞扫描容器镜像的解决方案。

3. **编排安全工具**：Kubernetes 和 Docker Swarm 是两个被普遍使用的编排工具，并且其安全功能在过去一年已经得到加强。

4. **网络安全工具**：在容器驱动的分布式系统中，网络比以往更为重要。基于策略的网络安全在基于外围的防火墙上的重要性越来越突出。

5. **安全基准测试工具**：互联网安全中心（CIS）为容器安全提供了指导方针，这一方针已被 Docker Bench 和类似的安全基准工具所采用。

6. **CaaS 平台的安全性**：AWS ECS、GKE 和其他 CaaS 平台通常是基于其母公司的 IaaS 平台来构建其安全功能的。然后添加容器专用功能或者借用 Docker、Kubernetes 的安全功能。

7. **容器专用安全工具**：就容器安全来说，这是一个最优选择。其中，机器学习是中心阶段，因为这类工具能够为容器安全构建智能的解决方案。

以下是根据 Docker 堆栈工具安全部分，列出的可用的 Docker 安全工具备忘清单。

一、内核安全工具

1. 命名空间（Namespaces）。

命名空间隔离了相邻的进程，并且限制了容器所能看到的内容，因此可以防止攻击的蔓延。

2. cgroups。

该工具限制了容器使用的资源，限制容器可以使用的内容，从而防止受感染的容器占用所有的资源。

3. SeLinux。

该工具为内核提供访问控制。它强制执行强制访问控制（MAC），依据策略控制了容器访问内核的方式。

4. AppArmor。

该工具可以启用进程访问控制，可设置强制执行策略，亦可设置为仅在违反策略时发出报告。

5. Seccomp。

该工具允许进程以安全状态与内核进行交互，安全状态下仅可执行数量有限的命令。如果超出这些命令，那么进程将被终止。

二、镜像扫描工具

1. Docker Hub 安全扫描。

该工具根据常见漏洞和暴露列表（CVE）扫描从 Docker Hub 下载的镜像。

2. Docker Content Trust。

该工具可以根据作者验证从第三方文件库下载的镜像，作者可以是个人，也可以是组织。

3. Quay Security Scanner。

该工具由 CoreOS Clair 提供支持。这是 Quay Docker 安全扫描版本，它可以扫描容器镜像漏洞。

4. AWS ECR。

作为 AWS ECS 的一部分，ECR 在 S3 中静态加密图像，并通过 HTTPS 传输。它使用 AWS IAM 控制对镜像仓库的访问。

三、编排安全工具

1. Docker Swarm Secrets Management。

用安全的方式来使用 Docker Swarm 存储密码、token 及其他机密数据。

2. Kubernetes Security Context。

保证在 Kubernetes 集群中容器和 Pod 的安全，并提供访问控制及 SELinux 和 AppArmor 等 Linux 内核安全模块。

四、网络安全工具

1. Project Calico。

通过提供基于策略的安全保障来保护容器网络，并确保服务只能访问其所需要的服务和资源。

2. Weave。

该工具为容器网络强制实施基于策略的安全保障，并且为每个容器而非整个环境提供防火墙。

3. Canal。

集成了 Project Calico 的安全功能和 Flannel 的连接功能，为容器提供了全面的网络解决方案。

五、安全基准测试工具

1. Docker Bench。

这是一个根据互联网安全中心（CIS）创建的基准清单，来检查生产环境中的容器的安全状况的脚本。

2. Inspec。

这是一个由 Chef 构建的测试框架，它将合规性和安全性视为代码。此外，它可以扫描镜像，并拥有自己的一个 Docker Bench 版本。

六、CaaS 平台的安全性

1. AWS ECS。

在 AWS ECS 中，容器是运行在虚拟机内的，这就为容器提供了第一层安全保护。同时 ECS 也添加了 AWS 的安全功能，如 IAM、安全组及网络 ACL 等。

2. Azure 容器服务。

Azure 容器服务有自己的容器镜像仓库来扫描镜像，同时还可充分利用 Azure 的默认安全功能，如 IAM。

3. GKE。

GKE 采纳了 Kubernetes 的安全功能，并且添加了一些谷歌云的安全功能，如 IAM 和 RBAC。

七、容器专用安全工具

1. Twistlock。

这是一个端到端的容器安全平台。它利用机器学习来自动分析应用程序。

2. Aqua Security。

一个端到端的容器平台，提供了易于扩展的成熟 API。

3. Anchore。

该工具可以扫描容器镜像，并为容器平台强制运行安全策略。同时它用 Jenkins 整合了 CI/CD 的工作流程。

4. NeuVector。

该工具通过执行服务策略来保护容器运行安全，并且能够基于自动化白名单自动开始或停止容器运行。

5. Deepfence。

该工具是 CI/CD 集成安全工具，可防止已知的攻击。

6. StackRox。

该容器安全工具可以利用机器学习提供自适应威胁保护。

7. Tenable。

这是一个可以扫描容器镜像的托管安全解决方案，它甚至可以允许企业在它们的环境内执行安全策略。

8. Cavirin。

这是一个持续的安全评估工具，可以根据 CIS 基准测试漏洞。

八、感受 Docker 安全工具的魅力

本部分内容是一个十分全面的 Docker 安全工具清单。通过这份清单，可以清楚地发现，保证 Docker 的安全需要多种工具的共同合作，因为每个工具都有其优势及所专注的领域，有针对容器堆栈的内核、镜像仓库、网络、编排工具及 CaaS 平台的每一层提供解决方案。最棒的是，大部分工具或者至少是大部分容器工作负载中的常用工具都非常适合彼此集成。

充分了解每个安全工具的功能及其特性之后，可以为企业级生产工作负载打造容器安全环境。这一直是 Docker 的承诺，而容器安全工具把这一承诺变成了现实。

3.10 使用开源工具 fluentd-pilot 收集容器日志

fluentd-pilot 是阿里开源的 Docker 日志收集工具，GitHub 项目相关信息参见网址 https://github.com/AliyunContainerService/fluentd-pilot。你可以在每台机器上部署一个 fluentd-pilot 实例，就可以收集机器上所有 Docker 应用日志。

fluentd-pilot 具有如下特性。

1. 一个单独的 fluentd 进程就可以收集机器上所有容器的日志，不需要为每个容器启动一个 fluentd 进程。

2. 支持文件日志和 stdout。docker log dirver 抑或 logspout 只能处理 stdout，fluentd-pilot 不仅支持收集 stdout 日志，还可以收集文件日志.

3. 声明式配置。当你的容器有日志要收集，只要通过 label 声明要收集的日志文件的路径，不需要改动其他任何配置，fluentd-pilot 就会自动收集新容器的日志。

4. 支持多种日志存储方式。无论是强大的阿里云日志服务，还是比较流行的 Elasticsearch 组合，甚至是 graylog，fluentd-pilot 都能把日志投递到正确的地点。

一、Rancher 使用 fluentd-pilot 收集日志

Rancher 使用 fluentd-pilot 收集日志示意图如图 3-28 所示。

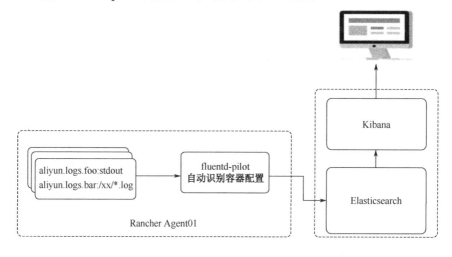

图 3-28 Rancher 使用 fluentd-pilot 收集日志示意图

　　既然要用 fluentd-pilot，就得先把它启动起来。还要有一个日志系统，日志要集中收集，要有一个中间服务去收集和存储，所以要先把这种东西准备好。Rancher 中我们要如何做？如图 3-29 所示，首先我们选择 Rancher 的应用商店中的 Elasticsearch 和 Kibana。这对版本没有要求，下面使用 Elasticsearch 2.X 和 Kibana 4。

　　其次在 RancherAgent 主机上面部署一个 fluentd-pilot 容器，然后在容器里面启动的时候，要声明容器的日志信息，fluentd-pilot 会自动感知所有容器的配置。每次启动容器或者删除容器的时候，它能够看得到，当看到容器有新容器产生之后，它就会自动给新容器按照你的配置生成对应的配置文件，然后去采集，最后采集回来的日志同样也会根据配置发送到后端存储里面去，这里面后端主要指的 Elasticsearch 或者是 SLS 这样的系统，接下来你可以在这个系统上面用一些工具来查询等。

　　可根据实际情况，在每台 Agent 定义主机标签，通过主机标签在每台 RancherAgent 主机上跑一个 pilot 容器。用这个命令来部署，其实它是一个标准的 Docker 镜像，内部支持一些后端存储，可以通过环境变量来指定日志放到哪儿去，这样的配置方式会把所有收集到的日志全部都发送到 Elasticsearch 里面去，当然两个挂载是需要的，因为它连接 Docker，要感知到 Docker 里面所有容器的变化，它要通过这种方式来访问宿主机的一些信息。在 Rancher 环境下使用 docker-compose.yml 应用来添加应用，在可选 docker-compose.yml 中添加一下内容。

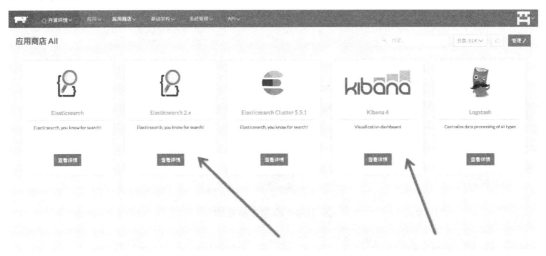

图 3-29　Rancher 应用商店示意图

```
version: '2'
services:
  pilot:
    image:
registry.cn-hangzhou.aliyuncs.com/acs-sample/fluentd-pilot:0.1
    environment:
      ELASTICSEARCH_HOST: elasticsearch
      ELASTICSEARCH_PORT: '9200'
      FLUENTD_OUTPUT: elasticsearch
    external_links:
    - es-cluster/es-master:elasticsearch
```

```
volumes:
- /var/run/docker.sock:/var/run/docker.sock
- /:/host
labels:
    aliyun.global: 'true'
```

　　配置好之后启动自己的应用（例子：Tomcat），我们看应用上面要收集的日志，该在上面做什么样的声明？关键的配置有两个，一是 label catalina，声明的是要收集容器的日志为什么格式（可以是标准格式，也可以是文件），名字任意；另一个是声明 access。这样一个路径的地址，当你通过配置启动 fluentd-pilot 容器之后，它就能够感觉到这样一个容器的启动事件，它会去看容器的配置是什么，要收集这个目录下面的文件日志，然后告诉 fluentd-pilot 去中心配置，并且去采集，这里还需要一个卷，如图 3-30 所示，实际上跟 logs 目录是一致的，在容器外面实际上没有一种通用的方式能够获取到容器里面的文件，所以我们主动把目录从宿主机上挂载进来，这样就可以在宿主机上看到目录下面的内容。添加标签示意图如图 3-31 所示。

图 3-30　添加卷示意图

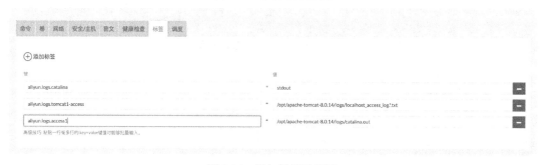

图 3-31　添加标签示意图

　　当你通过部署之后，它会自己在 Elasticsearch 上创建索引，可以在 Elasticsearch 的 kopf 上面看到会生成两个东西，都是自动创建好的，不用管一些配置，你唯一要做的事就是在 kibana 上创建日志 index pattern。然后到日志搜索界面，可以看到从哪过来的，这条日志的内容是什么，如图 3-32、图 3-33 所示。

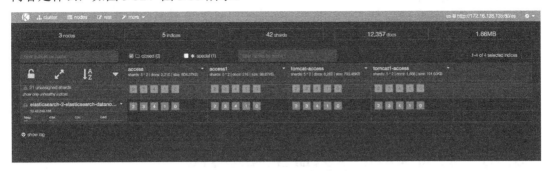

图 3-32　日志搜索界面示意图一

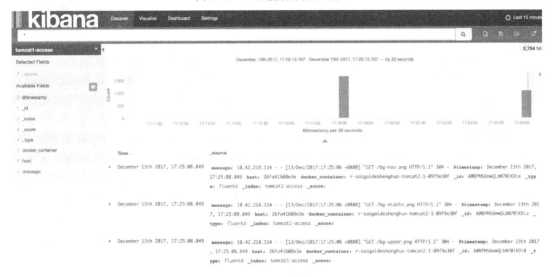

图 3-33　日志搜索界面示意图二

二、Lable 说明

启动 Tomcat 的时候，需要做以下声明它们可以告诉 fluentd-pilot 这个容器的日志位置。

① aliyun.logs.tomcat1-access　/opt/apache-tomcat-8.0.14/logs/localhost_access_log.*.txt

② aliyun.logs.catalina　stdout

你还可以在应用容器上添加更多的标签，例如 aliyun.logs.$name = $path。

变量 name 是日志名称，只能包含 0-9、a-z、A-Z。

变量 path 是要收集的日志路径，必须具体到文件，不能只写目录。文件名部分可以使用通配符。/var/log/he.log 和 /var/log/*.log 都是正确的值，但 /var/log 不行，不能只写到目录。stdout 是一个特殊值，表示标准输出。例如：

aliyun.logs.$name.format：日志格式。

none：无格式纯文本。

json: json 格式，每行一个完整的 json 字符串。

csv: csv 格式。

aliyun.logs.$name.tags: 上报日志的时候，额外增加的字段，格式为 k1=v1，k2=v2，每

个 key-value 之间使用逗号分隔。

aliyun.logs.access.tags="name=hello,stage=test"，上报到存储的日志里就会出现 name 字段和 stage 字段。

如果使用 Elasticsearch 作为日志存储，target 这个 tag 具有特殊含义，表示 Elasticsearch 里对应的 index。

3.11　容器领域的十大监控系统对比

容器监控环境有多种形态和大小，有些是开源的，而另一些则是商业性质的；有些可以借助平台一键部署（例如在 Rancher 容器管理平台的应用目录中一键部署这些监控应用），而另一些则需要手动配置；有些是通用的，有些是专门针对容器环境的；有些托管在公有云中，而另一些则需要在自己的集群主机上安装。

在接下来的内容中，我将对容器领域的 10 个监控解决方案进行全面的分析和对比。监控解决方案的数量之多令人望而生畏。新的解决方案不断涌现，同时现有的解决方案不断发展。我没有深入研究每个解决方案，而是采取了 high-level 的对比方法。通过这种方法，读者可以"缩小列表"，并能针对自身需求进行更认真的评估，从而选出最适合的解决方案。

本文将介绍并对比的监控解决方案，包括：（1）原生 Docker。（2）cAdvisor。（3）Scout。（4）Pingdom。（5）Datadog。（6）Sysdig。（7）Prometheus。（8）Heapster/GrafanaPingdom。（9）ELK。（10）Sensu。

在本篇中将介绍前 5 个解决方案。我提出了一个对比监控解决方案的架构，并对每个解决方案进行了高级对比，然后通过讨论每个解决方案将如何与 Rancher 协同工作，从而更详细地讨论每个解决方案的细节。我还会在最后谈谈一些其他的监控解决方案，这些方案未被纳入本文的"十大"监控系统中，但你也可能遇到过。

一、对比架构

客观地对比监控解决方案面临的一个挑战是，解决方案的架构、功能、部署模型和成本可能会有很大的差异。一个解决方案可以从单个主机提取和绘制 Docker 相关的数据，而另一个解决方案则可以从许多主机收集数据，测量应用程序响应时间，并在特定条件下发送自动警报。

在对比解决方案时，先确定一个对比架构，将会为后期的对比工作带来很大帮助。如图 3-34 所示的对比架构，以大多数监控解决方案都具有的功能层来作为对比的基础。这个对比架构可以分为 7 层。

1. 主机代理——主机代理代表监控解决方案的"肢体"，它会从各种来源（如 API 和日志文件）提取时间序列数据。主机代理通常安装在每个集群主机上（无论是本地，还是云端），并且它们通常被打包成 Docker 容器，以便部署和管理。

2. 数据收集架构——虽然单主机数据有时很有用，但管理员可能需要所有主机和应用程序的统一视图。监控解决方案通常具备一些机制来收集每个主机的数据，并将其保存在共享数据存储区中。

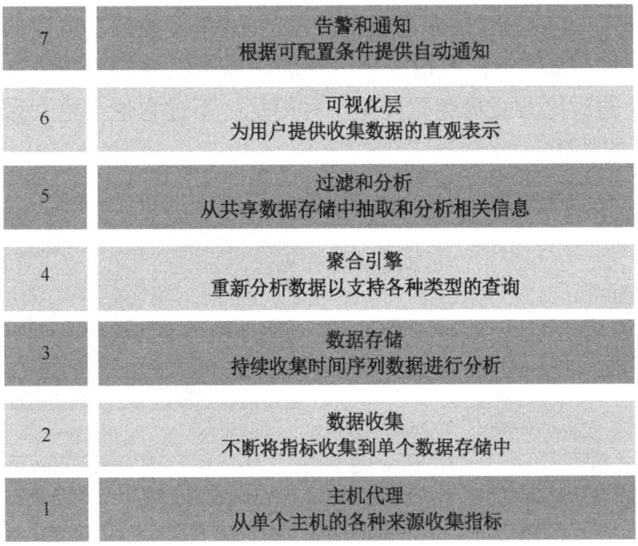

7	告警和通知 根据可配置条件提供自动通知
6	可视化层 为用户提供收集数据的直观表示
5	过滤和分析 从共享数据存储中抽取和分析相关信息
4	聚合引擎 重新分析数据以支持各种类型的查询
3	数据存储 持续收集时间序列数据进行分析
2	数据收集 不断将指标收集到单个数据存储中
1	主机代理 从单个主机的各种来源收集指标

图 3-34　对比架构

3. 数据存储——数据存储可能是传统的数据库，但更常见的一种形式是可伸缩的分布式数据库，由键值对组成的时间序列数据进行了优化。有些解决方案具有原生数据存储，而其他解决方案则使用的是开源的数据存储插件。

4. 聚合引擎——要存储来自数十个主机的原始数据，可能遇见的一大问题是数据量会变得过大。监控架构通常提供数据聚合功能，定期将原始数据转换为统一的度量标准（比如每小时或每日进行汇总），清除不再需要的旧数据，或以某种方式重新分解数据，以支持预期的查询和分析。

5. 过滤和分析——一个监控解决方案就像是你从数据中获得的洞察力。不同的监控解决方案之间，筛选和分析的能力常常差别很大。有些解决方案仅支持以简单的时间序列图表的形式来进行一些预先打包的查询，而另一些则具有可自定义的仪表板、嵌入式查询语言和复杂的分析功能。

6. 可视化层——监控工具通常具有可视化层，用户可以在其中与 Web 界面进行交互以生成图表、制定查询，以及在某些情况下定义警报条件。可视化层可能与筛选和分析功能紧密耦合，也可能根据解决方案与其分开。

7. 告警和通知——管理员很少有时间整天坐着、时刻关注监控图表。因此，监控系统的另一个常见特性是告警子系统。如果达到或超过了预定义的阈值，它可以向管理员发出通知。

除了解每个监控解决方案如何实现上述基本功能之外，以下方面也是用户在选择监控解决方案时应该注意与考量的：（1）解决方案的完整性，（2）是否易于安装和配置，（3）关于 web 用户界面的详细信息，（4）是否能够将警报转发至外部服务，（5）社区支持和参与程度（若该方案为开源项目），（6）Rancher 应用程序目录中的可用性，（7）支持监控非容器环境和应用程序，（8）原生 Kubernetes 支持（Pod、Service、Namespace 等），（9）可扩展性（API，其他接口），（10）部署模式（自主托管、云上托管），（11）成本。

二、十大监控解决方案的对比

图 3-35 以 high-level 的形式展示了我们提出的 10 个监控解决方案如何对应我们在之前提出的七层对比模型，哪些组件实现了分层功能，以及组件的所在位置。每个框架都是极其复杂的，图 3-35 的对比方式毋庸置疑是一种简化，不过它也会给大家提供一个有用的视角来了解各个组件的功能。

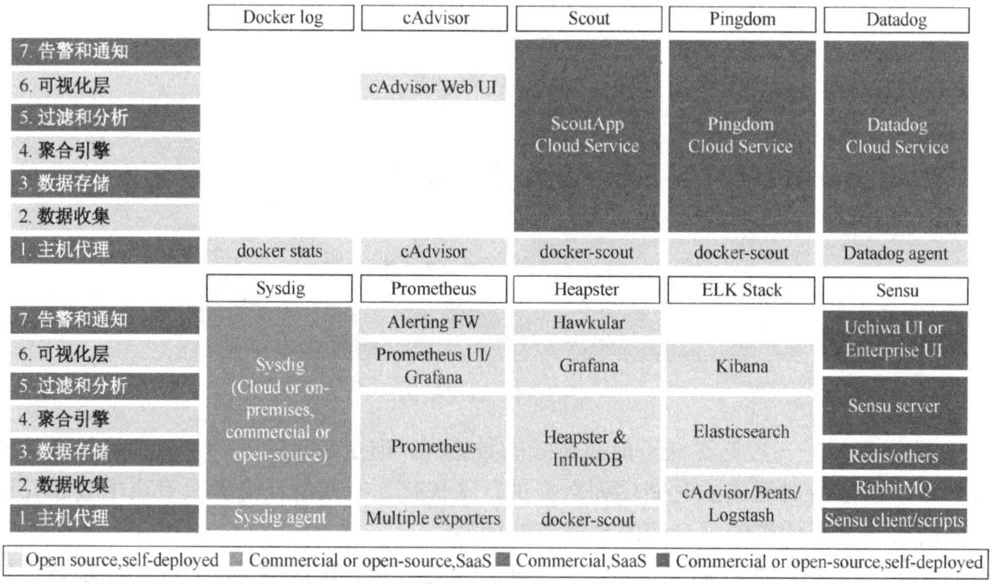

图 3-35 监控解决方案

图 3-36 所示的摘要介绍了监控解决方案的附加属性。其中有些解决方案有多个部署选项，所以它们之间的对比就变得更加细微。

	Docker stats	cAdvisor	Scout	Pingdom	Datadog	SysDig	Prometheus	Heapster	ELK Stack	Sensu
	docker			pingdom	DATADOG	sysdig			Stack	sensu
License	Open-source	Open-source	Commercial	Commercial	Commercial	Open-source / Commercial	Open-source	Open-source	Open-source / Commercial	Open-source / Commercial
Fee structure	FREE	FREE	Monthly, Txn based	Monthly, host or metric-based	Monthly, per-host	Free or monthly, per-host	FREE	FREE	Free or monthly, per-host	FREE or month per client/agent
Deployment model	Part of Docker Engine	Container, local install	Cloud service with local agent	Cloud service with local agent	Cloud service with local agent	Cloud service or local install with local agent	Cloud, local install	Container, local install	Cloud, local install	Local install only, non-container
Completeness of solution	*	**	***	***	*****	*****	*****	***	****	****
Ease of installation & configuration	*****	*****	****	****	*****	****	**	****	**	*
Native Web UI	No	Limited	✓	✓	✓	✓	✓ (or Grafana)	✓ (Grafana)	✓	✓
Aggregation functionality	No	No	✓	✓	✓	✓	✓	✓	✓	✓
Alerting	No	No	✓	✓	✓	✓	✓	available	✓	✓
Pluggable Alerting Service	No	No	✓	✓	✓	✓	✓	available	✓	✓
Pluggable Storage Services	No	✓	Native	Native	Native	Native	Native	✓ InfluxDB	✓ Elasticsearch	✓ (Enterprise)
Community engagement	Very High	High	N/A	N/A	N/A	High	High	High	High	High
Included in Rancher	Yes	K8s only	No	No	No	No	No	Yes (k8s only)	No	No
Rancher Catalog Support	N/A	No	No	No	✓	✓	✓	✓	✓	No
Kubernetes aware	No	No	No	No	✓	✓	✓	✓	No	No
Supports non-container apps	No	No	Yes	Yes	✓	Some	Yes	No	Yes	Yes
API, extensibility	✓	✓	✓	✓	✓	✓	✓	✓	✓	✓

图 3-36 监控解决方案的附加属性

三、解决方案的深入研究

（一）docker stats

参见网址 https://www.docker.com/docker-community。

Docker 通过 docker stats 命令为 Docker 主机提供了内置命令监控功能。管理员可以查询 Docker 守护进程，并获取有关容器资源消耗数据的详细实时信息，包括 CPU 和内存使用、磁盘和网络 I/O，以及正在运行的进程数。docker stats 利用 Docker 引擎 API 来检索这些信息。**Docker 统计信息没有历史概念，它只能监控单个主机**，但聪明的管理员可以编写脚本，从多个主机收集数据。

docker stats 本身用处有限，但 **Docker 统计数据可以与其他数据源（如 Docker 日志文件和 Docker 事件）结合使用**，以满足更高级别的监控服务。Docker 只能得到单个主机报告的数据，所以 docker stats 对于使用多主机应用程序服务的 Kubernetes 或对 Swarm 集群进行监控的能力有限。由于没有可视化界面，没有聚合，没有数据存储，也无法从多个主机收集数据，所以 Docker 的统计数据对我们的七层模型来说并不太适用。由于 **Rancher 在 Docker 上运行，Rancher 用户可以自动使用基本的 docker stats 功能。**

（二）cAdvisor

参见网址 https://github.com/google/cadvisor。

cAdvisor 是一个开源项目，好比 docker stats 向用户提供关于运行容器的资源使用信息。cAdvisor 最初是由谷歌开发的，用于管理其 lmctfy 容器，但它现在也**支持 Docker**。作为守护进程，它可以收集、聚集、处理和导出关于运行容器的信息。

cAdvisor 有一个 Web 界面，可以生成多个图表，但是像 Docker stats 一样，**它只监控一个 Docker 主机**。它可以作为容器安装在 Docker machine 上，也可以在 Docker 主机上安装。

cAdvisor 本身只保留 60 秒的信息，因此需要将 cAdvisor 设置为将数据记录到**外部数据存储库**中。常用于 cAdvisor 数据的数据存储库包括 Prometheus 和 InfluxDB。虽然 cAdvisor 本身并不是一个完整的监控解决方案，但它通常是其他监控解决方案的组成部分。在 Rancher 版本 1.2 之前，Rancher 在 Rancher Agent 中嵌入了 cAdvisor（Rancher 内部使用），但现在已经不是这样了。**最新版本的 Rancher 使用 Docker 统计来收集通过 Rancher UI 公开的信息，因为它们可以减少开销。**

管理员可以轻松地在 Rancher 上部署 cAdvisor，它是几个综合监控堆栈的一部分，但是 cAdvisor 不再是 Rancher 本身的一部分。

（三）Scout

参见网址 http://scoutapp.com。

Scout 是一家总部位于科罗拉多州的公司，它提供基于云的应用程序和数据库监控服务，**主要针对 Ruby 和 Elixir 环境**。其现有的监控和警报架构使其能够监控 Docker 容器。

我们提到 Scout，因为之前在比较监控 Docker 的解决方案时就提到了它。通过灵活的告警和与第三方告警服务的集成，**Scout 提供全面的数据收集、过滤和监控功能**。

Scout 的团队提供了如何使用 Ruby 和 StatsD 编写脚本的指导，以利用 Docker Stats API、Docker Event API 传递数据来监控这些脚本。他们还打包了一个 Docker Scout 容器，可以在 Docker Hub（ScoutApp/Docker Scout）上使用，这就使安装和配置 Scout 代理变得更简单。易用性取决于用户是自行配置 StatsD 代理，还是使用打包的 Docker Scout 容器。

作为一种托管云服务，ScoutApp 可以在快速启动并运行容器监控解决方案时省去许多麻烦。如果你正在部署 Ruby 应用程序或运行 Scout 支持的数据库环境，使用 Scout 解决方案可以帮助你很好地整合 Docker、应用程序和数据库级别的监控。

但是，用户需要注意一些事项。在大多数服务级别上，该平台只允许保留 30 天的数据。至于价格，每月定价的标准套餐价格从 99 美元到 299 美元不等。这一开箱即用的解决方案只能提取和传递有限的指标，也不太适用于 Kubernetes 相关的监控。此外，虽然 Docker Scout 在 Docker Hub 上可用，但**开发是由 Pingdom 完成的**，在过去的两年中，Scout 的代理组件只有很少的更新。

Rancher 自身并不默认原生支持 Scout，但由于 Scout 是云服务，所以它在 Rancher 中很容易部署和使用，特别是当使用基于容器的代理时。目前，Docker Scout 代理不在 Rancher 应用程序目录中。

（四）Pingdom

参见网址 http://pingdom.com。

上文中我们提到 Scout 作为云托管的应用程序，因此还需要提到一个关注的解决方案：Pingdom。Pingdom 是由得克萨斯州奥斯汀市的 SolarWinds 公司运营的托管云服务，它是一家专注于监控 IT 基础架构的公司。**Pingdom 的主要用例是网站监控**，作为服务器监控平台的一部分，Pingdom 提供了大约 90 个插件。事实上，Pingdom 维护 Docker Scout，同样地，Scout 也使用 StatsD 代理。

Pingdom 受到关注的原因在于它**灵活的定价方案**似乎更适合监控 Docker 环境。用户可以根据计划收集到的 StatsD 数据数（每 10 个数据每月要价 1 美元）在基于每个服务器的计划之间进行选择。Pingdom 易于设置和管理，**对于需要一个完整的监视解决方案的用户以及希望监控容器管理平台之外的其他服务的用户而言，Pingdom 非常合适**。像 Scout 一样，Pingdom 是一种云服务，并且易于同 Rancher 结合使用。

（五）Datadog

参见网址 https://www.datadoghq.com/。

Datadog 是另一个类似于 Scout 和 Pingdom 的商业托管云监控服务。Datadog 还提供了一个 Dockerized Agent，用于在每个 Docker 主机上进行安装。然而，Datadog 并没有像前面提到的云监控解决方案那样使用 StatsD，而是开发了一种增强的 StatsD，称为 **DogStatsD**。Datadog 代理收集并传递 Docker API 提供的完整数据，从而进行更详实、细致的监控。

虽然 Datadog 不能原生支持 Rancher，但是 Rancher UI 中有 Datadog 目录，用户可以在 **Rancher 上轻松地安装和配置 Datadog Agent**。用户还可以使用 Rancher 标签，Datadog 中的报告反映了你在 Rancher 中用于主机和应用程序的标签。与前面提到的云服务相比，**Datadog 能够提供更好的数据访问权限和更精细的定义警报条件**。与其他服务一样，Datadog 也可用于监视其他服务和应用程序，并拥有超过 200 个集成的库。Datadog 还能保留 18 个月的全分辨率数据，这比云服务保留时间长。

与其他云服务相比，**Datadog 的优势在于它具有超越 Docker 的集成功能**，并且可以从 Kubernetes、Mesos、etcd 和其他在你的 Rancher 环境中运行的服务中收集数据。对于在 Rancher 上运行 Kubernetes 的用户来说，这种多功能性是很重要的，因为他们希望能够监控诸如 Kubernetes Pod、服务、命名空间和 kubelet health 之类的数据。Datadog-Kubernetes 监控解决方案通过 Kubernetes 中的 DaemonSet，自动将数据收集代理部署到每个集群节点。

Datadog 的定价为每台主机每月约 15 美元，总价会根据用户需要的服务和每个主机监控的容器数量相应增加。

（六）Sysdig

参见网址 http://sysdig.com。

Sysdig 是一家加州公司，主要为用户提供基于云计算的监控解决方案。与前文所描述的几个基于云的监控解决方案不同的是，Sysdig 更专注于监控容器环境，包括 Docker、集群、Mesos 和 Kubernetes。此外，Sysdig 还在开源项目中提供了一些可用功能，并且可以选择对 Sysdig 监控服务进行云部署，还是本地部署。在这些方面，Sysdig 不同于迄今为止所出现的其他基于云的解决方案。

Sysdig 与 Datadog 类似，其目录可用于 Rancher，但 Sysdig 的本地和云安装都有单独目录。从 Rancher Catalog 里自动安装的 Sysdig 无法用于对 Kubernetes 的监控；不过，它也可以不通过 Rancher Catalog 来安装到 Rancher 之上。商用 Sysdig 监控具有 Docker 监控、告警和故障排除功能，并且还具有 Kubernetes、Mesos 和集群识别的功能。Sysdig 能够自动识别 Kubernetes Pod 和服务，因此选择 Kubernetes 作为 Rancher 的编排架构将是一个很好的解决方案。

Sysdig 和 Datadog 一样是按每个主机每月定价。虽然 Sysdig 入门价格略高，但它在每个主机上可以支持更多容器，因此根据用户的环境，实际定价可能非常相似。Sysdig 还提供了一个全面的 CLI——csysdig，将其与一些产品区分开来。

（七）Prometheus

参见网址 http://prometheus.io。

Prometheus 是一个很受欢迎的开源监控和警报工具包，它最初是在 SoundCloud 上进行构建的。现在是 CNCF 项目，也是该公司在 Kubernetes 之后的第二个托管项目。作为一个工具包，它与目前为止所描述的其他监控解决方案有很大不同。首先一个主要的区别是，作为一种云服务，Prometheus 是模块化的，可以自行托管，这意味着无论是在本地还是在云端，用户都可以在他们的集群上部署 Prometheus。

值得注意的是，Prometheus 不是将数据推送到云服务，而是安装在每个 Docker 主机上，并通过 HTTP 从 Prometheus 提供的各种输出口获取或"抓取"数据。其中，一些输出口被官方保留为 Prometheus GitHub 项目的一部分，而另一些则是由外部贡献的。有些项目本身暴露了 Prometheus 数据，因此不需要输出口。由于 Prometheus 可高度扩展，用户需要考虑输出方的数量，并根据收集的数据量适当地配置轮询间隔。

Prometheus 的服务器从各种来源检索时间序列数据，并将数据存储在其内部数据存储区中。此外，Prometheus 提供服务发现等功能，这是一种针对特定类型数据的独立推送网关，并且有一个嵌入的查询语言（PromQL），该语言擅长查询多维数据。同时，它也有一个嵌入式的 Web UI 和 API。虽然 Prometheus 中的 Web UI 提供了强大的功能，但用户必须对 PromQL 十分了解，因此一些站点更愿意使用 Grafana 作为绘制和查看集群相关指标的接口。

Prometheus 既有一个独立的告警管理器，也具有独特的 UI，并且可以处理存储在 Prometheus 中的数据。和其他告警管理器一样，它可以与各种外部告警服务一起工作，包括电子邮件、Hipchat、Pagerduty、#Slack、OpsGenie、VictorOps 等。

由于 Prometheus 由许多组件组成，输出方需要根据所监控的服务进行选择和安装，所以安装起来比较困难，但是作为免费产品，Prometheus 在价格上具有无可比拟的优势。

虽然不像 Datadog 或 Sysdig 这样精炼，但是 Prometheus 提供了类似的功能、广泛的第三方软件集成及一流的云监控解决方案，并且 Prometheus 十分了解 Kubernetes 和其他容器管理架构。另外，由 Infinityworks 开发的 Rancher Catalog 中的条目使得在使用 Cattle 作为 Rancher 的编排架构时，Prometheus 更容易入门，但由于配置选项的种类繁多，管理员需要花费一些时间才能正确安装和配置。

Infinityworks 提供了一些有用的插件，其中包括 prometheus-rancher-exporter，这些插件将 Rancher stack 和从 Rancher API 获得的主机的健康状况发送给 Prometheus 兼容端点。因此，对于那些愿意花更多精力的管理者来说，Prometheus 是强大的监控解决方案之一。

（八）Heapster

参见网址 https://github.com/Kubernetes/heapster。

Heapster 是 Kubernetes 旗下的一个项目，它有助于实现容器集群监控和性能分析。此外，Heapster 对 Kubernetes 和 OpenShift 的支持十分良好，也很适合在 Rancher 上使用 Kuberenetes 作为编排工具的用户使用。Cattle 或者 Swarm 的用户则通常不会选择它。。

人们经常将 Heapster 定义为一个监控解决方案，但更确切地说，它应该是一个集群范围内的监控和事件数据聚合器。Heapster 从来不单独部署，相反，它是开源组件的一部分。Heapster 监控堆栈通常由以下部分组成。

1. 数据收集层：例如，在每个集群主机上使用 kubelet 访问的 cAdvisor。

2. 可插入式存储后端：例如，Elasticsearch、InfluxDB、Kafka、Graphite 等。

3. 数据可视化组件：Grafana 或 Google Cloud Monitoring。

Heapster 与 InfluxDB、Grafana 共同组成了一个流行的堆栈，当用户在 Rancher 上部署 Kubernetes 时，此组合便会默认安装在 Rancher 上。需要注意的是，这些组件被认为是 Kubernetes 的附加组件，因此它们可能不会被自动部署到所有 Kubernetes 发行版中。

InfluxDB 受欢迎的其中一个原因是，它是少数几个支持 Kubernetes 项目和数据的数据后端之一，并且可以对 Kubernetes 进行更全面的监控。

值得注意的是，Heapster 本身不支持在商用云的解决方案或 Prometheus 中发现的与应用程序性能管理（APM）相关的告警或服务。需要监控服务的用户可以使用 Hawkular 来弥补这一不足，不过 Hawkular 并不会自动配置为 Rancher 部署的一部分，而是需要用户另行操作。

（九）ELK Stack

参见网址 https://www.elastic.co/。

另一个可用于监视容器环境的开源软件栈是 ELK，由 Elastic 提供的三个开源项目组成。ELK 是通用的，广泛用于各种分析应用程序，日志文件监控是其中关键的一环。ELK 以其关键组件的首字母命名。

Elasticsearch：基于 Lucene 的分布式搜索引擎。

Logstash：一个数据处理管道，用于获取数据并将其发送到 Elastisearch（或其他"托盘"）。

Kibana：Elasticsearch 的可视化搜索仪表板和分析工具。

Elastic 栈中一个容易被忽视的成员是 Beats，项目开发人员将其描述为轻量级数据托运器。现在有许多现成的 Beats 托运器，包括 Filebeat（用于日志文件）、Metricbeat（用于收集各种来源的数据），以及用于简单的 uptime 监控等。

ELK 栈的部署方式有所不同。Kiratech 的 Lorenzo Fontana 在这篇文章中解释了如何使用 cAdvisor 从 Docker Swarm 主机收集数据存储在 Elasticsearch 中，并使用 Kibana 进行分析，参见网址 https://blog.codeship.com/monitoring-docker-containers-with-elasticsearch-and-cadvisor/。在另一篇文章中，Aboullaite Mohammed 描述了一个不同的用例，其重点是收集 Docker 日志文件，分析各种 Linux 和 nginx 日志文件（error.log、access.log 和 syslog），参见网址 https://aboullaite.me/docker-monitoring-with-the-elk-stack/。有些商用 ELK 栈提供者，例如 logz.io 和 Elastic Co，向用户提供"ELK 即服务"，在原生 ELK 之外补充提供了告警功能。有关在 Docker 上使用 ELK 的更多信息，参见网址 https://elk-docker.readthedocs.io/。

对于希望尝试使用 ELK 的 Rancher 用户，可以参阅 Rancher Catalog 相关信息。《如何在 Rancher 上运行 Elasticsearch》一文介绍了如何在 Rancher Catalog 中部署 ELK。《使用容器和 Elasticsearch 集群对 Twitter 进行监控》一文介绍了如何使用 ELK 监控 Twitter 数据。尽管管理员可以使用 ELK 进行容器监控，但与 Sysdig、Prometheus 或 Datadog 等直接针对容器监控的解决方案相比，ELK 的上手和使用难度都会更大。

（十）Sensu

参见网址 http://sensuapp.org。

Sensu 是一个通用的自主监控解决方案，支持多种监控应用。用户可在 MIT 许可下获得一个免费的 Sensu Core 版本，Sensu 的企业版则拥有更多的附加功能，价格为每月 99 美元，可以为 50 个 Sensu 客户端提供服务。Sensu 使用术语"客户端"来指代其监控代理，因此根据监控的主机数量和应用程序环境的数量，企业版可能会变得非常昂贵。Sensu 在容器管理之外还拥有非常强大的功能，但就监控容器环境和容器化应用程序来看，它与其他平台并无差别。

Sensu 插件的数量持续增长，现在已有数十个 Sensu 和社区支持的插件可以从各种来源提取数据。2015 年 Rancher 对 Sensu 进行早期评估时，那时 Sensu 用户要从 Docker 中提取信息，需要开发 shell 脚本。但是现在，Sensu 已经有了一个不错的 Docker 插件，这使 Sensu 更易于使用了。

插件往往是用 Ruby 编写的，使用基于 gem 的安装脚本，这些脚本需要在 Docker 主机上运行。用户可以在他们选择的语言中开发额外的插件，与我们讨论过的其他监控解决方案相同的是，Sensu 插件不是部署在自身容器中（这一点毫无疑问，因为 Sensu 并非在监控容器的基础上构建的）。

由于不同的用户希望根据自己的监控要求混合和匹配插件，因此为每个插件设置单独的容器将会非常棘手，这可能也是为什么不使用容器进行部署的原因。不过，插件可以使用 Chef、Puppet 和 Ansible 等平台进行部署。例如，对于 Docker 来说，有 6 个独立的插件可以从各种来源收集与 Docker 相关的数据，包括 Docker 统计信息、容器数量、容器运行状况、Docker ps等。Sensu 插件的数量非常多，包括许多用户可能在容器环境（Elasticsearch、Solr、Redis、MongoDB、RabbitMQ、Graphite 和 Logstash 等）中运行的应用程序栈。此外，Sensu 还提供用于管理和编排架构的插件，如 AWS 服务（EC2、RDS、ELB）。但是在插件列表中，Kubernetes似乎消失了。Sensu 还提供对 OpenStack 和 Mesos 的支持。

Sensu 通过 RabbitMQ 使用消息总线，以协助代理/客户端与 Sensu 服务器之间的通信。Sensu 用 Redis 存储数据，但它的设计目的是将数据路由到外部的时间序列数据库。支持的数据库包括 Graphite、Librato 和 InfluxDB。

安装和配置 Sensu 需要花点时间。安装 Sensu 前必须先安装 Redis 和 RabbitMQ。Sensu服务器、Sensu 客户端和 Sensu 仪表板需要单独安装，并且根据部署的是 Sensu 内核还是企业版本，流程也会有所不同。如前所述，Sensu 不提供容器友好的部署模型，为了方便起见，可以使用 Docker 镜像（hiroakis/Docker-sensu-server）运行 redis、rabbitmq-server、uchiwa（开源 Web 层）和 Sensu 服务器组件，但在评估上，这个软件包比生产部署更有用。

Sensu 的特性非常多，但对容器用户而言，它的缺点是架构很难安装、配置和维护，因为这些组件本身没有被 Docker 化。此外，许多告警功能（例如发送警报给诸如 PagerDuty、Slack 或 HipChat 等服务）可以在基于云的解决方案或像 Prometheus 这样的开源代码解决方案中使用，因此需要购买 Sensu 企业版许可。尤其选择使用 Kubernetes 时，Sensu 可能不是最好的选择。

四、容易被忽略的监控解决方案

Graylog 是另一个监控 Docker 的开源解决方案。和 ELK 一样，Graylog 也适用于 Docker日志文件分析。它可以接受和解析来自多个数据源的日志和事件数据，并支持像 Beats、Fluentd 和 NXLog 这样的第三方收集器。Nagios 通常被认为更适合于监控集群主机，而不是容器，对于那些熟悉监控集群环境的人来说，Nagios 最受欢迎。

Netsil 是一家硅谷初创公司，作为一个监控应用程序，它为 Docker、Kubernetes、Mesos，以及各种应用程序和云提供商提供插件。Netsil 的应用运营中心（AOC）与我们讨论的其他监控架构一样，以 SaaS 或自主托管的形式为云应用服务提供架构感知监控。

五、结语

容器监控解决方案很多，新的解决方案也在不断涌现，同时现有的解决方案也在不断发展。此次我们采取了 high-level 的对比方法，希望可以帮助你"缩小列表"，根据自身需求进行更认真的评估，从而选出最适合的解决方案。

3.12　Prometheus 监控的最佳实践
——关于监控的 3 项关键指标

本部分内容来自 Weaveworks 的工程师 Anita Burhrle 在 Rancher Labs 与 Weaveworks 联合举办的 Online Meetup 上的技术分享。在此次分享中，嘉宾们讨论了如何使用 Rancher、Weave Cloud 和 Prometheus 来轻松部署、管理与监控 Kubernetes。本部分内容将分享 Weave 是为何及如何开发出 RED 最佳实践方法来使用 Prometheus 在 Kubernetes 中监控应用程序的。

一、什么是 Prometheus 监控

最近有很多关于 Prometheus 的消息，尤其是在 Kubernetes 中监控应用程序这方面。深入了解 RED 方法之前，我们先了解一些背景内容。应用程序运行在容器上，并由 Kubernetes 负责调度，在此环境中它们是高度自动化，并且是动态的。传统的监控工具一般是基于服务器，只监控静态的服务，所以当要在这种动态环境监控应用程序时，传统的监控工具往往很难满足这一需求。这时就需要 Prometheus 了。

Prometheus 是一个开源项目，最初由 SoundCloud 的工程师开发。它专门用于监控那些运行在容器中的微服务。每经过一段时间间隔，数据都会从运行的服务中流出，存储到一个时间序列数据库中，这个数据库之后可以通过 PromQL 语言查询。另外，因为数据是以时间序列存储的，当出现问题时，可以根据这些时间间隔进行诊断，另外还可以预测基础设施的长期监控趋势，这是 Prometheus 的两大功能。

在 Weaveworks，我们把服务搭建在 Prometheus 的开源分布上，并且创建了一个可扩展、多租户的版本，这是软件即服务概念的一部分，称为 Weave Cloud。

现在，该服务已经运行了几个月，同时也使用 Weave Cloud 监控，在这个过程中我们积累到了一些有关监控云本机应用程序的经验，并根据这些经验设计了一个系统来确定在检测代码前需要测量什么。

二、检测什么

在搭建 Prometheus 监控时，确定需要收集的指标类型十分重要，这些指标和应用程序相关。选择的指标可以简化故障发生时排除故障的流程，并且还可以在服务和基础设施上保持很高的稳定性。为帮助人们理解监控的重要性，我们定义了一个称之为 RED 方法的系统。

RED 方法遵循 Four Golden Signals 中提及的原则，聚焦于检测最终用户在使用 Web 服务时关心的东西。

在 RED 方法中，我们通过监控三项关键指标来管理架构中的每个微服务：

1.（Request）Rate——服务的每秒请求数。

2.（Request）Errors——每秒失败的请求数。

3.（Request）Duration——每个请求所花费的时间，用时间间隔表示。

RED 方法希望由 Rate、Errors、Duration 三项指标涵盖最典型的 Web 服务问题。同时这些指标还能够反映出请求的错误率。通过这三项指标，就能监测到通常情况下会影响客户体验的问题。

如果想要获得更多细节信息，还需要用到 Saturation 指标。Saturation 指标用在 USE（Utilization Saturation and Errors）方法中，它指的是一种带有额外作业的资源，而该资源不能够提供服务，因此必须添加到队列中以备后续处理。

对比 USE 和 RED 两种方法，USE 方法更侧重于监控性能，并以此为出发点寻找影响性能问题的根本原因，以及其他系统的瓶颈。在理想状态下，我们可以在监控应用程序时同时使用 USE 和 RED 方法。

为什么要对每个服务衡量使用相同的指标？因为从监控的角度来看，如果能处理好每项服务，你的运营团队就可以在此基础上继续扩展服务。

三、扩展性对运营团队意味着什么？

一个团队可以支持多少个服务？在理想状态下，一个团队可以支持的服务数量和团队规模无关，而取决于其他因素，比如 SLA 协议的响应类型，以及是否需要全天候覆盖等。

四、如何将可支持的服务数量与团队规模去耦化

办法是让每一个服务都变得一样。这既减少了团队针对特定的服务进行培训的数量，还减少了在高压事件响应场景或者所谓"认知负载"这些针对特定服务的特殊情况发生时，呼叫者需要记录的内容。

（一）容量规划

考虑 QPS（每秒查询次数）和延迟。

自动化任务及发出警报：RED 方法的优点在于它可以帮助你考虑如何在仪表板中显示信息。通过这三个指标，你可以对仪表板的布局进行调整，让它更易于阅读，并在问题发生时发出警报。例如，一个布局可能意味着每个服务都有一个不同的 Weave Cloud 记事本，包含了 PromQL 查询的请求和错误，以及每个服务的延迟。毫无疑问，如果把所有的服务都视为一样的，那么将会更加易于自动化执行重复任务。

（二）PromQL 查询

PromQL 查询如图 3-37 所示。

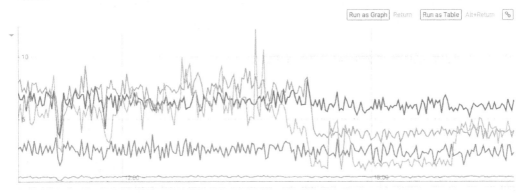

```
sum by(namespace) (rate(container_cpu_user_seconds_total{pod_name=~".+",job="kubernetes-nodes"}[1m]))
+ sum by(namespace) (rate(container_cpu_system_seconds_total{pod_name=~".+",job="kubernetes-nodes"}
[1m]))
```

图 3-37　PromQL 查询示意图

在 Weave Cloud 上监控 RED 方法中的指标，如图 3-38 所示。

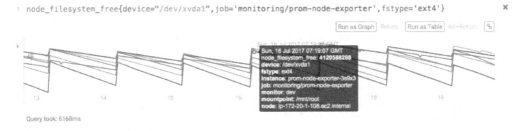

```
node_filesystem_free{device="/dev/xvda1",job='monitoring/prom-node-exporter',fstype='ext4'}
```

图 3-38　Weave Cloud 上监控 RED 方法中的指标示意图

（三）局限性

事实上，RED 方法仅适用于请求驱动的服务。比如，它在处理面向批处理的服务或者流服务时会发生错误。对于请求驱动，它也不是完全适用的。当需要监控其他东西，比如主机 CPU 和内存，或者缓存资源时，USE 方法表现得更好。

3.13　容器和实时资源监控

你是否实时监控你的容器资源？如果没有，那意味着你可能没有对其进行有效监控。在快速变化、动态的微服务环境中，即使是几秒钟以前的监控数据也可能失效。为了防止中断，你需要实时监控。

在该部分内容中，我解释了为什么对容器资源进行实时监控是很重要的，以及实时监控中你应该关注的容器指标。

首先要明确的是，该部分内容并非在为哪个特定的容器监控产品站台。虽然现在有很多可供容器使用的实时监控平台，但我认为最好的做法还是充分了解容器监控的基本要素，而不是只关注特定产品的特性集。如果你知道为保证容器基础设施正常运行需要实时监视什么，那么一定能选出最佳的、最能满足实时监控需求的工具集。

一、实时容器监控面临的挑战

在讨论如何对容器进行实时监控之前，有必要指出实时监控容器所带来的特殊挑战。

最明显的是，在一个容器化的环境中，组件总是会消失。传统环境中监控的大多是相对静态的服务器和应用程序。但容器是不断变化的。因此，在容器化的环境中，你需要监控更多的东西，甚至会受到更多的干扰。因此，在混乱的数据中甄别有意义的数据是比较困难的，特别是当你需要实时监控的时候，更不应把时间浪费在甄别上。

由于 Docker 将容器从主机中抽离的方式，实时监控容器化的环境可能会变得更加困难。当你处理容器时，你是无法简单地通过在主机上运行诸如 top 或 ps 之类的监控命令，来准确了解容器内发生的情况的。

大规模地从容器内部进行实时监控是几乎无法实现的，因此，解决这一难题的方法是使用代理或换一种更巧妙的监控解决方案，为容器及其支持的服务提供实时可见性。

二、可以监控什么

我们来看看你可以监控哪些实时容器指标。将 Docker 作为最直观的例子（尽管以下大部分适用于其他容器系统，包括 Linux-native LXD），我们可以将实时容器指标分为以下几种类型。

（一）Memory

Docker 可以监控单个容器使用的总内存、高速缓存和交换内存的数量，以及表示进程使用的、未缓存或存储在磁盘上的内存（如匿名内存映射）的驻留集大小或 RSS 和栈。

RSS 和高速缓存可以分解为活动内存和非活动内存。在 Docker 的内存统计信息中，也包含了次要（复制或分配）和主要（完全从磁盘读取）页面错误。

（二）CPU

Docker 监控用户 CPU 时间（进程本身使用的 CPU）和系统 CPU 时间（进程的系统调用）。如果执行 CPU 节流（限制给定容器可用的时间），则还将报告容器的节流计数和时间。

（三）I/O

对于 I/O，Docker 监控 I/O 的操作数和 I/O 的字节数。在这两种情况下，它分别计数同步/异步和读写。Docker 还提供读写扇区（512 字节）的计数（读写统计在一起），以及当前队列中的操作数。

（四）网络资源

Docker 还报告了单个容器的总体网络指标，包括数据包数、字节流量、丢弃数据包，以及发送和接收错误。

（五）更多

其他需要考虑的指标，包括存储（和与存储相关的性能指标），以及正在使用的容器总数。除了容器的特定指标之外，还需要对诸如整个系统性能、流量、用户行为模式和应用程序性能等传统因素进行监控，所有这些都可能直接或间接地影响容器活动。

三、最佳监控方式

监控方法和监控服务当然也很重要。Docker 的原生监控工具有一个简单的接口，但在这些工具上构建或包含的许多服务具有非常强大的功能，其中可能包括非 Docker 资源监控、仪表板、容器和聚合级别的分析，以及用于警报和其他自动响应的 API。

这些工具很多都可以轻松地与 Rancher 进行集成，并且可以用于监控和分析 Rancher 特定的资源，以及一般容器中的常见资源。

四、容器监控为何重要

为什么监控诸如此类的指标很重要？因为监控容器的主要原因与监控其他应用程序的主要原因密切相关。对于容器，监控可以帮助你检测系统、容器和应用程序级别的问题。

顺便说一下，这并不意味着你对容器监控的方法与你在传统环境中使用的方法相同。如上所述，容器监控带来了特殊的挑战。但是，无论在哪种情况下，容器监控的好处其实都一样。

五、实时容器监控和性能优化

监控容器性能最明显的指标是那些涉及 CPU 和内存使用的指标。某个特定的容器（或者更典型的，组成特定微服务器的容器的大多数实例）占用过多的 CPU 时间？或过多内存？如果是这样的，那么你就有机会通过查找和修复问题来优化性能。以下是一些可以通过实时监控来解决性能问题的具体策略。

（一）CPU 节流

仅仅通过执行 CPU 节流，就可以解决一些 CPU 过度使用的问题。然而，在其他情况下，此类性能问题可能表明设计中存在问题（在整体应用或微服务级别），或编码错误。这些与性能相关的问题也可能出现在 I/O，甚至网络指标中。

节流可以起到类似于传统负载均衡功能的作用，但当遇到与 CPU 相关的性能问题时，不要简单地限制并假设能够解决问题，这一点很重要。如果某个关键服务使用过多的 CPU 时间，则扼制它可能会以其他方式降低性能。

当 CPU 或内存问题或类似的性能问题频发时，在设计级别上查找瓶颈和应用程序错误尤为重要，因为这些问题可能会导致内存、CPU 服务或其他资源使用不正确或效率低下。

（二）资源调配

性能问题也可能源于系统级资源配置不足。你可能需要提供更多的内存、更多的存储空间、更多的 CPU 访问权限切换到云服务协定，从而使你在访问资源时获得更高的优先级。

（三）资源调配并不是灵丹妙药

与节流一样，重要的是不要简单地认为应该提供更多的资源，并希望借助它解决性能问题。你应该首先查看应用程序体系结构、微服务设计，以及在编码级别可能出现的功能问题。你不能通过简单地提供更多资源，来解决设计问题或 bug。以这种方式，也许你能够克服明显且直接的效率低下等方面问题，但问题的其他方面可能会继续隐匿，甚至升级，在某一时刻造成更大的麻烦。

六、容器监控：错误和异常行为

性能问题并不是实时监控能够帮助你找到和解决的唯一问题。以下是其他类型的问题（与成本优化、安全性和用户体验相关），在执行实时容器监控时也应该关注。

（一）未充分利用的资源

容器在低于预期水平的情况下使用资源，可能会被视为滥用资源。例如，信用卡授权微服务导致 I/O 或网络资源几乎被闲置，这可能是重大问题的征兆——无论是授权微服务本身，还是使用一个或多个微服务，或可能仅间接涉及信用授权的应用程序的其他部分。

（二）可疑流量

容器监控还可能发现其他形式的异常行为。如果容器正在访问（或只是请求）通常不会使用的资源，或显示 I/O 模式，或网络流量异常，则表示可能存在安全问题。

（三）未满足的需求

容器的异常行为也可能预示着不那么严峻（但仍然很重要）的问题，如用户活动的异常模式。例如，如果用户（出于合法原因）以比原来预期的更高级别访问特定服务，那么你可能需要查看整体架构、部署模式，或者添加新服务以满足当前未满足的（或不满足）用户需求。

尽管单个容器更迭速度太快、存续时间可能不长，但关于容器生态系统的一切（基础设施、存储数据、用户交互、资源可用性）却持续焕发着强大的生命力，这些容易受到容器行为的强烈影响，并可能会对你的应用程序性能和整个组织产生重大影响。因此，实时容器监控不仅重要，而且非常必要。

3.14　使用容器和 Elasticsearch 集群对 Twitter 进行监控

Elasticsearch 是 ELK（Elasticsearch、Logstash、Kibana）的基石。我们将使用 Rancher Catalog 来部署 stack，并将它用于追踪 Twitter 上的 tag 和 brand。

追踪 Twitter 上的 hashtag 对于衡量基于 Twitter 的营销活动的影响力是非常有用的。你可以从中提取出诸如你的推文被转发的次数，你的营销活动为你带来了多少位新的关注者等有效信息。

一、安装 ELK stack

（一）Elasticsearch

若你已经有了一个正在工作中的 Elasticsearch 集群，现在只需要调整一些集群中的配置即可。我们将使用 JSON 创建一个索引模板，来调整相关配置。

在 GitHub 上获取 JSON 模板可参见网址 https://github.com/elastic/examples/blob/master/ElasticStack_twitter/twitter_template.json。

在浏览器中输入 http://[你的 kopf 在 rancher 主机上的路径]，在 kopf 中，单击 more，然后在下拉菜单中选择 index templates，如图 3-39 所示。

图 3-39　kopf 菜单示例图

现在给我们的索引模板起个名字，并且推动其配置，如图 3-40 所示。

使用 twitter_elk_example 作为模板名称，粘贴你之前下载的 JSON 文件中的内容，单击 save 按钮。

图 3-40　给索引模板起名、配置示意图

Elasticsearch 集群的配置就介绍到这里。

（二）Logstash

Logstash 让你能够分析所获得的数据，并且将数据传输至 Elasticsearch 集群中。它原生支持很多数据源（如 Twitter API、collectd、Apache 日志等）。在处理数据时，Logstash 可以帮助你解压或格式化数据中的正确部分。这样，你就不必推送一些不必要的，或者（更糟的）错误数据，这些脏数据会使 Kibana Dashboard 与实际情况不相符。

在开始之前，需要创建 Twitter 应用密钥，需要特别关注以下内容：（1）Consumer Key，（2）Consumer Secret，（3）Access Token，（4）Access Token Secret。

注意：确保所有 Rancher 主机的时钟均已同步，否则你将无法正确地使用 Twitter 证书。

现在跳转到目录页，并选择 Logstash（最好是最新的版本）。你需要在 Logstash inputs* 输入框中加入以下内容（用你自己的 API 认证密钥替换 CAP 文本）：

```
twitter {
consumer_key => "INSERT YOUR CONSUMER KEY"
consumer_secret => "INSERT YOUR CONSUMER SECRET"
oauth_token => "INSERT YOUR ACCESS TOKEN"
oauth_token_secret => "INSERT YOUR ACCESS TOKEN SECRET"
keywords => [ "docker", "rancher_labs", "rancher", "Kubernetes" ]
full_tweet => true
}
```

注意：在关键字数组中，不要使用"@"或者"#"符号，否则 Logstash 将运行失败，

并报 "unauthorized message" 错误。

在 "Logstash output*" 这个输入框中，需要添加以下内容：

```
output {
elasticsearch {
host => "elasticsearch:9200"
protocol => "http"
cluster_name => "NAME OF YOUR ELASTICSEARCH CLUSTER"
index => "twitter_elk_example"
document_type => "tweets"
}
```

Logstash 中添加输入项示意图如图 3-41 所示。

图 3-41　Logstash 中添加输入项示意图

最后，选择 elasticsearch-client 作为 Elasticsearch stack/service，单击 Launch 按钮即可！如图 3-42 所示。

图 3-42　选择 elasticsearch-client 作为 Elasticsearch stack/service 示意图

接下来的事情 Rancher 将会帮你做完，包括部署一个完全配置好的 Logstash。如果一切顺利，在几分钟之内，你应该能看到数据已经被加入到了 Elasticsearch 主页中。你可以在 http://[你的 ElasticSearch 主机地址]/#kopt 中查看。

（三）Kibana

Kibana 能帮助你根据 Elasticsearch 集群中的数据创建一个强大的 Dashboard。要部署 Kibana，你只需要做两件事情：第一，选择正确的 Rancher Catalog 版本；第二，将它连接到 elasticsearch-clients 容器中。

这样，一个配置正确的 Kibana 已经准备好了！后续我们还将会对它进行一些配置。

现在，整个 ELK 栈就部署好了。虽然 Elasticsearch 和 Logstash 已经部署好了，我们还是需要对 Kibana 进行一些操作。

在这个例子中，我们只需要在 Kibana 中导入一个 JSON 仪表盘即可。获取 JSON 文件信息参见网址 https://raw.githubusercontent.com/elastic/examples/master/ElasticStack_twitter/twitter_kibana.json。

进入 Settings - > Object，然后单击 import，选择刚刚下载好的文件。你应该会看到类似于图 3-43 所示的界面。

剩下的就是在 Kibana 中创建一个适当的索引设置了。

前往"Indices"页面，然后单击"New"按钮。你应该能看到被创建好的索引和被选择了的@timestamp（时间戳），如图 3-44 所示。

图 3-43　Kibana 中导入 TSON 仪表盘界面

图 3-44　创建索引设置

到目前为止，你已经有了一个帮助你监控 Twitter 上的 hashtag 和 brand 的 Kibana

Dashboard。要加载被导入的 Dashboard，只需要在这里单击它的名字即可。

几分钟后，重新查看 Dashboard，你会看到类似如图 3-48 所示的界面。

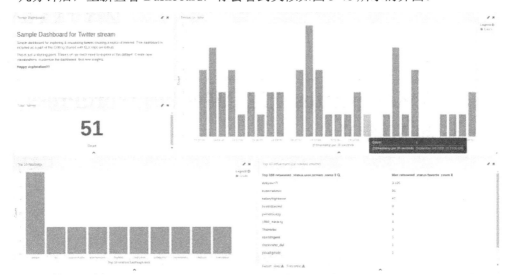

图 3-45　Dashboard 界面

至此，你就能成功监测 Twitter 上的 tag 和 brand 的情况了！

3.15 在 Kubernetes 上运行高可用的 WordPress 和 MySQL

WordPress 是用于编辑和发布 Web 内容的主流平台。在本部分内容中，我将逐步介绍如何使用 Kubernetes 来构建高可用性（HA）WordPress 部署。

WordPress 由两个主要组件组成：WordPress PHP 服务器和用于存储用户信息、帖子和网站数据的数据库。我们需要让整个应用程序中这两个组件在高可用的同时都具备容错能力。

在硬件和地址发生变化的时候，运行高可用服务可能会很困难，非常难维护。借助 Kubernetes 及其强大的网络组件，可以部署高可用的 WordPress 站点和 MySQL 数据库，而无须（几乎不需要）输入单个 IP 地址。

在本小节中，我将向你展示如何在 Kubernetes 中创建存储类、服务，配置映射和集合，如何运行高可用 MySQL，以及如何将高可用 WordPress 集群挂载到数据库服务上。如果你还没有 Kubernetes 集群，你可以在 Amazon、Google 或者 Azure 上轻松找到并且启动它们，或者在任意的服务器上使用 Rancher Kubernetes Engine (RKE)。

一、架构概述

现在简要介绍一下我们将要使用的技术及其功能。

1. WordPress 应用程序文件的存储：具有 GCE 持久磁盘备份的 NFS 存储。

2. 数据库集群：带有用于奇偶校验的 xtrabackup 的 MySQL。

3. 应用程序级别：挂载到 NFS 存储的 WordPress DockerHub 映像。

4. 负载均衡和网络：基于 Kubernetes 的负载均衡器和服务网络。

该体系架构如图 3-46 所示。

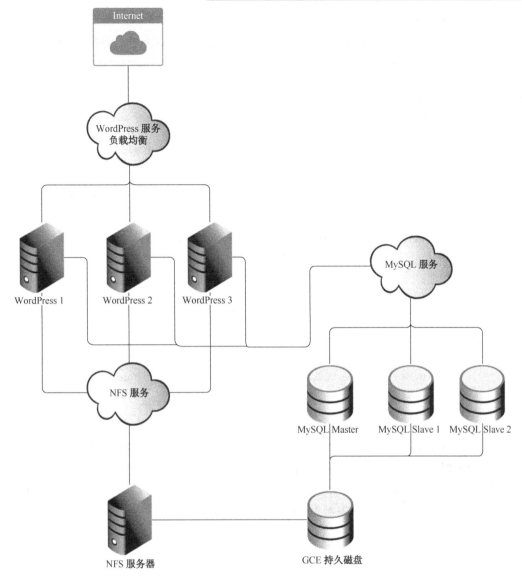

图 3-46　体系架构

二、在 Kubernetes 中创建存储类、服务和配置映射

在 Kubernetes 中，状态集提供了一种定义 Pod 初始化顺序的方法。我们将使用一个有状态的 MySQL 集合，因为它能确保我们的数据节点有足够的时间在启动时复制先前 Pod 中的记录。我们配置这个状态集的方式可以让 MySQL 主机在其他附属机器之前先启动，因此当我们扩展时，可以直接从主机将克隆发送到附属机器上。

首先，我们需要创建一个持久卷存储类和配置映射，以根据需要应用主从配置。我们使用持久卷，避免数据库中的数据受限于集群中任何特定的 Pod。这种方式可以避免数据库在 MySQL 主机 Pod 丢失的情况下丢失数据，当主机 Pod 丢失时，它可以重新连接到带 xtrabackup 的附属机器，并将数据从附属机器拷贝到主机中。MySQL 的复制负责主机-附属的复制，而 xtrabackup 负责附属-主机的复制。

要动态分配持久卷，我们使用 GCE 持久磁盘创建存储类。不过，Kubernetes 提供了各种持久性卷的存储方案：

```
# storage-class.yamlkind: StorageClassapiVersion:
storage.Kubernetes.io/v1metadata:
    name: slowprovisioner: Kubernetes.io/gce-pdparameters:
    type: pd-standard  zone: us-central1-a
```

创建类，并且使用指令 $ kubectl create -f storage-class.yaml 部署它。

接下来，我们将创建 configmap，它指定了一些在 MySQL 配置文件中设置的变量。这些不同的配置与 Pod 本身选择有关，但它们也为我们提供了一种便捷的方式来管理潜在的配置变量。

创建名为 mysql-configmap.yaml 的 YAML 文件来处理配置，如下所示：

```
# mysql-configmap.yamlapiVersion: v1kind: ConfigMapmetadata:
  name: mysql  labels:
    app: mysqldata:
  master.cnf: |    # Apply this config only on the master.
    [mysqld]
    log-bin
    skip-host-cache
    skip-name-resolve  slave.cnf: |    # Apply this config only on slaves.
    [mysqld]
    skip-host-cache
    skip-name-resolve
```

创建 configmap 并使用指令 $ kubectl create -f mysql-configmap.yaml 来部署它。

接下来我们要设置服务以便 MySQL Pod 可以互相通信，并且我们的 WordPress Pod 可以使用 mysql-services.yaml 与 MySQL 通信。这也为 MySQL 服务启动了服务负载均衡器。

```
# mysql-services.yaml# Headless service for stable DNS entries of
StatefulSet members.apiVersion: v1kind: Servicemetadata:
  name: mysql  labels:
    app: mysqlspec:
  ports:
  - name: mysql   port: 3306  clusterIP: None  selector:
    app: mysql
```

通过此服务声明，我们就为实现一个多写入、多读取的 MySQL 实例集群奠定了基础。这种配置是必要的，每个 WordPress 实例都可能写入数据库，所以每个节点都必须准备好读写。

执行命令 $ kubectl create -f mysql-services.yaml 来创建上述服务。

到这，我们创建了卷声明存储类，它将持久磁盘交给所有请求它们的容器，我们配置了 configmap，在 MySQL 配置文件中设置了一些变量，并且我们配置了一个网络层服务，负责对 MySQL 服务器请求负载均衡。上面说的这些只是准备有状态集的框架， MySQL 服务器实际在哪里运行，接下来我们将继续探讨。

三、配置有状态集的 MySQL

本节中，我们将编写一个 YAML 配置文件应用于使用了状态集的 MySQL 实例。

我们先定义状态集。

1. 创建三个 Pod，并将它们注册到 MySQL 服务上。

2. 按照下列模版定义每个 Pod。

（1）为主机 MySQL 服务器创建初始化容器，命名为 init-mysql。

（2）给这个容器使用 mysql:5.7 镜像。

（3）运行一个 bash 脚本来启动 xtrabackup。

（4）为配置文件和 configmap 挂载两个新卷。

3. 为主机 MySQL 服务器创建初始化容器，命名为 clone-mysql。

（1）为该容器使用 Google Cloud Registry 的 xtrabackup:1.0 镜像。

（2）运行 bash 脚本来克隆上一个同级的现有 xtrabackup。

（3）将数据和配置文件挂在两个新卷。

（4）该容器有效地托管克隆的数据，便于新的附属容器可以获取它。

4. 为附属 MySQL 服务器创建基本容器。

（1）创建一个 MySQL 附属容器，配置它连接到 MySQL 主机。

（2）创建附属 xtrabackup 容器，配置它连接到 xtrabackup 主机。

5. 创建一个卷声明模板来描述每个卷，每个卷是一个 10GB 的持久磁盘。

下面的配置文件定义了 MySQL 集群的主节点和附属节点的行为，提供了运行附属客户端的 bash 配置，并确保在克隆之前主节点能够正常运行。附属节点和主节点分别获得它们自己的 10GB 卷，这是它们在我们之前定义的持久卷存储类中请求的。

```
apiVersion: apps/v1beta1kind: StatefulSetmetadata:
 name: mysqlspec:
 selector:
   matchLabels:
     app: mysql   serviceName: mysql   replicas: 3   template:
   metadata:
     labels:
       app: mysql     spec:
   initContainers:
   - name: init-mysql        image: mysql:5.7        command:
     - bash        - "-c"
     - |
       set -ex         # Generate mysql server-id from pod ordinal
index.
       [[ `hostname` =~ -([0-9]+)$ ]] || exit 1
       ordinal=${BASH_REMATCH[1]}
       echo [mysqld] > /mnt/conf.d/server-id.cnf        # Add an
offset to avoid reserved server-id=0 value.
         echo server-id=$((100 + $ordinal)) >>
/mnt/conf.d/server-id.cnf      # Copy appropriate conf.d files from
config-map to emptyDir.
```

```
        if [[ $ordinal -eq 0 ]]; then
          cp /mnt/config-map/master.cnf /mnt/conf.d/
        else
          cp /mnt/config-map/slave.cnf /mnt/conf.d/
        fi          volumeMounts:
- name: conf          mountPath: /mnt/conf.d          - name:
config-map          mountPath: /mnt/config-map          - name:
clone-mysql          image: gcr.io/google-samples/xtrabackup:1.0          command:
- bash          - "-c"
- |
      set -ex          # Skip the clone if data already exists.
      [[ -d /var/lib/mysql/mysql ]] && exit 0          # Skip the clone
on master (ordinal index 0).
      [[ `hostname` =~ -([0-9]+)$ ]] || exit 1
      ordinal=${BASH_REMATCH[1]}
      [[ $ordinal -eq 0 ]] && exit 0          # Clone data from previous
peer.
      ncat --recv-only mysql-$(($ordinal-1)).mysql 3307 | xbstream -x
-C /var/lib/mysql          # Prepare the backup.
        xtrabackup --prepare
--target-dir=/var/lib/mysql          volumeMounts:
        - name: data          mountPath: /var/lib/mysql          subPath:
mysql          - name: conf          mountPath:
/etc/mysql/conf.d          containers:
      - name: mysql          image: mysql:5.7          env:
      - name: MYSQL_ALLOW_EMPTY_PASSWORD          value: "1"
        ports:
      - name: mysql          containerPort: 3306          volumeMounts:
      - name: data          mountPath: /var/lib/mysql          subPath:
mysql          - name: conf          mountPath:
/etc/mysql/conf.d          resources:
        requests:
          cpu: 500m          memory: 1Gi          livenessProbe:
        exec:
          command: ["mysqladmin", "ping"]
        initialDelaySeconds: 30          periodSeconds:
10          timeoutSeconds: 5          readinessProbe:
        exec:
          # Check we can execute queries over TCP (skip-networking is off).
          command: ["mysql", "-h", "127.0.0.1", "-e", "SELECT 1"]
        initialDelaySeconds: 5          periodSeconds:
2          timeoutSeconds: 1          - name: xtrabackup          image:
gcr.io/google-samples/xtrabackup:1.0          ports:
      - name: xtrabackup          containerPort: 3307          command:
- bash          - "-c"
- |
        set -ex
```

```
            cd /var/lib/mysql               # Determine binlog position of cloned
data, if any.
            if [[ -f xtrabackup_slave_info ]]; then           # XtraBackup
already generated a partial "CHANGE MASTER TO" query
            # because we're cloning from an existing slave.
            mv xtrabackup_slave_info change_master_to.sql.in          #
Ignore xtrabackup_binlog_info in this case (it's useless).
            rm -f xtrabackup_binlog_info
            elif [[ -f xtrabackup_binlog_info ]]; then          # We're
cloning directly from master. Parse binlog position.
            [[ `cat xtrabackup_binlog_info` =~ ^(.*?)[[:space:]]+(.*?)$ ]]
|| exit 1
            rm xtrabackup_binlog_info
            echo "CHANGE MASTER TO
MASTER_LOG_FILE='${BASH_REMATCH[1]}',\                MASTER_LOG_POS=${BASH
_REMATCH[2]}" > change_master_to.sql.in
            fi          # Check if we need to complete a clone by starting
replication.
            if [[ -f change_master_to.sql.in ]]; then
            echo "Waiting for mysqld to be ready (accepting connections)"
            until mysql -h 127.0.0.1 -e "SELECT 1"; do sleep 1; done
            echo "Initializing replication from clone position"
            # In case of container restart, attempt this at-most-once.
            mv change_master_to.sql.in change_master_to.sql.orig
            mysql -h 127.0.0.1 <<EOF
$(<change_master_to.sql.orig),
            MASTER_HOST='mysql-0.mysql',
            MASTER_USER='root',
            MASTER_PASSWORD='',
            MASTER_CONNECT_RETRY=10;
            START SLAVE;
            EOF
            fi          # Start a server to send backups when requested by
peers.
            exec ncat --listen --keep-open --send-only --max-conns=1 3307 -c
\          "xtrabackup --backup --slave-info --stream=xbstream
--host=127.0.0.1 --user=root"
            volumeMounts:
            - name: data          mountPath: /var/lib/mysql          subPath:
mysql
            - name: conf          mountPath:
/etc/mysql/conf.d          resources:
            requests:
              cpu: 100m          memory: 100Mi          volumes:
          - name: conf          emptyDir: {}
          - name: config-map          configMap:
            name: mysql          volumeClaimTemplates:
```

```
- metadata:
    name: data     spec:
    accessModes: ["ReadWriteOnce"]
    resources:
      requests:
        storage: 10Gi
```

将该文件存为 mysql-statefulset.yaml，输入 kubectl create -f mysql-statefulset.yaml，并让 Kubernetes 部署数据库。

现在当你调用$ kubectl get pods，应该看到 3 个 Pod 启动或者准备好，其中每个 Pod 上都有两个容器。主节点 Pod 表示 mysql-0，而附属的 Pod 为 mysql-1 和 mysql-2。让 Pod 执行几分钟来确保 xtrabackup 服务在 Pod 之间正确同步，然后进行 WordPress 的部署。

你可以检查单个容器的日志来确认没有错误消息抛出。查看日志的命令为$ kubectl logs -f -c <container_name>，主节点 xtrabackup 容器应显示来自附属的两个连接，并且日志中不应该出现任何错误。

四、部署高可用的 WordPress

整个过程的最后一步是将我们的 WordPress Pod 部署到集群上。为此，我们希望对 WordPress 的服务和部署进行定义。

为了让 WordPress 实现高可用，我们希望每个容器运行时都是完全可替换的，这意味着我们可以终止一个，启动另一个而不需要对数据或服务可用性进行修改。我们也希望能够容忍至少一个容器的失误，有一个冗余的容器负责处理 slack。

WordPress 将重要的站点相关数据存储在应用程序目录/var/www/html 中。对于要为同一站点提供服务的两个 WordPress 实例，该文件夹必须包含相同的数据。

当运行高可用 WordPress 时，需要在实例之间共享/var/www/html 文件夹，因此我们定义一个 NGS 服务作为这些卷的挂载点。

下面是设置 NFS 服务的配置，纯英文的版本如下所示：

```
# nfs.yaml# Define the persistent volume claimapiVersion: v1kind:
PersistentVolumeClaimmetadata:
    name: nfs  labels:
      demo: nfs  annotations:
      volume.alpha.Kubernetes.io/storage-class: anyspec:
    accessModes: [ "ReadWriteOnce" ]
    resources:
      requests:
        storage: 200Gi---# Define the Replication ControllerapiVersion:
v1kind: ReplicationControllermetadata:
    name: nfs-serverspec:
    replicas: 1  selector:
      role: nfs-server  template:
      metadata:
        labels:
          role: nfs-server    spec:
```

```
          containers:
          - name: nfs-server          image:
gcr.io/google_containers/volume-nfs:0.8          ports:
                  - name: nfs          containerPort: 2049          - name:
mountd          containerPort: 20048          - name:
rpcbind          containerPort: 111          securityContext:
              privileged: true          volumeMounts:
          - mountPath: /exports          name: nfs-pvc          volumes:
          - name: nfs-pvc          persistentVolumeClaim:
              claimName: nfs---# Define the Servicekind: ServiceapiVersion:
v1metadata:
      name: nfs-serverspec:
      ports:
      - name: nfs          port: 2049          - name: mountd          port: 20048          - name:
rpcbind          port: 111  selector:
          role: nfs-server
```

使用指令 $ kubectl create -f nfs.yaml 部署 NFS 服务。现在，我们需要运行 $ kubectl describe services nfs-server 获得 IP 地址，这在后面会用到。

注意：将来，我们可以使用服务名称将这些绑定在一起，但现在你需要对 IP 地址进行硬编码。

```
      # wordpress.yamlapiVersion: v1kind: Servicemetadata:
      name: wordpress  labels:
          app: wordpressspec:
      ports:
      - port: 80  selector:
          app: wordpress    tier: frontend  type: LoadBalancer---apiVersion:
v1kind: PersistentVolumemetadata:
      name: nfsspec:
      capacity:
      storage: 20G  accessModes:
      - ReadWriteMany  nfs:
      # FIXME: use the right IP
      server: <IP of the NFS Service>    path: "/"---apiVersion: v1kind:
PersistentVolumeClaimmetadata:
      name: nfsspec:
      accessModes:
      - ReadWriteMany  storageClassName: ""
      resources:
      requests:
          storage: 20G---apiVersion: apps/v1beta1 # for versions before 1.8.0
use apps/v1beta1kind: Deploymentmetadata:
      name: wordpress  labels:
          app: wordpressspec:
      selector:
      matchLabels:
          app: wordpress      tier: frontend  strategy:
      type: Recreate  template:
```

```
metadata:
  labels:
    app: wordpress          tier: frontend      spec:
  containers:
  - image: wordpress:4.9-apache          name: wordpress          env:
    - name: WORDPRESS_DB_HOST          value: mysql          - name:
WORDPRESS_DB_PASSWORD          value: ""
    ports:
    - containerPort: 80          name: wordpress          volumeMounts:
    - name: wordpress-persistent-storage          mountPath:
/var/www/html      volumes:
    - name: wordpress-persistent-storage          persistentVolumeClaim:
          claimName: nfs
```

　　我们现在创建了一个持久卷声明，和我们之前创建的 NFS 服务建立映射，然后将卷附加到 WordPress Pod 上，即/var/www/html 根目录，这也是 WordPress 安装的地方。这里保留了集群中 WordPress Pod 的所有安装和环境。有了这些配置，就可以对任何 WordPress 节点进行启动和拆除，让数据能够留下来。因为 NFS 服务需要不断使用物理卷，该卷将保留下来，并且不会被回收或错误分配。

　　使用指令 $ kubectl create -f wordpress.yaml 部署 WordPress 实例。默认部署只会运行一个 WordPress 实例，可以使用指令 $ kubectl scale --replicas=<number of replicas>。deployment/wordpress 扩展 WordPress 实例数量。

　　要获得 WordPress 服务负载均衡器的地址，需要输入 $ kubectl get services wordpress，并从结果中获取 EXTERNAL-IP 字段来导航到 WordPress。

五、弹性测试

　　现在我们已经部署好了服务，那我们来拆除一下它们，看看我们的高可用架构如何处理这些混乱。在这种部署方式中，唯一剩下的单点故障就是 NFS 服务（原因总结在文末结论中）。你应该能够测试其他服务来了解应用程序是如何响应的。现在我已经启动了 WordPress 服务的 3 个副本，以及 MySQL 服务中的一个主节点和两个附属节点。

　　首先，我们先 kill 掉其他节点，只留下一个 WordPress 节点，来看看应用如何响应：$ kubectl scale --replicas=1 deployment/wordpress。现在我们应该看到 WordPress 部署的 Pod 数量有所下降。$ kubectl get pods 应该能看到 WordPress Pod 的运行变成了 1/1。

　　单击 WordPress 服务 IP，我们将看到与之前一样的站点和数据库。如果要扩展复原，可以再次使用 $ kubectl scale --replicas=3 deployment/wordpress，我们可以看到数据包留在了三个实例中。

　　下面测试 MySQL 的状态集，我们使用指令缩小备份的数量：$ kubectl scale statefulsets mysql --replicas=1，会看到两个附属从该实例中丢失。如果主节点在此时丢失，它所保存的数据将保存在 GCE 持久磁盘上。不过就必须手动从磁盘恢复数据。

　　如果所有 3 个 MySQL 节点都关闭了，当新节点出现时，就无法复制。但是，如果一个主节点发生故障，一个新的主节点就会自动启动，并且通过 xtrabackup 重新配置来自附属节点的数据。因此，在运行生产数据库时，我不建议以小于 3 的复制系数来运行。在结论段中，我们会谈谈针对有状态数据有什么更好的解决方案，因为 Kubernetes 并非真正是为状态设计的。

六、结论和建议

到现在为止，你已经完成了在 Kubernetes 构建并部署高可用 WordPress 和 MySQL 的安装！不过尽管取得了这样的效果，你的研究之旅还远没有结束。可能你还没注意到，我们的安装仍然存在着单点故障：NFS 服务器在 WordPress Pod 之间共享/var/www/html 目录，这项服务代表了单点故障，因为如果它没有运行，在使用它的 Pod 上 html 目录就会丢失。教程中我们为服务器选择了非常稳定的镜像，可以在生产环境中使用，但对于真正的生产部署，你可以考虑使用 GlusterFS 对 WordPress 实例共享的目录开启多读多写。

这个过程涉及在 Kubernetes 上运行分布式存储集群，实际上这不是 Kubernetes 构建的，因此，尽管它运行良好，但不是长期部署的理想选择。

对于数据库，我个人建议使用托管的关系数据库服务来托管 MySQL 实例，因为无论是 Google 的 CloudSQL，还是 AWS 的 RDS，它们都以更合理的价格提供高可用和冗余处理，并且不需要担心数据的完整性。Kubernetes 并不是围绕有状态的应用程序设计的，任何建立在其中的状态更多都是事后考虑的。目前有大量的解决方案可以在选择数据库服务时提供所需的保证。

也就是说，上面介绍的是一种理想的流程，由 Kubernetes 教程、Web 中找到的例子创建一个有关联的现实的 Kubernetes 例子，并且包含了 Kubernetes 1.8.x 中所有的新特性。

希望通过这份指南，读者能在部署 WordPress 和 MySQL 时获得一些惊喜的体验，当然，更希望你的运行一切正常。

3.16　Rancher 通过 Aliyun-SLB 服务对接阿里云 SLB 教程

一、概要

阿里云负载均衡（Server Load Balancer）是将访问流量根据转发策略分发到后端多台云服务器（Elastic Compute Service，简称 ECS）的流量分发控制服务。

负载均衡服务通过设置虚拟服务地址，将位于同一地域的多台 ECS 实例虚拟成一个高性能、高可用的应用服务池，再根据应用指定的方式，将来自客户端的网络请求分发到云服务器池中。负载均衡服务是 ECS 面向多机方案的一个配套服务，需要同 ECS 结合使用。

负载均衡服务会检查云服务器池中 ECS 实例的健康状态，自动隔离异常状态的 ECS 实例，从而解决了单台 ECS 实例的单点问题，提高了应用的整体服务能力。在标准的负载均衡服务之外，负载均衡服务还具备 TCP 与 HTTP 抗 DDoS 攻击的特性，增强了应用服务的防护能力。

　　此篇文章中，我将演示 Rancher 如何通过 Aliyun-SLB 服务对接阿里云 SLB。Rancher 的安装在这里就不再叙述，具体安装方法可参照部署文档，参见网址 http://rancher.com/docs/rancher/v1.6/en/。下面将介绍一套已经搭建好的 Rancher 系统。

二、Aliyun-SLB 应用原理

　　首先，我们需要在阿里云 SLB 页面创建 SLB 实例，记录实例的 ID 号，然后进入实例创建一条监听策略，策略中配置了前端端口和后端服务器端口。

　　根据阿里云 SLB 原始的工作方式，需要手动添加有对应端口的服务器到后端服务器池，这样通过前段端口发来的请求会自动转发到后端服务器。而通过 Aliyun-SLB 可以实现自动把对应后端服务器添加到后端服务器池中。

　　Aliyun-SLB 应用通过 API 与阿里云平台对接，Rancher 中启动服务时添加一个标签来表示这个服务需要使用阿里云负载均衡，启动的应用需要映射宿主机端口。Aliyun-SLB 应用根据创建应用映射的宿主机端口去检测阿里云负载均衡有没有监听相应的端口。如果端口检测通过，那么 Aliyun-SLB 会把服务的相关参数传递给负载均衡，否则会提示刷新配置失败，负载均衡没有监听某端口。

三、Aliyun-SLB 服务安装

（一）添加 Aliyun-SLB 应用商店

通过 Rancher_server-ip:8080 登录 Web 后，在系统管理|系统设置中添加一个自定义商店。

名称：SLB。

地址：https://github.com/niusmallnan/slb-catalog.git。

版本：master。

保存后，在应用商店中搜索 SLB 可以看到相应的应用，如图 3-47 所示。

图 3-47　SLB 应用商店

（二）Aliyun-SLB 安装

1. 单击详情后进入配置界面，如图 3-48 所示。

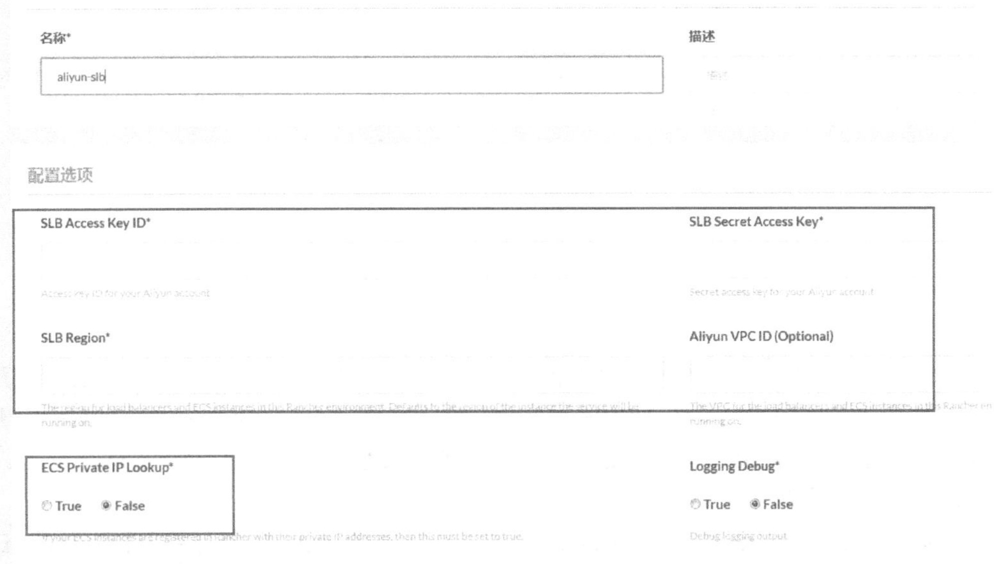

图 3-48　Aliyun-SLB 安装配置界面

名称：保持默认。

描述：可选。

2. 配置选择。

SLB Access Key ID：AccessKey 管理器中查看。

SLB Secret Access Key：AccessKey 管理器中查看。

SLB Region：SLB 所在区域。进入 SLB 首页后，选中 SLB 服务所在的区域，查看浏览器的地址。比如，如果是华南区，查看浏览器地址，如图 3-49 所示。

图 3-49　华南区浏览器地址

那么，cn-shenzhen 就是它的区域。

3. Aliyun VPC ID：VPC ID，进入 VPC 网络首页，找到 ECS 绑定的 VPC 网络，并单击进去，页面的中间有一个 ID，如图 3-50 所示。

图 3-50　VPC 网络首页

4. ECS Private IP Lookup：这个地方需要选择 true，原因后面讲解。

5. 最后单击启动，等待应用启动完成。

（三）Aliyun SLB 配置

1. 登录阿里云控制台，进入负载均衡首页。在右上角单击创建负载均衡，根据需要创建好负载均衡后，如图 3-51 所示。

负载均衡ID/名称	可用区	服务地址(全部) ˅	状态	网络类型(全部) ˅	端口/健康检查	后端服务器	实例规格
☐ lb-wz9gb1sqb...	华南 1 可用区 A(主) 华南 1 可用区 B(备)	公网	✅ 运行中	经典网络	未配置(配置)	未配置(配置)	性能保障型 slb.s1.small ⓘ

图 3-51 创建负载均衡

2. 单击负载均衡名称进入负载均衡配置界面，单击左侧监听，接着单击右上角添加监听。

3. 如图 3-52、图 3-53、图 3-54 所示，因为接下来要启动一个 nginx 服务来演示，所以这里前端通过 http 协议监听 8888 端口，后端（ECS 服务器）容器映射到 8888 端口上。

4. 宽带和调度算法保持默认。

5. 虚拟服务器组：把多个运行相同服务的主机捆绑在一起，这个适用于手动配置 SLB，Aliyun SLB 动态配置不需要勾选。

6. 高级配置保持默认。

7. 监控检测中端口设置为 8888，其他默认。

图 3-52 添加监听端口界面一

其他的保持默认，返回负载均衡列表。

配置好的负载均衡如图 3-53 所示。

图 3-53　添加监听端口界面二

图 3-54　添加监听端口界面三

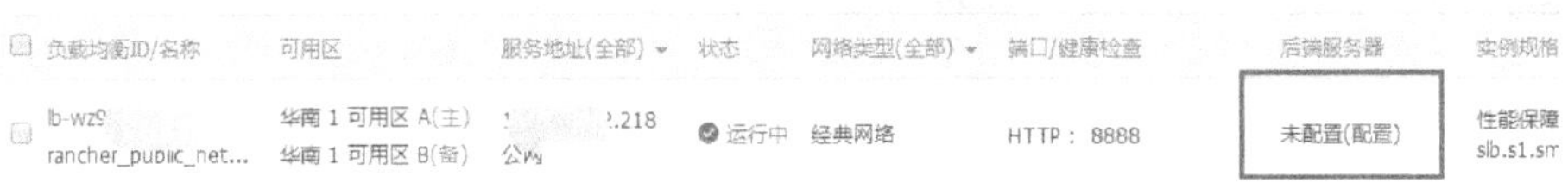

图 3-55　配置好的负载均衡

　　因为阿里云 SLB 应用动态注册可用的服务信息到负载均衡实例上，后端服务器在这里就不需要设置了。

　　现在，我们回到前面讲到的 ECS Private IP Lookup 开关，如果设置没有打开，ECS 服务器的 IP 地址无法传递给负载均衡实例，最后会导致负载均衡实例无法动态获取后端服务器。

四、示例服务配置

　　接下来创建一个 nginx 应用栈，并创建一个 nginx 服务。创建服务的时候有以下几个地方需要设置。

（一）端口映射

　　服务映射到宿主机的端口必须与负载均衡里面配置的端口相同。

（二）服务容器标签

创建容器的时候需要指定一个标签：io.rancher.service.external_lb.endpoint=××××，后面的××××为创建的负载均衡实例 ID，这个 ID 在负载均衡首页可以看到，如图 3-56 所示。

图 3-56　创建容器时指定标签

nginx 服务运行起来之后，我们看到的 Aliyun SLB 服务日志如图 3-57 所示。

图 3-57　Aliyun SLB 服务日志

启动两个 nginx 实例分别运行在两台主机上，如图 3-58 所示。

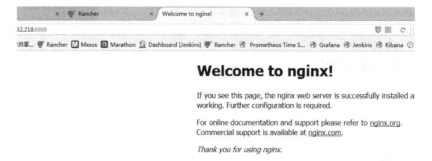

图 3-58　启动 nginx 示例示意图

现在可以正常访问了。进入负载均衡首页查看已经获取到得后端服务器情况，如图 3-59 所示。

图 3-59　负载均衡首页查看结果示意图

五、负载均衡测试

首先修改 nginx 默认页面内容并刷新，因为默认为轮询，所以每刷新一次，页面就会变化，如图 3-60 所示。

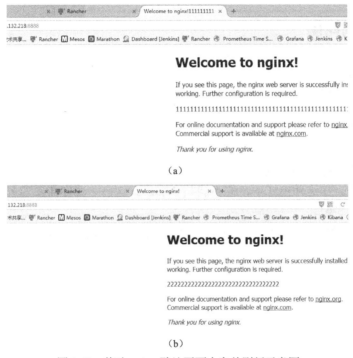

图 3-60　修改 nginx 默认页面内容并刷新示意图

3.17　在 Rancher 上使用 Traefik 构建主动负载均衡

该部分内容的重点是 Traefik 主动模式负载均衡技术结合 Docker 标签和 Rancher 元数据，以实现自动配置和提供服务接入。

负载均衡是使你够访问服务后台的软件程序。在微服务架构里，它们有一个额外的挑战就是管理高活力。它们必须以动态和自动化的方式察觉前端和后端的变化，从而更新和重新装载它们的配置。它们还需要与服务发现系统通信。

一、元数据服务

在 Rancher 中，有一个杰出的内置服务发现系统被称为 Rancher 的元数据服务。在 Rancher 的元数据服务中，我们可以从本机服务或者从其他堆栈和服务中获取信息。Rancher 的元数据里有最新的有关什么服务在系统上运行并且位于何处的信息。

想为你的服务生成动态配置文件，需要与 Rancher 的元数据服务通信。要做到这一点，可以使用 confd 与具体的模板。

想了解更多细节，我建议你读一下 Bill Maxwell 的一篇文章，参见网址 http://rancher.com/introducing-rancher-metadata-service-for-docker/。

二、负载均衡

Rancher 提供了一个内建的负载均衡服务。它是一个容器化的 HAProxy，而且它在对外发布你的服务端口时非常有用。

这个负载均衡可以在两种不同的模式下工作。这意味着，它可以在两种不同的 OSI 层工作，特别是第 4 层和第 7 层。可是，这意味着什么呢？

第 4 层。

你可以发布和提供 TCP 端口的访问。使用这种有点原始的模式给你的服务后端发包是无法修改端口的。在这种模式下，你不能共享端口。这意味着你需要为每个服务发布不同的端口，参照图 3-61。

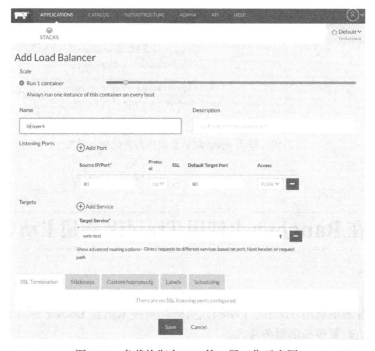

图 3-61　负载均衡在 OSI 第 4 层工作示意图

第 7 层。

　　在这一层，你是在应用层工作，而且只能发布 HTTP（S）端口。在这种模式下，负载均衡可以查看和修改 HTTP 数据包。你可以检查、添加或修改 HTTP 头文件，共享相同的发布端口给不同的服务。显然，负载均衡必须知道如何区分传入数据包，以便将它们转发给正确的服务。要做到这一点，你需要定义一个用于检查传入 HTTP 数据包的 HTTP 头文件过滤器。一旦匹配成功，请求将会发送给正确的服务，参照图 3-62。

　　在这两种模式下，负载均衡都是以被动模式工作的。这意味着，一旦部署一个新的服务，必须修改负载均衡配置，并重新添加服务。显然，如果你从负载均衡中删除一个服务，它的配置也会在负载均衡配置中被删除。

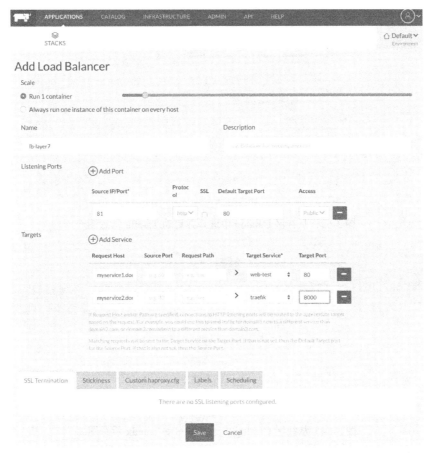

图 3-62　负载均衡在 OSI 第 7 层工作示意图

三、主动负载均衡

　　为了给用户提供一个更好的选择，我们已经创建了一个基于 Docker 标签和 Rancher 元数据服务的主动模式负载均衡。负载均衡扫描 Rancher 元数据，并能自行配置，并为已配置特定标签的服务提供接入。

　　要获得这个功能，我们使用 Traefik。Traefik 是一个可编程的开源负载均衡，用 golang 编写。它可与 Zookeeper、etcd、Consul 等不同的服务发现系统集成。我们做了与 Rancher

元数据的初步集成。Traefik 有一个真正意义上的零宕机时间重载，并实现定义断路器规则的可能性。要获取更多信息，参见网址 https://traefik.io/。

　　要使用 Traefik，从社区 Catalog 中选择它并启动，如图 3-63、图 3-64 所示。使用默认参数，Traefik 将在标签 traefik_lb=true 的所有主机上运行。暴露用于 HTTP 服务的主机端口 8080 及作为 Traefik 管理的端口 8000。它每 60 秒刷新配置一次，让你在部署服务时覆盖所有参数。

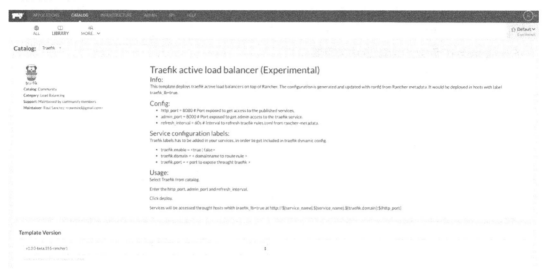

图 3-63　从社区 Catalog 中选择并启动 Traefik 示意图一

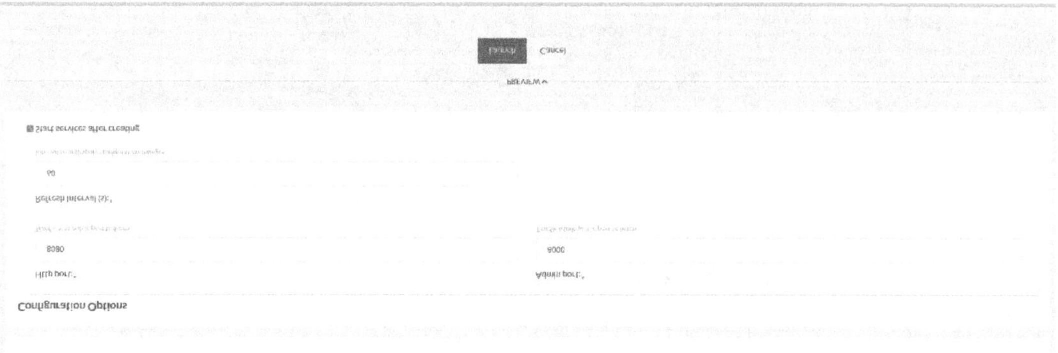

图 3-64　从社区 Catalog 中选择并启动 Traefik 示意图二

　　一旦服务被部署，你可以访问管理界面，参见网址 http://host-address:9000，你需要在服务端定义以下标签来使你的的服务自动暴露给 Traefik：

traefik.enable=<true|false>

traefik.domain=<domain name to route rule>

traefik.port=<port to expose throught traefik>

　　在你的服务中定义一个健康检查是强制性的要求，因为只有健康的后端才能添加到 Traefik。如果你在服务中定义了 traefik.enable=true 的标签，但是服务不具有健康检查，前端虽然可以被添加到 Traefik，而后端只会为空列表。

四、测试

我们已经写了一个基本的 Web 测试服务，使其能够检查 Traefik 服务，并以快速的方式进行测试。这项服务在 8080 端口公开 Web 服务。

你可以导入以下 docker-compose.yml 和 rancher-compose.yml 来创建一个新的 Stack。

```
docker-compose.yml
web-test:
  log_driver: ''
  labels:
    traefik.domain: local
    traefik.port: '8080'
    traefik.enable: 'true'
    io.rancher.container.hostname_override: container_name
  tty: true
  log_opt: {}
  image: rawmind/web-test
rancher-compose.yml
web-test:
  scale: 3
  health_check:
    port: 8080
    interval: 2000
    initializing_timeout: 60000
    unhealthy_threshold: 3
    strategy: recreate
    response_timeout: 2000
    request_line: GET "/" "HTTP/1.0"
    healthy_threshold: 2
```

它将 Traefik 标签添加到定义中，如图 3-65 所示。在部署后，其后端将会是"健康"的状态。它们将被自动添加到 Traefik 服务中以如下方式暴露：http:// ${service_name}. ${stack_name}. ${traefik.domain}: ${http_port}，你可以在 Traefik 管理界面输入网址 http://host-address:8000 查看。

图 3-65　将 Traefik 标签添加到定义中示意图

如果你切换 web-test 服务开启或关闭，你可以在 Traefik 管理界面中看到后端服务器将被自动添加或删除。但是，你必须等待刷新间隔时间之前的配置被刷新。

要访问 web-test 服务，添加一个别名到 DNS，web-test.proxy-test.local 指向你的主机地址，然后转到网址 http://web-test.proxy-test.local:8080。

当你请求 web-test 服务，它会显示所有的头文件信息，参见网址 http://web-test.proxy-test.local:8080，如图 3-66 所示。

```
Real-Server: proxy-test_web-test_3
GET / HTTP/1.1
Host: web-test.local:9080
User-Agent: Mozilla/5.0 (Macintosh; Intel Mac OS X 10_11_4) AppleWebKit/537.36 (KHTML, like Gecko) Chrome/50.0.2661.86 Safari/537.36
Accept: text/html,application/xhtml+xml,application/xml;q=0.9,image/webp,*/*;q=0.8
Accept-Encoding: gzip, deflate, sdch
Accept-Language: en-US,en;q=0.8,es;q=0.6,pt;q=0.4
Cache-Control: max-age=0
Cookie: PL=rancher; CSRF=BC0A9012AEBCB80E64A6C4C834AC319C
Upgrade-Insecure-Requests: 1
X-Forwarded-For: 192.168.33.1
X-Forwarded-Host: web-test.local:9080
X-Forwarded-Proto: http
X-Forwarded-Server: traefik_traefik_1
```

图 3-66　显示文件信息

一旦你刷新页面，应该可以看到 Real-Server 正在发生变化，并且负载均衡开始工作。

注意：为了避免设置 DNS 记录，你可以使用 curl 测试服务，添加主机头文件。使用命令 curl －H Host:web-test.proxy-test.local http://host-address:8080。

五、暴露你的服务

用 Traefik 暴露你的服务，给它们添加以下标签：

traefik.enable=true

traefik.domain=<yourdomain>

traefik.port=<service_port>

这个服务${traefik.port}将会被暴露为 http://${service_name}.${stack_name}.${traefik.domain}:${http_port}。

注意：如果删除 Traefik Stack，当你再次部署它时，你不需要重新配置它，它会自动通过扫描服务标签进行配置。

参考资料：

https://github.com/rawmind0/alpine-traefik。

https://github.com/rawmind0/rancher-traefik。

https://github.com/rawmind0/web-test。

3.18　Rancher　Server 部署方式及 Rancher　HA 环境部署

类似 Rancher 这种的容器管理和编排工具，它可以很快地让每个组织获得高效的弹性集群管理能力。当前技术世界的发展形势就是让开发人员从烦琐的应用配置和管理中解放出来，使用容器镜像来处理复杂的程序运行依赖库的需求，保证代码运行环境的一致性。

基于 Docker 和 Rancher 来运行弹性集群的一大关键点，就是运行 Rancher 高可用模式。在介绍了 Rancher Server 的几种部署方式的基础上，重点演示如何部署 Rancher HA 环境。文末还有视频链接，可直接观看 Demo 视频噢！

一、单节点

基础环境需求：

主流最新操作系统(ubuntu/centos)，Docker 版本推荐 1.12.6。

Server 配置：

docker run -d --restart=unless-stopped -p 8080:8080 rancher/server。

二、单节点 + 独立数据库

基础环境需求：

主流最新操作系统(ubuntu/centos)：Docker 版本推荐 1.12.6；推荐 MySQL 5.5 以上版本。

DB 配置：

CREATE DATABASE IF NOT EXISTS cattle COLLATE = 'utf8_general_ci' CHARACTER SET = 'utf8'

GRANT ALL ON cattle.* TO 'cattle'@'%' IDENTIFIED BY 'cattle'

GRANT ALL ON cattle.* TO 'cattle'@'localhost' IDENTIFIED BY 'cattle'

Server 配置示例，例如：

docker run -d --restart=unless-stopped -p 8080:8080 -p 9345:9345 rancher/server:v1.6.2 --db-host 42.62.51.26 --db-port 3306 --db-user cattle --db-pass cattle --db-name cattle

三、Rancher HA 环境部署

基础环境需求：

主流最新操作系统（ubuntu/centos）；Docker 版本推荐 1.12.6；推荐 MySQL 5.5 以上版

本；OS 中自带 HAproxy 包即可满足基础环境需求。

DB 配置：

CREATE DATABASE IF　NOT EXISTS cattle　COLLATE = 'utf8_general_ci'　CHARACTER SET = 'utf8'

　GRANT ALL ON cattle.* TO 'cattle'@'%' IDENTIFIED BY 'cattle'

GRANT ALL ON cattle.* TO 'cattle'@'localhost' IDENTIFIED BY 'cattle'

Server 配置示例，例如：

docker run -d --restart=unless-stopped -p 8080:8080 -p 9345:9345 rancher/server:v1.6.2 --db-host 42.62.51.26 --db-port 3306 --db-user cattle --db-pass cattle --db-name cattle --advertise-address 42.62.83.4

注意：

参数--advertise-address 后为当前主机 IP。

如果更换-p 8080:8080 主机端口参数，请添加--advertise-http-port <host_port>参数。

HAproxy 配置文件示例如下：

```
global
  maxconn 4096
  ssl-server-verify none
defaults
  mode http
  balance roundrobin
  option redispatch
  option forwardfor
  timeout connect 5s
  timeout queue 5s
  timeout client 36000s
  timeout server 36000s
frontend http-in
  mode tcp
  #bind *:443 ssl crt /etc/haproxy/certificate.pem
  bind *:8080
  default_backend rancher_servers
  acl is_websocket hdr(Upgrade) -i WebSocket
  acl is_websocket hdr_beg(Host) -i ws
  use_backend rancher_servers if is_websocket
backend rancher_servers
  server websrv1 42.62.83.5:8080 weight 1 maxconn 1024  //Rancher server
IP:Port
  server websrv2 42.62.83.4:8080 weight 1 maxconn 1024   //Rancher server
IP:Port
```

如果你觉得文档阅读不够清晰和直观，不妨观看 Rancher 技术专家录制的视频（如图 3-67 所示），为你演示如何部署 Rancher HA 环境吧！视频链接参见网址：http://v.youku.com/v_show/id_XMjg2NTE3MDI2OA==.html?spm=a2hzp.8244740.userfeed.5!2~5~5~5!3~5~A。

图 3-67　Rancher 技术专家录制的视频

3.19　Kubernetes 中的负载均衡全解

很多企业在部署容器的时候都会选择 Kubernetes 作为其容器编排系统。这是对 Kubernetes 的可靠性、灵活性和特性广泛的肯定。我们将对 Kubernetes 如何处理一个非常常见且必要的工作——负载均衡进行深入的解读。在许多非容器环境（即服务器之间的均衡）中，负载均衡是一个相对简单的任务，但当涉及容器时，就需要一些其他的、特殊的处理。

一、管理容器

要理解 Kubernetes 的负载均衡，首先需要了解 Kubernetes 是如何组建容器的。

容器通常用来执行特定的服务或者一组服务，因此需要根据它们提供的服务来看待它们，而不是仅当作服务的单个实例（即单个容器）。实际上，这就是 Kubernetes 所做的。

二、把它们放置在 Pod 中

在 Kubernetes 中，Pod 是一种基本功能单元。一个 Pod 是一组容器及它们共享的卷（volume）。容器在功能和服务方面通常是密切相关的。

将具有相同功能集的 Pod 抽象成集合，就称为服务。这些服务接受基于 Kubernetes 搭建的应用程序客户端访问；这些独立的 Pod 中的服务，反过来可以管理对构成它们的容器的访问，使客户端与容器本身隔离。

三、管理 Pod

现在我们来看一些具体细节。Pod 通常由 Kubernetes 创建和销毁，而不是设计成持久化实体。每个 Pod 都有自己的 IP 地址（基于本地地址）、UID 和端口号；新创建的 Pod，无论它们是当前 Pod 还是之前的 Pod 副本，都会分配新的 UID 和 IP 地址。

每个 Pod 内部是可以进行容器之间的通信的，但是不能与不同 Pod 中的容器直接通信。

四、让 Kubernetes 处理事务

Kubernetes 使用自己的内置工具来管理和单个 Pod 之间的通信。这说明在一般情况下，依靠 Kubernetes 内部监控 Pod 就足够了，不必担心 Pod 的创建、删除或者复制。不过，有时也需要 Kubernetes 管理的应用程序中至少某些内部元素对底层网络可见。发生这种情况时，方案必须考虑缺少永久 IP 地址该怎么处理。

五、Pod 和节点

在许多方面，Kubernetes 都可看作一个 Pod 管理系统，就像容器管理系统一样。大部分基础设施都是在 Pod 层面处理容器，而不是在容器层面。

从 Kubernetes 内部管理来看，Pod 上面的组织级别相当于节点，是一个虚拟机，包含了管理和通信的资源，并且是部署 Pod 的环境。节点本身也可以在内部创建、销毁和替换或重新部署。无论是节点层面还是 Pod 层面，它们的创建、销毁、重新部署、使用和扩展等功能都是由被称为控制器（Controller）的内部进程处理的。

六、充当调度者的"服务"

服务是 Kubernetes 在管理层面处理容器和 Pod 的方式。不过正如我们前面提到的，它还将功能相关或相同的 Pod 抽象成服务，并且在外部客户端和应用程序中其他元素与 Pod 交互时，Kubernetes 处在服务层面。

服务有相对稳定的 IP 地址（由 Kubernetes 内部使用）。当一个程序需要使用服务中的功能时，它会向服务，而非向单个 Pod 提出请求。接着该服务会作为调度员，分配一个 Pod 来处理请求。

七、调度和负载分配

看到这里，你可能会想，负载均衡会不会是在调度层面进行的？事实确实如此。Kubernetes 的服务有点像一个巨大的设备池，根据需要将功能相同的机器送入指定区域。

作为调度过程的一部分，它需要充分考虑管理可用性，避免遇到资源瓶颈。

八、让 kube-proxy 来执行负载均衡

Kubernetes 中最基本的负载均衡类型实际上是负载分配（load distribution），这在调度层面是比较容易实现的。Kubernetes 使用了两种负载分配的方法，都通过 kube-proxy 这一功能执行，该功能负责管理服务所使用的虚拟 IP。

Kube-proxy 的默认模式是 iptables，它支持相当复杂的基于规则的 IP 管理。在 iptables 模式下，负载分配的本地方法是随机选择的——由一个传入的请求去随机选择一个服务中的 Pod。早先版本（及原来的默认模式）的 kube-proxy 模式是 userspace，它使用循环的负载分配，在 IP 列表上分配下一个可以使用的 Pod，然后更换（或置换）该列表。

九、真正的负载均衡：Ingress

我们之前提到了两种负载均衡的方法，然而，这些并不是真正的负载均衡。为了实现真正的负载均衡，当前最流行、最灵活、应用于很多领域的方法是 Ingress，它通过在专门的 Kubernetes Pod 中的控制器进行操作。控制器包括一个 Ingress 资源——一组管理流量的规则和一个应用这些规则的守护进程。

控制器有自己内置的负载均衡特性，具备一些相当复杂的功能。你还可以让 Ingress 资源包含更复杂的负载均衡规则，来满足对具体系统或供应商的负载均衡功能和需求。

十、使用负载均衡器作为替代品

除了 Ingress，你还可以使用负载均衡器类型的服务来替代它。该服务使用基于云服务的外部负载均衡器。负载均衡器只能与 AWS、Azure、OpenStack、CloudStack 和 Google Compute Engine 等特定的云服务提供商一起使用，并且均衡器的功能根据提供者而定。除此之外，其他的负载均衡方法可以从服务提供商及第三方获得。

总体来说，还是推荐 Ingress。当前 Ingress 是首选的负载均衡方法。因为它是作为一个基于 Pod 的控制器在 Kubernetes 内部执行，因此对 Kubernetes 功能的访问相对不受限制（不同于外部负载均衡器，它们中的一些可能无法在 Pod 层面访问）。Ingress 资源中包含的可配置规则支持非常详细和高度细化的负载均衡，可以根据应用程序的功能要求及其运行条件进行定制。

3.20　Serverless 如何在 Rancher 上运行无服务器应用程序

最近，系统设计中较新颖的概念之一要属"无服务器架构"理念。毫无疑问，这有点夸张，因为确实有服务器参与其中，但这意味着我们可以用不同的方式看待服务器。

一、无服务器的潜在上升空间

想象一下，一个简单的基于 Web 的应用程序，处理来自 HTTP 客户端的请求。而不是让一些程序运行时等待请求到达，然后调用一个函数来处理它们，如果我们可以按需启动运行每个函数，然后将其丢弃，那会怎样？我们不需要担心可以接受连接的运行的服务器数量，或者在伸缩时处理复杂的配置管理系统以构建应用程序的新实例。此外，我们还将减少诸如内存泄漏、分段错误等状态管理的常见问题。

或许最重要的一点是，这种按需调用函数的方法将允许我们伸缩每个函数，以匹配请求数，并对它们并行处理。每个"客户"都将获得一个专门的流程来处理他们的请求，而流程数只受你处理时计算能力的限制。当与一个大型云提供商耦合，其可用的计算大大超过你的使用量，此时无服务器就有可能移除大量的复杂性，从而伸缩应用程序。

二、潜在的缺点

诚然，在为每个请求构建进程时，仍存在增加的滞后时间的挑战。无服务器永远不会像预先分配的进程和内存那样快；然而，问题不在于它是否更快，而在于它是否足够快。从理论上讲，我们会接受无服务器的延迟，因为我们会得到回报。然而，这一权衡需建立在对目前的情况进行仔细评估的基础上。

三、使用 Rancher 和开源工具实现无服务器

Docker 为我们提供了很多工具来实现这个无服务器的概念，并在最近的 DockerCon 上给出了很好的演示。Rancher 将这些能力最大化了。因为我们的平台承担你的容器基础架构的管理，所以只需要操作一个 API 即可添加和删除计算容量。通过软件定义栈的这部分能力，支持用户实现全面的应用程序自动化。

栈中的下一层即为无服务器系统编写代码的可用框架。你可以自己编写或者扩展一些

中间件来处理这个问题，但有很多开源项目提供了工具来简化这一过程。其中一个项目是 Iron.io 的 Iron 功能。在 Rancher 上做一个快速的 POC，发现它很容易使用。使用这些 compose 文件可以在 Rancher 中快速启动该设置，参见网址 https://github.com/wjimenez5271/rancher-iron-functions。

要使用这些文件，请将 repo 中的 docker-compose.yml 和 rancher-compose.yml 文件复制并粘贴到 Rancher UI 的"Add Stack（添加栈）"部分。或者从 Rancher CLI 中，简单地运行 rancher up（确保设置以下环境变量：RANCHER_URL，RANCHER_ACCESS_KEY，RANCHER_SECRET_KEY）。

栈启动时，应该可以在 Rancher UI 中看到。此外，你可以通过单击栈中第一个项目（API-lb）旁边的①图标，如图 3-68 所示，查找 Iron Functions API 端点和 UI 的 URL。

图 3-68　Rancher UI

部署完成后运行无服务器栈，如图 3-69 所示。

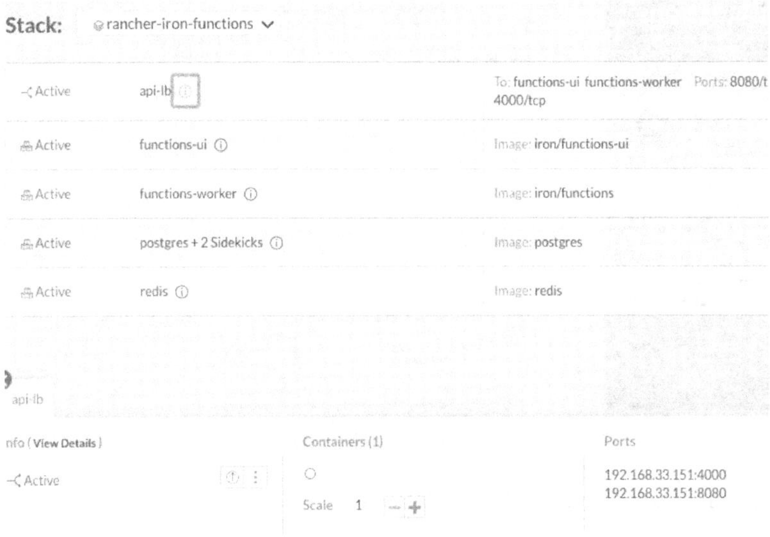

图 3-69　运行无服务器栈

四、找到 IronFunctions 端点的 URL

一旦你运行栈，请按照 Iron.io 的 GitHub repo 上的 Write a Function（编写一个函数）的说明进行操作，参见网址 https://github.com/iron-io/functions#write-a-function。你可能需要一些时间来适应，因为这需要你在编写应用程序时稍作改变。将不会有任何共享的状态供函数引用，而库之类的东西利用起来可能会困难且昂贵。因此，在以下例子中，从 Iron.io 中选择一个简单的 golang 函数：

```
package main
import (
"encoding/json"
"fmt"
"os"
)
type Person struct {
Name string
}
func main() {
p := &Person{Name: "World"}
json.NewDecoder(os.Stdin).Decode(p)
fmt.Printf("Hello %v!", p.Name)
}
```

下一步是将函数部署到我们在 Rancher 中设置的 Iron 函数的实例中。为了更容易尝试，笔者编写了一个执行所有步骤的脚本。这个 repo 可参见网址 https://github.com/wjimenez5271/iron-func-demo。一旦部署了函数，你应该能够在 UI 中看到它，然后就可以试着用它了，如图 3-70 所示。

图 3-70　部署函数

IronFunctions 的 Dashboard，如图 3-71 所示。

图 3-71　IronFunctions 的 Dashboard

五、正在执行的函数的结果

从 Rancher 内部，你可以根据你的需求扩张或缩减应用程序。Rancher 会把它们放在一个主机上，并将它们连接到一个负载均衡器上。根据最佳实践指南，你可以简单地根据 wait_time 度量，从而使伸缩操作相对简单。

若想用这种方式构建应用程序，本文会对你很有帮助。

3.21 中国区优化的 Docker 安装脚本

说明。

为了方便中国区的用户安装不同版本的 Docker，我们在这里提供针对中国网络环境优化的安装脚本。它们使用中国的软件包仓库。

用法。

使用需要的 Docker 版本替换以下脚本中的<docker-version-you-want>。

curl -s SL https://github.com/gitlawr/install-docker/blob/1.0/<docker-version-you-want>.sh?raw=true | sh 或:wget -qO- https://github.com/gitlawr/install-docker/blob/1.0/<docker-version-you-want>.sh?raw=true | sh

一、支持的 Docker 版本

注意: 根据 Linux 发行版不同，存在少许区别，例如 Ubuntu 16.04 不兼容 docker-1.10.3。

1.10.3

1.11.2

1.12.1

1.12.2

1.12.3

1.12.4

1.12.5

1.12.6

1.13.0

1.13.1

17.03.0

17.03.1

17.04.0

备注。

脚本基于 Ubuntu_Xenial、CentOS7 及 Debian_Jessie 进行测试。在使用过程中遇到任何问题，欢迎向我们反馈，反馈地址 support-cn@rancher.com。

3.22　Rancher Kubernetes 加速安装文档

Kubernetes 是一个强大的容器编排工具，帮助用户在可伸缩性系统上可靠部署和运行容器化应用。Rancher 容器管理平台原生支持 Kubernetes，使用户可以简单、轻松地部署 Kubernetes 集群。

很多人正常部署 Kubernetes 环境后无法进入 Dashboard，基础设施应用栈均无报错。但通过查看基础架构|容器发现并没有 Dashboard 相关的容器。

因为 Kubernetes 在拉起相关服务（如 Dashboard、内置 DNS 等服务）时，是通过应用商店里面的 YML 文件来定义的，YML 文件中定义了相关的镜像名和版本。而 Rancher 部署的 Kubernetes 应用栈属于 Kubernetes 的基础框架，相关的镜像通过 DockerHub/Rancher 仓库拉取。

默认 Rancher-catalog Kubernetes YML 中服务镜像都是从谷歌仓库拉取的，在没有相应的网络环境支撑的情况下，国内环境几乎无法成功拉取镜像。

为了解决存在的问题，优化中国区用户的使用体验，我们修改了 http://git.oschina.net/rancher/rancher-catalog 仓库中的 YML 文件，将相关的镜像也同步到国内仓库，通过替换默认商店地址来实现加速部署。

一、环境准备

整个演示环境由以下 4 台本地虚拟机组成，相关信息说明见表 3-2。

表 3-2　信息说明

主机名	IP 地址	描述/OS	角色
rancher_server_node	192.168.1.15	ubuntu16.04/内核 4.4.0	Rancher_server
rancher_Kubernetes_node1	192.168.1.16	ubuntu16.04/内核 4.4.0	Kubernetes-node
rancher_Kubernetes_node2	192.168.1.17	ubuntu16.04/内核 4.4.0	Kubernetes-node
rancher_Kubernetes_node3	192.168.1.18	ubuntu16.04/内核 4.4.0	Kubernetes-node

二、操作说明

具体演示操作说明如下。

第一步，环境准备。

1. 直接运行 Rancher_server。
sudo docker run -d --restart always － name rancher_server -p 8080:8080 rancher/server:stable && sudo docker logs -f rancher-server

容器初始化完成后，通过主机 IP:8080 访问 Web。

2. 添加变量，启动 Rancher_server。

sudo docker run -d --name rancher-server -p 8080:8080 --restart=unless-stopped -e DEFAULT_CATTLE_CATALOG_URL='{"catalogs":{"library":{"url":"http://git.oschina.net/rancher/rancher-catalog.git","branch":"Kubernetes-cn"}}}' \rancher/server:stable && sudo docker logs -f rancher-server

变量的作用将在后面进行介绍。

第二步，Rancher 基本配置

因为 Rancher 修改过的设置参数无法同步到已创建的环境，所以在创建环境前要把相关设置配置好。比如，如果你想让 Rancher 默认去拉取私有仓库的镜像，需要配置 registry.default=参数等。

应用商店（Catalog）地址配置：在系统管理→系统设置中，找到应用商店。禁用 Rancher 官方认证仓库，并按照图 3-72 所示配置。

名称：library（全小写）。

地址：https://git.oschina.net/rancher/rancher-catalog.git。

分支：Kubernetes-cn。

图 3-72　应用商店地址配置

注意：回到最开始的启动命令，如果以第二种方式启动，这个地方就会被默认配置好。所以，根据自己的情况选择哪一种配置方式，最后单击保存。

第三步，Kubernetes 环境配置查看对比

重启并进入 Web 后，选择环境管理，如图 3-73 所示。

图 3-73　环境管理

在环境模板中，找到 Kubernetes 模板，单击右边的编辑图标，接着单击编辑配置，如图 3-74 所示。

图 3-74　编辑配置

以下是 Rancher-Kubernetes 的默认配置对比，图 3-75（a）为默认商店参数，图 3-78（b）为自定义商店参数。

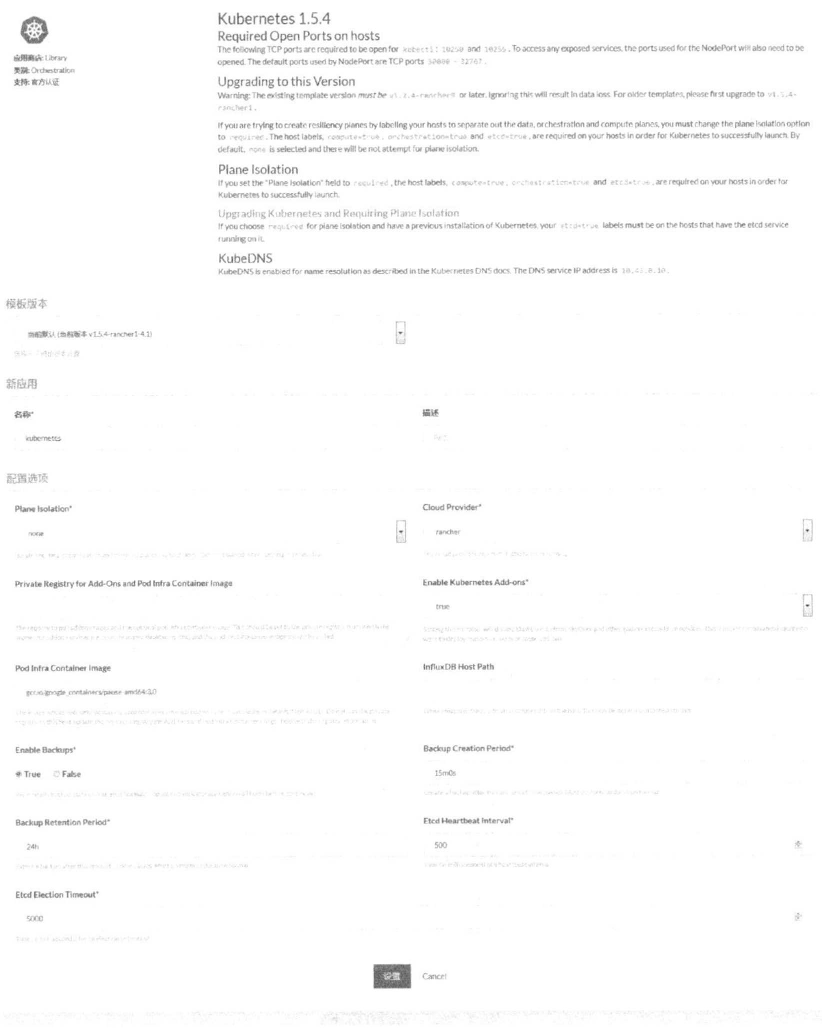

图 3-75　商店参数

（a）默认商店参数

Kubernetes 1.5.4

应用商店: Library
类别: Orchestration
支持: 官方认证

Private Registry for Pod Infra Container Image and Add-ons
The private registry field populates which private registry the pod infra container image should be pulled from as well as the add-ons.

Do not put the private registry in the `Pod Infra Container Image` **field.**

Plane Isolation
If you are trying to create resiliency planes by labeling your hosts to separate out the data, orchestration and compute planes, you **must** change the plane isolation option to `required`. The host labels, `compute=true`, `orchestration=true`, and `etcd=true`, are required on your hosts in order for Kubernetes to successfully launch. By default, `none` is selected and there will be not attempt for plane isolation.

KubeDNS
KubeDNS is enabled for name resolution as described in the Kubernetes DNS docs. The DNS service IP address is `10.43.0.10`.

模板版本

当前默认 (当前版本 v1.5.4-rancher1-1)

新应用

名称*

kubernetes

描述

配置选项

Plane Isolation*

Cloud Provider*

rancher

Private Registry for Add-Ons and Pod Infra Container Image

registry.cn-hangzhou.aliyuncs.com

Disable Rancher Add-ons*

false

Pod Infra Container Image

rancher-cn/pause-amd64:3.0

Image namespace for Add-Ons registry

rancher-cn

Enable Backups*

● True　○ False

Backup Creation Period*

15m0s

Backup Retention Period*

24h

Etcd Heartbeat Interval*

500

Etcd Election Timeout*

5000

设置　Cancel

（b）自定义商店参数

图 3-75　商店参数（续）

这里只是查看参数，不做相关修改。单击 Cancel 返回模板编辑页面。在这里，根据需要可以定制组件，比如可以把默认的 IPSec 网络改为 VXLAN 网络等，这里不再叙述。最后单击保存或者 Cancle 返回环境管理界面。

第四步，添加环境

在环境管理界面中，单击页面上方的添加环境按钮，如图 3-76 所示。

图 3-76　添加环境

填写环境名称，选择环境模板（Kubernetes），单击创建。创建后如图 3-77 所示。

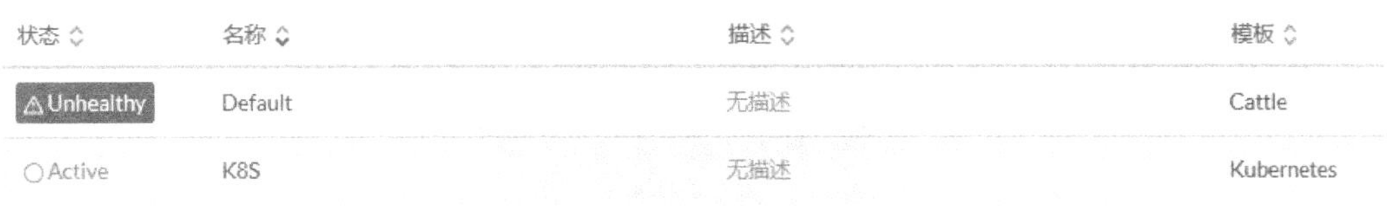

状态 ◇	名称 ◇	描述 ◇	模板 ◇
⚠ Unhealthy	Default	无描述	Cattle
○ Active	K8S	无描述	Kubernetes

图 3-77　创建环境模板

注意：default 环境由于没有添加 Host，会显示 Unhealthy。

切换模板，界面如图 3-78 所示。

图 3-78　切换模板界面

等待添加主机，界面如图 3-79 所示。

图 3-79　等待添加主机界面

第五步，添加主机

如图 3-80 所示，进入添加主机界面。

指定用于注册这台主机的公网 IP 地址。如果留空，Rancher 会自动检测 IP 地址注册。通常在主机有唯一公网 IP 地址的情况下，这是可以的。如果主机位于防火墙/NAT 设备之后，或者主机同时也是运行 Rancher-Server 容器的主机时，则必须设置此 IP。

图 3-80　添加主机界面

在添加主机页面会显示一段话，大意就是：如果准备添加的节点运行 Rancher Server 容器，那么在添加节点的时候就要输入节点可被直接访问的主机 IP 地址（如果做的 Rancher HA，那么每台运行 Rancher Server 的节点都要添加主机 IP 地址）。如果不添加主机 IP 地址，那么在添加节点后获取的地址很可能会是 Rancher Server 容器内部的私网地址，导致无法使各节点通信。所以需要注意一下！

本示例三个节点都没有运行 Rancher Server，所以需要直接复制生成的代码，在三个节点执行，如图 3-81 所示。

图 3-81　执行代码，运行 Rancher Server

节点添加成功，应用栈创建完毕，如图 3-82 所示，正在启动服务。

图 3-82　启动服务界面

镜像拉取界面如图 3-83，图 3-84 所示。

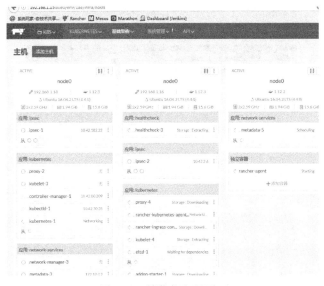

图 3-83　镜像拉取界面一

图 3-84　镜像拉取界面二

到此，Kubernetes 就部署完成了，相关界面如图 3-85、图 3-86 所示。

图 3-85　Kubernetes 部署完成界面一

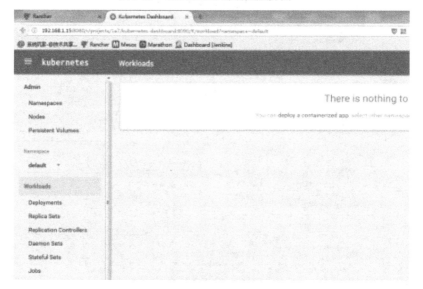

图 3-86　Kubernetes 部署完成界面二

服务容器查看：单击基础架构→主机，如图 3-87 所示。

图 3-87　服务容器查看示意图

对比基础设施中 Kubernetes 应用栈，可以发现有以下容器是不在应用栈中的，如图 3-88 所示。

图 3-88　不在应用栈中的容器列表

这些应用是在 Kubernetes 框架运行起来之后，再通过 YML 配置文件拉起的 Kubernetes 服务，比如 Dashboard 服务，如图 3-89 所示。

○ kubernetes-dashboard-2... 10.42.169.183

图 3-89　Dashboard 服务

单击 Kubernetes UI，提示服务不可达情况，可以先看看有没有此服务容器。接下来，我们介绍一下如何在 Kubernetes 中简单部署一个应用。

第六步，Kubernetes 应用部署

进入 Kubernetes 的 Dashboard 后，默认显示的是 default 命名空间。可以通过下拉箭头切换到 kube-system 命名空间，这里显示了 CPU 和内存使用率，以及一些系统组件的运行状况，如图 3-90 所示。

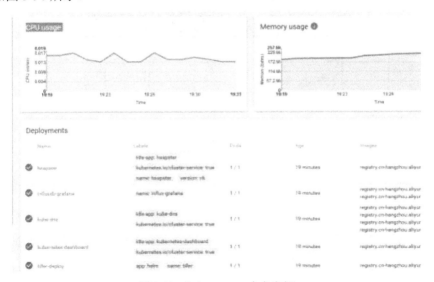

图 3-90　kube-system 命名空间

应用部署。

在页面右上角单击 Create 按钮，进入部署配置界面，并进行一个简单的写设置，如图 3-91 所示。

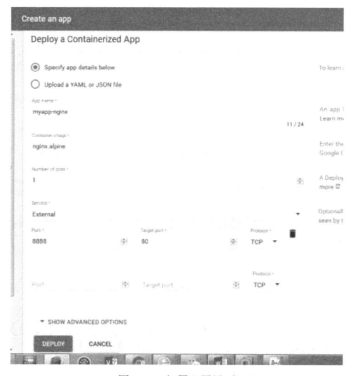

图 3-91　部署配置界面

注意：在 Service 中，如果选择 Internal，则需要 Ingress 功能，Ingress 类似于 LB 的功能，这个后续会进行讲解，这里我们选择 External。

最后单击 deploy，单击 deploy 后将会跳转到部署状态界面，如图 3-92 所示。

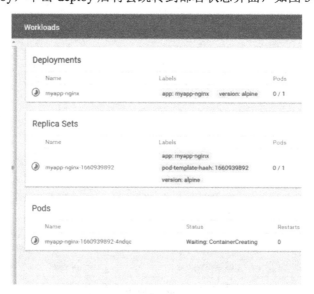

图 3-92　部署状态界面

部署完成后显示状态如图 3-93 所示。

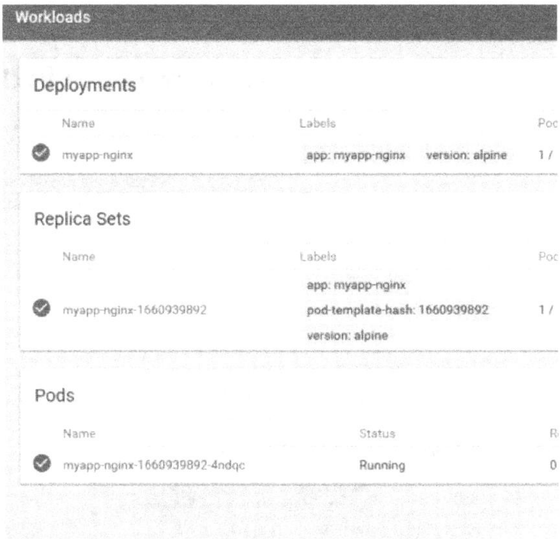

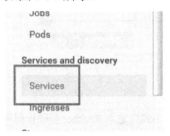

图 3-93　部署完成状态界面

在页面右侧单击 Services，如图 3-94 所示。

图 3-94　单击 Services

之后可以看到部署的服务及访问信息，如图 3-95 和图 3-96 所示。

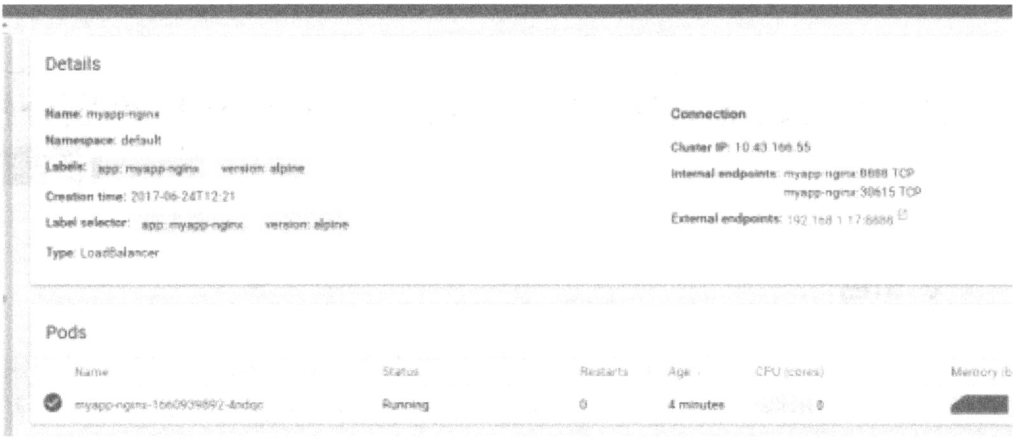

图 3-95　部署的服务

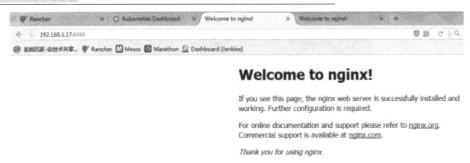

图 3-96　访问信息

返回 Rancher，进入基础设施，如图 3-97 所示。

图 3-97　进入 Rancher 基础设施界面

可以看到自动增加了一个 Kubernetes-loadbalancers 应用栈。这个应用栈的信息是通过 Kubernetes 传递到 Rancher，所以在部署应用后，在 Rancher 中很容易找到服务访问点。

3.23　kubelet 无法访问 rancher-metadata 问题分析

一、引言

Rancher 能够支持 Kubernetes，可以快速无障碍地拉起一套 Kubernetes 环境，这对刚入门 Kubernetes 的"小白"来说简直是一大利器。当然由于系统特性五花八门，系统内置软件也相互影响，所以有时候也会碰到比较难的问题。本部分内容就分析一下关于 kubelet 无法访问 rancher-metadata 的问题。

二、问题现象

使用 Rancher 部署 Kubernetes 后，发现一切服务状态均正常，这时候打开 Kubernetes Dashboard 却无法访问，细心地查看会发现，Dashboard 服务并没有被部署起来，这时人们下意识的行为是查看 kubelet 的日志，此时会发现一个异常，如图 3-98 所示。

```
2/3/2017 18:29:39+ curl -s -f http://rancher-metadata/2015-12-19/stacks/Kuberne
2/3/2017 18:29:39Waiting for metadata
2/3/2017 18:29:39+ echo Waiting for metadata
2/3/2017 18:29:39+ sleep 1
2/3/2017 18:29:40+ curl -s -f http://rancher-metadata/2015-12-19/stacks/Kuberne
2/3/2017 18:29:40Waiting for metadata
```

图 3-98 异常的日志

你会发现 kubelet 容器内部一直无法访问 rancher-metadata，查看 rancher-Kubernetes-package 源码，kubelet 服务启动之前需要通过访问 rancher-metadata 做一些初始化动作，由于访问不了 rancher-metadata，便一直处于 sleep 状态，也就出现了上面提到的那些异常日志的现象，如图 3-99 所示。

```
#!/bin/bash
set -e -x

while ! curl -s -f http://rancher-metadata/2015-12-19/stacks/Kubernetes/services/kubernetes/uuid; do
    echo Waiting for metadata
    sleep 1
done

/usr/bin/update-rancher-ssl

UUID=$(curl -s http://rancher-metadata/2015-12-19/stacks/Kubernetes/services/kubernetes/uuid)
ACTION=$(curl -s -u $CATTLE_ACCESS_KEY:$CATTLE_SECRET_KEY "$CATTLE_URL/services?uuid=$UUID"
KUBERNETES_URL=${KUBERNETES_URL:-https://kubernetes:6443}

if [ -n "$ACTION" ]; then
```

图 3-99 rancher-Kubernetes- package 源码

同样，在 GitHub 上也能看到类似的问题，参见网址 https://github.com/rancher/rancher/issues/7160。

三、排查分析

进入 kubelet 容器一探究竟，分别用 ping 和 dig 测试 rancher-metadata 的访问情况，如图 3-100 所示。

dig 明显可以解析，但是 ping 无法解析，因此基本排除了容器内 dns nameserver 或者网络链路情况的问题。既然 dig 没有问题，ping 有问题，那么我们就直接采取使用 strace（strace ping rancher-metadata -c 1）来调试，这样可以打印系统内部调用的情况，更深层次地找到问题根源，如图 3-101 所示。

```
root@a:/# dig rancher-metadata

; <<>> DiG 9.9.5-9+deb8u10-Debian <<>> rancher-metadata
;; global options: +cmd
;; Got answer:
;; ->>HEADER<<- opcode: QUERY, status: NOERROR, id: 32129
;; flags: qr aa rd ra; QUERY: 1, ANSWER: 1, AUTHORITY: 0, ADDITIONAL: 0

;; QUESTION SECTION:
;rancher-metadata.              IN      A

;; ANSWER SECTION:
rancher-metadata.       600     IN      A       169.254.169.250

;; Query time: 0 msec
;; SERVER: 169.254.169.250#53(169.254.169.250)
;; WHEN: Fri Mar 03 06:43:52 UTC 2017
;; MSG SIZE  rcvd: 50

root@a:/# ping rancher-metadata
ping: unknown host
```

图 3-100　访问情况测试

```
close(3)                                = 0
munmap(0x7f2fc45ad000, 4096)            = 0
socket(PF_INET, SOCK_RAW, IPPROTO_ICMP) = 3
gettimeofday({1488520120, 422645}, NULL) = 0
setsockopt(3, SOL_SOCKET, SO_BROADCAST, [-1543495884], 4) = 0
getuid()                                = 0
setuid(0)                               = 0
socket(PF_LOCAL, SOCK_STREAM|SOCK_CLOEXEC|SOCK_NONBLOCK, 0) = 4
connect(4, {sa_family=AF_LOCAL, sun_path="/var/run/nscd/socket"}, 110) = 0
sendto(4, "\2\0\0\0\r\0\0\0\6\0\0\0hosts\0", 18, MSG_NOSIGNAL, NULL, 0) = 18
poll([{fd=4, events=POLLIN|POLLERR|POLLHUP}], 1, 5000) = 1 ([{fd=4, revents=POLLIN|POLLHUP}])
recvmsg(4, {msg_name(0)=NULL, msg_iov(2)=[{"", 6}, {"", 8}], msg_controllen=0, msg_flags=MSG_CMSG_CLOEX
close(4)                                = 0
socket(PF_LOCAL, SOCK_STREAM|SOCK_CLOEXEC|SOCK_NONBLOCK, 0) = 4
connect(4, {sa_family=AF_LOCAL, sun_path="/var/run/nscd/socket"}, 110) = 0
sendto(4, "\2\0\0\0\16\0\0\0\21\0\0\0rancher-metadata\0", 29, MSG_NOSIGNAL, NULL, 0) = 29
poll([{fd=4, events=POLLIN|POLLERR|POLLHUP}], 1, 5000) = 1 ([{fd=4, revents=POLLIN|POLLHUP}])
read(4, "\2\0\0\0\0\0\0\0\0\0\0\0\0\0\0\0\0\0\0\0\0\0\0\0", 24) = 24
close(4)                                = 0
```

图 3-101　strace 调试

之前提到的这个问题并不是必现的，所以我们找一个正常的环境，同样用 strace 调试，如图 3-102 所示：

```
getuid()                                = 0
setuid(0)                               = 0
socket(PF_LOCAL, SOCK_STREAM|SOCK_CLOEXEC|SOCK_NONBLOCK, 0) = 4
connect(4, {sa_family=AF_LOCAL, sun_path="/var/run/nscd/socket"}, 110) = -1 ENOENT (No such file or directory)
close(4)                                = 0
socket(PF_LOCAL, SOCK_STREAM|SOCK_CLOEXEC|SOCK_NONBLOCK, 0) = 4
connect(4, {sa_family=AF_LOCAL, sun_path="/var/run/nscd/socket"}, 110) = -1 ENOENT (No such file or directory)
close(4)                                = 0
open("/etc/host.conf", O_RDONLY|O_CLOEXEC) = 4
fstat(4, {st_mode=S_IFREG|0644, st_size=9, ...}) = 0
mmap(NULL, 4096, PROT_READ|PROT_WRITE, MAP_PRIVATE|MAP_ANONYMOUS, -1, 0) = 0x7f2b6afdb000
read(4, "multi on\n", 4096)             = 9
read(4, "", 4096)                       = 0
close(4)                                = 0
munmap(0x7f2b6afdb000, 4096)            = 0
```

图 3-102　正常环境的 strace 调试

对比这两张图，其实已经能够很明显地看出区别，有问题的 kubelet 在解析 rancher-metadata 之前，向 nscd 请求解析结果，nscd 返回了 unkown host，所以就没有进行 dns 解析。而正常的 kubelet 节点并没有找到 nscd.socket，而后直接请求 dns 进行解析 rancher-metadata 地址。

经过以上的分析，基本可以断定问题出在 nscd 上，那么，为什么同样版本的 rancher-Kubernetes，一个有 nscd socket，而另一个却没有。仔细看一下 kubelet 的 compose 定义。

　　kubelet 启动时候映射了主机目录/var/run，那么基本可以得知 nscd 来自于系统。检查一下有问题的 kubelet 节点的系统，果然会发现安装了 nscd 服务（服务名为 unscd）。

　　用比较暴力的方案证明一下分析过程，直接删除 nscd socket 文件，这时候你会发现 kubelet 服务正常启动了，rancher-metadata 也可以访问了。

　　回过头来思考一下，为什么 ping/curl 会先去 nscd 中寻找解析结果，而 dig/nslookup 则不受影响呢？ping/curl 在解析地址前都会先读取/etc/nsswitch.conf，这是由于其底层均引用了 glibc，由 nsswitch 调度，最终指引 ping/curl 先去找 nscd 服务。nscd 服务是一个 name services cache 服务，会缓存很多解析结果。而我们知道，nscd 是运行在 Host 上的，Host 上是不能直接访问 rancher-metadata 这个服务名，所以 kubelet 容器中就无法访问 rancher-metadata，如图 3-103 所示。

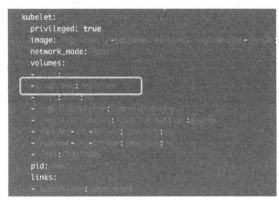

图 3-103　kubelet 容器中无法访问 rancher-metadata 示意图

四、其他解决方案

　　其实我们也未必要如此暴力地删除 nscd，nscd 也有一些配置，我们可以修改一下以避免这种情况。可以 disable hosts cache，这样 nscd 中便不会有相应内容的缓存，所以解析 rancher-metadata 并不会出现 unknown host，而是继续向 dns nameserver 申请解析地址，这样也不会有问题，如图 3-104 所示。

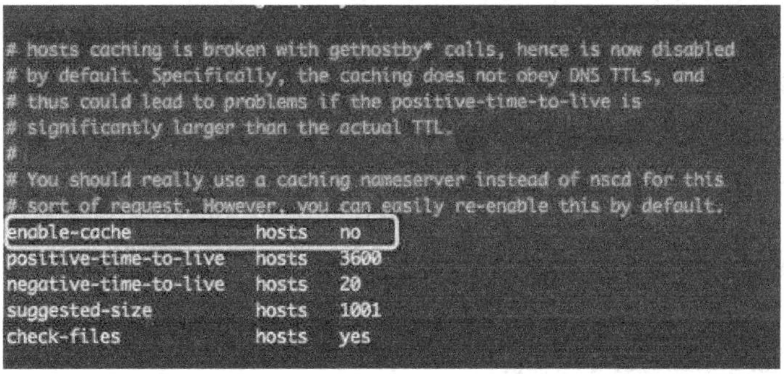

图 3-104　disable hosts cache 示意图

　　总之，遇到问题不能慌，关键是要沉得住气，很多看似非常复杂的问题，其实往往都是一个小配置引发的。

3.24 如何在 Rancher 2.0 TP2 Kubernetes 集群中添加自定义节点

Rancher 是一个开源的全栈化企业级容器管理平台，用户在 Rancher 可视化界面上以点选的方式，即可一键完成所有容器基础设施（网络、存储、负载均衡等）的对接与部署，确保容器在任何基础架构上（公有云、私有云、虚拟机、物理机等）无缝运行。只需要简单直观的操作，即可搞定在生产环境中使用容器的一切工作。

从 Rancher 2.0 开始，Rancher 中的每个集群都将基于 Kubernetes。 用户可以充分利用 Kubernetes 的强大性能及其迅速壮大的生态系统，进而通过 Rancher 平台上基于 Kubernetes 的、简单直观的用户体验，Rancher 2.0（如图 3-105 所示）将加快 Kubernetes 在企业中的普及。

图 3-105　Rancher 2.0 产品界面

2018 年 2 月发布的 Rancher 2.0 的第二个里程碑版本 Tech Preview 2，支持用户在创建 **RKE** 集群时添加自定义节点。用户可以通过运行生成的 docker run 命令启动 Rancher Agent 容器，或通过将 SSH 连接到该节点来添加自定义节点（已经配置了 Linux 操作系统和 Docker 的节点）。我们将在之后的内容中演示如何使用 docker run 命令自动生成命令以添加节点。

注意：Rancher 2.0 现阶段发布版本均为技术预览，尚不适合用于生产环境，建议你不要将你的生产工作负载放在上面。

一、要求

1. 运行 Linux 和 Docker 的主机。
2. 安装了 JSON 实用程序 jq，以解析 API 响应。
3. sha256sum 二进制文件，用于计算 CA 证书校验和。

二、启动 Rancher Server

在执行任何操作之前，我们首先需要启动 Rancher Server 容器。Rancher 2.0 Tech Preview 2 的镜像是 rancher/server:preview。从 1.6 到 2.0 的一个变化是不再公开端口 8080。相反，我们公开端口 80 和 443，其中，80 默认重定向到 443。你可以按如下方式启动容器：

docker run -d -p 80:80 -p 443:443 rancher/server:preview。

如果你希望此设置的数据持久存在，你可以将主机卷安装到/var/lib/rancher，如下所示：
docker run -d -p 80:80 -p 443:443 -v /data:/var/lib/rancher rancher/server:preview。

三、登录并创建 API 密钥

在 Rancher 1.x 中，默认情况下没有启用认证。启动 Rancher Server 容器后，用户无须任何凭据就可以访问 API/UI。在 Rancher 2.0 中，我们用默认用户名和密码管理来启用身份验证。登录后，我们将获得一个不记名的 token，我们可以用它来更改密码。更改密码后，我们将创建一个 API 密钥以执行其他请求。API 密钥也是一个不记名的 token，我们称其为用于自动化目的的自动化。

四、登录

```
# Login
LOGINRESPONSE=`curl -s 'https://127.0.0.1/v3-public/localProviders/local?action=login' -H 'content-type: application/json' --data-binary '{"username":"admin","password":"admin"}' --insecure`
LOGINTOKEN=`echo $LOGINRESPONSE | jq -r .token`
```

五、更改密码（将密码改为 thisisyournewpassword）

```
# Change password
curl -s 'https://127.0.0.1/v3/users?action=changepassword' -H 'content-type: application/json' -H "Authorization: Bearer $LOGINTOKEN" --data-binary '{"currentPassword": "admin","newPassword":"thisisyournewpassword"}' --insecure
```

六、创建 API 密钥

```
# Create API key
APIRESPONSE=`curl -s 'https://127.0.0.1/v3/token' -H 'content-type: application/json' -H "Authorization: Bearer $LOGINTOKEN" --data-binary '{"type":"token","description": "automation"}' --insecure`
# Extract and store token
APITOKEN=`echo $APIRESPONSE | jq -r .token`
```

七、创建集群

生成 API 密钥后，就可以开始创建集群了。创建集群时，你有 3 个选项。

1. 启动一个云集群（Google Kubernetes Engine/GKE）。

2. 创建一个集群（用我们自己的 Kubernetes 安装程序，Rancher Kubernetes Engine）。

3. 导入现有集群（如果你已经有了 Kubernetes 集群，则可以通过从该集群插入 kubeconfig 文件导入）。

在本部分内容中，我们将使用 Rancher Kubernetes Engine (RKE)创建一个集群。当你要创建一个集群时，可以选择在创建集群时直接创建新节点（通过像 DigitalOcean/Amazon 这样的云提供商创建节点）或使用已存在的节点，并让 Rancher 用 SSH 凭证连接到节点。我们在部分内容中讨论的方法（通过运行 docker run 命令添加节点）仅在创建集群之后才可用。

你可以使用以下命令创建集群（**你的新集群**）。如你所见，此处仅包含参数 ignoreDockerVersion（**忽略 Kubernetes 不支持的 Docker 版本**）。其余的将是默认的，我们将会在后续内容中讨论。在此之前，你可以通过 UI 发现可配置选项。

```
# Create cluster
CLUSTERRESPONSE=`curl -s 'https://127.0.0.1/v3/cluster' -H 'content-type: application/json' -H "Authorization: Bearer $APITOKEN" --data-binary '{"type":"cluster", "nodes":[],"rancherKubernetesEngineConfig":{"ignoreDockerVersion":true},"name":"yournewcluster"}' --insecure`
# Extract clusterid to use for generating the docker run command
CLUSTERID=`echo $CLUSTERRESPONSE | jq -r .id`
```

运行这些代码之后，你应该在 UI 中看到你的新集群了。由于没有添加节点，集群状态将是"等待节点配置或等待有效配置"。

八、组装 docker run 命令以启动 Rancher/Agent

添加节点的最后一部分是启动 Rancher/Agent 容器，该容器将把节点添加到集群中。为此，我们需要：

1. 与 Rancher 版本耦合的代理镜像；

2. 节点（etcd 或控制面板）；

3. 可以到达 Rancher/Server 容器的地址；

4. 代理所使用的加入集群的集群 token；

5. CA 证书的校验和。

可以从 API 的设置端点检索代理镜像：

```
AGENTIMAGE=`curl -s -H "Authorization: Bearer $APITOKEN" https://127.0.0.1/v3/settings/agent-image --insecure | jq -r .value`
```

节点的角色，你可以自己决定。

```
ROLEFLAGS="--etcd --controlplane --worker"
```

可以到达 Rancher/Server 容器的地址应该是自解的，Rancher/Agent 将连接到该端点。

RANCHERSERVER="https://rancher_server_address"

集群 token 可以从创建的集群中检索。我们在 CLUSTERID 中保存了创建的 clusterid，随后可以用它生成一个 token。

Generate token (clusterRegistrationToken)

AGENTTOKEN=`curl -s 'https://127.0.0.1/v3/clusterregistrationtoken' -H 'content-type: application/json' -H "Authorization: Bearer $APITOKEN" --data-binary '{"type":"clusterRegistrationToken", "clusterId": "'$CLUSTERID'"}' --insecure | jq -r .token`

生成的 CA 证书也存储在 API 中，并可以按如下所示进行检索，这时可以添加 sha256sum 来生成需要加入集群的校验和。

Retrieve CA certificate and generate checksum

CACHECKSUM=`curl -s -H "Authorization: Bearer $APITOKEN" https://127.0.0.1/v3/settings/cacerts --insecure | jq -r .value | sha256sum | awk '{ print $1 }'`

加入集群所需的数据现在都可用，只需要组装该命令。

Assemble the docker run command。

AGENTCOMMAND="docker run -d --restart=unless-stopped -v /var/run/docker.sock:/var/run/docker.sock --net=host $AGENTIMAGE $ROLEFLAGS --server $RANCHERSERVER --token $AGENTTOKEN --ca-checksum $CACHECKSUM"

Show the command

echo $AGENTCOMMAND

最后一个命令（echo $AGENTCOMMAND）应该是这样的：

docker run -d --restart=unless-stopped -v /var/run/docker.sock:/var/run/docker.sock --net=host rancher/agent:v2.0.2 --etcd --controlplane --worker --server https://rancher_ server_address --token xg2hdr8rwljjbv8r94qhrbzpwbbfnkhphq5vjjs4dfxgmb4wrt9rpq --ca- checksum 3d6f14b44763184519a98697d4a5cc169a409e8dde143edeca38aebc1512c31d

在节点上运行此命令后，你应该可以看到它加入了集群，并由 Rancher 进行配置。

注意：这些 token 也可以直接用作基本身份验证，例如：curl -u $APITOKEN，参见网址 https://127.0.0.1/v3/settings --insecure。

总之，希望这部分内容能够帮助你实现 Rancher 2.0 Tech Preview 2 自动化的第一步。Rancher 2.0 Tech Preview 3 即将发布，敬请关注！

3.25 基于 Helm 和 Operator 的 Kubernetes 应用管理的分享

李平辉

Kubernetes 基于服务粒度提供了多种资源描述类型。描述一个应用系统尤其是微服务架构系统，需要组合使用大量的 Kubernetes 资源。针对有状态应用，常常还需要复杂的运维管理操作，以及更多领域知识。

这部分内容将介绍如何用 Helm 这一 Kubernetes 应用包管理的社区主导方案来简化应用的部署管理，如何制作应用模板并打造 Kubernetes 版应用商店，以及如何利用 Operator 自动化应用的运维。

在 Kubernetes 社区里面，根据不同的领域，分成了不同的兴趣小组，英文叫 SIG。这部分内容属于 App 这个领域。它们是为了解决 Kubernetes 的应用管理里面的一些问题而生的。

一、Helm

让我们从零开始学习吧。比如说我们现在已经部署了一个 Kubernetes 的集群。不管是用 GKE 或者是 EKS，都不是难事，因为现在部署 Kubernetes 已经不是以前那么麻烦的事情了。然后我们做了应用的容器化。接下来，我们要试着去把我们的应用部署到 Kubernetes 上面去。

其实在 Kubernetes 里面，资源对象是很多的，如图 3-106 所示。

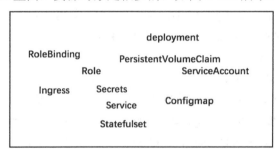

图 3-106　Kubernetes 资源对象

对于一些微服务架构来说，会有不同的服务在上面运行，你可能要管理诸如 deployment、service、有状态的 Statefulset、权限的控制等。你会发现，部署应用后还会有很多其他关联的东西，以及你需要考虑的点，比如说不同的团队要去管理这样一个应用，从开发到测试，再到生产，在不同的环境中，同样一套东西可能都需要不同的配置。例如，你在开发的时候，不需要用到 PV，而是用一些暂时的存储就行了，但是在生产环境中，你必须要持久存储，并且你可能会在团队之间共享，然后去存档。

另外，你不仅仅要部署这个应用资源，还要去管理其生命周期，包括升级、更新换代、后续的删除等。我们知道，Kubernetes 里面的 deployment 是有版本管理的，但是从整个应用或某个应用模块来考虑的话，除了 deployment，可能还会有其他 Configmap 之类的去跟它关联。这时我们会想，是否有这样一个工具，可以在更高一层的维度去管理这些应用呢？这个时候我们就有了社区的一个包管理工具——Helm。

我们知道 Kubernetes 的意思是舵手，即掌控船舵的那个人。而 Helm 其实就是那个舵。在 Helm 里面，它的一个应用包叫 Chart，Chart 其实是航海图的意思。它是什么东西呢？它其实就是一个应用的定义描述。里面包括了这个应用的一些元数据，以及该应用的 Kubernetes 资源定义的模板及其配置。其次，Chart 还可以包括一些文档的说明，这些可以存储在 Chart 的仓库里面。

怎么用 Helm 这个工具呢？Helm 其实就是一个二进制工具。你只要把它下载下来，就已经配置好了 kubeconfig 的一些相关配置信息，就可以在 Kubernetes 中做应用的部署和管理了。

用 Helm 可以做什么事情呢？其实 Helm 分为服务端跟客户端两部分，你在 helm init 之后，它会把一个叫做 Tiller 的服务端，部署在 Kubernetes 里面。这个服务端可以帮你管理 Helm Chart 应用包的一个完整生命周期。

Release ＝＝ Chart 的安装实例，如图 3-107 所示。

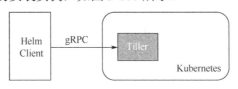

图 3-107　安装实例

接着说说 Helm Chart。它本质上是一个应用包，你可以把它理解成 dpkg 或者像 rpm 这样的包。只不过，它是基于 Kubernetes 领域的一个应用包的概念。你可以对同一个 Chart 包进行多次部署，每次安装它都会产生一个 Release。这个 Release 相当于一个 Chart 中的安装实例。

现在我们已经把 Tiller 部署进去了，那么就可以去做我们应用的管理了：

$ helm install <chart>

(stable/mariadb, ./Nginx-1.2.3.tgz, ./Nginx, https://example.com/charts/Nginx-1.2.3.tgz)

$ helm upgrade <release>

$ helm delete <release>

对于一些常用的命令，例如安装一个应用包，可以用 install，它可以支持不同格式，比如说本地的一些 Chart 包，或者说你的远程仓库路径。

对于应用的更新，用 Helm upgrade。如果要删除的话，就用 Helm delete。

Helm 的一个 Release 会生成对应的 Configmap，由它去存储这个 Release 的信息，并存在 Kubernetes 里面。它相当于应用的一个生命周期的迭代，直接跟 Kubernetes 去进行关联，哪怕 Tiller 挂了，但只要你的配置信息还在，这个应用的发布和迭代历程就不会丢失：如果想回滚到以前的版本，或者是查看它的升级路径等。

接下来我们看一个 Chart 结构，如图 3-108 所示。

$ helm create demoapp

```
demoapp/
├── Chart.yaml
├── charts
├── templates
└── values.yaml
```

图 3-108　Chart 结构

用 Helm create 的话，它会提供一个大概的框架，你可以去创建自己的一个应用。比如说这个应用就叫做 demoapp，里面包含如下内容，如图 3-109 所示。

其中最核心的是 templates，即模板化的 Kubernetes manifests 文件，这里面会包括资源的定义，例如 deployment、service 等。现在我们 create 出来的是一个默认的、用一个 nginx deployment 去部署的应用。

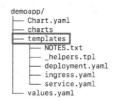

图 3-109 demoapp 应用

它本质上就是一个 Go template 模板。Helm 在 Go template 模板的基础上，还会增加很多东西。如一些自定义的元数据信息、扩展的库及一些类似于编程形式的工作流，例如条件语句、管道等，这些东西都会使我们的模板变得非常丰富。

有了模板，我们怎么把我们的配置融入进去呢？用的就是这个 values 文件。这两部分内容其实就是 Chart 的核心功能，如图 3-110 所示。

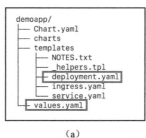

（a）

```
##### values.yaml
replicaCount: 1
image:
  repository: nginx
  tag: stable
  pullPolicy: IfNotPresent
...


##### deployment.yaml
apiVersion: extensions/v1beta1
kind: Deployment
metadata:
  #...
spec:
  replicas: {{ .Values.replicaCount }}
  template:
    #...
    spec:
      containers:
        - name: {{ .Chart.Name }}
          image: "{{ .Values.image.repository }}:{{ .Values.image.tag }}"
          imagePullPolicy: {{ .Values.image.pullPolicy }}
...
```

（b）

图 3-110 Chart 的核心功能

这个 deployment 就是一个 Go template 的模板，里面可以定义一些预设的配置变量。这些变量就是从 values 文件中读取出来的。这样一来，我们就有了一个应用包的模板，可以用不同的配置将这个应用包部署在不同的环境中去。除此之外，在 Helm install/upgrade 时候，可以使用不同的 value。

配置选项如图 3-111 所示。

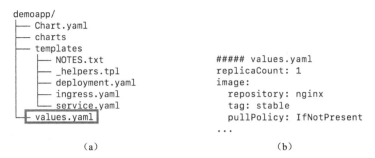

```
demoapp/
├── Chart.yaml
├── charts
├── templates
│   ├── NOTES.txt
│   ├── _helpers.tpl
│   ├── deployment.yaml
│   ├── ingress.yaml
│   └── service.yaml
└── values.yaml
```

```
##### values.yaml
replicaCount: 1
image:
  repository: nginx
  tag: stable
  pullPolicy: IfNotPresent
...
```

（a）   （b）

图 3-111　配置选项

$ Helm install --set image.tag=latest ./demoapp

$ Helm install -f stagingvalues.yaml ./demoapp

比如，你可以设置某个单独的变量，你也可以用整个文件去做一个部署，它会用你现在的配置覆盖它的默认配置。因此我们可以在不同的团队之间，直接用不同的配置文件，并用同样的应用包去做应用管理。Chart.yaml 即 Chart 的元数据，描述的就是这个 Chart 包的信息，如图 3-112 所示。

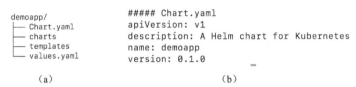

```
demoapp/
├── Chart.yaml
├── charts
├── templates
└── values.yaml
```

```
##### Chart.yaml
apiVersion: v1
description: A Helm chart for Kubernetes
name: demoapp
version: 0.1.0
```

（a）   （b）

图 3-112　Chart 包相关信息

另外，还有一些文档的说明，例如 NOTES.txt，一般放在 templates 里面，如图 3-113 所示，它是在你安装或者察看这个部署详情之时（helm status），自动列出来的。通常会放一些部署的应用和如何访问等描述信息。

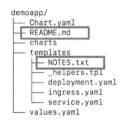

```
demoapp/
├── Chart.yaml
├── README.md
├── charts
├── templates
│   ├── NOTES.txt
│   ├── _helpers.tpl
│   ├── deployment.yaml
│   ├── ingress.yaml
│   └── service.yaml
└── values.yaml
```

图 3-113　NOTES.txt

除了模板以外，Helm Chart 的另一个作用就是管理依赖，如图 3-114 所示。

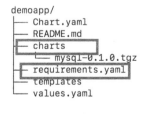

```
demoapp/
├── Chart.yaml
├── README.md
├── charts
│   └── mysql-0.1.0.tgz
├── requirements.yaml
├── templates
└── values.yaml
```

（a）

图 3-114　管理依赖

```
##### requirements.yaml
dependencies:
- name: mysql
  version: 0.1.0
  repository: https://kubernetes-charts-incubator.storage.googleapis.com/
```

（b）

图 3-114　管理依赖（续）

比如说你部署一个 Wordpress，它可以依赖一些数据库服务。你可以把数据库服务作为一个 Chart 形式，放在一个依赖的目录下面。这样的话，应用之间的依赖管理就可以做得很方便了。

假如现在已经创建了我们自己的应用包，想要有一个仓库去管理这个包，并能在团队之间共享，应该怎么做？

Chart 的仓库其实就是一个 HTTP 服务器。只要你把 Chart 及它的索引文件放到上面，在 Helm install 的时候，就可以通过上面的路径去拿。

Helm 工具本身也提供了一个简单的指令，叫 Helm server，可帮助做一个开发调试用的仓库。

例如 https://example.com/charts 的仓库目录结构，如图 3-115 所示。

```
charts/
├── index.yaml
├── demoapp-0.1.0.tgz.prov
├── demoapp-0.1.0.tgz
...
```

图 3-115　仓库目录结构

关于 Helm，社区版其实已经有了很多应用包，一般放在 Kubernetes 下面的一些项目中，比如安装 Helm 时，它默认就有一个 Stable 的项目，里面会有各种各样的应用包。Stable 和 incubator chart 仓库相关信息可参见网址 https://github.com/Kubernetes/charts。

另外，社区版还会提供类似于 Rancher Catalog 应用商店这样一个概念 UI，你可以在上面做管理，它叫 Monocular，即单筒望远镜的意思，这些项目的开发都非常活跃，一直在随着 Kubernetes 的迭代进行更新。

Monocular：Chart 的 UI 管理项目可参见网址 https://github.com/Kubernetes-helm/monocular，如图 3-116 所示。

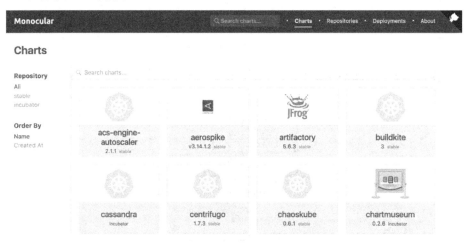

图 3-116　Chart 的 UI 管理项目

那么怎么去部署 Kubernetes 版的应用商店呢？其实也非常简单。因为有了 Helm 之后，你只要使用 Helm 安装 Monocular，先把它的仓库加进来，再安装，就可以把这个应用部署到你的 Kubernetes 集群之中了，如图 3-117 所示。它其实也是利用了 Helm Tiller 去做部署。我们可以在上面去搜索一些 Chart，管理你的仓库，例如官方的 stable，或者是 incubator 里面的一些项目。

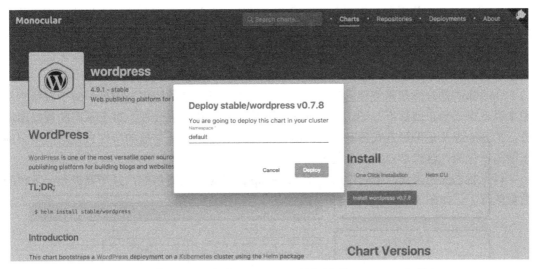

图 3-117　使用 Helm 安装 Monocular，并部署到 Kubernetes 集群中

你也可以管理一些已经部署的应用。比如说你要搜索某一个应用，单击一下部署，就可以把它部署上去了。不过这其中还有很多亟待完善的东西，比如这里的部署不能配置各种不同的参数，它只能输入 namespace。除此之外，里面的一些管理依然存在局限性，比如不能很方便地在 UI 上进行更新等。

围绕 Helm Chart，我们也会跟一些公有云厂商有相关的合作。因为 Helm Chart 的好处就是：一个应用包可以在多个地方部署。比如公有云的服务，可以基于它去实现应用的编排和管理，把一个服务便利地提供给不同的用户。Rancher 也会在 2.0 的应用商店中加入对 Helm Chart 的支持，希望帮助用户在方便利用已有模板的同时，获得良好的体验。

在 stable 的仓库里面已经有很多 Chart，并不是特别完善，还有很多应用是可以补充和增强的。就我们的实践经验来说，什么都可以 Chart 化，不管是分布式的数据库集群，还是并行计算框架，都可以以这样的形式在 Kubernetes 上部署和管理起来。

另外一点就是 Helm 是插件化的，Helm 的插件有 Helm-templates，Helm-github，等等。比如你在 Helm install 的时候，它可以调用插件去做扩展。它没有官方的仓库，但是已经有一些功能可用。其实这是把 Restless/release 的信息、你的 Chart 信息，以及 Tiller 的连接信息交给插件去处理。Helm 本身不管插件是用什么形式实现的，只要它是应用包，则对传入的这些参数进行它自己的处理就行。

Helm 的好处主要有以下几方面。

（1）利用已有的 Chart 快速部署进行实验。

（2）创建自定义 Chart，方便在团队间共享。

（3）便于管理应用的生命周期。

（4）便于应用的依赖管理和重用。

（5）将 Kubernetes 集群作为应用发布协作中心。

二、Operator

Operator 其实并不是一个工具，而是为了解决一个问题而存在的一个思路。解决什么问题？就是我们在管理应用时，会遇到无状态和有状态的应用。管理无状态的应用是相对来说比较简单的，但是有状态的应用则比较复杂。在 Helm Chart 的 stable 仓库里面，很多数据库的 Chart 其实是单节点的，因为分布式的数据库做起来会比较麻烦。

Operator 的理念是希望注入领域知识，用软件管理复杂的应用。例如，对于有状态应用来说，每一个东西都不一样，都可能需要你用专业的知识去处理。对于不同的数据库服务，扩容缩容及备份等方式各有区别。能不能利用 Kubernetes 便捷的特性去把这些复杂的东西简单化呢？这就是 Operator 想做的事情。

以无状态应用来说，把它做成一个 scale up 的话是比较简单的，只需要扩充一下它的数量就行了，如图 3-118 所示。

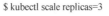

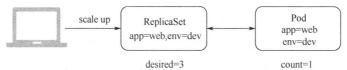

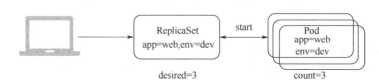

图 3-118　无状态应用做成 scale up

接着在 Deployment 或者 ReplicaSet 的控制器中，会去判断它当前的状态，并向目标状态进行迁移。对有状态的应用来说，我们常常需要考虑很多复杂的事情，包括升级、配置更新、备份、灾难恢复、Scale 调整数量等，有时相当于将整个配置刷一遍，甚至可能要重启一些服务。

比如像 Zookeeper 315 以前不能实时更新集群状态，想要扩容非常麻烦，可能需要把整个节点重启一轮。而有些数据库可能方便一点，在 Master 那里注册一下就好。因此每个服务都会有它自己的特点。

以 etcd 为例，它是 Kubernetes 里面主要的存储。如果对它做一个 scale up 的话，需要往集群中添加一些新节点的连接信息，从而获取到集群的不同成员的配置连接。然后用它的集群信息去启动一个新的 etcd 节点。

如果有了 etcd Operator 会怎么样？Operator 其实是 CoreOS 布道的东西。CoreOS 给社区出了几个开源的 Operator，包括 etcd，那么如何在这种情况下去扩容一个 etcd 集群？

首先，可以以 deployment 的形式把 etcd Operator 部署到 Kubernetes 中。部署完这个

Operator 之后，想要部署一个 etcd 的集群，其实很方便。因为不需要再去管理这个集群的配置信息了，你只要告诉我，需要多少节点，需要什么版本的 etcd，然后创建这样一个自定义的资源，Operator 会监听你的需求，帮你创建出配置信息来，如图 3-119 所示。

$ kubectl create – f etcd-cluster.yaml

```
apiVersion: "etcd.database.coreos.com/v1beta2"
kind: "EtcdCluster"
metadata:
  name: "example-etcd-cluster"
  spec:
    size: 3
    version: "3.2.11"
```

图 3-119　创建出的配置信息

要扩容的话也很简单，只要更新数量（比如从 3 改到 5），再应用一下，它同样会监听这个自定义资源的变动，并做出对应的更新，如图 3-120 所示。

$ kubectl apply -f upgrade-example.yaml

```
apiVersion: "etcd.database.coreos.com/v1beta2"
kind: "EtcdCluster"
metadata:
  name: "example-etcd-cluster"
  spec:
    size: 5
    version: "3.2.11"
```

图 3-120　配置信息更新

这样就相当于把以前需要运维人员处理集群的一些工作全部交付给 Operator 去完成了。这是如何做到的呢？即应用了 Kubernetes 的一个扩展性 API——CRD（在以前称为第三方资源）。

在部署了一个 etcd Operator 之后，通过 Kubernetes API 去管理和维护目标的应用状态。本质上是 Kubernetes 里面的 Controller 的模式。Kubernetes Controller 会对它的 resource 做这样的一个管理：监听或者检查它预期的状态，然后跟当前的状态对比。如果其中有一些差异，它会去做对应的更新。

Kubernetes Controller 模式如图 3-121 所示。

```
for {
    desired := getDesiredState()
    current := getCurrentState()
    makeChange(desired, current)
}
```

图 3-121　Kubernetes Controller 模式

etcd 的做法是在拉起一个 etcd Operator 的时候，创建一个叫 etcd cluster 的自定义资源，监听应用的变化。比如声明更新，它都会产生对应的一个事件，去做对应的更新，维护你的 etcd 集群状态。

除了 etcd 以外，社区一定 Operator 都可以以这种方便的形式，去帮你管理一些有状态的应用。

值得一提的是，Rancher 2.0 广泛采用了 Kubernetes-native 的 Controller 模式，去管理应用负载及 Kubernetes 集群。总而言之，可以算是一个 Kubernetes Operator。

三、Helm 和 Operator 对比

讲完这二者各自的特点，我们来对比一下二者吧。

Operator 本质上是针对特定的场景去做有状态服务的，或者说针对拥有复杂应用的应用场景去简化其运维管理的工具。Helm 其实是一个比较普适的工具，想法也很简单，就是把 Kubernetes 资源模板化，方便共享，然后在不同的配置中重用。

事实上，Operator 做的东西 Helm 大部分也可以做。用 Operator 去监控更新 etcd 的集群状态，也可以用定制的 Chart 做同样的事情，只不过你可能需要一些更复杂的处理而已，例如，在 etcd 没有建立起来时，你可能需要 init container 做配置的更新，检查状态，然后把这个节点用对应的信息给拉起来。删除的时候，则加一些 PostHook 去做一些处理。所以说 Helm 是一个更加普适的工具，两者甚至可以结合使用，比如 stable 仓库里就有 etcd-operator chart。

就个人理解来说，在 Kubernetes 这个庞然大物之上，Helm 和 Operator 这两者的诞生都源于简单且自然的想法，Helm 是为了配置分离，Operator 则是针对复杂应用的自动化管理。

四、QA 环节

Q1：像 Rancher 有自带的应用商店 Catalog，那么 Helm 是相当于 Kubernetes 的应用商店吗？

A1：是的，Rancher 大概是在早期版本如 Rancher 1.3 就开始支持 Helm 了。用户在 Rancher 部署 Kubernetes 的时候，Rancher 会把 Helm 工具都装好供用户使用。现在的 Rancher 在 Kubernetes 里面是没有应用商店的，这就是考虑了 Helm 社区的活跃和成熟了，用户可以直接用 Helm 这个工具，所以 Kubernetes 里面的应用商店其实是拿掉了的。Rancher 1.x 版本，用户使用 helm chart 并没有 Cattle Catalog 那么好，不过 2.0 版本这一点就极大改善了。

Q2：如何将本地的 Chart 包 push 到远程仓库？

A2：chart repository 就是普通的 http web 服务器带特定的 index 文件，把 Chart 包按对应格式传到 host 的目录就可以了，具体信息可以参考网址 https://docs.helm.sh/developing_charts/#the-chart-repository-guide。

Q3：想添加本地某个目录（包含 index.yaml）作为私有仓库，该怎么做？

A3：最简单的是用 Helm 提供的 server 命令。

Q4：Helm 是一个图形化管理工具吗？

A4：不是图形化管理工具，但是有对应的 UI 项目。

Q5：Helm 架构中的 tiller 是指什么？

A5：tiller 就是部署在 Kubernetes 中的服务端，实际执行部署更新等操作，用的 Helm binary 是 Client 端，会向它发请求。

Q6：Helm 目前国内使用不是很方便，目前所有的 Chart 都是放在 Google 服务器上，国内用什么好用的 repository？

A6：可以翻墙或者自己搭。

Q7：Operator 是一种管理有状态应用的软件架构模式吗？

A7：通常用作管理有状态应用，就是利用 Kubernetes 的 CRD 扩展及声明式定义的方式做应用管理模式。

Q8：Operator 业界有通用框架吗？

A8：在 Kubernetes 世界就只有 Controller 模式，可以参考第 2.9 节 go-client 相关文章《如何在 Go 语言中使用 Kubernetes API》。

3.26　迁移单体系统：最佳实践和关注领域

假设有这样一种情况：你有一个对自己的业务十分重要的复杂单体系统，你已经阅读过相关文章，希望将这一系统迁移到更加先进的、使用微服务和容器的平台上，但又不知道从何入手。如果你正面临这一问题，那么以下内容一定会帮到你。接下来，我将从最佳实践及需要关注的领域两个方面，帮助你将单体应用程序演进为面向微服务的应用程序。

一、概述

毋庸置疑，完全从头做起、从基于容器的云服务开始入手的绿地开发模式（Greenfield Development）是最理想的开发模式。然而，对大多数开发团队而言，这并不现实。大多数开发团队要为多个已经存在数年的应用程序提供支持，并且需要利用现代工具集和平台对它们进行重构，这通常称为棕地模式开发（Brownfield Development）。

并非所有的应用程序技术都可以轻松放入容器。我们可以通过工作让现有的应用去适应容器，但疑问也随之而来：这样做是否真的值得？例如，你确实可以将整个大规模的应用程序迁移到容器或者云平台上，但这么做真的可以明显地提高灵活性或是降低成本吗？

二、评估现有组件

对应用程序的当前状态及其基础堆栈进行评估，这听起来并非一个革命性或创造性的想法，但是当你完整评估了所有的网络和基础架构组件之后，可以说已经取得了阶段性成功。你未必必须直接涉及应用程序的核心，小而渐进式的步骤才是让你的合作伙伴和支持团队更轻松地使用容器的最佳方式。

举一些容器友好的基础架构组件案例：Web 服务器（如 Apache HTTPD）、反向代理和负载均衡器（如 haproxy）、高速缓存组件（如 memcached），甚至是队列管理器（如

IBM MQ）。

　　假如你处于这样一种极端情况：如果应用程序是 Java 编写的，那么可以让更轻量的 Java EE 容器在 Docker 中运行，而不需要拆分应用程序吗？对这一问题，WebLogic、JBoss（Wildfly）和 WebSphere Liberty 是适用于 Docker 的 Java EE 容器的绝佳案例。

三、弄清楚现有应用组件

　　现在，基础设施层的容器已经开始运行，并可以在应用程序内部查找组件的逻辑分解。例如，用户接口是否可以作为单独的可部署应用程序分割出来？一部分 UI 是否可以绑定到特定的后端组件并单独地部署（比如带有结算业务逻辑的计费界面）？

　　在将应用程序组件组合成为单独的工件时，有两个重要的注意事项。

　　1. 在单体应用程序中，总有一些共享库，它们会在一个新的微服务模型中被多次部署。多次部署带来的好处是每个微服务都可以遵循它自己的更新计划。仅因为一个公共库有新的特性，并不意味着每个人都需要它，并且每个人都必须立即升级。

　　2. 除非有一种非常明显的方式来分开数据库（如多个 schemas），或者该特性跨越多个数据库，不然的话就放弃它。单体应用程序倾向于交叉引用表，并构建典型的"属于"一个或多个其他组件的自定义视图，因为原始表是现成的，在时效上公认很快。

四、下一步：业务改进

　　到这一步，你已经取得了一些进展，并且可能已经确定了可拆分成单独可部署工件的应用程序组件，那么现在是时候将业务改进作为你的首要发展道路，将应用程序重新设计为更小的基于容器的应用程序，这些最终将成为你的微服务。

　　如果你已将账单作为想要从主应用程序拆分出来的第一个区域，那么就需要完成与那些应用组件相关的增强功能和 bug 修复。一旦你已经准备好发布，就可以将它们部署上去，并且将分离包含在发布版本中。

　　随着对应用程序的不断剥离，你的团队将会更加熟悉如何拆分组件，并且将它们放入自己的容器中。

五、结论

　　当将单体应用程序分解并部署为一系列使用容器的小型应用程序时，它将在效率上达到一个新高度。根据实际负载（而不是简单的构建峰值负载）独立扩展每个组件，更新单个组件（不需要重新测试和重新部署所有内容）将大大缩短花费在 QA 上及获得变更管理的批准时间。由此可见，在容器上运行不同功能的小型应用会是未来更有效的方式。

3.27　从 Rancher 1.6 到 2.0：术语及概念变化对比

　　Rancher 2.0 Beta 版已正式发布。Rancher 2.0 是一个企业级 Kubernetes 平台，能够实现多 Kubernetes 集群的统一管理，解决生产环境中企业用户可能面临的基础设施不同的困境。此外，Rancher 2.0 简洁直观的界面风格及操作体验，将解决业界遗留已久的 Kubernetes 原生 UI 易用性不佳，以及学习曲线陡峭的问题。加之 Rancher 2.0 带来的监控、日志、CI/CD 等一系列拓展功能，可以说，Rancher 2.0 为企业在生产环境中落地 Kubernetes 提供了更加便捷的途径。

　　现在，Rancher 2.0 的开发已进入尾声，Rancher Labs 研发团队将集中精力进行测试及文档完善工作。我们认为在此时为 Rancher 用户提供一个术语词汇表是非常有用的，这有助于 Rancher 用户理解 Kubernetes 和 Rancher 的基本概念。

　　从 Rancher 1.6 发展到 Rancher 2.0，如今 Rancher 产品会更多地遵循 Kubernetes 的命名标准。这一转变可能会让曾经在 Rancher 1.6 中只使用 Cattle 环境的用户感到困扰。

　　不过没有关系，在此将帮助你理解 Rancher 2.0 中的新概念，它也可以作为容器编排框架 Cattle 和 Kubernetes 之间术语和概念的一个简要参照。

一、Rancher 1.6 Cattle 和 Rancher 2.0 Kubernetes 对比

　　Rancher 1.6 提供的编排工具 Cattle 获得了许多用户的青睐。在 Cattle 中有一个**环境**，它是管理和计算的边界，即你可以指定权限的最低层级；重要的是，该环境中所有的主机都是专用于此环境。然后，为了组织容器，你需要有一个**堆栈（Stack）**，它是一个服务集合的逻辑分组，以及一个作为特定运行镜像的服务。

　　那么这个结构在 2.0 中是什么样的呢？如果你一直关注容器领域，那么不可能没听过 Kubernetes 的一些术语，比如 **Pod**、**命名空间（namespace）**和**节点（node）**。这部分内容就将为大家对比，统一 Cattle 和 Kubernetes 这两个不同的容器编排工具的常见术语，从而降低 Rancher 用户从 Cattle 到 Kubernetes 的过渡难度。随着一些名称的变化，一些功能也发生了改变。

　　表 3-3 给出了一些 Kubernetes 核心概念的定义。

表 3-3　Kubernetes 核心概念

概念	定义
集群（cluster）	由 Kubernetes 管理，包含了运行容器化应用的机器的集合
命名空间（namespace）	一个虚拟集群，可多对一地由单个物理集群提供支持
节点（node）	组成集群的物理（虚拟）机器之一
Pod	最小、最单一的 Kubernetes 对象。一个 Pod 表示集群上的一组运行的容器
部署（deployment）	负责管理经复制的应用程序的 API 对象
工作负载（workload）	集群上运行的工作单元，可以是 Pod，也可以是部署

更多 Kubernetes 概念的细节，请参考网址 https://Kubernetes.io/docs/concepts/。

（一）环境

Rancher 1.6 中的环境代表了两样东西：计算边界和管理边界。

而在 Rancher 2.0 环境中，以上概念不复存在，取而代之的是集群（cluster）——计算边界，项目（Project）——管理边界。

其中**项目**是由 Rancher 引入管理层的，以便减轻 Kubernetes 的管理负担。

（二）主机

在 Cattle 中，一个主机只属于一个环境。现在在 Rancher 2.0 中也是类似的，一个节点（主机的新名称）只属于一个**集群**。之前由主机组成的环境，现在变成了由节点组成的集群。

（三）堆栈

Rancher 1.6 中的堆栈是一种对多个服务进行分组的方法。在 Rancher 2.0 中，这是由**命名空间**完成的。

（四）服务

在 Rancher 1.6 中，服务被定义为运行同一容器的一个或多个实例。在 Rancher 2.0 中，运行相同容器的一个或多个实例被定义为**工作负载**，其中**工作负载**可以由带有控制器的 **Pod** 组成。

（五）容器

容器镜像是一个轻量级的、独立的、可执行的软件包，它包含了运行它所需要的全部东西，如代码、运行时间、系统工具、系统库、设置等。在 Kubernetes 下，Pod 是最小的单位。Pod 可以是单个镜像，也可以是多个共享相同存储/网络的镜像，以及有关这些镜像如何交互的描述。Pod 的内容总是共同定位且共同调度的，并在共享的 context 中运行。

（六）负载均衡器

在 Rancher 1.6 中，负载均衡器用于将你的应用程序从 Rancher 环境中公开，允许外部访问。在 Rancehr 2.0 中这个概念是一样的。有一个负载均衡器的选项帮助公开你的服务。在 Kubernetes 语言中，这个功能通常被称为 Ingress。简而言之，负载均衡器和 Ingress 扮演着相同的角色。

二、结论

从概念上讲，Cattle 是所有编排工具中最接近 Kubernetes 的一个。希望以上内容能给从 Rancher 1.6 过渡到 Rancher 2.0 的用户提供一个简单的参考。另外，Cattle 和 Kubernetes 之间的相似性也能帮助用户更好地进行转换。

表 3-4 给出了新旧术语对比信息

表 3-4　新旧术语对比

Rancher 1.6	Rancher 2.0
容器	Pod
服务	工作负载
负载均衡器	Ingress
堆栈	命名空间
环境	项目（管理员）/集群（计算）
主机	节点
目录	Helm

同时你可以观看 Rancher 2.0 的在线培训视频，了解更多 Rancher 2.0 Beta 的操作演示，以及如何使用 Rancher 2.0 管理 Kubernetes 集群。

3.28　如何在 Kubernetes 上使用 Rancher VM，以容器的方式运行虚拟机

Rancher VM 是一个开源的、轻量化的虚拟机管理工具，让用户能够像运行 Docker 容器一样，打包和运行虚拟机。RancherVM 项目自几年前推出以来，获得了大量用户的积极反馈。用户也在过去几年时间里为 Rancher Labs 工程团队提出了不少有价值的意见与建议，尤其是对节点集群上的虚拟机的管理这一方面的需求。

如今，用户可以在 Kubernetes 上使用 RancherVM 了！现在的 RancherVM 中添加了资源调度、基于浏览器的 VNC 客户端、IP 地址发现、基于密钥的身份验证，以及新版本的用户界面。以下内容将带你一探究竟！

一、RancherVM 设计思路

RancherVM 在深层次上大量使用了 Docker 容器及容器镜像仓库。虚拟机基础镜像被打包成 Docker 镜像发布到任意 Docker 镜像仓库中。RancherVM 还自带了很多存储在 Docker Hub 中的、大受欢迎的操作系统镜像。用户可以在各种公有和私有镜像仓库中进行自由选择，甚至可以运行自己的私有镜像仓库，参见网址 https://docs.docker.com/registry/deploying/。

现在，每个虚拟机都运行在 Kubernetes Pod 中，我们称之为 VM Pod。Kubernetes 控制器负责管理 VM Pod 的生命周期，授予用户启动或关闭虚拟机，修改机器的 CPU 和内存分配的权限等。

（一）持久化存储

RancherVM 系统定义了自己的自定义资源定义（Custom Resource Definitions，简称 CRD），并将所有状态存储在其中。因此，除了运行 Kubernetes 所需要的持久化数据存储以外，RancherVM 对存储不再有其他额外的要求。REST 服务器会提供端口，供执行 CRD 上的 CRUD 操作，并且通过全新的 UI，REST 服务器已有了更好的用户体验。

（二）调度

我们现在利用 Kubernetes 调度器，将 VM Pod 智能化地放置在多个节点上。限制 CPU 和内存资源可以确保 VM Pod 能安全地调度到资源充足的主机上。根据节点的大小，单个主机可以实现 100+个 VM Pod。调度虚拟机不需要额外开销，而扩展性限制应该是由 Kubernetes 本身决定的。在实践中，我们已经看到了超过 1 000 个节点集群的案例。

（三）网络

RancherVM 使用桥接网络为用户虚拟机提供连接。每一个虚拟机 Pod 为了保留自己的网络身份，会将其分配到的 MAC 地址保存到它的虚拟机 CRD 中。IP 地址管理需要一个外部的 DHCP 服务器。当然，如果 DHCP 的租约过期，VM Pod 关闭了很长时间的话，它的 IP 地址可能会被改变。

控制器会在每个节点上运行，将 MAC 地址解析成外部 DHCP 分配的 IP 地址。通常云提供商不会这么做，因为他们是通过实现 DHCP 服务器来执行自己的 IP 地址管理的（IPAM）。这样我们在桥接网络时就不需要控制 DHCP 服务器，或者在虚拟机内部添加仪器。

这种设计也存在着一些固有的扩展性限制——你桥接的网络必须足够大，能够向每个 VM 提供唯一的 IP 地址。

二、如何使用 RancherVM

RancherVM 需要一个运行中的 Kubernetes 集群，其中包含了运行基于 Debian 的操作系统和 KVM 的节点。

运行下面的命令，如图 3-122 所示，可以将 RancherVM 组件部署到 Kubernetes 集群中。

图 3-122　运行的命令

GUI

部署完成后，可以通过查询前端 Kubernetes 服务找到 UI 端点，如图 3-123 所示。

现在你可以导航到<node_ip>:30874 来访问 UI。

如果想要启动 SSH 远程访问，还可以添加你的公钥。在 Credentials 界面上，单击 Create，添加你的公钥，起一个好名字后，单击 OK，如图 3-124 所示。

图 3-123　查询前端 Kubernetes 服务找到 UI 端点

图 3-124　添加公钥

创建实例也非常简单。在 Instances 界面上单击 Create。你会看到一个需要填写的表格。你需要添加自己的公钥或者启用 NoVNC 网络服务器。单击 OK 就可以了！如图 3-128 所示。

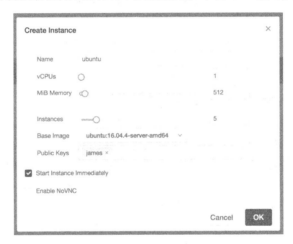

图 3-125　创建实例

过一会你就可以看到虚拟机运行起来了，并且分配了 IP 地址，如图 3-126 所示。

	Name	Private IP	Credentials	vCPU	Memory	Base Image	Launch Time	State	Actions	VNC
	ubuntu-01	172.16.58.144	james	1	512	ubuntu:16.04.4-server-amd64	2018-04-25T18:45:23Z	running	Stop Start	
	ubuntu-02	172.16.58.148	james	1	512	ubuntu:16.04.4-server-amd64	2018-04-25T18:45:23Z	running	Stop Start	
	ubuntu-03	172.16.58.146	james	1	512	ubuntu:16.04.4-server-amd64	2018-04-25T18:45:23Z	running	Stop Start	
	ubuntu-04	172.16.58.145	james	1	512	ubuntu:16.04.4-server-amd64	2018-04-25T18:45:23Z	running	Stop Start	
	ubuntu-05	172.16.58.147	james	1	512	ubuntu:16.04.4-server-amd64	2018-04-25T18:45:23Z	running	Stop Start	

图 3-126　运行的虚拟机

现在你可以使用自己的私钥通过 SSH 连接到机器。用户名是因你所部属的操作系统而异的。比如 Ubuntu 用户的用户名是 Ubuntu，CentOS 用户是 CentOS，Fedora 用户是 Fedora 等。

出于安全考虑，在默认情况下，基于密码的 SSH 连接是禁用的。如果你选择放弃将公钥添加到虚拟机规范中，可以使用 NoVNC 来访问机器。单击 NoVNC 按钮打开浏览器内的控制台。如果是 Rancher 提供的镜像，那么用户名是 rancher，密码是 rancher。

Dashboard 展示了当前系统中 CRD 的概要情况，如图 3-127 所示。

图 3-127　CRD 概要情况

CLI

使用 kubectl 的用户，可以通过操作 CRD 从命令行来管理系统。这里有一些从命令行向系统添加凭证和虚拟机的示例，参见网址 https://github.com/rancher/vm/tree/master/hack/example

并不是所有的修改都会立即生效，有些可能需要停止之后再启动虚拟机才能响应一些规范的更改，比如 CPU 和内存分配的变更。

三、RancherVM 的下一步开发计划

在未来的几周内，RancherVM 将增加对实时迁移的支持。用户可能会遇到这样的情况，例如，现有虚拟机的资源需求超过了物理主机上可用的资源上限，或者运维人员为了做一些维护工作而需要中断主机执行。在这些情况下，以一种对终端用户而言透明的方式将正在运行的虚拟机迁移到另一台主机上，是至关重要的。

我们也在考虑将 RancherVM 与像 Longhorn 这样的复制块存储系统进行集成。RancherVM 完全开源，任何人都可以免费使用。未来 RancherVM 还会进一步发展。

3.29　无服务器计算是否会取代容器

无服务器计算是当前的一项热门话题，甚至热过了 Docker 容器。

这么讲是说无服务器计算要成为容器的替代品吗？或者它是可以和容器一同使用的另一项流行技术吗？在本节中，我将为你介绍无服务器计算需要了解的内容，以及如何将它融于你的 IT 战略中。

一、无服务器并不是真的没有服务器

首先需要澄清一点，当然可能大家也都有所了解，无服务器计算并不意味着没有服务器。它是一个基于云的服务，和云上的其他服务一样，运行在服务器上。

也就是说，称它为无服务器，是因为服务提供者负责处理了所有服务器侧 IT，而你所需要做的只是编写代码并部署它。无服务器计算提供者处理了除此之外几乎所有的事务。这样在使用体验上就是无服务器，虽然底层基础架构并非如此。

二、无服务器计算如何工作

那么它是如何工作的呢？以最流行的一个无服务器计算平台 AWS Lambda 为例。使用它，你需要编写代码（C#、Java、Node.js 或 Python），设置一些简单的配置参数，并且将所有的内容（及所需的依赖项）上传到 Lambda。

在 Lambda 术语中，上传的软件包被称为功能函数（function）。可通过运行在 AWS 服务（如 S3 或者 EC2）上的应用程序调用该功能。上传 Lambda 后，Lambda 会将你的功能部署在一个容器中，这个容器会在该函数完成执行之前一直存在，之后才会被释放掉。

需要注意的是，**Lambda 在这里负责配置、部署和管理容器，而你所做的只是提供在容器中执行的代码**，其他的工作都交由后台完成。

三、未来会是无服务器的天下吗

那么这是不是就意味着，我们现在的软件开发人员和 IT 团队已不再需要直接处理容器或具体的后端 IT 了呢？可以只编写代码，把写好的代码丢到 Lambda，让 AWS 来处理其他事情吗？如果这听起来让人难以置信的话，那么就只有一种解释——这是不可能实现的。

如果 DevOps 交付链中还没有包含它，AWS Lambda 所代表的这类无服务器计算将成为非常有价值的资源。

然而，它只能成为交付链中的一部分。虽然无服务器计算在大多数任务中都很适用，但离全面替代并部署和管理自己的容器还相距甚远。**实际上，无服务器计算应该和容器一同工作，而不是替换它们。**

四、无服务器计算的优势

那么，无服务器计算的优势有哪些呢？当用它来提供服务时，无服务器计算有以下优点。

（一）价格低廉

使用无服务器计算，通常情况下只根据实际使用的时间和流量计费。例如，Lambda 的计费标准是以每 100 毫秒的触发次数计费。实际成本通常也相当低，这里有部分原因是因为无服务器涉及的功能少，执行相对简单的任务，并且在常规的容器中执行，开销很小。

（二）低维护成本

在无服务器平台上部署某个功能时，平台帮你做了绝大部分工作。除此之外，你不需要再为此设置容器、系统策略和可用性级别，也不需要处理任何后端服务器的任务。如果你需要的话，还可以使用自动伸缩，或是对容量进行简单的手动设置。

（三）简易性

标准的编程环境，没有服务器和容器部署的开销，你可以更加专注于编写代码。从应用程序角度来看，无服务器功能基本上是一种外部服务，它不需要紧密集成到应用程序的容器生态系统中。

五、无服务器计算的应用场景

什么时候会用到无服务器计算？可以考虑如下场景与可能性。

（一）处理网站或移动应用程序的后端任务

无服务器功能可以从站点或应用程序前端接受请求（例如，来自用户数据库或外部源的信息），检索信息，并将其交回到前端。这是一个快速且相对简单的任务，可以根据需要执行，很少占用前端的时间或资源，只为后端任务的实际持续时间计费。

（二）处理实时数据流并上传

无服务器功能可以清理、解析并过滤传入的数据流，处理上传的文件，管理来自实时设备的输入，并且处理与间歇性的或高吞吐量的数据流相关的主要任务。使用无服务器功能，可以将资源密集型的实时进程从主应用程序移出（避免占用主应用资源）。

（三）负责高容量的后台进程

你可以使用无服务器功能将数据移动到长期存储上，以及转换、处理和分析数据，并将指标转发到分析服务上。比如，在销售点系统中，无服务器功能可以用来协调库存、客户、订单和交易数据库，以及间歇性的任务，如补货和标记差异。

六、无服务器计算的局限

无服务器计算有一些非常明确的局限。以 Lambda 为例，它对**功能函数的大小、内存占用和利用时间有内部限制**。这些限制和有限的本地支持编程语言，并不一定是基础级别的无服务器计算所固有的，可它们也反映出系统的实际限制。对无服务器计算而言，功能函数体量小，可以避免占用太多系统资源，是非常重要的，这样可以避免出现数量较少的高需求用户阻碍其他用户或者令系统过载的问题。

无服务器计算的基本性质也会产生一些内在的限制。例如，**大多数监视工具如果使用无服务器功能可能很难实现**，因为一般情况下，你无法访问该功能所在的容器或者容器管理系统。

调试和性能分析也可能因此被限制在相当原始或使用间接的方式。速度和相应时间也可能不均匀。这些限制及对大小、内存、持续时间的限制可能会影响它在性能优先情况下的使用。

七、容器在哪些方面会做得更好

可以列举出很多容器比无服务器功能做得好的方面，可以用一篇完整的文章进行详细介绍。但我们在这里要做的只是介绍一些无服务器功能不能替代基于容器的应用程序的主要方面。

（一）可以做得更大

基于容器的应用程序可以像你所需要的那样规模大且复杂。例如，你可以将一个非常庞大而复杂的整体应用程序重构为一系列基于容器的微服务，完全按照重新设计的系统要求定制新的体系结构。如果想要重构同样的应用程序，并且在无服务器平台上运行，可能会因为大小和内存限制遇到多个技术瓶颈。由此产生的应用程序可能由极其分散的微服务组成，而每个碎片的可用性和延迟时间是非常不确定的。

（二）可以完全掌控

基于容器的部署可以完全控制单个容器和整个容器系统，以及它所运行的虚拟化基础架构。这样你可以设置策略、分配和管理资源，对安全性进行细化控制，充分利用容器和迁移服务。而使用无服务器计算，则只能依赖于"他人"，而不能自己控制。

（三）让用户有精力调试、测试和监控

完全掌控容器环境，就可以全面了解容器内外情况。这样就能够利用所有的资源进行有效、全面的调试和测试，并可以在各个层面上进行深入的性能监控。你可以识别和分析性能问题，并在微服务基础上微调性能，来满足对系统的具体性能需求。在系统、容器管理和容器级别上的监控访问还可以对所有这些层面进行完整、深入的分析。

（四）协同工作

从目前的实践可以发现，当无服务器计算和容器在一起工作时效果是最好的，这也需要每个平台都做得很好。基于容器的应用程序可以结合全特性的系统来管理和部署容器，这对于大型和复杂的应用程序和应用程序套件（尤其是在企业或互联网环境）而言是最佳的选择。

另一方面，**无服务器计算非常适用于可在后台运行或外部服务访问的单个任务**。基于容器的系统可以将这些任务交给无服务器应用程序，而不必占用主程序资源。对无服务器应用程序来说，它可以为多个客户端提供服务，并且在容器系统中可以与其他无服务器应用程序完全独立地进行更新、升级和切换。

总之，无服务器计算服务和容器服务之间是平台间的竞争吗？答案是：基本不是。在当今不断发展的世界中，基于容器和无服务器的计算正在为现在的云计算和持续交付软件提供更好的支持。

3.30　Rancher 2.0 技术预览版 Ⅱ 发布：
　　升级 Kubernetes 魔法

Rancher 2.0 技术预览版 Ⅱ 现已正式发布！如图 3-128 所示。Rancher 2.0 是 Rancher Labs 下一阶段的旗舰产品，一个能在同一平台上管理任何 Kubernetes 集群的企业级开源容器管理平台。

Rancher 2.0 简洁直观的界面风格及操作体验，解决了业界遗留已久的 **Kubernetes 原生 UI 易用性不佳** 及学习曲线陡峭的问题，Rancher 2.0 **多 Kubernetes 集群管理功能** 亦完美解决了生产环境中企业用户可能面临的基础设施不同的困境，同时，Rancher 2.0 还带来了一系列拓展功能。可以说 Rancher 2.0 为企业在生产环境中落地 Kubernetes，以及构建新一代 Container as a Service 提供了更加便捷的途径。

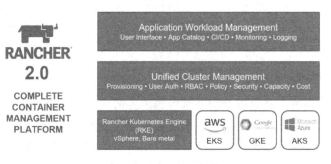

图 3-128　Rancher 2.0 技术预览版 Ⅱ 界面

2017 年 9 月 27 日，在 Rancher 中国年度用户大会 Container Day 上，Rancher Labs 发布了 Rancher 2.0 的第一个技术预览版，并得到了来自大量企业客户及无数开源社区用户的积极响应。在过去，Rancher Labs 研发团队根据收到的大量反馈，持续更新和优化完善着 Rancher 2.0 的架构与功能，并于近日正式发布了 Rancher 2.0 的技术预览版 Ⅱ。Rancher 2.0 技术预览版 Ⅱ 包含许多重大的修改和增强功能（如图 3-129 所示）。

1. Rancher Server 现在已经 100%用 Go 语言编写，并且不再需要 MySQL 数据库。

2. 用户可以像以前一样在任何 Docker 主机上部署 Rancher Server，也可以在现有的 Kubernetes 集群上部署 Rancher Server。

3. 用户可以使用 Rancher Kubernetes Engine（RKE）或其他公有云平台的托管 Kubernetes 服务（如 GKE）创建新的 Kubernetes 集群，如图 3-130 和图 3-131 所示。Rancher 2.0 可自动执行 RKE 和 GKE 集群配置，还会增加对 EKS 和 AKS 等其他云平台托管 Kubernetes 服务的支持，如图 3-132 所示。

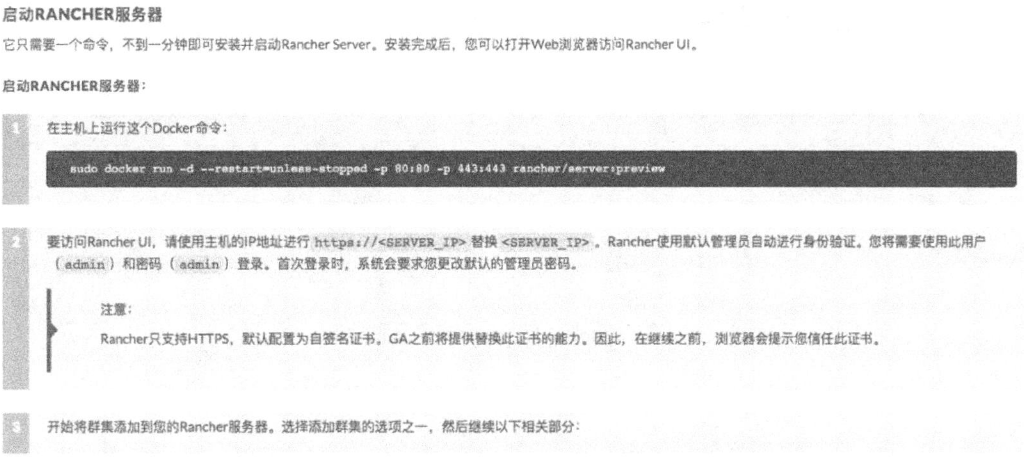

启动RANCHER服务器
它只需要一个命令，不到一分钟即可安装并启动Rancher Server。安装完成后，您可以打开Web浏览器访问Rancher UI。
启动RANCHER服务器：
1
在主机上运行这个Docker命令：
sudo docker run -d --restart=unless-stopped -p 80:80 -p 443:443 rancher/server:preview
2
要访问Rancher UI，请使用主机的IP地址进行 https://<SERVER_IP> 替换 <SERVER_IP> 。Rancher使用默认管理员自动进行身份验证。您将需要使用此用户（admin）和密码（admin）登录。首次登录时，系统会要求您更改默认的管理员密码。
注意：
Rancher只支持HTTPS，默认配置为自签名证书。GA之前将提供替换此证书的能力。因此，在继续之前，浏览器会提示您信任此证书。
3
开始将群集添加到您的Rancher服务器。选择添加群集的选项之一，然后继续以下相关部分：

图 3-129　Rancher 2.0 技术预览版 II 相关修改和增强功能图

Add Cluster
Create a Cloud Cluster
Create a RKE Cluster
Import an Existing Cluster
Create and use a new cluster and nodes managed by a cloud Kubernetes provider
Rancher deploys and automatically manages a Kubernetes cluster for you. Supports on-premise nodes or cloud infrastructure providers.
Use an existing Kubernetes installation and the nodes it provides
Select
Select
Select

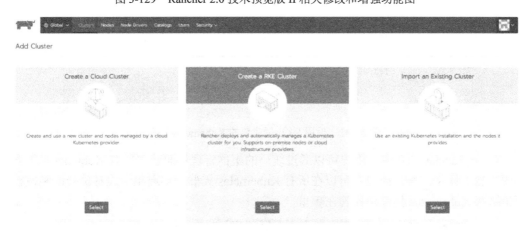

图 3-130　纳管不同的 Kubernetes 集群

Add Cluster
Service Account *
Read from a file
Next
Cancel

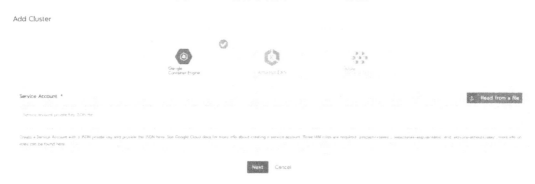

图 3-131　纳管公有云平台的托管 Kubernetes 服务（如 GKE）

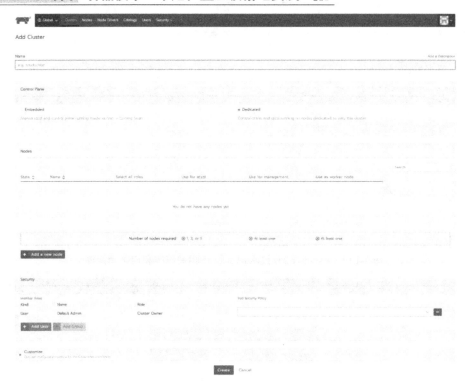

图 3-132　使用 RKE 创建新的 Kubernetes 集群

4. 在 Rancher 2.0 中，用户可以通过统一的集群管理界面管理所有 Kubernetes 集群，如图 3-133 所示。Rancher 2.0 可以在所有 Kubernetes 集群上实现集中式身份验证和授权，不论这些 Kubernetes 集群是托管在哪里。

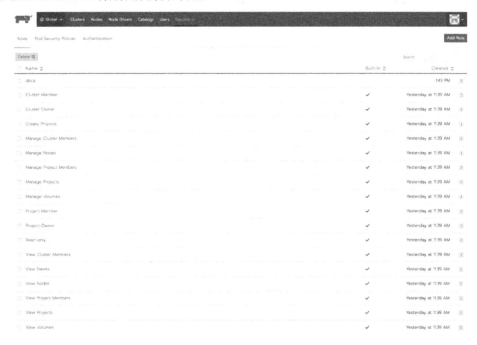

图 3-133　集群管理界面

5. Rancher 2.0 会在所有 Kubernetes 集群中提供一个简单的工作负载管理界面。这一功能仍在持续完善之中，但毋庸置疑的是，Rancher 2.0 会延续 Rancher 1.x 一贯的简洁直观、以容器为中心的界面风格。同时，更多的高级负载管理功能也在持续添加中，如应用程序目录、CI/CD、监控集成、复杂的统计信息及集中式日志等，详情参见表 3-5。

表 3-5　高级负载管理功能

使用原生 Kubernetes 的痛点	Rancher 2.0 带给你的
■ 配置、定制、运行 Kubernetes 有着陡峭的学习曲线 ■ 管理多 Kubernetes 集群并非易事:不同的基础设施，云+本地，多云…… ■ 集成多种工具、组件、基础设施驱动程序并非易事 ■ Kubernetes 有强大的 RBAC 系统，但设置和使用基于角色的访问控制并非易事 ■ 若选择某闭源产品或系统，将带来技术锁定，增加风险和成本 ■ And more	■ 相较于原生的 Kubernetes 具有相同（甚至更多拓展的）功能，却有重新设计、极易上手的 UI ■ Rancher 一如既往的优异的用户体验：UI、CLI、API、compose 文件、catalog…… ■ 可在 Rancher 中一键创建新的 Kubernetes 集群，亦可导入来自不同基础设施的已有 Kubernetes 集群，实现统一管理 ■ 实现资源级 RBAC 和环境之间的共享主机 ■ 集中日志和监控 ■ 集成 CI/ CD ■ And more

Rancher Labs 作为市场的先行者，对 Docker 引擎产品本身和对 Kubernetes 项目都一直在作出重大贡献并牢牢把握容器行业发展趋势。Rancher Labs 的产品发展目标从 2014 年让 Docker 在企业更好用，到现在把目标定在让企业用户使用 Kubernetes 的用户体验变得更简单，始终围绕着把业界领先的容器技术和产品在企业生产环境中的使用变得更加易用，变得有更好的用户体验，而这始终不变的理念在全球范围内赢得了巨量客户的认可，Rancher 也将一直为 Kubernetes 落地普及而前行。

秉承 Rancher 一贯 100%开源的风格及理念，你可以直接从 GitHub 上下载体验 Rancher 2.0 技术预览版 II，参见网址 https://github.com/rancher/rancher/releases。

3.31　想让容器更快？这五种方法你必须知道

容器的卖点之一是容器化应用程序的部署速度通常比虚拟机快，且性能更佳。虽然容器的默认速度比其他基础设施快，这并不意味着没有办法让它们更快。本部分内容将演示如何通过**优化 Docker 容器镜像构建时间、性能和资源消耗**，让容器的速度与性能更超默认值一步。

一、何为"更快"

在我们深入探讨 Docker 优化技巧之前，先解释一下"更快"容器的含义。在关于 Docker 的讨论中，"更快"这个单词可以有多种含义，它可以指在容器中运行的进程或应用程序的执行速度，可以指镜像生成时间，部署应用程序所需的时间，或通过整个交付管道推送代码的时间。接下来，将从多个角度讨论可以使 Docker 更快的方法。

二、如何更快

以下策略可以帮助你让 Docker 容器变得更快。

（一）采取最小化的方法进行镜像处理

镜像中的代码越多，生成镜像所需的时间越长，用户下载镜像的时间也就越长。此外，由于消耗的资源多于所需资源，代码繁多的容器可能运行起来不够优化。出于这些原因，你应该尽可能将你的容器镜像中的代码减少到镜像应该执行的操作的**最低限度**。

在某些情形下，设计简单的容器镜像可能需要你重新构建应用程序本身。不管是将它们部署在容器，还是其他地方，臃肿的应用程序总是导致部署缓慢和性能低下的原因之一。

在编写 Dockerfile 时，你还应该**抵制住在不必要的情况下添加服务或命令的诱惑**。比如说，如果你的应用程序不需要 SSH 服务器，则不要包含 SSH 服务器。再比如说，如果不是必须，则避免运行 apt-get upgrade。

（二）使用极简操作系统

与虚拟机相比，容器的最大好处之一就是容器不需要复制整个操作系统来托管应用程序。为了充分利用这一特性，你应该使用一个操作系统托管你的镜像，并且该操作系统应包含你所需的一切。任何无法促进 Docker 环境任务执行的服务或数据都应该被剔除。任何额外的东西都会导致系统臃肿，从而降低容器的效率。

幸运的是，你不必自己动手为 Docker 构建操作系统。**市场上有不少已预先构建的、轻量的 Linux 发行版可以托管 Docker，例如 RancherOS。**

（三）优化构建时间

持续交付管道中最大的问题就是**镜像构建所需的时间**。当你需要等待很长时间才能构建 Docker 镜像时，可能会延迟整个交付过程。

加速镜像构建时间的一种方法是**使用镜像仓库**。通过减少在构建镜像时下载组件所需的时间，可以加快构建镜像的速度。将**多个运行命令组合成一个命令**，也可以缩短镜像的构建时间，因为它减少了镜像中的层数，从而提高了构建速度，并优化了镜像大小。

另一种提高构建速度的有效方法是 **Docker 的构建缓存特性**。缓存让你可以利用现有的缓存镜像，而不需要重新构建每个镜像。

最后，正如上面所讨论的，构建极简的镜像也可以加快构建时间。需要构建的越少，构建的速度就越快。

（四）使用 CaaS（容器即服务）平台

对于许多组织的工作人员来说，快速、高效地部署容器的最大障碍来自于构建和管理容器环境本身的复杂性。

这就是 CaaS（容器即服务）行之有效的原因。使用 CaaS，你可以获得预配置的环境，以及部署和管理工具。CaaS 将有助于打开那些可能导致持续交付链变慢的瓶颈。

（五）使用资源配额

在默认情况下，每个容器可以消耗尽可能多的资源。然而，某些情形下并不会总是这么理想，设计不良或产生故障的容器会消耗太多资源，造成其他容器运行缓慢。

为了防止出现这个问题，你可以在每个容器的计算、内存和磁盘 I/O 分配上设置配额。要记住，错误配置的配额也会导致出现严重的性能问题。因此，需要确保你的容器能够访问它们所需的资源。

总之，即使你的容器已经很快了，你也可以让它们更快。优化你的镜像，缩短镜像构建时间，避免操作系统膨胀，利用 CaaS 和设置资源配额，这些都是提高 Docker 环境的总体速度和效率的可行方法。

3.32　如何在 Rancher 中通过 Web API 创建环境

Rancher Server UI 为 API 操作提供了可视化界面，更加方便参数配置和调试。登录 Rancher Server 后，通过 API Keys，可以看到 API 的入口地址；单击 Endpoint (v1) 或者 Endpoint (v2) 对应的链接就可以进入 API 的详情页面，如图 3-134 所示。

图 3-134　Account API Keys 详情页面

这里我们选择 Endpoint (v2)作为演示版本。如图 3-135 所示进入 API 详情页。

图 3-135　API 详情页

Rancher API 中，主要的功能操作对应的项目（Fields）属性如下。

1. projecttemplates

Fields: projecttemplates

URL: v2-beta/projecttemplates

2. Environments

Fields: projects

URL: v2-beta/projects

3. Stacks

Fields：projects

URL: v2-beta/projects/${projects_id}/stacks

4. Service

Fields: Services

URL: v2-beta/projects/${projects_id}/stacks/${stacks_id}/services

一、API 创建环境模板

访问网址 http://rancher-server-url:8080/v2-beta/projecttemplates，打开 projecttemplates 详情页，如图 3-136 所示。

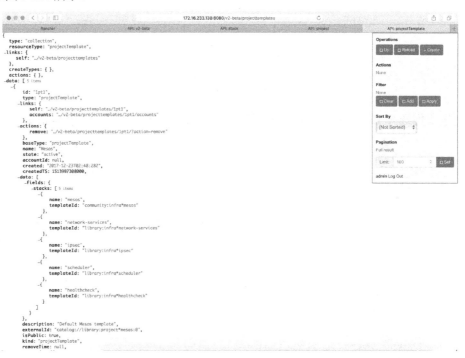

图 3-136　打开 projecttemplates 详情页

单击右上角的 Create，创建 cattle 调度环境模板，选择 VXLAN 网络，如图 3-137、图 3-138 所示。

Create projectTemplate　　　　　　　　　　　　　　　　　×

Field Name	Type	Value	
description	string	cattle-vxlan	☐ □ NULL
externalId	string		☐ ☑ NULL
isPublic	boolean	☐	
name	string	cattle-vxlan	☐ NULL
stacks	array[catalogTemplate]	{"type":"catalogTemplate","name":"network-services","templateId":"library:infra*net...} {"type":"catalogTemplate","name":"scheduler","templateId":"library:infra*scheduler"} {"type":"catalogTemplate","name":"healthcheck","templateId":"library:infra*healthcheck"} {"type":"catalogTemplate","name":"ipsec","templateId":"library:infra*vxlan"}	

Show Request　　Cancel

图 3-137　创建 cattle 调度环境模板并选择 VXLAN 网络界面一

API Request　　　　　　　　　　　　　　　　　　　　　　　　×

cURL command line:

```
curl -u "${CATTLE_ACCESS_KEY}:${CATTLE_SECRET_KEY}" \
-X POST \
-H 'Accept: application/json' \
-H 'Content-Type: application/json' \
-d '{"description":"cattle-vxlan", "isPublic":false, "name":"cattle-vxlan", "stacks":
[{"type":"catalogTemplate", "name":"network-services", "templateId":"library:infra*network-
services"}, {"type":"catalogTemplate", "name":"scheduler",
"templateId":"library:infra*scheduler"}, {"type":"catalogTemplate", "name":"healthcheck",
"templateId":"library:infra*healthcheck"}, {"type":"catalogTemplate", "name":"ipsec",
"templateId":"library:infra*vxlan"}]}' \
'http://172.16.233.138:8080/v2-beta/projecttemplates'
```

HTTP Request:

```
HTTP/1.1 POST /v2-beta/projecttemplates
Host: 172.16.233.138:8080
Accept: application/json
Content-Type: application/json
Content-Length: 430

{
    description: "cattle-vxlan",
    isPublic: false,
    name: "cattle-vxlan",
    stacks: [ 4 items
        {
            type: "catalogTemplate",
            name: "network-services",
            templateId: "library:infra*network-services"
        },
        {
            type: "catalogTemplate",
            name: "scheduler",
            templateId: "library:infra*scheduler"
        },
        {
            type: "catalogTemplate",
            name: "healthcheck",
            templateId: "library:infra*healthcheck"
        },
        {
            type: "catalogTemplate",
            name: "ipsec",
            templateId: "library:infra*vxlan"
        }
    ]
```

图 3-138　创建 cattle 调度环境模板并选择 VXLAN 网络界面二

Click below to send request.

Send Request | Back to Edit | Cancel

图 3-138　创建 cattle 调度环境模板并选择 VXLAN 网络（续）

单击 Send Request 后，进入 Rancher UI，通过环境管理查看新建的环境模板，如图 3-139、图 3-140、图 3-141 所示。

Environment Templates Add Template

An environment template allows users to define a different combination of infrastructure services to be deployed.

The infrastructure services includes but not limited to container orchestration (i.e. cattle, kubernetes, mesos, swarm, networking) or rancher services (i.e healthcheck, dns, metadata, scheduling, service discovery and storage)

Name ⇅	Description ⇅	Stacks	Public		
Cattle	Default Cattle template	network-services, ipsec, scheduler, healthcheck	✓	✎	⋮
cattle-vxlan	cattle-vxlan	network-services, scheduler, healthcheck, ipsec		✎	⋮
Kubernetes	Default Kubernetes template	kubernetes, network-services, ipsec, healthcheck	✓	✎	⋮
Mesos	Default Mesos template	mesos, network-services, ipsec, scheduler, healthcheck	✓	✎	⋮
Swarm	Default Swarm template	portainer, swarm, network-services, ipsec, scheduler, healthcheck	✓	✎	⋮
Windows	Experimental Windows template	windows, windows-network-services	✓	✎	⋮

图 3-139　新建环境模板界面一

Edit Template: cattle-vxlan

Name

cattle-vxlan

Description

cattle-vxlan

Sharing

● Private: Only available to me

○ Public: Available to all users (admin only)

Orchestration

Cattle | Kubernetes | Mesos | SwarmKit | Windows (E...

Applications

🐄 Rancher Labs
RANCHER
ECR CREDENTIAL
UPDATER

图 3-140　新建环境模板界面二

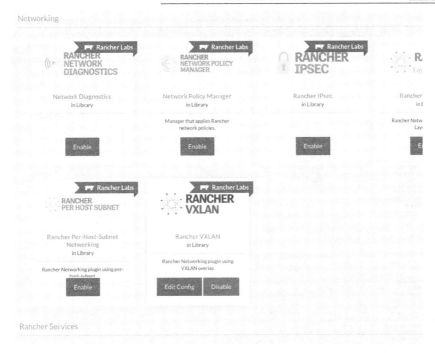

图 3-141　新建环境模板界面三

创建环境模板是通过添加的 stacks 类型来判断选择哪种调度引擎，Rancher 默认选择 cattle 引擎，所以在上述步骤中没有添加选择调度引擎的 stacks。如果选择其他调度引擎，比如 Kubernetes，在 cattle 的基础上添加 Kubernetes 基础应用栈，如图 3-142 所示。

Create projectTemplate　　　　　　　　　　　　　　　　　×

Field Name	Type	Value		
description	string	K8S-TEM	□	□ NULL
externalId	string		□	☑ NULL
isPublic	boolean	□		
name	string	K8S-TEM	□	□ NULL
stacks	array[catalogTemplate]	{"type":"catalogTemplate","name":"kubernetes","templateId":"library:infra*k8s"}		

Show Request　　Cancel

图 3-142　在 cattle 的基础上添加 Kubernetes 基础应用栈

二、API 创建新环境

访问网址 http://rancher-server-url:8080/v2-beta/projects，打开 projecttemplates 详情页，如图 3-143 所示。

图 3-143　打开 projecttemplates 详情页

单击右上角的 Create，如图 3-144 所示。

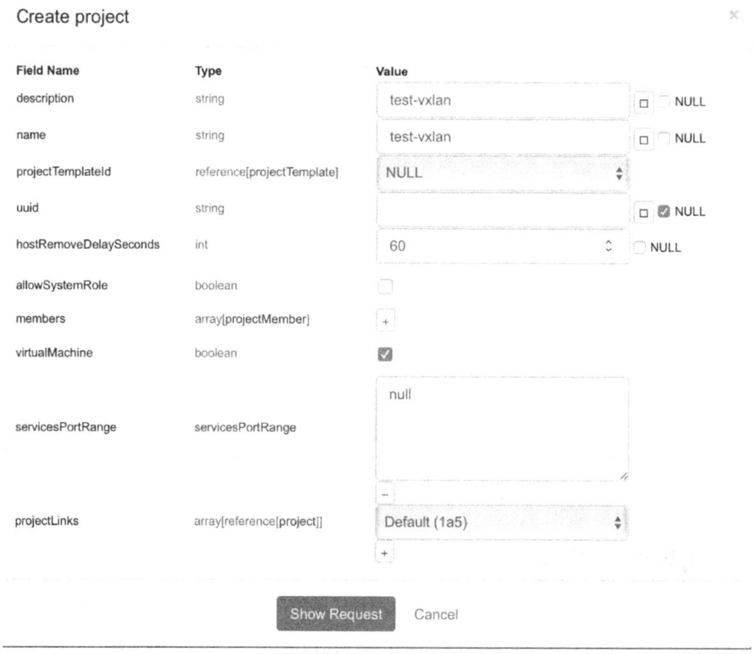

图 3-144　Create project 详情页

通过环境管理查看新建环境，如图 3-145 所示。

图 3-145　查看新建环境

三、为新环境添加主机

创建好环境之后，需要向环境中添加主机以创建应用，本示例中，我们将以手动方式添加主机。进入基础架构→主机→添加主机，添加需要的主机即可。

至此，在 Rancher 中通过 Web UI 进行的环境创建及主机添加就完成了。

3.33　CentOS 下修改 Devicemapper 存储驱动为 Direct-lvm 模式

Device Mapper 是基于内核的框架，支持 Linux 上的许多高级卷管理技术。Docker 的 Devicemapper 存储驱动程序利用此框架的精简配置和快照功能进行映像和容器管理。本部分内容将 Device Mapper 存储驱动程序称为 Devicemapper，并将内核框架称为 Device Mapper。

Docker 需要使用特定的配置。例如，在 RHEL 或 CentOS 操作系统中，Docker 将默认为 overlay，但官方不建议在生产中使用 overlay。

该 Devicemapper 驱动程序使用专用于 Docker 的块设备，并在块级而非文件级进行操作。这些设备可以通过将物理存储添加到 Docker 主机来扩展，并且比在操作系统级别使用文件系统性能更好。

一、配置用于生产的 direct-lvm 驱动模式

CentOS 安装好 Docker 后，默认 Storage Driver 为 Devicemapper 的 loop-lvm 模式，这种模式从性能和稳定性上都不可靠，因此该模式仅适用于测试环境。

二、配置 direct-lvm 模式

生产环境使用 Devicemapper 存储驱动程序，主机必须使用 direct-lvm 模式。此模式使用块设备来创建精简池。这比使用 loop-lvm 设备能更快、更有效地使用系统资源，并且块设备可以根据需要扩增。

在 Docker 17.06 及更高版本中，Docker 可以为你管理块设备，简化 direct-lvm 模式的配置。这仅适用于新的 Docker 设置，并且只能使用一个块设备。

注意：如果你需要使用多个块设备，需要手动配置 direct-lvm 模式，相关选项参见表 3-6。

表 3-6　配置 direct-lvm 模式相关选项

选项	英文描述	是否需要	默认值	示例
dm.directlvm_device	The path to the block device to configure for direct-lvm	Yes		dm. directlvm_ device=" /dev/ xvdf"
dm.thinp_ percent	The percentage of space to use for storage from the passed in block device	No	95	dm. thinp_ _percent=95
dm.thinp_ metapercent	The percentage of space to for metadata storage from the passed=inblock device	No	1	dm thinp_ metapercent=1
dm.thinp_autoextend _threshold	The threshold for when Ivm should automatically extend the thin pool as a percentage of the total storage space	No	80	dm. thinp_ autoextend _threshold=80
dm.thinp_autoextend_ percent	The percentage to increase the thinpool by when an autoextend istriggered	No	20	dm thinp_ autoextend_ _percent=20
dm.directlvm_device_ force	Whether to format the block device even if a filesystem already exists on it.Ifsetto false and a filesystem ispresent, an error is logged and thefilesystem is left intact	No	false	dm. directlvm_ device_force=true

编辑 daemon.json 文件，并设置适当的选项，然后重新启动 Docker 以使更改生效。以下 daemon.json 设置了上表中的所有选项，如图 3-146 所示。

```
{
  "storage-driver": "devicemapper",
  "storage-opts": [
    "dm.directlvm_device=/dev/xdf",
    "dm.thinp_percent=95",
    "dm.thinp_metapercent=1",
    "dm.thinp_autoextend_threshold=80",
    "dm.thinp_autoextend_percent=20",
    "dm.directlvm_device_force=false"
  ]
}
```

图 3-146　编辑 daemon.json 文件

三、手动配置 direct-lvm 模式

假定有一块 100GB 空闲块设备/dev/sdb。设备标识符和音量大小在环境中可能不同，应该在整个过程中替换成自己的值，该过程包括以下步骤。

1. 停止 Docker。

运行 sudo systemctl stop docker 命令。

2. 安装依赖。

安装 RHEL/CentOS 的 device-mapper-persistent-data、lvm2 和所有依赖。

3. 把整块硬盘创建物理卷(PV)。

运行 sudo pvcreate /dev/sdb 命令。

4. 创建 dockervg 卷组(VG)。

运行 sudo vgcreate dockervg /dev/sdb 命令。

5. 划分两个逻辑卷(LV)。

划分两个逻辑卷(LV)，分别用于 docker_data 和 docker_metadata。

运行 sudo lvcreate --wipesignatures y -n data dockervg -L 35G 和 sudo lvcreate --wipesignatures y -n metadata dockervg -L 1G 命令。

6. 转换为 thin pool。

运行 sudo lvconvert -y --zero n -c 512K --thinpool dockervg/data --poolmetadata dockervg/metadata 命令。

7. 配置自动扩展。

cat>>/etc/lvm/profile/dockervg-data.profile<<EOF

activation {

   thin_pool_autoextend_threshold=80

   thin_pool_autoextend_percent=20

}

EOF

8. 划分逻辑卷(LV)：docker_dir。

docker_dir 主要用于存储容器运行时产生的数据卷等文件。

运行 sudo lvcreate --wipesignatures y -n dockerdir dockervg -l+100%FREE 命令。

9. 应用以上配置。

运行 lvchange --metadataprofile dockervg-data dockervg/data 命令。

10. 启用磁盘空间监控。

运行 lvs -o+seg_monitor 命令。

11. 映射相应目录。

mkfs -t xfs /dev/dockervg/dockerdir

mkdir /var/lib/docker

mount/dev/dockervg/dockerdir/var/lib/docker

cat>> /etc/fstab <<EOF

/dev/dockervg/dockerdir /var/lib/docker xfs defaults 0 0

EOF

12. 设置 Docker 启动参数，如图 3-147 所示。

```
echo 'DOCKER_OPTS="--config-file=/etc/docker/daemon.json"' > /etc/default/docker
mkdir /etc/docker
cat>>/etc/docker/daemon.json<<EOF
{
  "storage-driver": "devicemapper",
   "storage-opts": [
     "dm.thinpooldev=/dev/mapper/dockervg-data",
     "dm.use_deferred_removal=true",
     "dm.use_deferred_deletion=true"
   ]
}
EOF
```

图 3-147　设置 Docker 启动参数

四、存储池扩容

假定现在新增一块 100GB 的块设备/dev/sdc，通过 pvdisplay 查看卷组与物理卷/块设备的对应关系。

sudo pvdisplay |grep docker

PV Name　　　　　　　/dev/sdb

VG Name　　　　　　　docker

通过 vgextend 命令进行卷组扩容：

sudo vgextend docker /dev/sdc

info: Physical volume "/dev/sdc" successfully created.

info: Volume group "docker" successfully extended

给逻辑卷(LV)扩容：

sudo lvextend -l+100%FREE　-n docker/docker

resize2fs /dev/docker/docker

-l+100%FREE: 表示使用全部空闲空间，改为-L 10GB 指定扩展大小

-n docker/thinpool: 指定逻辑卷名（卷组/逻辑卷名）

激活逻辑卷(LV)：

LV 扩容重启后，可能会出现"Non existing device"的提示，需要对 LV 卷进行激活操作：执行 sudo lvchange -ay docker/thinpool 命令。

3.34　容器圈 2017 年回顾及 2018 年技术热点预测

梁　胜

谈及容器技术，毫不夸张地说，2017 年是 **Kubernetes** 之年。Kubernetes 自 2014 年推出以来，就一直保持稳步增长之势，但在 2017 年，它的增长速度远超过大家的想象。

以我自己的公司 Rancher Labs 来说，我们创建的容器管理平台 Rancher 在过去支持多种容器编排框架，包括 Swarm、Mesos 和 Kubernetes。为了满足市场和客户的需求，Rancher 2.0 版本 100%放在 Kubernetes 上。我们并不孤单，甚至包括 Docker 和 Mesosphere 在内的**竞争框架的开发商也宣布支持 Kubernetes**。

Kubernetes 的安装和操作变得更容易了。实际上，在大多数情况下，你不再需要安装和操作 Kubernetes。所有主要云提供商，包括谷歌、微软 Azure、AWS 和中国领先的云服务提供商，如华为、阿里巴巴、腾讯，都推出了 **Kubernetes 即服务**，这不仅让使用 GKE 或华为 CCE 的云 Kubernetes 更加简单，同时，也更加便宜。

云服务提供商通常不对运行 Kubernetes 主机所需的资源进行收费。因为要运行 Kubernetes API 服务器和 etcd 数据库至少需要 3 个节点，所以云 Kubernetes 即服务可以节省大量的成本。对于那些仍然想在自己的数据中心中运行 Kubernetes 的用户，VMware 推出了 Pivotal Container Service (PKS)。事实上，有超过 40 家供应商提供了 CNCF 认证的 Kubernetes 发行版本，运行和操作 Kubernetes 比以往任何时候都要容易。

Kubernetes 快速增长的一个最重要标志，就是**大量用户开始在 Kubernetes 上运行关键任务生产工作负载**。由于 Rancher 从最开始就支持多个编排引擎，我们对 Kubernetes 的增长更加敏感。例如，我们一个美国财富 50 强金融服务公司，他们每天都在 Kubernetes 集群上运行应用程序，处理数十亿美元的事务。

另外一个我们观察到的重要趋势是，用户在生产环境中运行 Kubernetes 时**越来越关心安全性**。在 2016 年，我们从客户那里听到的最常见的问题都是围绕着 CI/CD。那时，Kubernetes 主要用于开发和测试环境。现在，客户最常见的特性要求是单点登录、集中访问控制、应用和服务之间的隔离、基础设施强化、Secret 和凭证管理。我们相信，提供单独一层来定义和执行安全政策将是 Kubernetes 卖点之一。我们预测，**安全将继续成为 2018 年最热门的发展领域之一**。

由于云提供商和 VMware 都支持 Kubernetes 服务，**Kubernetes 已经成为新的基础设施标准**。这对 IT 行业产生了巨大的影响。众所周知，计算工作将转移到 IaaS 云上，IaaS 是建立在虚拟机上的，而虚拟机没有标准的虚拟机镜像格式或标准的虚拟机集群管理器。因此，为某一种云构建的应用程序很难轻松地部署到其他云上。Kubernetes 的出现成了这个游戏规则的改变者。构建 Kubernetes 的应用程序可以部署在任何兼容 Kubernetes 的服务上，而不用考虑底层基础设施。在 Rancher 客户中，我们已经看到了多云部署被广泛采用。对于 Kubernetes 来说，多云计算很简单。DevOps 团队也大受裨益，因为整个系统的灵活性、可靠性及成本都大有提升。

我很高兴看到 Kubernetes 在 2018 年继续增长。以下是我们应该关注的一些具体领域。

1. 在最近的 KubeCon 上，最热门的话题是 Service Mesh。Linkerd、Envoy、Istio 等，这些都在 2017 年开始流行。尽管这些技术的应用还处于初级阶段，但潜力是巨大的。人们通常认为 Service Mesh 是一个微服务框架。但是，我认为，Service Mesh 带来的好处将远远超出了任何一个微服务框架。**Service Mesh 可以成为所有分布式应用程序的共同基础**，它为应用程序开发人员提供了大量的支持，用于通信、监视和管理组成应用程序的各种组件。这些组件可能是，也可能不是微服务。它们甚至不需要用容器来构造。即使现在没有多少人使用 Service Mesh，但是，我们相信它将在 2018 年快速流行起来。我们和容器行业的大多数人一样，都想参与其中。现在，我们正在集中精力将 Service Mesh 技术集成到我们的产品中。

2. 云原生应用（cloud native application）这个术语已经流行了好几年，它的意思是开发出能在类似 AWS 这样的云上运行的应用，而不是在像 vSphere 或物理机集群那样的静态环境中运行。为 Kubernetes 开发的应用程序被定义为"cloud-native"，因为现在所有的云都可以使用 Kubernetes。然而，我相信，**世界已经准备好从 cloud-native 转为 Kubernetes-native**。我知道有许多组织专门开发用于运行 Kubernetes 的应用程序。虽然这些应用程序并不仅仅使用 Kubernetes 作为部署平台，但是它们将数据保存在 Kubernetes 自己的 etcd 数据库中。它们使用 Kubernetes 用户资源定义（CRD）作为数据访问对象。在 Kubernetes 控制器中编码业务逻辑。使用 kubelet 来管理分布式集群。在 Kubernetes API 服务器上构建自己的 API 层。它们使用"kubectl"作为它们自己的 CLI。Kubernetes-native 应用构建简单，并且可以在任何地方运行，同时还支持大规模扩展。2018 年，我们看到了**更多的 Kubernetes-native** 应用出现。

3. 现在大多数人使用 Kubernetes 来部署自己的应用程序，但没有多少组织愿意将应用程序包交付到 YAML 文件或 Helm Chart 中。我相信这种情况即将改变。已经有很多现代软件比如像 Tensorflow 这样的 AI 框架都可以作为 Docker 容器获取。在 Kubernetes 集群中很容易部署这些容器。几个星期前，Apache Spark 项目增加了对 Kubernetes 的支持，将 Kubernetes 作为调度器。除了 Mesos 和 YARN 外，Kubernetes 现在是一个很棒的大数据平台。我们预测，未来所有服务端软件包都将作为容器分发，并使用 Kubernetes 作为集群管理器。2018 年，**即时可用的 YAML 文件或 Helm Chart** 有大幅度的增长及应用。

回头来看，2017 年 Kubernetes 的增长远远超过了我们所有人在 2016 年底的预期。虽然我们预料到 AWS 能够支持 Kubernetes，但我们并没有预想到 Service Mesh 和 Kubernetes-native 也会受到极大的关注。相信未来会继续给我们带来许多意想不到的技术发展。

3.35　FAQ 宝典之常见问题排查与修复方法

一、服务/容器

（一）为什么只能编辑容器的名称

Docker 容器在创建之后就不可更改了。唯一可更改的内容是我们要存储的、不属于 Docker 容器本身的那一部分数据。无论是停止、启动或是重新启动，它始终在使用相同的容器。如需改变任何内容都需要删除或重新创建一个容器。

你可以**克隆**，即选择已存在的容器，并基于已有容器的配置提前在**添加服务**界面中填入所有要设置的内容。如果你忘记填入某项内容，可以通过克隆来改变它，之后再删除旧的容器。

（二）service-link 的容器/服务在 Rancher 中是如何工作的

在 Docker 中，关联容器（在 docker run 中使用 link）的 ID 和 IP 地址会出现在容器的 /etc/hosts 中。在 Rancher 中，我们不需要更改容器的/etc/hosts 文件，而是通过运行一个内部 DNS 服务器来关联容器，DNS 服务器会返回给我们正确的 IP。

（三）不能通过 Rancher 的界面打开命令行或查看日志时，如何访问容器的命令行和日志

Agent 主机有可能会暴露在公网上，Agent 上接受到的访问容器命令行或者日志的请求是不可信的。Rancher Server 中发出的请求包括一个 JWT（JSON Web Token），JWT 是由服务器签名并且由 Agent 校验的，Agent 可以判断出请求是否来自服务器，JWT 中包括了有效期限，有效期限为 5 分钟。这个有效期限可以防止它被长时间使用。如果 JWT 被拦截而且没有用 SSL 时，这一点尤为重要。

如果你运行 docker logs -f（rancher-agent 名称或 ID），日志会显示令牌过期的信息，随后检查 Rancher Server 主机和 Rancher Agent 主机的时钟是否同步。

（四）在哪里可以看到服务日志

在服务的详细页中，我们提供了一个服务日志的日志页签。在日志页签中，列出了和服务相关的所有事件，包括时间戳和事件相关描述，这些日志将会保留 24 小时。

（五）在 Rancher Server 单击 Web shell，会出现屏幕白屏

如果 Rancher Server 运行在 V1.6.2 版本，单击 Web shell，会出现屏幕白屏，这是 UI 上的一个 bug，请选择升级 Server 服务。

二、跨主机通信

如果容器运行在不同主机上，不能够 ping 通彼此，可能是由以下一些常见的问题引起的。

（一）如何检查跨主机通信是否正常

在应用→基础设施中，检查 healthcheck 应用的状态。如果是 active，跨主机通信就是正常的。利用手动测试，你可以进入任何一个容器中，去 ping 另一个容器的内部 IP 地址。在主机页面中可能会隐藏基础设施的容器，如需查看，单击"显示系统容器"的复选框。

（二）UI 中显示的主机 IP 是否正确

有时，Docker 网桥的 IP 地址会被错误地当作主机 IP，而并没有正确地选择真实的主机 IP。这个错误的 IP 通常是 172.17.42.1 或以 172.17.x.x 开头的 IP。如果是这种情况，在使用 docker run 命令添加主机时，请用真实主机的 IP 地址来配置 CATTLE_AGENT_IP 环境变量。

sudo docker run -d -e CATTLE_AGENT_IP=<HOST_IP> --privileged \
-v /var/run/docker.sock:/var/run/docker.sock \
rancher/agent:v0.8.2 http://SERVER_IP:8080/v1/scripts/xxxx

（三）Rancher 的默认子网（10.42.0.0/16）在我的网络环境中已经被使用或禁止使用，应该怎么去更改这个子网

Rancher Overlay 网络默认使用的子网是 10.42.0.0/16。如果这个子网已经被使用，你将需要更改 Rancher 网络中使用的默认子网。你要确保基础设施服务里的 Network 组件中使用着合适的子网。这个子网定义在该服务的 rancher-compose.yml 文件中的 default_network 里。

要更改 Rancher 的 IPSEc 或 VXLAN 网络驱动，你将需要在环境模版中修改网络基础设施服务的配置。创建新环境模板或编辑现有环境模板时，可以通过单击**编辑**来配置网络基础结构服务的配置。在编辑页面中，选择**配置选项→子网**输入不同子网，单击**配置**。在任何新环境中将使用环境模板更新后的子网，编辑已经有的环境模板不会更改现有环境的子网。

这个实例是通过升级网络驱动的 rancher-compose.yml 文件去改变子网为 10.32.0.0/16。

```
ipsec:
  network_driver:
    name: Rancher IPsec
    default_network:
      name: ipsec
      host_ports: true
      subnets:
      # After the configuration option is updated, the default subnet
address is updated
        - network_address: 10.32.0.0/16
      dns:
      - 169.254.169.250
      dns_search:
      - rancher.internal
    cni_config:
      '10-rancher.conf':
        name: rancher-cni-network
        type: rancher-bridge
        bridge: docker0
        # After the configuration option is updated, the default subnet
address is updated
        bridgeSubnet: 10.32.0.0/16
        logToFile: /var/log/rancher-cni.log
        isDebugLevel: false
        isDefaultGateway: true
        hostNat: true
        hairpinMode: true
        mtu: 1500
        linkMTUOverhead: 98
        ipam:
          type: rancher-cni-ipam
          logToFile: /var/log/rancher-cni.log
          isDebugLevel: false
          routes:
          - dst: 169.254.169.250/32
```

注意：随着 Rancher 通过升级基础服务来更新子网，以前通过 API 更新子网的方法将不再适用。

（四）VXLAN 网络模式下，跨主机容器无法通信

VXLAN 通过 4789 端口实现通信，检查防火墙有没有开放此端口；执行 iptables -t filter -L –n，参照 IPtable 表，查看 chain FORWARD 是不是被丢弃的，如果是，执行 sudo iptables -P FORWARD ACCEPT。

三、DNS

（一）如何查看 DNS 是否配置正确

如果你想查看 Rancher DNS 配置，单击应用→**基础服务**。单击 network-services 应用，选择 metadata。在 metadata 中，找到名为 network-services-metadata-dns-X 的容器，通过 UI 单击**执行命令行**后，可以进入该容器的命令行，然后执行命令：cat /etc/rancher-dns/answers.json。

（二）在 Ubuntu 上运行容器时彼此间不能正常通信

如果你的系统开启了 UFW，请关闭 UFW 或更改/etc/default/ufw 中的策略为：DEFAULT_FORWARD_POLICY="ACCEPT"。

四、负载均衡

（一）为什么负载均衡一直是 Initializing 状态

负载均衡器自动对其启用健康检查。如果负载均衡器处于初始化状态，则很可能主机之间无法进行跨主机通信。

（二）如何查看负载均衡的配置

如果要查看负载均衡器的配置，你需要用进入负载均衡器容器内部查找配置文件，可以在页面选择负载均衡器容器的**执行命令行** cat /etc/haproxy/haproxy.cfg，该文件将提供负载均衡器的所有配置详细信息。

（三）在哪里能找到 HAProxy 的日志

HAProxy 的日志可以在负载均衡器容器内找到。负载均衡器容器的 docker logs 只提供与负载均衡器相关的服务的详细信息，但不提供实际的 HAProxy 日志记录（运行命令 cat /var/log/haproxy）。

（四）如何自定义负载均衡配置

如图 3-148 所示，在自定义配置中，按照 global、defaults、frontend、backend 的格式配置。

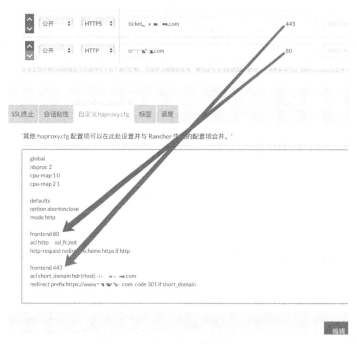

图 3-148　自定义负载均衡配置

五、健康检查

为什么健康检查服务一直显示黄色初始化状态？因为 healthcheck 不仅为其他服务提供健康检查，对系统组件（比如调度服务）也提供健康检查服务，healthcheck 也对自己进行健康检查。多个 healthcheck 组件时，它们会相互交叉检查，只有健康检查通过后，容器状态才会变成绿色。而 healthcheck 一直显示黄色初始化状态，说明一直没有通过健康检查。健康检查都是通过网络访问的，所以这一定是网络通信异常导致的。

六、调度

为什么节点关机后，应用没有自动调度到其他节点上？因为 Rancher 上应用的调度，需要配合健康检查功能。当健康检查功能检查到应用不健康时，才会被重新调度。如果没有配置健康检查，即使关机，Cattle 也不会对应用做调度处理。

七、CentOS

为什么容器无法连接到网络？如果你在主机上运行一个容器（如 docker run -it ubuntu），该容器不能与互联网或其他主机通信，那可能是遇到了网络问题。CentOS 默认设置

/proc/sys/net/ipv4/ip_forward 为 0，这从底层阻断了 Docker 网络。

解决办法：运行 vi/usr/lib/sysctl.d/00-system.conf 命令，步骤如下。

1. 添加如下代码。

```
net.ipv4.ip_forward=1
net.bridge.bridge-nf-call-ip6tables = 1
net.bridge.bridge-nf-call-iptables = 1
net.bridge.bridge-nf-call-arptables = 1
```

2. 重启 network 服务。

运行 systemctl restart network 命令。

3. 查看是否修改成功。

运行 sysctl net.ipv4.ip_forward 命令。

如果返回为 net.ipv4.ip_forward = 1，则表示成功了。

八、运行 Rancher Server 出现的问题及解决办法

运行 Rancher Server，可能出现如图 3-149 所示问题。

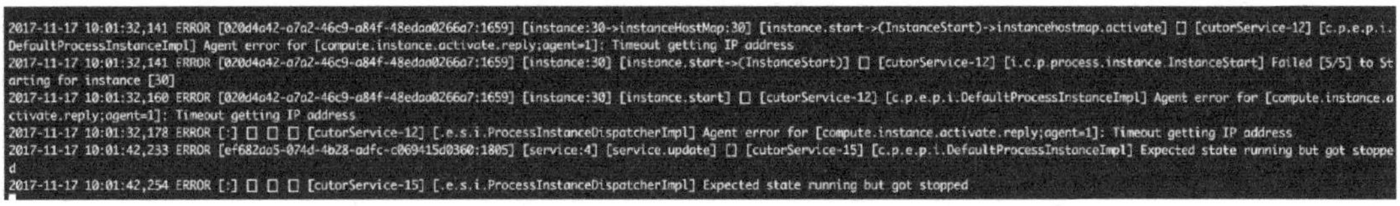

```
2017-11-17 10:01:32,141 ERROR [020d4a42-a7a2-46c9-a84f-48edaa0266a7:1659] [instance:30->instanceHostMap:30] [instance.start->(InstanceStart)->instancehostmap.activate] □ [cutorService-12] [c.p.e.p.i.
DefaultProcessInstanceImpl] Agent error for [compute.instance.activate.reply;agent=1]: Timeout getting IP address
2017-11-17 10:01:32,141 ERROR [020d4a42-a7a2-46c9-a84f-48edaa0266a7:1659] [instance:30] [instance.start->(InstanceStart)] □ [cutorService-12] [i.c.p.process.instance.InstanceStart] Failed [5/5] to St
arting for instance [30]
2017-11-17 10:01:32,160 ERROR [020d4a42-a7a2-46c9-a84f-48edaa0266a7:1659] [instance:30] [instance.start] □ [cutorService-12] [c.p.e.p.i.DefaultProcessInstanceImpl] Agent error for [compute.instance.a
ctivate.reply;agent=1]: Timeout getting IP address
2017-11-17 10:01:32,178 ERROR [:] □ □ □ [cutorService-12] [.e.s.i.ProcessInstanceDispatcherImpl] Agent error for [compute.instance.activate.reply;agent=1]: Timeout getting IP address
2017-11-17 10:01:42,233 ERROR [ef682da5-074d-4b28-adfc-c069415d0360:1805] [service:4] [service.update] □ [cutorService-15] [c.p.e.p.i.DefaultProcessInstanceImpl] Expected state running but got stoppe
d
2017-11-17 10:01:42,254 ERROR [:] □ □ □ [cutorService-15] [.e.s.i.ProcessInstanceDispatcherImpl] Expected state running but got stopped
```

图 3-149 运行 Rancher Server 可能出现的问题

解决办法：sudo sysctl -w net.ipv4.tcp_mtu_probing=1。

3.36 Rancher Pipeline 发布：开源、极简、功能强大的 CI/CD

来自硅谷的企业级容器管理平台提供商 Rancher Labs 正式发布了与 Rancher 企业级容器管理平台集成的 Rancher Pipeline，极简的操作体验，强大的功能整合，完全开源，助力 CI/CD 在企业真正落地使用。

云计算技术的广泛采用和容器技术的日趋成熟已经改变了传统的 IT 交付方式，在以快为先的时代，产品快速迭代的重要性不言而喻，完全手动的、基于脚本的任务方式变得越来越烦琐、耗时且易于出错。因为容器技术被越来越多地用于大型项目之中，如何通过一致的流程和工作流来简化大型项目的部署，也变得愈发重要。

CI/CD（持续集成与持续交付）敏捷、稳定、可靠的特性，越来越受到企业青睐。然

而，真正实现 CI/CD 却并非易事，Pipeline 搭建工作复杂，平滑升级难以保障，服务宕机难以避免，那该如何真正把 CI/CD 在企业里落地，并最终带来生产运维效率的提升呢？来自硅谷的企业级容器管理平台提供商 Rancher Labs，始终秉承着"让容器在企业落地"的理念，带来了开源、极简、功能强大的 Rancher Pipeline 解决方案，助力 CI/CD 在企业真正落地。

Rancher Pipeline 包含的强大功能体现在以下几个方面。

一、同时支持多源码管理

市场中大部分 CI/CD 工具无法做到同时支持多种源代码管理，甚至暂不支持任何私有仓库。而在 Rancher Pipeline 中，Rancher 创造性地让同一个 Rancher 用户可以同时使用 GitHub 与 GitLab 进行基于 OAuth 的身份验证，无须插件，即可在单一环境中同时拉取、使用和管理托管在 GitHub 和 GitLab 上的代码，如图 3-150 所示。

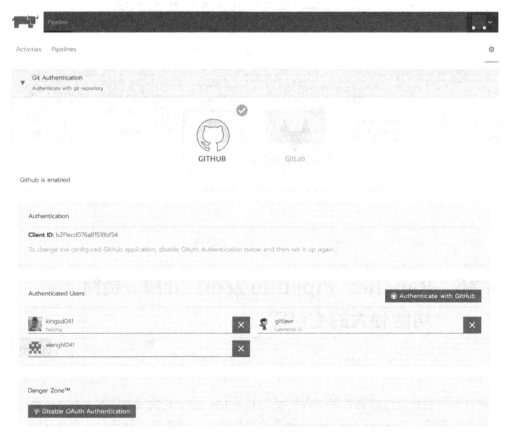

图 3-150　Rancher Pipeline 用户界面一

二、一致的用户体验

Rancher Pipeline 可以从 Rancher Catalog 中一键部署，用户无须自写脚本，或局限于复杂的部署过程。同时，Rancher Pipeline 用户界面与操作体验秉承了 Rancher 容器管理平台一贯广为用户所喜爱的简洁、友好的优点，将用户从烦琐复杂的代码与命令行中解放出来，Pipeline 配置均已可视化，用户可以以拖拽方式轻松、快速地构建 Pipeline，如图 3-151 所示。

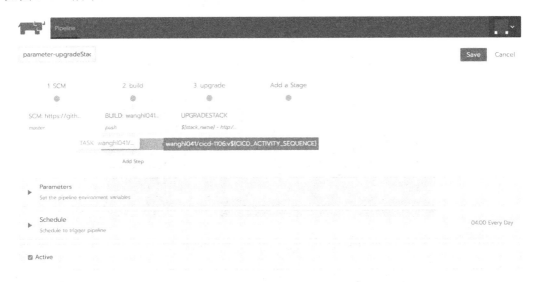

图 3-151　Rancher Pipeline 用户界面二

同时，Rancher Pipeline 也允许用户将 Pipeline 配置以 yml 文件的形式导出或导入，将整个配置存储为代码，真正实现代码配置化（Configuration as Code）。

图 3-152　Rancher Pipeline 用户界面三

三、阶段式和阶梯式 Pipeline

通过 Rancher Pipeline，用户可以在串行或并行这两种任务运行方式中自由选择，并且一切都可以与 Rancher 无缝集成，如图 3-153 所示。

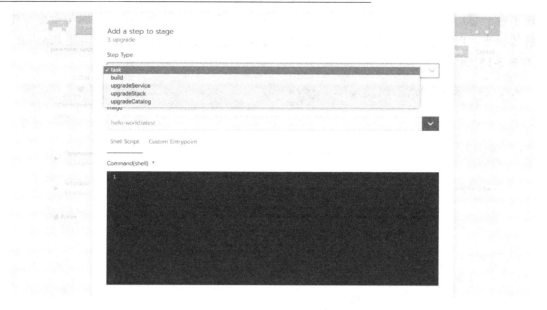

图 3-153　Rancher Pipeline 用户界面四

同时，Rancher Pipeline 提供了可自由扩展的步骤系统，如图 3-154 所示。用户构建的 Pipeline 中的每一个步骤类型都可以自由扩展，每个阶段中的各个步骤都可以自定义，可根据用户后期变化的需求自行选择增添或删减。更重要的是，在 Rancher Pipeline 中，一切步骤均以容器为基础，这使每一个步骤都是一个独立的运行环境，不受外界干扰。完美解决了不同 Pipeline 间环境依赖冲突的问题。

图 3-154　Rancher Pipeline 用户界面五

四、灵活的流程控制

在 Rancher Pipeline 中，用户可以在最初的设置阶段配置符合既定要求的表达式或标签，而系统会在执行阶段根据执行情况自动跳过不符合该表达式或标签的阶段或步骤。如此一来，不同的代码分支可以自动匹配不同的 CI 流程，从而支持较为复杂的流程控制，如图 3-155 所示。

图 3-155　Rancher Pipeline 用户界面六

五、支持多种触发方式

Rancher Pipeline 支持多种触发方式，用户可以根据自己的需求自行选择，如图 3-156 所示。Rancher Pipeline 支持计划任务的触发，用户可以有以下两种配置供选择。

1. 当计划任务执行时，只有在有新的 push 时才触发 Pipeline。
2. 一有计划任务执行时便触发 Pipeline。

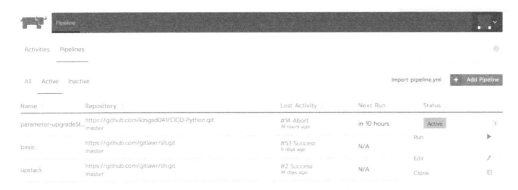

图 3-156　Rancher Pipeline 用户界面六

用户还可以选择通过来自 GitHub/GitLab 的 Webhook 来触发 Pipeline。CI/CD 会在 GitHub/GitLab 上建立 webhook，当用户 push 新代码至 GitHub 或 GitLab 时，GitHub/GitLab 上的 Webhook 会自动触发 Pipeline 运行，完成代码的自动编译，如图 3-157 所示。

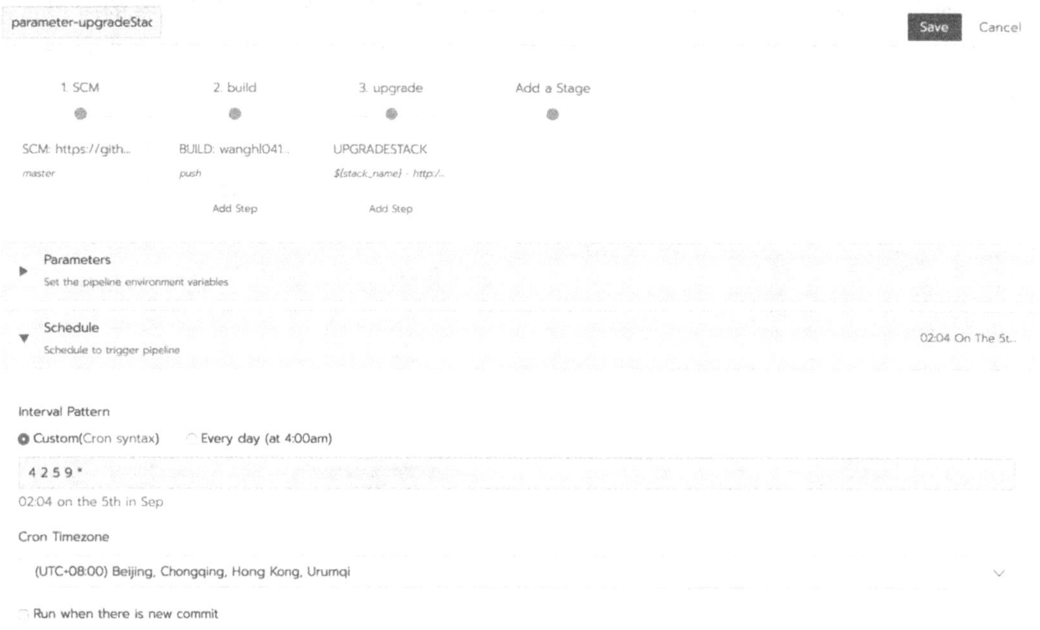

图 3-157　Rancher Pipeline 用户界面七

同时，用户也可以选择手动触发方式，拥有完全自主权，如图 3-158 所示。

图 3-158　Rancher Pipeline 用户界面八

值得一提的是，用户可以通过定制化开发，实现对多种触发方式的支持。

六、审批系统

在 CI/CD Pipeline 中，良好集成的审批系统可以最大限度地提高 CI/CD Pipeline 的安全可控性，而这对企业而言十分重要。在 Rancher Pipeline 中，审批系统已与 Rancher 用户管理系统集成，拥有极佳的整合性。用户可以在任意阶段插入断点，自由地对任意阶段进行审批，如图 3-159 所示。

图 3-159　Rancher Pipeline 审批系统界面

七、灵活的 Pipeline 启停机制

Rancher Pipeline 拥有灵活的进度控制功能，任一环节出错，整个进度立即停止，而问题解决之后又可以重新运行，如图 3-160 所示。

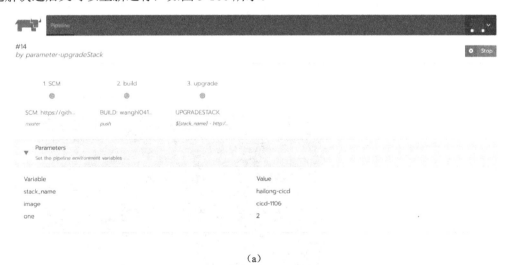

（a）

图 3-160　灵活的 Rancher Pipeline 启停机制界面

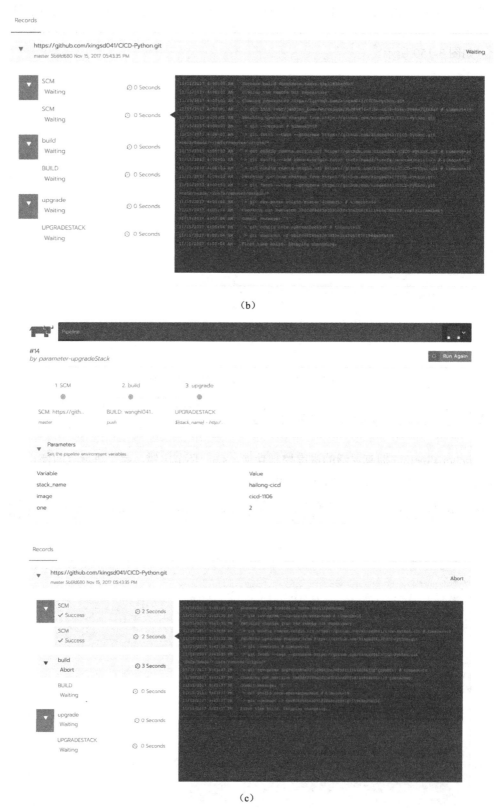

（b）

（c）

图 3-160　灵活的 Rancher Pipeline 启停机制界面（续）

八、与其他 CI/CD 工具的对比

与其他 CI/CD 工具在部署等方面的对比参见表 3-7。

表 3-7　与 CI/CD 工具对比

	Rancher CI/CD	Jenkins	GitLab CI	Spinnaker	Drone CI
部署	从 Catalog 中一键部署	需要一些 shel 脚本	需要部署一个 GitLab	根据官方文档介绍,部署过程极为复杂	需要一些 shell 脚本
Pipeline 可视化	简单、友好、明晰、强大（以拖拽方式）	无	无	无法以拖拽方式安排 Pipeline,使用难度大	无
批准系统	功能（与 Rancher 用户系统集成）无	无	无	可与 Kubernetes 用户系统集成	无
Pipeline 变量	有	有	有	有	有
同时支持多源代码管理	有	需要插件实现	无	暂不支持任何私有仓库	每个环境中只支持一种源代码管理
多种触发方式	有	需要插件实现	有	有	无
与 Rancher 无缝集成	有	无	无	无	无
Pipeline 之间的环境隔离	有	无	无	有	有
以代码形式配置	有	有	有	有	有

九、如何使用 Rancher Pipeline

使用 rancher/server:v1.6.13-rc6 以上版本，即可在 Rancher Catalog 中直接选择并部署 Rancher Pipeline。秉承着一切开源的宗旨，源码及使用指南可参见网址 https://github.com/rancher/ pipeline。

3.37　FAQ 宝典之 Rancher Server、 Kubernetes、Docker

一、Rancher Agent 常见问题

（一）Rancher Agent 无法启动的原因

1. 添加 --NAME RANCHER-AGENT（老版本）

如果你从 UI 中编辑 docker run .... rancher/agent...命令，并添加--name rancher-agent 选项，

那么 Rancher Agent 将启动失败。Rancher Agent 在初始运行时会启动 3 个不同容器，一个是运行状态的，另外两个是停止状态的。Rancher Agent 要成功连接到 Rancher Server 必须要有两个名称分别为 rancher-agent 和 rancher-agent-state 的容器，第三个容器是 Docker 自动分配的名称，这个容器会被移除。

2. 使用一个克隆的虚拟机

如果你使用了克隆其他 Agent 主机的虚拟机，并尝试注册它，这个克隆的虚拟机将不能工作。在 Rancher Agent 容器的日志中会产生 ERROR: Please re-register this agent 字样的日志。Rancher 主机的唯一 ID 保存在/var/lib/rancher/state 中，因为新添加的虚拟机和被克隆的主机有相同的唯一 ID，所以导致无法注册成功。

解决方法是在克隆的 VM 上运行以下命令：rm -rf /var/lib/rancher/state; docker rm -fv rancher-agent；docker rm -fv rancher-agent-state，完成后即可重新注册。

（二）在哪里可以找到 Rancher Agent 容器的详细日志？

从 Rancher v1.6.0 起，在 Rancher Agent 容器上运行 docker logs 将提供 Agent 相关的所有日志。

（三）主机是如何自动探测 IP 的？该怎么去修改主机 IP？如果主机 IP 改变了（因为重启），该怎么办？

当 Agent 连接 Rancher Server 时，它会自动检测 Agent 的 IP。有时，自动探测的 IP 不是你想要使用的 IP，或者选择了 Docker 网桥的 IP，如 172.17.x.x。或者，你有一个已经注册的主机，当主机重启后获得了一个新的 IP，这个 IP 将会和 Rancher UI 中的主机 IP 不匹配。你可以重新配置 "CATTLE_AGENT_IP"，并将主机 IP 设置为你想要的。当主机 IP 地址不正确时，容器将无法访问管理网络。要使主机和所有容器进入管理网络，只需要编辑添加自定义主机的命令行，将新的 IP 指定为环境变量 "CATTLE_AGENT_IP"。在主机上运行编辑后的命令。不要停止或删除主机上现有的 Rancher Agent 容器！

```
sudo docker run -d -e CATTLE_AGENT_IP=<NEW_HOST_IP> --privileged \
-v /var/run/docker.sock:/var/run/docker.sock \
rancher/agent:v0.8.2 http://SERVER_IP:8080/v1/scripts/xxxx
```

（四）错误提示：INFO: Attempting to connect to: http://192.168.xx.xx:8080/v1 ERROR: http://192.168.xx.xx:8080/v1 is not accessible (Failed to connect to 192.168.xx. xx port 8080: No route to host)时，该如何处理？

出现这个问题主要有以下几种情况。

1. Rancher Server 服务器防火墙没有开通 8080 端口。

2. 云平台安全组没有放行 8080 端口。

3. Agent 服务器没有开启 IP 转发规则。

1 为开启，0 为关闭。

```
/etc/sysctl.conf
net.ipv4.ip_forward=1
net.ipv6.conf.all.forwarding=1
```

主机 hosts 文件(/etc/hosts)不需要配置。

（五）Rancher 下创建的服务容器，docker inspect 查看 Entrypoint 和 CMD 后面有 /.r/r 字符，这个起什么作用？

./r 是基于 weave wait 编译出来的。CNI 网络下会添加/.r/r 这个参数。添加该参数的目的是：容器启动时，其实网络设备还没设置好，这时候需要容器等待，不能启动真实业务，否则会失败。

（六）添加 hosts 后 server 上没有列出，Agent 报 Host not registered yet. Sleeping 1 second and trying again. Attempt=0 reportedUuid=752031dd–8c7e–4666–5f93– 020d7f4da5d3 错误

检查主机名和 hosts 配置，hosts 中需要以下配置：

127.0.0.1 localhost

hostip hostname

二、Kubernetes 常见问题

（一）部署 Kubernetes 时候出现以下有关 cgroup 的问题

Failed to get system container stats for "/system.slice/kubelet.service":

failed to get cgroup stats for "/system.slice/kubelet.service": failed to

get container info for "/system.slice/kubelet.service": unknown container

"/system.slice/kubelet.service"

Expected state running but got error: Error response from daemon:

oci runtime error: container_linux.go:247: starting container

process caused "process_linux.go:258: applying cgroup configuration

for process caused \"mountpoint for devices not found\""

以上问题为 Kubernetes 版本与 Docker 版本不兼容导致的 cgroup 功能失效。

（二）Kubernetes err: [nodes "iZ2ze3tphuqvc7o5nj38t8Z" not found]

在 Rancher Kubernetes 中，节点之间通信需要通过 hostname，如果没有内部 DNS 服务器，那么需要为每台节点配置 hosts 文件。

配置示例：假如某个节点主机名为 node1，ip 地址为 192.168.1.100。

cat /etc/hosts<<EOF

127.0.0.1 localhost

192.168.1.100 node1

EOF

（三）如何验证主机注册地址设置是否正确

如果你正面临 Rancher Agent 和 Rancher Server 的连接问题，请检查主机设置。当你第一次尝试在 UI 中添加主机时，需要设置主机注册的 URL。该 URL 用于建立从主机到 Rancher Server 的连接。这个 URL 必须可以从你的主机访问到。为了验证它，你需要登录到主机，

并执行 curl 命令：

curl -i <Host Registration URL you set in UI>/v1

你应该可以得到一个 JSON 响应。如果开启了认证，响应代码应为 401。如果认证未打开，则响应代码应为 200。

注意：普通的 HTTP 请求和 websocket 连接（ws://）都将被使用。如果此 URL 指向代理或负载均衡器，请确保它们可以支持 Websocket 连接。

（四）Kubernetes UI 显示 Service unavailable

很多人正常部署 Kuberbetes 环境后无法进入 Dashboard，基础设施应用栈均无报错。但通过查看基础架构|容器发现并没有 Dashboard 相关的容器。因为 Kuberbetes 拉起相关服务（如 Dashboard、内置 DNS 等服务）是通过应用商店里面的 YML 文件来定义的，YML 文件定义了相关的镜像名和版本。

而 Rancher 部署的 Kubernetes 应用栈属于 Kubernetes 的基础框架，相关的镜像通过 DockerHub/Rancher 仓库拉取。默认 Rancher-catalog Kubernetes YML 中服务镜像都是从谷歌仓库拉取的，在没有科学上网的情况下，国内环境几乎无法成功拉取镜像。

为了解决这一问题，优化中国区用户的使用体验，在 Rancher v1.6.11 之前的版本，我们修改了 http://git.oschina.net/rancher/rancher-catalog 仓库中的 YML 文件，将相关的镜像也同步到国内仓库，通过替换默认商店地址来实现加速部署。在 Rancher v1.6.11 及之后的版本，不用替换商店 Catalog 地址，直接通过在模板中定义仓库地址和命名空间就能实现加速。在后期的版本中，Kubernetes 需要的镜像都会同步到 Docker Hub 中。

安装方法参见第 3.46 节《原生加速中国区 Kubernetes 安装》及第 3.22 节《Rancher Kubernetes 加速安装文档》等相关内容。

三、Docker 常见问题

（一）镜像下载慢，如何提高下载速度

```
touch /etc/docker/daemon.json
cat >> /etc/docker/daemon.json <<EOF
{
"insecure-registries": ["0.0.0.0/0"],
"registry-mirrors": ["https://7bezldxe.mirror.aliyuncs.com"]
}
EOFsystemctl daemon-reload && systemctl restart docker
```

注意：0.0.0.0/0 表示信任所有非 https 地址的镜像仓库。对于内网测试，这样配置很方便。对于线上生产环境，安全起见，请不要这样配置。

（二）如何配置 Docker 后端存储驱动

以 overlay 为例：

```
touch /etc/docker/daemon.json
cat >> /etc/docker/daemon.json <<EOF
```

```
{
"storage-driver": "overlay"
}
EOFsystemctl daemon-reload && systemctl restart docker
```

（三）docker info 出现 WARNING

WARNING: No swap limit support

WARNING: No kernel memory limit support

WARNING: No oom kill disable support

编辑/etc/default/grub 文件，设置：GRUB_CMDLINE_LINUX="cgroup_enable= memory swapaccount=1"。

SUSE

grub2-mkconfig -o /boot/grub2/grub.cfg

Cetos

Update grub

Ubuntu

update-grub

（四）怎么通过 Rancher 让 Docker 里的程序代理上网

启动容器的时候，添加 http_proxy 和 https_proxy 的设置，如图 3-161 所示。

图 3-161　添加程序代理上网设置

（五）Docker 错误：无法删除文件系统

一些基于容器的实用程序（例如 Google cAdvisor）会将 Docker 系统目录（如 /var/lib/docker/）挂载到容器中。例如，cAdvisor 的文档可以指示你运行 cAdvisor 容器，如下所示。

```
$ sudo docker run \
  --volume=/:/rootfs:ro \
  --volume=/var/run:/var/run:rw \
  --volume=/sys:/sys:ro \
  --volume=/var/lib/docker/:/var/lib/docker:ro \
  --publish=8080:8080 \
```

```
--detach=true \
--name=cadvisor \
google/cadvisor:latest
```

当挂载/var/lib/docker/时，会有效地将其他正在运行的容器的资源作为文件系统安装在挂载/var/lib/docker/的容器中。当你尝试删除这些容器中的任何一个时，删除尝试可能会失败，出现如下所示的错误：

Error: Unable to remove filesystem for
74bef250361c7817bee19349c93139621b272bc8f654ae112dd4eb9652af9515:
remove /var/lib/docker/containers/74bef250361c7817bee19349c93139621b272bc8f654ae112dd4eb9652af9515/shm:
Device or resource busy

如果在/var/lib/docker/文件系统句柄上使用 statfsor 或 fstatfs，并且不关闭它们的容器，就会发生此问题。

通常，我们会以这种方式建议禁止挂载/var/lib/docker。然而，cAdvisor 的核心功能需要这个绑定挂载。

如果你不确定是哪个进程导致错误中提到的路径繁忙，并阻止它被删除时，则可以使用 lsof 命令查找其进程。例如，对于上面的错误，执行 sudo lsof/var/lib/docker/containers/74bef250 361c7817bee19349c93139621b272bc8f65 命令。

3.38 FAQ 宝典之 Rancher Server

一、Docker 运行 Rancher Server 容器应该注意什么

需要注意的是，在运行 Rancher Server 容器时，不要使用 host 模式。程序中有些地方定义的是 localhost 或者 127.0.0.1，如果容器网络设置为 host，将会去访问宿主机资源，因为宿主机并没有相应资源，Rancher Server 容器启动就容易出错。

注意：在 Docker 命令中，如果使用了 --network host 参数，那后面再使用-p 8080:8080 就不会生效。

docker run -d -p 8080:8080 rancher/server:stable 命令仅适用于单机测试环境，如果要生产使用 Rancher Server，请使用外置数据库(mysql)或者通过-v /xxx/mysql/:/var/lib/mysql -v /xxx/log/:/var/log/mysql -v /xxx/cattle/:/var/lib/cattle 把数据挂载到宿主机上。如果用外置数据库，需提前对数据库做性能优化，以保证 Rancher 运行的最佳性能。

二、如何导出 Rancher Server 容器的内部数据库

你可以通过简单的 Docker 命令从 Rancher Server 容器导出数据库。运行 docker exec

<CONTAINER_ID_OF_SERVER> mysqldump cattle > dump.sql 命令。

三、正在运行的 Rancher 是什么版本

Rancher 的版本号位于 UI 的页脚左侧。单击版本号，可以查看组件的详细版本信息。

四、如果没有在 Rancher UI 中删除主机而是直接删除会发生什么

如果你的主机直接被删除，Rancher Server 仍会一直显示该主机。主机会处于 ReConnecting 状态，然后转到 DisConnected 状态。你也可以通过添加主机再次把此节点添加到 Rancher 集群。如果不再使用此节点，可以在 UI 中删除。

如果你有添加了健康检查功能的服务自动调度到状态 DisConnected 主机上，Cattle 会将这些服务重新调度到其他主机上。

注意：如果使用了标签调度，有多台主机就有相同的调度标签，那么服务会调度到其他具有调度标签的节点上；如果选择了指定运行到某台主机上，那主机删除后，你的应用将无法在其他主机上自动运行。

五、如何在代理服务器后配置主机

要在代理服务器后配置主机，需要配置 Docker 的守护进程。可以在代理服务器后添加自定义主机：https://docs.xtplayer.cn/rancher/installing/installing-server/#，使用 AWS 的 elasticclassic-load-balancer 作为 rancher-server-ha 的负载均衡器。

六、为什么同一主机在 UI 中多次出现

宿主机上 var/lib/rancher/state 这个文件夹，是 Rancher 用来存储用于标识主机的必要信息的。.registration_token 中保存了主机的验证信息。如果里面的信息发生变化，Rancher 会认为这是一台新主机。在你执行添加主机后，UI 上会出现另外一台相同的主机，第一台主机接着处于失联状态。

七、何处能找到 Rancher Server 容器的详细日志

运行 docker logs 可以查看在 Rancher Server 容器的基本日志。要获取更详细的日志，可以进入 Rancher Server 容器内部查看日志文件。

进入 Rancher Server 容器内部，运行 docker exec -it <container_id> bash 命令。

跳转到 Cattle 日志所在的目录下，执行 cd /var/lib/cattle/logs/和 cat cattle-debug.log 命令。

在这个目录里面会出现 cattle-debug.log 和 cattle-error.log。如果你长时间使用此 Rancher Server，会发现我们每天都会创建一个新的日志文件。

八、如何将 Rancher Server 的日志复制到主机上

以下是将 Rancher Server 日志从容器复制到主机的命令：docker cp <container_id>:/var/lib/cattle/logs/local/path。

九、如果 Rancher Server 的 IP 改变了，会怎么样

如果更改了 Rancher Server 的 IP 地址，需要用新的 IP 重新注册主机。

在 Rancher 中，单击**系统管理→系统设置**，更新 Rancher Server 的**主机注册地址**。注意必须包括 Rancher Server 暴露的端口号。默认情况下，我们建议按照安装手册使用 8080 端口。

主机注册更新后，进入**基础架构→添加主机→自定义**菜单。添加主机的 docker run 命令将会更新。使用更新的命令，在 Rancher Server 所有环境中的所有主机上运行该命令。

十、Rancher Server 运行变得很慢，如何优化

有一些任务很可能由于某些原因而处于僵死状态，如果你能够用界面查看**系统管理→系统进程**，将可以看到 Running 中的内容。如果这些任务长时间运行（并且失败），则 Rancher 会最终使用太多的内存来跟踪任务。这使得 Rancher Server 处于内存不足的状态。

为了使服务变为可响应状态，需要添加内存。通常 4GB 的内存就够了。你需要再次运行 Rancher Server 命令，并且添加一个额外的选项-e JAVA_OPTS="-Xmx4096m"，执行 docker run -d -p 8080:8080 --restart=unless-stopped -e JAVA_OPTS="-Xmx4096m" rancher/server 命令。

根据 MySQL 数据库的设置方式不同，可能需要进行升级才能添加该选项。

如果是由于缺少内存而无法看到**系统管理→系统进程**页面的话，那么在重启 Rancher Server 之后，已经有了更多的内存。你现在应该可以看到这个页面了，并可以开始对运行时间最长的进程进行故障分析。

十一、如何防止 Rancher Server 数据库数据增长过快

Rancher Server 会自动清理几个数据库表，以防止数据库增长过快。如果这些表没有被及时清理，请使用 API 来更新清理数据的时间间隔。

在默认情况下，产生在 2 周以前的 container_event 和 service_event 表中的数据会被删除。在 API 中的设置是以秒为单位的（1 209 600）。API 中的设置为 events.purge.after.seconds。

默认情况下，process_instance 表在 1 天前产生的数据将会被删除，在 API 中的设置是以秒为单位的（86 400）。API 中的设置为 process_instance.purge.after.seconds。

为了更新 API 中的设置，你可以跳转到 http://<rancher-server-ip>:8080/v1/settings 页面，搜索要更新的设置，单击 links -> self，跳转到你单击的链接去设置，单击侧面的"编辑"更改"值"。请记住，值是以秒为单位的。

十二、为什么 Rancher Server 升级失败容易导致数据库被锁定？

如果你刚开始运行 Rancher 并发现它被永久冻结，可能是因为 liquibase 数据库上锁了。在启动时，liquibase 执行模式迁移。可能会留下一个锁定条目阻止后续流程。

如果你刚刚升级，在 Rancher Server 日志中，MySQL 数据库可能存在尚未释放的日志锁定。

运行....liquibase.exception.LockException: Could not acquire change log lock. Currently locked by <container_ID>命令。

释放数据库锁。

注意：请不要释放数据库锁，除非有相关日志锁出现**异常**。如果由于数据迁移导致升级时间过长，在这种情况下释放数据库锁，可能会使你遇到其他迁移问题。

如果你已根据升级文档创建了 Rancher Server 的数据容器，需要 exec 到 rancher-data 容器中升级 DATABASECHANGELOGLOCK 表，并移除锁。如果没有创建数据容器，用 exec 进入包含数据库的容器中。

运行 sudo docker exec -it <container_id> mysql 命令。

进入 MySQL 数据库访问 cattle 数据库，如图 3-162 所示。

```
mysql> use cattle;

检查表中是否有锁
mysql> select * from DATABASECHANGELOGLOCK;

更新移除容器的锁
mysql> update DATABASECHANGELOGLOCK set LOCKED="", LOCKGRANTED=null, LOCKEDBY=null where ID=1;

检查锁已被删除
mysql> select * from DATABASECHANGELOGLOCK;
+----+--------+-------------+----------+
| ID | LOCKED | LOCKGRANTED | LOCKEDBY |
+----+--------+-------------+----------+
| 1  |        | NULL        | NULL     |
+----+--------+-------------+----------+
1 row in set (0.00 sec)
```

图 3-162　访问 cattle 数据库

十三、管理员忘记密码了，如何重置管理员密码

如果你的身份认证出现问题（例如，管理员忘记密码），则可能无法访问 Rancher。要重新获得对 Rancher 的访问权限，需要在数据库中关闭访问控制。为此，需要访问运行 Rancher Server 的主机。

注意：假设在重置访问控制之前已创建过其他用户，那么在认证方式没有变化的情况下，重置访问控制除了超级管理员（第一个被创建的管理员，ID 为 1a1），其他用户账号信息不会受影响。

1. 假设数据库为 Rancher 内置数据库，运行 docker exec -it <rancher_server_container_ID> mysql 命令。

注意：这个<rancher_server_container_ID>是具有 Rancher 数据库的容器。如果你升级并创建了一个 Rancher 数据容器，则需要使用 Rancher 数据容器的 ID，而不是 Rancher Server

容器，Rancher 内置数据库默认密码为空。

2. 选择 cattle 数据库。

运行 mysql> use cattle 命令。

3. 查看 setting 表。

运行 mysql> select * from setting 命令。

4. 更改 api.security.enabled 为 false，并清除 api.auth.provider.configured 的值。

\# 关闭访问控制

mysql> update setting set value="false" where name="api.security.enabled"。

\# 清除认证方式

mysql> update setting set value="" where name="api.auth.provider.configured"。

5. 确认更改在 setting 表中是否生效。

运行 mysql> select * from setting 命令。

这可能需要约 1 分钟才能在用户界面中关闭身份认证，然后可以通过刷新网页来登录没有访问控制的 Rancher Server。

关闭访问控制后，任何人都可以使用 UI/API 访问 Rancher Server。刷新页面，单击系统管理→访问控制，重新开启访问控制。重新开启访问控制填写的管理员用户名将会替换原有的超级管理员用户名（ID 为 1a1）。

十四、rancher compose executor 和 go-machine-service 被不断重启

在高可用集群中，如果你正在使用代理服务器，如果 rancher-compose-executor 和 go-machine-service 被不断重启，请确保你的代理使用了正确的协议。

十五、在日志中看到 go-machine-service 不断重启该怎么办

go-machine-service 是一种通过 Websocket 连接到 Rancher API 服务器的微服务。如果无法连接，则会重新启动，并再次尝试。如果你运行的是单节点的 Rancher Server，它将使用你为主机注册的地址来连接 Rancher API 服务。检查从 Rancher Server 容器内部是否可以访问主机注册地址。运行 docker exec -it <rancher-server_container_id> bash 命令。

在 Rancher-Server 容器内，运行 curl -i <Host Registration URL you set in UI>/v1 命令。

你应该得到一个 JSON 响应。如果认证开启，响应代码应为 401。如果认证未打开，则响应代码应为 200。验证 Rancher API Server 能够使用这些变量，通过登录 go-machine-service 容器，并使用你提供给容器的参数进行 curl 命令来验证连接：运行 docker exec -it <go-machine-service_container_id> bash 命令。

在 go-machine-service 容器内运行 curl -i -u '<value of CATTLE_ACCESS_KEY>:<value of CATTLE_SECRET_KEY>' <value of CATTLE_URL>命令。

你应该得到一个 JSON 响应和响应代码 200。如果 curl 命令失败，那么在 go-machine-service 和 Rancher API Server 之间存在连接问题。如果 curl 命令没有失败，则问题可能是因为 go-machine-service 尝试建立 Websocket 连接，而不是普通的 http 连接。如果在 go-machine-service 和 Rancher API 服务器之间有代理或负载均衡，请验证代理是否支持

Websocket 连接。

十六、Rancher Catalog 多久同步一次

http://X.X.X.X/v1/settings/catalog.refresh.interval.seconds 默认为 300 秒同步一次，可以修改，单击 setting 可以更新设置。

3.39　RKE 快速上手指南：开源的轻量级 Kubernetes 安装程序

安装 Kubernetes 是公认的对运维和 DevOps 而言最棘手的问题之一。因为 Kubernetes 可以在各种平台和操作系统上运行，所以在安装过程中需要考虑很多因素。

在此将介绍一种新的，用于在裸机、虚拟机、公有云和私有云上安装 Kubernetes 的轻量级工具——Rancher Kubernetes Engine（RKE）。RKE 是一个用 Golang 编写的 Kubernetes 安装程序，极为简单和易用，用户不再需要做大量的准备工作，即可拥有闪电般快速的 Kubernetes 安装部署体验。

一、如何安装 RKE

你可以从官方的 GitHub 仓库安装 RKE，参见网址 https://github.com/rancher/rke/releases。RKE 可以在 Linux 和 MacOS 机器上运行。安装完成后，运行如图 3-163 所示代码，确保你使用的是最新版本。

```
./rke —version
rke version v0.0.6-dev

./rke —help
NAME:
   rke - Rancher Kubernetes Engine, Running kubernetes cluster in the cloud

USAGE:
   rke [global options] command [command options] [arguments...]

VERSION:
   v0.0.6-dev

AUTHOR(S):
   Rancher Labs, Inc.

COMMANDS:
     up            Bring the cluster up
     remove        Teardown the cluster and clean cluster nodes
     version       Show cluster Kubernetes version
     config, config  Setup cluster configuration
     help, h       Shows a list of commands or help for one command

GLOBAL OPTIONS:
   —debug, -d    Debug logging
   —help, -h     show help
   —version, -v  print the version
```

图 3-163　安装 RKE 代码

二、RKE 安装的准备工作

RKE 是一个基于容器的安装程序，这意味着它需要在远程服务器上安装 Docker，目前需要在服务器上安装 Docker 1.12 版本。

RKE 的工作方式是通过 SSH 连接到每个服务器，并在此服务器上建立到 Docker Socket 的隧道，这意味着 SSH 用户必须能够访问此服务器上的 Docker 引擎。要启用对 SSH 用户的访问，可以将此用户添加到 Docker 组：usermod -a G docker。而想要启动 Kubernetes 的安装，以上是远程服务器唯一需要做的准备工作。

三、RKE 入门使用

以下示例假定用户已配置了三台服务器：

node-1: 192.168.1.5

node-2: 192.168.1.6

node-3: 192.168.1.7

四、集群配置文件

默认情况下，RKE 将查找名为 **cluster.yml** 的文件，该文件中包含有关将在服务器上运行的远程服务器和服务的信息。配置文件如图 3-164 所示。

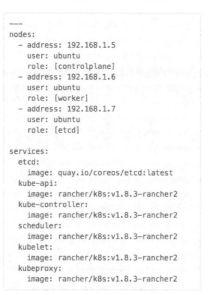

```
---
nodes:
  - address: 192.168.1.5
    user: ubuntu
    role: [controlplane]
  - address: 192.168.1.6
    user: ubuntu
    role: [worker]
  - address: 192.168.1.7
    user: ubuntu
    role: [etcd]

services:
  etcd:
    image: quay.io/coreos/etcd:latest
  kube-api:
    image: rancher/k8s:v1.8.3-rancher2
  kube-controller:
    image: rancher/k8s:v1.8.3-rancher2
  scheduler:
    image: rancher/k8s:v1.8.3-rancher2
  kubelet:
    image: rancher/k8s:v1.8.3-rancher2
  kubeproxy:
    image: rancher/k8s:v1.8.3-rancher2
```

图 3-164　配置文件

集群配置文件包含一个节点列表。每个节点至少应包含以下几个值。

1. 地址——服务器的 SSH IP/FQDN。

2. 用户——连接到服务器的 SSH 用户。

3. 角色——主机角色列表：worker，controlplane 或 etcd。

另外，"服务"包含有关将在远程服务器上部署的 Kubernetes 组件的信息。有以下三种类型的角色可以使用主机。

1. etcd：这些主机可以用来保存集群的数据。

2. controlplane：这些主机可以用来存放运行 Kubernetes 所需的 Kubernetes API 服务器和其他组件。

3. worker：这些是应用程序可以部署的主机。

五、运行 RKE

要运行 RKE，首先要确保 **cluster.yml** 文件在同一个目录下，然后运行命令：→ ./rke up。若想指向另一个配置文件，运行命令：→ ./rke up --config /tmp/config.yml。

运行 RKE 输出情况如图 3-165 所示。

```
→ ./rke up --config cluster-aws.yml
INFO[0000] Building Kubernetes cluster
INFO[0000] [ssh] Checking private key
INFO[0000] [ssh] Start tunnel for host [192.168.1.5]
INFO[0000] [ssh] Start tunnel for host [192.168.1.6]
INFO[0000] [ssh] Start tunnel for host [192.168.1.7]
INFO[0000] [certificates] Generating kubernetes certificates
INFO[0000] [certificates] Generating CA kubernetes certificates
INFO[0000] [certificates] Generating Kubernetes API server certificates

…·

INFO[0075] [addons] User addon deployed successfully..
INFO[0075] Finished building Kubernetes cluster successfully
```

图 3-165　运行 RKE 输出情况

六、连接到集群

RKE 会在配置文件所在的目录下部署一个本地文件，如图 3-166 所示。该文件中包含 kube 配置信息以连接到新生成的集群。默认情况下，kube 配置文件被称为.kube_config_cluster.yml。将这个文件复制到本地~/.kube/config，就可以在本地使用 kubectl 了。

需要注意的是，部署的本地 kube 配置名称是和集群配置文件相关的。例如，如果使用名为 mycluster.yml 的配置文件，则本地 kube 配置将被命名为.kube_config_mycluster.yml。

```
→ kubectl get nodes
NAME              STATUS     ROLES      AGE
192.168.1.5       Ready      master     4m          v1.8.3-rancher1
192.168.1.6       Ready      4m         v1.8.3-rancher1
```

图 3-166　部署本地文件示例

七、生成证书

RKE 默认使用 **x509** 身份验证方法来设置 Kubernetes 组件和用户之间的身份验证。RKE 会首先为每个组件和用户组件生成证书，如图 3-167 所示。

```
INFO[0000] [certificates] Generating kubernetes certificates
INFO[0000] [certificates] Generating CA kubernetes certificates
INFO[0000] [certificates] Generating Kubernetes API server certificates
INFO[0000] [certificates] Generating Kube Controller certificates
INFO[0000] [certificates] Generating Kube Scheduler certificates
INFO[0000] [certificates] Generating Kube Proxy certificates
INFO[0001] [certificates] Generating Node certificate
INFO[0001] [certificates] Generating admin certificates and kubeconfig
INFO[0001] [certificates] Deploying kubernetes certificates to Cluster nodes
```

图 3-167　生成证书

生成证书后，RKE 会将生成的证书部署到**/etc/Kubernetes/ssl** 服务器，并保存本地 kube 配置文件，其中包含主用户证书，在想要删除或升级集群时可以与 RKE 一起使用。

然后，RKE 会将每个服务组件部署为可以相互通信的容器。RKE 还会将集群状态保存在 Kubernetes 中作为配置映射以备后用。

RKE 是一个幂等工具，可以运行多次，并且每次均产生相同的输出。以下的网络插件均可以支持部署：（1）Calico，（2）Flannel (default)，（3）Canal。

要使用不同的网络插件，可以在配置文件中指定：

network:

　plugin: calico

八、插件

RKE 支持在集群引导程序中使用可插拔的插件。用户可以在 **cluster.yml** 文件中指定插件的 YAML。

RKE 在集群启动后会部署插件的 YAML。RKE 首先会将这个 YAML 文件作为配置映射上传到 Kubernetes 集群中，然后运行一个 Kubernetes 作业来挂载这个配置映射，并部署这些插件。

注意：RKE 暂不支持删除插件。插件部署完成后，就不能使用 RKE 来改变它们了。

要开始使用插件，请使用集群配置文件中的 addons 选项，如图 3-168 所示。

```
addons: |-
  ---
  apiVersion: v1
  kind: Pod
  metadata:
    name: my-nginx
    namespace: default
  spec:
    containers:
    - name: my-nginx
      image: nginx
      ports:
      - containerPort: 80
```

图 3-168　集群配置文件中的 addons 选项

注意：我们使用|-</code，因为插件是一个多行字符串选项，你可以在其中指定多个 YAML 文件，并用 "---" 将它们分开。

九、高可用性

RKE 工具是满足高可用性的。你可以在集群配置文件中指定多个控制面板主机，RKE 将在其上部署主控组件。默认情况下，kubelet 被配置为连接到 nginx-proxy 服务的地址——127.0.0.1:6443，该代理会向所有主节点发送请求。

要启动 HA 集群，只需要使用 controlplane 角色指定多个主机，然后正常启动集群即可。

十、添加或删除节点

RKE 支持为角色 worker 和 controlplane 的主机添加或删除节点。要添加其他节点，只需要更新具有其他节点的集群配置文件，并使用相同的文件运行集群配置即可。

要删除节点，只需要从集群配置文件中的节点列表中删除它们，然后重新运行 rke up 命令。

十一、集群删除命令

RKE 支持 rke remove 命令。该命令执行以下操作。

1. 连接到每台主机，删除部署在其上的 Kubernetes 服务。

2. 从服务所在的目录中清除每台主机：（1）/etc/kubernetes/ssl，（2）/var/lib/etcd，（3）/etc/cni，（4）/opt/cni。

注意： 这个命令是不可逆的，它将彻底摧毁 Kubernetes 集群。

十二、结语

Rancher Kubernetes Engine（RKE）秉承了 Rancher 产品一贯易于上手、操作简单、体验友好的特性，使用户创建 Kubernetes 集群的过程变得更加简单，我们相信，通过云管理平台进行 Kubernetes 安装是大多数 Kubernetes 用户的最佳选择。

在 Rancher Labs，我们希望 Kubernetes 有朝一日成为所有云服务商支持的标准化基础架构，并且一直在为了实现这个愿景而努力。2018 年初正式发布的 Rancher 2.0，可以同时纳管和导入任何类型、来自任何云提供商的 Kubernetes 集群，包括 RKE、AWS EKS、Google Container Engine (GKE)、Azure Container Service (AKS)等。

秉承 Rancher 一贯 100%开源的风格，你可以直接从 GitHub 上下载 RKE，参见网址 http://rancher.com/announcing-rke-lightweight-kubernetes-installer/。

3.40 Rancher Kubernetes Engine（RKE）正式发布：闪电般的 Kubernetes 安装部署体验

作为 Rancher 2.0 的重要组件，Rancher Kubernetes Engine（RKE）现已正式全面发布！这是 Rancher Labs 推出的新的开源项目，一个简单易用、闪电快速、支持一切基础架构（公有云、私有云、VM、物理机等）的 Kubernetes 安装程序。

一、为何要做一个全新的 Kubernetes 安装程序

在过去两年中，Rancher 已经成为**最为流行和受欢迎的创建和管理 Kubernetes 集群的平台之一**。因为易于上手的特性和极致、简单的用户体验，Rancher 作为创建与管理 Kubernetes 的平台深受全球广大用户青睐。Rancher 将 etcd、Kubernetes Master 和 Worker 节点操作完全自动化。然而，因为 Rancher 1.x 自主实现了容器间网络通信，所以 Rancher 管理面板若发生故障，可能会导致 Kubernetes 集群运行中断。

现阶段市场中有不少可供用户选择用于创建 Kubernetes 集群的安装程序。据我们所见，其中比较受欢迎的安装程序是 Kops 和 Kubespray。

1. Kops 是使用比较广泛的 Kubernetes 安装程序。事实上，它不仅仅是一个安装程序。Kops 为用户备好了所有可能需要的云资源，它能用来安装 Kubernetes，还可以连接云监控服务，以确保 Kubernetes 集群的持续运行。不过，Kops 与底层云基础架构集成过于紧密，在 AWS 上表现优秀，但 GCE 和 vSphere 等其他基础架构平台则不能提供对其的支持。

2. Kubespray 是用 Ansible 编写的独立的 Kubernetes 安装程序，它可以在任何服务器上安装 Kubernetes 集群，非常受用户欢迎。尽管 Kubespray 与各种云 API 有一定程度的集成，但它基本上是独立于云的，因此可以与任何云、虚拟化集群或裸机服务器协同工作。目前，Kubespray 已经发展成一个由大量开发人员参与的复杂项目。

3. Kubeadm 是另一个跟随 Kubernetes 主版本分发的安装工具。然而，Kubeadm 还不支持像 HA 集群这样的功能。尽管在 Kops 和 Kubespray 等项目中使用了 Kubeadm 某些代码，但若作为生产级的 Kubernetes 安装程序，kubeadm 并不适合。

Rancher 2.0 可以**支持并纳管任何 Kubernetes 集群**。我们鼓励用户使用 GKE 和 AKS 等公有云云托管服务。对于想要自行建立自己的集群的用户，我们正在考虑将 Kops 或 Kubespray 集成到我们的产品阵容中。Kops 不符合我们的需求，因为它并不适用于所有云提供商。其实，Kubespray 已经很接近我们的需要了，尤其是 Kubespray 具有可以在任何地方安装 Kubernetes 的这一特性。但最终，我们决定不采用 Kubespray，而是构建自己的轻量级安装程序，原因有两个：

1. 可以重新起步，利用 Kubernetes 本身的优势建立一个更简易的系统。

2. 与在 Rancher 1.6 中安装 Kubernetes 一样，通过使用基于容器的方法，可以拥有更快的安装程序。

二、RKE 如何工作

RKE 是一个独立的可执行文件，它可以从集群配置文件中读取并启动、关闭或升级 Kubernetes 集群。如下所示是一个示例配置文件。

```
---
auth:
  strategy: x509
network:
  plugin: flannel
ssh_key_path: /home/user/.ssh/id_rsa
nodes:
  - address: server1
    user: ubuntu
    role: [controlplane, etcd]
  - address: server2
    user: ubuntu
    role: [worker]
services:
  etcd:
    image: quay.io/coreos/etcd:latest
  kube-api:
    image: rancher/Kubernetes:v1.8.3-rancher2
    service_cluster_ip_range: 10.233.0.0/18
    extra_args:
      v: 4
  kube-controller:
    image: rancher/Kubernetes:v1.8.3-rancher2
    cluster_cidr: 10.233.64.0/18
    service_cluster_ip_range: 10.233.0.0/18
  scheduler:
    image: rancher/Kubernetes:v1.8.3-rancher2
  kubelet:
    image: rancher/Kubernetes:v1.8.3-rancher2
    cluster_domain: cluster.local
    cluster_dns_server: 10.233.0.3
    infra_container_image: gcr.io/google_containers/pause-amd64:3.0
  kubeproxy:
    image: rancher/Kubernetes:v1.8.3-rancher2
addons: |-
    ---
    apiVersion: v1
    kind: Pod
```

```
metadata:
  name: my-Nginx
  namespace: default
spec:
  containers:
  - name: my-Nginx
    image: Nginx
    ports:
    - containerPort: 80
```

如上所示，我们通过指定认证策略、网络模型和本地 SSH 密钥路径来启动文件。集群配置文件的主体由以下三部分组成。

1. 节点部分描述了组成 Kubernetes 集群的所有服务器。每个节点都承担三个角色（controlplane、etcd 和 worker）中的一个或多个角色。你可以通过更改节点部分，重新运行 RKE 命令来添加或删除 Kubernetes 集群中的节点。

2. 服务部分描述了在 Kubernetes 集群上运行的所有系统服务。RKE 将所有系统服务打包为容器。

3. 插件部分描述了在 Kubernetes 集群上运行的用户级程序。因此，RKE 用户可以在同一文件中指定 Kubernetes 集群配置和应用程序配置。

RKE 不是一个可以长时间运行的、可以监控和操作 Kubernetes 集群的服务。RKE 需要与像 Rancher 2.0 这样的完整的容器管理系统或像 AWS CloudWatch、Datadog 或 Sysdig 等一样的独立监控系统配合使用。配合使用时，可以构建自己的脚本来监控 RKE 集群的健康状况。

三、RKE：嵌入式 Kubernetes 安装程序

当用户需要构建一个分布式应用系统时，常常不得不需要处理后端数据库、数据访问层、集群和扩展等方面的问题。现在，越来越多的开发人员不再使用传统的应用程序服务器，而是开始使用 Kubernetes 作为分布式应用程序平台。

开发人员使用 etcd 作为后端数据库，使用 Kubernetes Custom Resource Definition（CRD）作为数据访问层，并使用 kubectl 在其数据模型上执行基本的 CRUD 操作。开发人员将应用程序打包为容器，并使用 Kubernetes 完成集群和伸缩工作。

以这种方式构建的应用程序将**作为 Kubernetes YAML 文件**发送给用户。如果用户已经运行了 Kubernetes 集群，或可以访问公有云托管的 Kubernetes 服务（如 GKE 或 AKS），就可以轻松运行这些应用程序。但是，那些希望在虚拟化或裸机服务器上安装应用程序的用户该怎么办呢？

通过将 RKE 作为嵌入式 Kubernetes 安装程序捆绑到应用程序中，应用程序开发人员就可以解决上述需求。通过调用 RKE，便可以启动应用程序的安装，并且会为用户创建一个 Kubernetes 集群。而我们已注意到，将诸如 RKE 之类的轻量级安装程序嵌入到分布式应用程序中，满足了很多来自用户的需求。

四、小结

秉承 Rancher 一贯 100%开源的风格，你可以直接从 GitHub 上下载 RKE，参见网址 http://rancher.com/announcing-rke-lightweight-Kubernetes-installer/。

我们也将持续发布更多技术文章，让读者更深入了解和学习使用 RKE，敬请保持关注。

3.41　Rancher 中的 Kubernetes 认证和 RBAC

Rancher Kubernetes 拥有 RBAC（基于角色的访问控制）功能，此功能可以让管理员配置不同的策略，允许或拒绝用户和服务账户访问 Kubernetes API 资源。

为了更好地理解 RBAC 功能是如何工作的，本部分内容将阐明如何使用 Kubernetes API 进行身份认证，以及 RBAC 授权模块如何与认证用户协同工作。

一、在 Rancher 中使用 Kubernetes 验证

Rancher 使用 Webhook token 身份验证策略来认证用户的 bearer token。首先，用户使用 Rancher 验证通过 **Kubernetes→CLI** 选项卡获得 kube 配置文件，这其中就包含 bearer token。然后，**kubectl** 借助此 token 和 Webhook 远程认证服务，用 Kubernetes API 对用户进行身份认证，如图 3-169 所示。

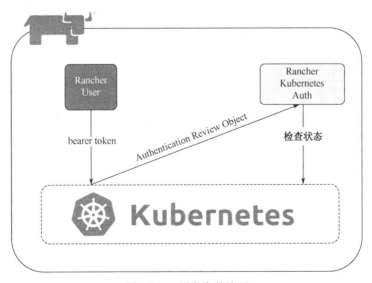

图 3-169　用户身份认证

当用户尝试使用 bearer token 对 Kubernetes API 进行认证时，认证 Webhook 会与 Rancher Kubernetes 认证服务进行通信，并发送包含该 token 的身份认证审查对象。然后，Rancher

Kubernetes 认证服务将会发送一个检查状态，该状态指定用户是否经过身份认证。

检查状态包含名称、uid 和组等用户信息。Kubernetes API 中的授权模块稍后将以此确定该用户的访问级别。

以下是 Kubernetes 发送给 Rancher Kubernetes 认证服务的认证请求示例。

1. 认证请求，如图 3-170 所示。

```
{
"kind": "TokenReview",
"apiVersion": "authentication.k8s.io/v1beta1",
"Metad ata": {
    "creationTimestamp": null
    },
"spec": {
"token": "xxxxxxxxxxxxxxxxx"
    },
"status":{
    "user": {}
    }
}
```

图 3-170　认证请求

Rancher Kubernetes 认证服务决定该用户是否通过认证，并向 Kubernetes 发送响应。

2. 认证响应，如图 3-171 所示。

```
{
"apiVersion": "authentication.k8s.io/v1beta1",
"kind": "TokenReview",
"status": {
    "authenticated": true,
    "user": {
        "groups": [
            ...
            "system:masters"
            ],
        "username": "galal-hussein"
        }
    }
}
```

图 3-171　认证响应

如你所见，由于环境所有者发送此请求，用户在系统中被归为 **system:masters** 组，该用户组可以访问 Kubernetes 集群中的所有资源，如图 3-172 所示。

```
kind: ClusterRoleBinding
metadata:
 labels:
  kubernetes.io/bootstrapping: rbac-defaults
 name: cluster-admin
roleRef:
 apiGroup: rbac.authorization.k8s.io
 kind: ClusterRole
 name: cluster-admin
subjects:
- apiGroup: rbac.authorization.k8s.io
 kind: Group
 name: system:masters
```

图 3-172　用户组权限设定配置文件

3. 集群角色。

集群管理资源允许访问所有 API 组中的 Kubernetes 资源，如图 3-173 所示。

```
apiVersion: rbac.authorization.k8s.io/v1beta1
kind: ClusterRole
metadata:
 labels:
   kubernetes.io/bootstrapping: rbac-defaults
 name: cluster-admin
rules:
- apiGroups:
  - '*'
  resources:
  - '*'
  verbs:
  - '*'
- nonResourceURLs:
  - '*'
  verbs:
  - '*'
```

图 3-173　集群角色配置文件

4. RBAC 授权模块。

对 API 的请求包含请求者的用户名、请求的操作及操作所影响的对象的信息。在对 Kubernetes API 的请求成功进行认证之后，必须授权该请求。

RBAC 授权模块定义了四个顶级对象，这四个对象控制授权用户的授权决策，即角色、集群角色、角色绑定、集群角色绑定。

角色和**集群角色**都标识了 Kubernetes API 资源的权限集。它们之间唯一的区别是**角色**可以在命名空间中定义，而**集群角色绑定**则在集群范围内定义。

角色绑定和**集群角色绑定**将定义的角色分配给用户、组或服务账户。而它们可以通过在命名空间中进行**角色绑定**或在集群范围内进行**集群角色绑定**来获得权限。下面，我们将讨论相关示例。

二、如何在 Rancher 中启用 Kubernetes RBAC 功能

要在 Rancher 中全新安装 Kubernetes 来启用 RBAC 功能，可以编辑默认环境或创建新的环境模板。在 Kubernetes 环境选项中，你可以启用 RBAC，如果你已经启动了 Kubernetes 基础设施服务，则可以单击**更新**以更新 Kubernetes 的配置选项。

（一）RBAC 示例

如前所述，这些示例假设你已经启用了 RBAC 功能的 Kubernetes，并假设你已启用 Rancher 的 GitHub 身份认证。

作为 Kubernetes 环境的所有者，如前所述，你可以访问所有 Kubernetes API，因为集群管理员角色是默认分配给环境所有者的。管理员用户默认不会访问任何 API 资源。

若你已将一些 GitHub 用户和组添加为 Kubernetes 环境的成员，当你尝试访问 Kubernetes API 时，则会收到以下消息，如图 3-174 所示

```
> kubectl get services
Error from server (Forbidden): the server does not allow access
to the requested resource (get services)
```

图 3-174　信息提示

要跨所有 Kubernetes 集群启用 GitHub 组织的访问权限，需要创建以下**集群角色**，如图 3-175 所示。

```
kind: ClusterRole
apiVersion: rbac.authorization.k8s.io/v1beta1
metadata:
 name: default-reader
rules:
 - apiGroups: [""]
  resources:
   - services
 verbs: ["get", "watch", "list"]
 - nonResourceURLs: ["*"]
 verbs: ["get", "watch", "list"]
```

图 3-175　创建集群角色

此角色定义了列表，并获得了对服务资源的访问权限。此时，集群角色不与任何用户或组关联，因此，创建**集群角色绑定**如图 3-176 所示。

```
kind: ClusterRoleBinding
apiVersion: rbac.authorization.k8s.io/v1beta1
metadata:
 name: default-reader-role-binding
subjects:
 - kind: Group
  name: "github_org:"
roleRef:
 kind: ClusterRole
 name: default-reader
 apiGroup: rbac.authorization.k8s.io
```

图 3-176　创建集群角色绑定

角色绑定指定了 GitHub 组织的 github_org 组。这时你会发现，当你想将角色绑定应用于组时，每种认证类型都有专门的 Rancher 认证语法。更多详细信息，可参阅 Rancher 文档。

创建角色绑定后，就可以列出属于此 GitHub 组织的任何用户的服务了，如图 3-177 所示。

```
> kubectl get pods
Error from the server (Forbidden): the server does not allow access
to the requested resource (get pods)

> kubectl get service
NAME        CLUSTER-IP   EXTERNAL-IP  PORT(S)  AGE
kubernetes  10.43.0.1                 443/TCP  42m
```

图 3-177　列出属于此 GitHub 组织的任何用户的服务

3.42　如何离线部署 Rancher

对于在公司内网环境中，无法访问互联网的用户而言，离线安装部署 Rancher 是解决问题的关键。本部分内容是 Rancher 离线部署教程，专为内网用户排忧解难。

一、版本说明

OS：Centos7.3

Docker version: 1.12.6

Rancher version: 1.6.10

二、主机角色说明

主机角色说明参见表 3-8。

表 3-8　主机角色说明

主机名	IP	服务器角色
haproxy	192.168.100.1	Haproxy/mysql/harbor/git
master01	192.168.100.2	Rancher_Server01
master02	192.168.100.3	Rancher_Server02
node01	192.168.100.4	Node 节点
node02	192.168.100.5	Node 节点

三、前期准备

（一）Docker rpm

wget https://yum.dockerproject.org/repo/main/centos/7/Packages/docker-engine-1.12.6-1.el7.centos.x86_64.rpm

wget　https://yum.dockerproject.org/repo/main/centos/7/Packages/docker-engine-selinux-1.12.6-1.el7.centos.noarch.rpm

（二）Harbor offline

wget https://github.com/vmware/harbor/releases/download/v1.2.0/harbor-offline-installer-v1.2.0.tgz

curl -L https://github.com/docker/compose/releases/download/1.16.1/docker-compose-uname-s`-`uname -m` -o ./docker-compose

（三）打包 Rancher Server 及各组件镜像

rancher/server:v1.6.10

rancher/agent:v1.2.6

rancher/network-manager:v0.7.8

rancher/net:v0.11.9

rancher/dns:v0.15.3

rancher/metadata:v0.9.4

rancher/healthcheck:v0.3.3

rancher/lb-service-haproxy:v0.7.9

rancher/scheduler:v0.8.2

rancher/net:holder

例如：

docker pull rancher/agent:v1.2.6

docker save rancher/agent:v1.2.6 > agent126.tar

四、部署环境

（一）安装配置 Docker（所有主机）

运行 yum localinstall -y docker-engine-1.12.6-1.el7.centos.x86_64.rpm docker-engine-selinux-1.12.6-1.el7.centos.noarch.rpm 命令。

注意：*如有依赖使用 ISO 做 yum 源，指向 Docker 私有镜像库 IP，运行 vi /usr/lib/systemd/system/docker.service 命令。*

做如下修改：

ExecStart=/usr/bin/dockerd --insecure-registry=192.168.100.1:80（私有库地址:端口）

（二）安装配置 Harbor

1. 解压。

运行 tar -zxvf harbor-offline-installer-v1.2.0.tgz 命令。

配置 Harbor。

2. 编辑 harbor.cfg。

运行 vi harbor.cfg 命令。

修改 hostname = IP，运行 harbor_admin_password = Rancher123 命令。

3. 运行 install.sh。

cp docker-compose /usr/local/bin/

chmod +x /usr/local/bin/docker-compose

./install.sh

4. 添加项目。

（1）通过浏览器访问 Harbor，访问 http://IP admin/Rancher123 登录系统。

（2）添加名称为 rancher 的项目，并设置为公开。

5. 导入镜像。

登录 docker login 私有镜像仓库 IP:端口

（1）docker load -i agent126.tar

（2）docker tag rancher/agent:v1.2.6 192.168.100.1:80/rancher/agent:v1.2.6

（3）docker push 192.168.100.1:80/rancher/agent:v1.2.6

按照以上方式将所有 Rancher 镜像导入私有镜像仓库

（三）配置 Rancher 环境

1. docker run -d --restart=unless-stopped -p 8080:8080 192.168.100.1:80/rancher/server: v1.6.10

2. 登录 Rancher Server UI，单击"Admin"-> "Settings"-> "Advanced Settings"编辑"registry.default=192.168.100.1:80"。

3. 添加环境。单击"Manage Environments"->"Add Environment"。在创建完成后设置为默认，并切换到该环境。

4. 添加主机命令修改为

docker run --rm --privileged -v/var/run/docker.sock:/var/run/docker.sock - v/var/lib/rancher:/var/lib/rancher 192.168.100.1:80/rancher/agent:v1.2.6 http://192.168.100.1: 8080/ v1/scripts/8EBE0FB0C3DE0AA32047: 1483142400000:7Md3cXHoSIYYwHADyBpGQNZavTE。

5. 在主机节点上修改 agent image tag。

docker tag 192.168.100.1:80/rancher/agent:v1.2.6 rancher/agent:v1.2.6

配置 Rancher Server HA 请参考第 3.18 节《Rancher Server 部署方式及 Rancher HA 环境部署》。

3.43 如何配置 Kubernetes 以实现最大程度的可扩展性

Kubernetes 的设计初衷是要解决管理大规模容器化环境时的困难。不过，这并不意味着 Kubernetes 在任何环境下都可以进行扩展。有一些方法可以让用户最大限度地发挥 Kubernetes 的扩展能力，而在扩展 Kubernetes 时，需要注意一些重要事项和限制，在此我将对这些内容进行说明。

一、规模和性能

扩展 Kubernetes 集群，首先要注意的就是规模和性能之间的平衡。比如，Kubernetes 1.6 可被用于多达 5 000 个节点的集群。不过 5 000 个节点并不是硬性限制的最大值，它只是一个推荐的节点最大值。在实际使用中，节点数可以远超过 5 000 个，只是这样会导致性能下降罢了。

这个问题具体来说是这样的：Kubernetes 有两个服务层级的目标，一个是在一秒内返回 99% 的 API 调用，另一个是在 5 秒内启动 99% 的 Pod。尽管这些目标并不是完整的一套性能指标，但它们确实为评估通用集群性能提供了良好的基准。而据说，超过 5 000 个节点的集群可能无法实现这些服务层级的目标。

所以，有一点请大家注意，在有些时候，为了发挥 Kubernetes 的扩展性，你有可能不得不牺牲一部分性能，这部分牺牲对你来说可能是值得的，也可能是不值得的，而这取决于具体的部署场景。

二、配额（quotas）

在建立非常大规模的 Kubernetes 集群时，你可能会遇到的一个主要问题就是配额问题。对于基于云的节点尤为如此，因为通常情况下，云服务提供商会设置配额限制。

这个问题之所以如此重要，是因为部署大规模的 Kubernetes 集群实际上是一个看似简单的过程。config-default.sh 文件有 NUM_NODES 的设置。表面上，你可以通过加大与此设置相关联的值来构建大规模集群，虽然这在某些情况下可行，但最终也可能会遇到配额问题。因此，在你打算扩展集群之前，很有必要就现有的配额先和云提供商进行沟通。云提供商不仅可以让你了解现有配额的情况，而且会有一部分云提供商同意用户增加配额限制的请求。

当你在评估这些限制的时候，需要注意，尽管配额限制会直接限制你创建 Kubernetes 集群的数量，然而集群大小更多是限制与 Kubernetes 间接相关的配额。例如，云提供商可能会限制允许你使用的 IP 地址数量，或者限制你创建的虚拟机实例数量。而好消息是，主要的几个云提供商已经有多次和 Kubernetes 打交道的经验，应该能够帮助你解决这些问题。

三、主节点

除了上述的限制外，还需要考虑的一个问题是集群大小对所需的主节点大小和数量的影响。这些取决于 Kubernetes 的实现方式。不过要记住的一点是，集群越大，所需的主节点数量也越多，而这些主节点的功能需求也就越大。

如果你正在重新构建新的 Kubernetes 集群，确定需要的主节点数量是集群规划过程中的阶段之一。可是如果你打算扩展现有 Kubernetes 集群，那么需要多考虑主节点的需求，因为在集群启动时，主节点的大小就已经设置好了，而且不能够动态调整。

四、扩展附加组件（scaling add-ons）

另一件需要我们注意的是，Kubernetes 定义了附加组件容器的资源限制。这些资源限制可确保附加组件不会消耗过多的 CPU 和内存资源。

这些有关限制的问题是，它们是基于相对较小的集群进行定义的。如果你在大规模集群中运行某些附加组件，它们可能会需要超额使用更多的资源。这是因为附加组件必须服务更多的节点，也因此需要额外的资源。如果开始出现与组件相关限制的问题时，你就会看到附加组件被逐个 kill 掉。

五、总结

Kubernetes 集群可以大规模扩展，但可能会遇到与配额和性能相关的问题。因此，在向 Kubernetes 集群添加大量新节点之前，请一定要仔细考虑横向扩展所出现的各种需求。

3.44　如何将传统应用服务"直接迁移"至容器环境

已经准备好向容器迁移了吗？如果你正考虑从现有非容器化的系统上将服务迁移到基于容器的环境中，那么你一定想知道该如何实现它。有什么正确的方法？有没有最好的方法？或者说，有没有某种直接迁移过程（lift-and-shift process）可以适用于所有的应用程序？

通常，上述问题都有肯定的答案。虽然各公司的具体情况不同，迁移到容器和微服务的具体细节也会各有差异，但是，对于实现应用程序从传统基础设施到容器环境的无缝迁移来说，还是有一些**普适性原则和最佳实践**经验值得大家遵循的。

这部分内容将简要介绍如何成功地将传统应用程序迁移到容器的指导原则。

一、微服务是什么？

在处于项目迁移的最初规划阶段，关于容器化，最需要注意的是**容器系统架构是基于微服务的**。那么，微服务是什么？

实际上，界定什么是微服务，什么不是微服务，这其中的标准是有些模糊的。这种情况其实是一种必然，因为不同的设计容器化应用程序的方法（我们稍后会提到），正是基于不同的定义微服务的方法之上的。

总体来说，微服务可以描述为一个**基本的、功能分离的服务**，它由应用程序的其他部分调用。我们可以把从数据库中检索数据的服务看作一个微服务，既可以将数据发送到存储设备，也可以处理用户输入。

例如，在线上商店中，访问库存数据库是由一个微服务处理的，客户的购物车由一个微服务更新，交易再由一个微服务完成，并且还有一个微服务处理信用卡的授权，而这些微服务都是独立的。

而对于同一家店，可以由多个微服务工作，一个微服务处理所有的数据库访问（库存、客户和销售），一个微服务处理购物车和交易，而第三个微服务用作运输物流。这种特定的微服务结构，在很大程度上是一种设计选择，它**取决于系统整体架构**。

二、当前架构是什么

不过，在开始构建容器化应用程序之前，还需要着留意一下你当前的架构。宏观上，非容器化的应用程序可以大体分为两类：单体架构和 SOA 架构（服务导向架构）。**当前架构不同，进行容器化重构的方法就不同**，因此我们要先将它们区分，再讨论设计选择整体的重构策略。

（一）单体架构

大多数传统设计的应用程序都是单体架构的。它们可能由单个包含了支持的库、服务及配置文件的程序，或者少量带支持资源的程序组成。然而，在这两种情况下，大部分甚至全部的核心功能都包含在一个或几个二进制文件中，其中，服务就包含这些在二进制文件定义的应用程序边界内进行操作和通信的功能中。桌面级的应用程序传统上讲是单体的，大多数基于网络的应用程序也是如此。

在桌面或局域网环境中，单体架构通常是十分有效的。它的安装和更新相当容易，并且单体设计能够轻松地监控组件，而且桌面/LAN 的使用一般不会对应用程序的资源造成太大的压力。然而，在云或互联网环境中，单体应用程序可能相对过于**庞大、笨拙、缓慢**，它们不仅难以更新，并且不能够处理大量的流量。另外，它们也不适用于持续交付，以及大多数构成 DevOps 的实践中。

如果想重构容器的单体架构应用，那可能需要**在概念层面上进行全盘的重新设计**。即便应用程序的架构已经清晰地定义了其内部服务，并且保证了它的离散性，实际上拆分成微服务时可能还需要对这些服务的边界及它们之间的通信的方式进行大规模的更改。对于大多数的单体应用程序，许多服务都需要重新定义。

（二）SOA 架构

有一些大型的非容器应用程序可能已经具有了基于服务的架构（SOA 架构）。例如，销售点的应用程序可能包含了独立的程序用来处理销售、库存、客户记录、订单、运输、差异、税收、应收账款及应付账款。每一个模块都是一段单独的程序，具有明确的应用程序边界，而且这种跨边界的模块间通信和基于容器的应用程序十分相似。

如果有进行细分的需要，这种架构（假设它是令人满意的）可以作为进一步分解成微服务的基础。进一步分解可以是**基于现有的模块分解成更小的服务的**，也可以是**基于抽象的广义服务的**（比如访问单个数据库或打印收据的微服务），或者两者都是。另一方面，如果现有模块已经是小容量、功能分散且组织良好的，那么只需要进行极少的修改就可以将其迁移到容器中。

三、单体应用要怎么做

在这一点上，应该弄清楚的是，将单体应用程序分解成微服务通常是一个复杂而极具挑战性的工作。就像之前说的，首先是根据微服务重新定义架构。这里的重新定义及实际细分成微服务本身的过程通常被称为分解（decomposition）。关于分解，有一些基本的模式。在很多情况下，**了解这些模式的基础和基本性质比选择哪种模式更重要**。而在实际生产中，根据系统的功能要求，将单体应用程序分解成微服务时常常涉及**多种模式**。

（一）根据用例分解

用例是指用户在执行任务时通常会采取的一组操作。用户既可以是实际的人，也可以是应用程序的另一部分，甚至是外部的应用程序。用例的关键要素是它是与任务相关联的一组可定义的动作。在线上商店的例子中，一组客户操作（如选择和购买商品）就可以是一个用例，单纯的内部操作也可以是用例，例如，在销售之后更新库存、客户信息，以及交易数据库。

（二）根据功能分解

根据功能分解是分解的另一种常见模式。例如，销售交易可以是一个由功能定义的单元，而信用授权可以作为由功能定义的另一个服务。你可以根据诸如差异跟踪、运输和自动补货这些功能来定义功能域。功能分解和用例分解非常相似，不过它的定义是由需要执行的行为决定的，而非执行的对象决定的。

（三）根据资源分解

在多数情况下，根据资源定义特定的微服务**无疑是最好的方案**。例如，你可以定义一个单一的微服务来处理所有与具体某个数据库或一组数据库的交互，或者处理与持久存储器的交互。在许多方面，设备驱动程序是基于资源的微服务的。如果通过某种类似于设备驱动程序的通用服务来和资源进行交互是有意义的，那么将该服务定义为微服务也有实际价值。

（四）分解途径

确定了分解单体应用的整体模式后，就可以开始将其分解成微服务。你的最终目标应该是**将整个应用程序缩成一组微服务层级的容器**，它们和原始的单体应用一样，提供相同的一组服务（能够根据需要添加或改进功能），可以根据需要进行管理和部署，而且相比之下有更出色的速度、流量及灵活性。

比较好的一点是，你并**不需要一下子把它拆散**。可以将前面说的大型 SOA 架构作为中间阶段。你可以在开始的时候将单体应用程序拆成较大的基于服务的块，然后再将其细分成越来越小的服务，直到最终达到期望目标级别的微服务。这里还有另一种方案，即你可以从定义明确的服务入手，先将这些服务拆分成基于容器的微服务，然后再根据类似先前的方法，分几次拆分应用程序的其余部分。

无论采取哪种方法，一定要牢记一点，那就是要**明确定义微服务**，而且这些定义在应用程序的整体功能和架构上都应该是有实际意义的。只要你遵循了这些原则，相信你的迁移工作就会成功。

3.45 Rancher 2.0 全面拥抱 Kubernetes 架构，如何保障生产用户升级

Rancher 容器管理平台，凭借强大的基础设施服务管理能力和简单易用的特性，在全球范围内拥有超过 6 000 万下载用户，并且有数万家企业用其部署生产环境。从 Rancher 2.0 开始，Rancher 中的**每个集群都将基于 Kubernetes**，并且具有**统一管理多个 Kubernetes 集群**的出色特性，见表 3-9。

表 3-9　Kubernetes 用户的现有痛点及 Rancher 2.0 的出色特性对比

Kubernetes 用户的现有痛点	Rancher 2.0 的出色特性
■ 配置、定制、运行 Kubernetes 有着陡峭的学习曲线 ■ 管理多 Kubernetes 集群并非易事：不同的基础设施，云+本地，多云…… ■ 集成多种工具、组件、基础设施驱动程序并非易事 ■ Kubernetes 有强大的 RBAC 系统，但设置和使用基于角色的访问控制并非易事 ■ 若选择某闭源产品或系统，将带来技术锁定，增加了风险和成本 ■ ……	■ 相较于原生的 Kubernetes 具有相同（甚至更多拓展的）功能，有重新设计、极易上手的 UI ■ Rancher 一如既往的优异的用户体验：UI、CLI、API、Compose 文件、Catalog…… ■ 可在 Rancher 中一键创建新的 Kubernetes 集群，亦可导入来自不同基础设施的已有 Kubernetes 集群，实现统一管理 ■ 实现资源级 RBAC 和环境之间的共享主机 ■ 集中日志和监控 ■ 集成 CI/CD ■ ……

当前，如何把基于 **Rancher 1.6 版本**的容器生产环境无缝迁移到 **Rancher 2.0 环境**，已成为广大用户关心和讨论的热点。为此，Rancher Labs 特意推出本次 **Rancher 1.6 用户无缝升级 Rancher 2.0** 的支持项目，解决广大企业用户的后顾之忧。

本次升级迁移支持项目的内容包含：（1）用户环境健康检查；（2）用户容器系统兼容性匹配度巡检；（3）用户容器系统升级迁移方案建议书；（4）用户容器系统迁移升级支持及服务；（5）用户容器系统迁移升级结果验证；（6）用户容器集团迁移升级报告。

项目适用对象包括：Rancher 企业级订阅用户和已将 Rancher 1.x 产品用于**生产环境，**需要**平稳无缝升级**至 Rancher 2.0 的用户。

Rancher 1.x 版本让 Docker 在企业生产环境中的部署更简单，而在 Rancher 2.0 中，这一初衷始终坚持如一，我们沿袭同样的原则与方式，让 Docker 和 Kubernetes 在企业生产环境中的部署更简单。

在 Rancher 2.0 中，我们对 Rancher 进行了一些重大改进，若你是 Rancher（Cattle）用户，并未使用过 Kubernetes，这次版本大升级对你而言最大的改变可能就是 Rancher 2.0 中的全新 UI。

同时，我们将把 Cattle 的用户体验延伸到 Kubernetes。通过新的用户界面，你可以轻松地一键部署 Rancher（Cattle）和 Rancher Kubernetes（Cattle + Kubernetes）主机。Cattle 依然存在，它的功能会内化成为 Rancher 产品的一个组成部分，只是你将不再会在 Rancher UI 或产品文档中看到 Cattle 相关的东西。

对现有的 Rancher + Kubernetes 用户而言，在 Rancher 1.x 中，Kubernetes 用户无法使用很多 Rancher 功能，包括应用程序目录（Catalog）、Compose 和 UI 的完整功能。在 Rancher 2.0 中，我们会将完整的 Rancher 体验（包括 YAML、CLI 和 UI）扩展到 Kubernetes。你可以轻松享受 Rancher 的易用性和简便性，同时使用 Kubernetes 的所有创新技术，包括监控、日志分析和 routing mesh，以及 Rancher 和 Kubernetes 活跃丰富的生态系统。

3.46　原生加速中国区 Kubernetes 安装

一、概述

Kubernetes 是一个强大的容器编排工具，帮助用户在可伸缩性系统上可靠部署和运行容器化应用。在容器领域内，毋庸置疑，Kubernetes 已成为容器编排和管理的社区标准，连 Docker 官方都已宣布支持 Kubernetes。在容器编排领域的战火已然分出结果，Kubernetes 得到了包括 Google、华为、Microsoft、IBM、AWS、Rancher、RedHat、CoreOS 等在内的容器"玩家"的一致认可。

Rancher 容器管理平台原生支持 Kubernetes，使用户可以简单轻松地部署 Kubernetes 集群。

然而对于中国"玩家"而言，由于受谷歌镜像仓库的影响，很多时候 Kubernetes 的使用体验并不痛快。在第 3.22 节《Rancher-Kubernetes 加速安装文档》，我们讲解过如何通过修改应用商店地址来实现加速部署 Kubernetes。虽然这种方法能够实现 Kubernetes 的加速部署，但是因为自定义的商店仓库无法与官方仓库实时同步，很多组件（网络、健康检查等）将无法及时更新。因此，为了解决这个问题，我们在官方 Catalog 模板的基础上做了修改，增加了可以自定义仓库地址和命名空间的功能。这样，我们在部署 Kubernetes 时可以自定义设置拥有 Kubernetes 镜像的仓库与其命名空间。

二、环境准备

表 3-10　环境准备

主机名	IP 地址	描述 O/S	角色
rancher-server	192.168.100.100	Ubuntu16.04.3LTS/ 4.4.0-87	Rancher Server
node1	192.168.100.101	Ubuntu16.04.3LTS/ 44.0-87	Kubernetes-node
node2	192.168.100.102	Ubuntu16.04.3LTS/ 44.0-87	Kubernetes-node
node3	192.168.100.103	Ubuntu16.04.3LTS/ 4.4.0-87	Kubernetes-node

（一）安装前准备

rancher-server:v1.6.11 现在还是 rc 版本，安装过程中可能会有一些错误提示。如果出现这个警告，如图 3-178 所示，需要删除所有容器并更换 Docker 版本，Docker 尽量选择 1.12.3 版本。

```
Debug Mode (client): false
Debug Mode (server): false
Registry: https://index.docker.io/v1/
WARNING: No memory limit support
WARNING: No swap limit support
WARNING: No kernel memory limit support
WARNING: No oom kill disable support
WARNING: No cpu cfs quota support
WARNING: No cpu cfs period support
WARNING: No cpu shares support
WARNING: No cpuset support
Experimental: false
Insecure Registries:
```

图 3-178　警告信息

配置好各节点间的 hosts 文件。如果是克隆的主机，请检查有没有/var/lib/rancher/state/这个文件夹，如果有，则删除。如果以前曾通过 Rancher 安装过 Kubernetes，请执行以下命令：

```
docker rm -f -v $(docker ps -aq)
docker volume rm $(docker volume ls)
rm -rf /var/etcd/
```

如果选择 VXLAN 网络部署，需要在/etc/hosts 文件有"本机 IP　localhost"这一行。如果没有，则需要添加。运行禁止命令 swap: sudo swapoff －a。

注意：此命令为临时禁止，永久禁止参考 https://www.xtplayer.cn/2017/10/3162 文档。

其他注意事项可参见网址 https://Kubernetes.io/docs/setup/independent/install-kubeadm/。

操作说明。

1. 启动 Rancher Server

通过 Docker 命令运行 Rancher Server，并打印启动日志：sudo docker run -d --restart always －name rancher-server -p 8080:8080 rancher/server: v1.6.11-rc3 && sudo docker logs -f rancher-server。

容器初始化完成 Web 界面后，通过主机 IP:8080 访问 Web，如图 3-179 所示。

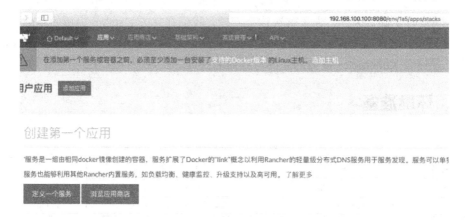

图 3-179　容器初始化完成 Web 界面

2. Kubernetes 环境管理。

登录 Rancher Web 后，按照标准流程，应该去系统管理中做一些基础配置，因这里是演示环境，所以省去这一步。

进入环境管理界面，准备添加环境模板，如图 3-180 所示。

图 3-180　环境管理界面

单击添加环境模板，如图 3-181 所示。

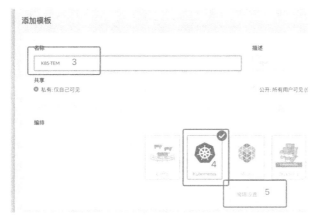

图 3-181　添加环境模板界面

单击编辑设置后，在弹出的页面中，更改以下几个参数，如图 3-182 所示。

私有仓库地址：registry.cn-shenzhen.aliyuncs.com。

AAONS 组件命名空间：rancher_cn。

Kubernetes-helm 命名空间：rancher_cn。

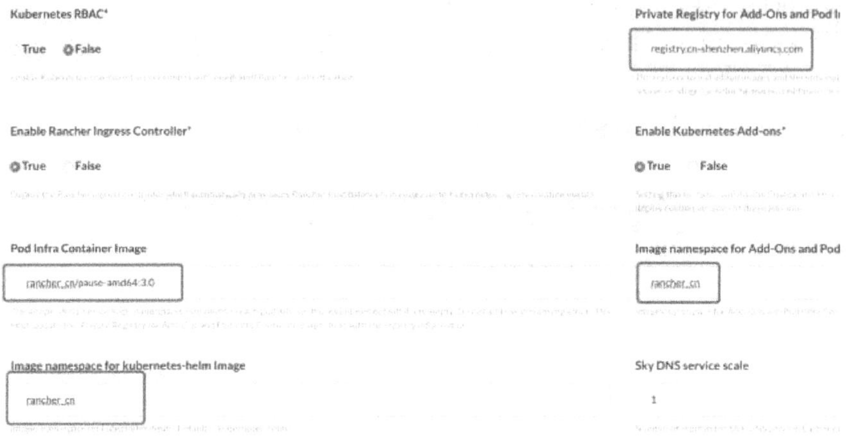

Kubernetes RBAC*

True ○ False

Private Registry for Add-Ons and Pod I

registry.cn-shenzhen.aliyuncs.com

Enable Rancher Ingress Controller*

○ True False

Enable Kubernetes Add-ons*

○ True False

Pod Infra Container Image

rancher_cn/pause-amd64:3.0

Image namespace for Add-Ons and Pod

rancher_cn

Image namespace for kubernetes-helm Image

rancher_cn

Sky DNS service scale

1

图 3-182　更改参数界面

参数设置完，单击页面下方的设置按钮返回环境模板编辑页面，如图 3-183 所示。

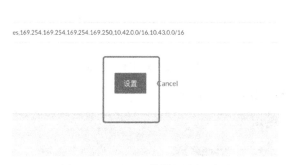

图 3-183　返回环境模板编辑页面

保持环境模板其他参数不变，单击页面下方的创建按钮，如图 3-184 所示。

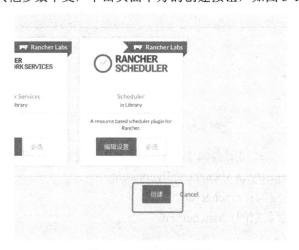

图 3-184　创建环境模板

回到环境管理，单击添加环境，最后单击创建，如图 3-185 所示。

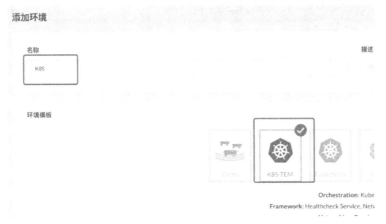

图 3-185　添加环境界面

这样就用刚刚创建的模板创建了一个 Kubernetes 环境，如图 3-186 所示。

图 3-186　用刚创建的模板创建了 Kubernetes 环境后界面

（二）添加节点

切换回刚刚创建的环境，添加节点界面如图 3-187 所示。

图 3-187　添加节点界面

单击添加主机，如图 3-188 所示。

图 3-188　添加主机界面

因为是第一次添加主机，系统会要求你确认节点注册地址，直接单击保存，如图 3-189 所示。

图 3-189　确认节点注册地址界面

复制代码到 3 个 node 上执行，如图 3-190 和图 3-191 所示。

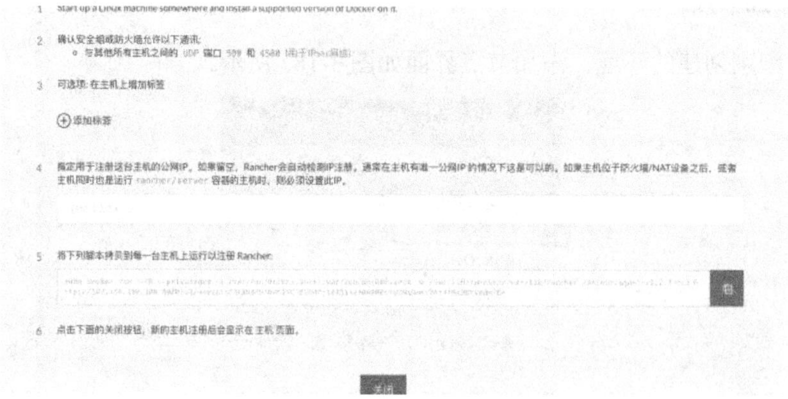

图 3-190　复制代码界面一

```
root@node1:~# sudo docker run --rm --privileged -v /var/run/docker.sock:/var/run/docker.sock -v /var/lib/r
l/scripts/3CA08AD764F29C7E2D4F:1483142400000:tU2Nq9omY96Y4TKzO9YkXdmTKc
Unable to find image 'rancher/agent:v1.2.7-rc2' locally
v1.2.7-rc2: Pulling from rancher/agent

53e1c725a85f: Pull complete
5a710864a9fc: Pull complete
f0ac3b234321: Pull complete
37f567b5cf58: Pull complete
363e24b217c4: Pull complete
f0a3f58caef0: Pull complete
16914729cfd3: Pull complete
fb770dddb34d: Pull complete
3d8557fbdb4c: Pull complete
Digest: sha256:aa8fa738ff9c31eb72d9235c2b76b2fcea6da88a42486f1afaf7062f278f69dc
Status: Downloaded newer image for rancher/agent:v1.2.7-rc2

INFO: Running Agent Registration Process, CATTLE_URL=http://192.168.100.100:8080/v1
INFO: Attempting to connect to: http://192.168.100.100:8080/v1
INFO: http://192.168.100.100:8080/v1 is accessible
INFO: Inspecting host capabilities
INFO: Boot2Docker: false
INFO: Host writable: true
INFO: Token: xxxxxxxx
INFO: Running registration
INFO: Printing Environment
INFO: ENV: CATTLE_ACCESS_KEY=6D9E7EAB30FB70C648CB
INFO: ENV: CATTLE_HOME=/var/lib/cattle
INFO: ENV: CATTLE_REGISTRATION_ACCESS_KEY=registrationToken
INFO: ENV: CATTLE_REGISTRATION_SECRET_KEY=xxxxxxx
INFO: ENV: CATTLE_SECRET_KEY=xxxxxxxx
INFO: ENV: CATTLE_URL=http://192.168.100.100:8080/v1
INFO: ENV: DETECTED_CATTLE_AGENT_IP=192.168.100.101
INFO: ENV: RANCHER_AGENT_IMAGE=rancher/agent:v1.2.7-rc2
INFO: Launched Rancher Agent: 93abe00bd538a804e5a2800e64ce8337da795ded6cce45602b31760dc52d481d
root@node1:~#
```

图 3-191　复制代码界面二

至此安装完毕。

设置仪表板，如图 3-192 所示。

图 3-192　设置仪表板

设置应用栈，如图 3-193 所示。

图 3-193　设置应用栈

设置主机视图，如图 3-194 所示。

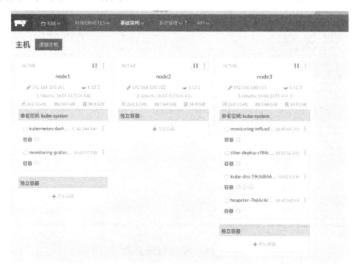

图 3-194　设置主机视图

单击基础架构→容器视图，取消勾选显示系统容器项目，如图 3-195 所示。

图 3-195　容器视图

正常状态下，非系统容器应该有 14 个，如图 3-196 所示。

图 3-196　非系统容器列表

（三）部署演示示例

进入 Dashboard，界面如图 3-197 所示。

图 3-197　进入 Dashboard 界面

在页面右上角，单击创建，创建一个示例服务 nginx，如图 3-198 所示。

图 3-198　创建示例服务 nginx 界面

单击 Overview，相关界面如图 3-199 所示。

图 3-199　单击 Overview 查看界面

单击外部入口访问应用，界面如图 3-200 所示。

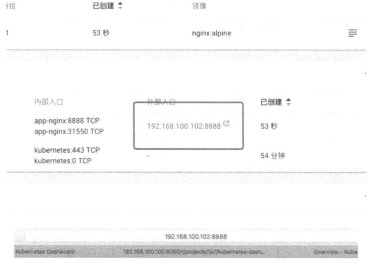

图 3-200　访问应用界面

读者调查表

尊敬的读者：

　　自电子工业出版社工业技术分社开展读者调查活动以来，收到来自全国各地众多读者的积极反馈，他们除了褒奖我们所出版图书的优点外，也很客观地指出需要改进的地方。读者对我们工作的支持与关爱，将促进我们为你提供更优秀的图书。你可以填写下表寄给我们（北京市丰台区金家村 288#华信大厦电子工业出版社工业技术分社　邮编：100036），也可以给我们电话，反馈你的建议。我们将从中评出热心读者若干名，赠送我们出版的图书。谢谢你对我们工作的支持！

姓名：＿＿＿＿＿　　　　　　性别：□男　□女

年龄：＿＿＿＿＿　　　　　　职业：＿＿＿＿＿

电话（手机）：＿＿＿＿＿＿　　E-mail：＿＿＿＿＿＿＿＿＿

传真：＿＿＿＿＿＿＿＿＿　　　通信地址：＿＿＿＿＿＿＿＿＿

邮编：＿＿＿＿＿＿＿

1．影响你购买同类图书因素（可多选）：

□封面封底　　　□价格　　　　　□内容提要、前言和目录

□书评广告　　　□出版社名声

□作者名声　　　□正文内容　　　□其他＿＿＿＿＿＿＿＿＿＿＿＿

2．你对本图书的满意度：

从技术角度　　　　　□很满意　　　□比较满意

　　　　　　　　　　□一般　　　　□较不满意　　　□不满意

从文字角度　　　　　□很满意　　　□比较满意　　　□一般

　　　　　　　　　　□较不满意　　□不满意

从排版、封面设计角度　□很满意　　　□比较满意

　　　　　　　　　　　□一般　　　　□较不满意　　　□不满意

3．你选购了我们哪些图书？主要用途？

＿＿＿＿＿＿＿＿＿＿＿＿＿＿＿＿＿＿＿＿＿＿＿＿＿＿＿＿＿＿＿＿＿＿

4．你最喜欢我们出版的哪本图书？请说明理由。

＿＿＿＿＿＿＿＿＿＿＿＿＿＿＿＿＿＿＿＿＿＿＿＿＿＿＿＿＿＿＿＿＿＿

5．目前教学你使用的是哪本教材？（请说明书名、作者、出版年、定价、出版社），有何优缺点？

6．你的相关专业领域中所涉及的新专业、新技术包括：

7．你感兴趣或希望增加的图书选题有：

8．你所教课程主要参考书？请说明书名、作者、出版年、定价、出版社。

邮寄地址：北京市丰台区金家村 288#华信大厦电子工业出版社工业技术分社　邮编：100036

电　　话：010-88254479　E-mail：lzhmails@phei.com.cn　　　微信 ID：lzhairs

联 系 人：刘志红

电子工业出版社编著书籍推荐表

姓名		性别		出生 年月		职称/职务	
单位							
专业				E-mail			
通信地址							
联系电话				研究方向及 教学科目			
个人简历（毕业院校、专业、从事过的以及正在从事的项目、发表过的论文）							
你近期的写作计划：							
你推荐的国外原版图书：							
你认为目前市场上最缺乏的图书及类型：							

邮寄地址：北京市丰台区金家村 288#华信大厦电子工业出版社工业技术分社　邮编：100036
电　　话：010-88254479　E-mail：lzhmails@phei.com.cn　　微信 ID：lzhairs
联 系 人：刘志红

反侵权盗版声明

    电子工业出版社依法对本作品享有专有出版权。任何未经权利人书面许可，复制、销售或通过信息网络传播本作品的行为；歪曲、篡改、剽窃本作品的行为，均违反《中华人民共和国著作权法》，其行为人应承担相应的民事责任和行政责任，构成犯罪的，将被依法追究刑事责任。

    为了维护市场秩序，保护权利人的合法权益，我社将依法查处和打击侵权盗版的单位和个人。欢迎社会各界人士积极举报侵权盗版行为，本社将奖励举报有功人员，并保证举报人的信息不被泄露。

举报电话：（010）88254396；（010）88258888

传   真：（010）88254397

E-mail：   dbqq@phei.com.cn

通信地址：北京市万寿路 173 信箱

          电子工业出版社总编办公室

邮   编：100036